Linux 高级程序设计

刘加海　季江民　　编著

ZHEJIANG UNIVERSITY PRESS
浙江大学出版社
·杭州·

前　言

Linux 操作系统从第一个内核诞生到现在,其开放、安全、稳定的特性得到了越来越多用户的认可。它具有自由开放的源代码、真正的多用户多任务操作系统、良好的用户界面、强大的网络功能、可靠的系统安全、良好的可移植性、完整的开发平台等特性。Linux 自由软件的低成本、安全性,促使各国政府纷纷对 Linux 采取强有力的支持。Linux 操作系统的应用领域逐步扩展,从最早的 Web、FTP、邮件服务开始,扩展到诸如个人桌面应用、网络安全、电子商务、远程教育、集群运算、网格运算、嵌入式系统等各个领域。

在美国等国家,Linux 早已应用于政府办公、军事战略以及商业运作等方方面面。我国的 Linux 应用起步相对较晚,最初只是应用在诸如政府、军队、金融、电信和证券等比较重要的行业。

如今,Linux 的用户已经遍布政府、教育、媒体、公共服务、金融、电信、制造等主流行业,Linux 已从最初的边缘应用逐渐往核心应用上靠拢。在我国政府的高度重视和大力支持下,Linux 产业将为我国国民经济发展提供有力支撑。

十多年来,笔者一直在浙江大学计算机学院、浙江大学软件学院、LUPA(Linux 大学推进联盟)全国 Linux 师资培训中讲授《Linux 高级程序设计》,课程深受本科生、研究生、高校教师的欢迎。本书最初的编写起源于 LUPA 在各高校推广 Linux 之需,后根据在浙江大学计算机学院、软件学院教学过程中发现的问题及教学的需要,重新编写了《Linux 高级程序设计》一书。本书共分 13 章,主要内容为:

- Linux 常用命令
- Shell 编程
- Linux 操作系统环境下 C 语言开发工具
- Linux 环境下系统函数的使用
- 文件 I/O 操作
- 进程控制
- 进程通信
- 线程
- 网络程序设计
- 图形程序设计

- 设备驱动程序设计基础
- 串行通信程序设计
- 程序设计实例

本书编写突出主题，通俗易懂。首先给出实例，通过例子论述程序设计的方法与技巧，用大量的实例与清晰的程序流程让读者迅速掌握相关知识、编程技能与技巧，并通过大量的思考题帮助读者提高程序设计能力。希望本书能够对学习 Linux 高级程序设计的本科生、研究生、嵌入式工程技术人员及 Linux 程序爱好者提供帮助。

本书中的部分素材来自网络，在此对网络上提供材料的朋友们表示衷心的感谢。另有部分素材来自于浙江大学计算机学院、软件学院部分学生作业，有了他们的无私帮助，让本书内容丰富多彩，更有实用性。衷心地感谢西北农林科技大学信息工程学院于建涛老师，对本书中存在的错误提出了合理的修改建议。同时，感谢杭州市人民政府对浙大城市学院电子信息工程新型专业建设的支持。

本书由浙江大学刘加海教授、季江民副教授，华为通信有限公司高级工程师张益先，浙江经贸职业技术学院孔美云老师，浙江大学宁波理工学院唐云廷副教授，浙江大学软件学院赵斌、王群华等老师编写，由周诗宜、梁奇峰、李思卿等进行程序调试，全书由刘加海老师统稿。

本书封底二维码中备有教学大纲、教学课件以及全书所有的源程序，部分浙江大学计算机学院、软件学院学生的作业实验报告等。由于 Linux 系统博大精深及编者水平有限，书中难免存在疏漏和不妥之处，敬请广大读者批评指正，批评与建议请发到邮件 Ljhqyyq@aliyun.com，以便及时修订。

浙江大学出版社出版了与此书配套的《Linux 程序设计实践与编程技巧》，书中给出了一个学期的 17 个实验报告、课本中关键知识点的疑难解释、课本中的重点难点问题和课本中的部分习题解答。

目　录
CONTENTS

第 1 章

Linux 常用命令

 本章重点

1. 帮助命令。
2. 文件系统命令。
3. 系统管理命令。
4. 网络命令。
5. 字符串显示命令。
6. Shell 的环境变量。
7. 文本编辑器。
8. 命令行的执行方式。
9. rpm 命令。
10. 图形化安装服务器。

 **本章导读**

通过对 Linux 常用命令的学习，快速掌握 Linux 操作系统中一些基本命令的用法，从而在终端以命令方式完成操作系统的大量操作，达到快速执行的目的，如复制、删除、移动文件、文件权限修改、文件解压缩、创建账号、系统管理、网络管理与网络安全、修改系统配置等。

Shell 是系统的用户界面，提供了用户与内核进行交互操作的一种接口。它接收用户输入的命令并把它们送入内核去执行。实际上 Shell 是一个命令解释器，它解释由用户输入的命令并且把它们送到内核。

每个 Linux 系统发行版本中都包含了多种 Shell。目前使用最为广泛的 Shell 包括 Bash、TC Shell 和 Korn Shell 等。通常在默认情况下登录的 Shell 是 Bash。系统管理员可以为您指定使用哪种 Shell 作为登录 Shell，但登录者也可以通过命令来改变自己的默认登录 Shell。比如说，如果您的默认登录 Shell 是 Bash，但是您更喜欢用 TC Shell，您就可以通过命令 tcsh 或者 chsh 来改变默认登录 Shell。

各种发行版本的 Linux 系统中并不一定把所有的 Shell 都安装在系统中，表 1.1 中列出了 fedora core 系统中最常用的几种 Shell。各 Shell 程序均存放在"/bin/"目录下。

表 1.1　常用 Shell 程序

Shell 名称	存放的位置	程序名
Bourne Shell	/bin/sh->Bash	Bash
Bourne Again Shell	/bin/Bash	Bash
C Shell	/bin/csh->tcsh	tcsh
TC Shell	/bin/tcsh	tcsh
Korn Shell	/bin/ksh	ksh

1.1　帮助命令

➢ man：用来提供在线帮助，使用权限是所有用户。

man 命令使用格式如下：

```
man 需帮助的命令名
```

例 1.1　查询 **ls** 命令的帮助信息，如图 1.1 所示。

```
[root@localhost root]# man ls
```

图 1.1　man ls 信息

注意：

在终端上有一个命令补齐（Command-Line Completion）的操作技巧。所谓命令补齐是指当键入的字符足以确定目录中一个唯一的文件时，只需按 Tab 键，系统就可以自动补齐该文件名的剩下部分。

思考：应用 man 命令，查阅 mount 命令的功能及使用方法。

➢ help：用来提供帮助。

大多数 GNU 工具或命令都有--help 选项，用来显示使用命令的一些帮助信息，如果显示的信息超出了一个屏幕，可以通过管道使用 more 程序分屏显示帮助信息。

格式为：

```
需帮助的命令名 --help | more
```

例 1.2　应用 help 命令提供 ls 命令的应用方法。

```
[root@localhost root]# ls --help | more
```

用法：ls [选项]... [文件]...
列出<文件>的信息 （默认为目前的目录）。
如果不指定-cftuSUX 或--sort 任何一个选项，则根据字母排序。
长选项必须用的参数在使用短选项时也是必需的。

-a, --all	不隐藏任何以 . 字符开始的项目
-A, --almost-all	列出除了 . 及 .. 以外的任何项目
--author	印出每个文件著作者
-b, --escape	以八进制溢出序列表示不可打印的字符
--block-size=大小	块以指定<大小>的字节为单位
-B, --ignore-backups	不列出任何以 ~ 字符结束的项目
-c	配合 -lt：根据 ctime 排序及显示 ctime（文件状态最后更改的时间）
	配合 -l：显示 ctime 但根据名称排序
	否则：根据 ctime 排序
-C	每栏由上至下列出项目
--color[=WHEN]	控制是否使用色彩分辨文件。WHEN 可以是 "never" "always" 或 "auto" 三者之一
-d, --directory	对于目录列出目录本身而非目录内的文件
-D, --dired	产生适合 Emacs 的 dired 模式使用的结果
-f	不进行排序，-aU 选项生效，-lst 选项失效
-F, --classify	加上文件类型的指示符号 （*/=@| 中的一个）

➢ info：用来提供帮助。

GNU 软件和其他一些自由软件还使用名为 info 的在线文档系统提供帮助。可以通过程序 info 或通过 emacs 编辑器中的 info 命令在线浏览全部的文档。

info 命令的使用格式为：

`info` *要帮助的命令*

例 1.3 当输入 **info passwd** 命令后，屏幕显示如下内容：

```
[root@localhost root]# info passwd
```

File: *manpages*,   Node: passwd,   Up:(dir)

PASSWD(1)   User utilities   PASSWD(1)

NAME

     passwd - update a user's authentication tokens(s)

SYNOPSIS

     passwd [-k] [-l] [-u [-f]] [-d] [-n mindays] [-x maxdays] [-w warndays]

     [-i inactivedays] [-S] [username]

DESCRIPTION

     Passwd is used to update a user's authentication token(s).

     Passwd is configured to work through the Linux-PAM   API.   Essentially,

     it initializes itself as a "passwd" service with Linux-PAM and utilizes

     configured password modules to authenticate and then   update   a   user's

     Password.

......

由于屏幕上的信息来自于可编辑文件，所以不同的系统显示结果可能有所不同。当看到 info 上面的初始屏幕后，可以使用各种 info 命令，下面列出几个最常用键盘命令：

- <?>或<Ctrl>+H 键：列出 info 命令
- <SPACE>键：滚动翻屏
- Q 键：退出

info 系统包含它自己的一个 info 形式的帮助页。如果按下<?>或<Ctrl>+H 键，将看到一些帮助信息，其中包括如何使用 info 的指南。

1.2　文件系统命令

1. Linux 文件类型

Linux 文件类型分为普通文件、目录文件、符号链接（symbolic link）文件、设备（特殊）文件、管道文件、socket 文件。

● 普通文件

普通文件一般有执行文件、目标文件、备份或压缩文件、图形文件、函数库文件、文档文件、批处理文件、源程序文件、网页文件等。

Linux 不对文件的命名作强制规定，您可以按照您所喜欢的规则命名文件。文件名最长不能超过 255 个字符，建议不要使用非打印字符、空白字符（空格和制表符）和 Shell 命令保留字符，因为这些字符有特殊的含义。您可以任意给文件名加上您自己或应用程序定义的扩展名，但扩展名对 Linux 系统来说没有任何意义。而其他一些操作系统像 Windows 操作系统，扩展名是有特殊意义的。

● 目录文件

目录文件包含一些文件名和子目录名。一个目录文件是由一组目录项及文件组成的，不同操作系统的目录项内容有很大的不同。

● 符号链接文件

符号链接是指向另一个文件的文件类型，它的数据内容是另外一个文件的地址。符号链接文件可以更改文件的名称，而不用再复制文件。

● 设备文件

设备文件是访问硬件的设备，包含键盘、终端、硬盘、软盘、光驱、DVD、磁带机和打印机等。每一种硬件都有它自己的设备文件名，设备文件分为字符设备文件和块设备文件及网络设备文件。在输入/输出时，字符设备是以字符为传送单位的设备，而块设备是以块（block）为传送单位的设备。字符设备文件对应于字符设备，例如键盘等。而块设备文件对应于块设备，例如磁盘等。

设备文件一般放在目录/dev下。这个目录包含所有的设备文件，每个连接到计算机的设备至少有一个相应的设备文件。应用程序和命令读写外围设备文件的方式和读写普通文件的方式相同。这是因为 Linux 的输入和输出是独立于设备的。这些设备文件是 fd0（对应于第一个软驱）、hda（对应于第一个 IDE 硬盘）、lp0（对应于第一个打印机）和 tty（对应于终端）。各种设备文件都模拟物理设备，因此也被称为虚拟设备（pseudo devices）。

思考：如果应用 ls -1 命令显示文件夹、字符设备驱动程序、块设备驱动程序、网络设备驱动程序时，第一个字段分别用什么字母表示？

● 管道文件

管道文件是用于进程间相互通信的文件。Linux 拥有一些机制来允许进程间的互相通信，这些机制称为进程间通信机制 Ineterprocess Communication （IPC） Mechanisms。管道（pipe）、命名管道（FIFO）、共享缓冲区、信号量、sockets、信号、队列等都是进程间常用的通信机制。例如 pipe 用于父进程和子进程之间的通信；命名管道 FIFO 是一个文件，允许运行在同一台计算机的不同进程间进行通信。

2. Linux 文件系统目录结构

Linux 的文件系统目录结构属于分层树形结构。因此，文件系统是由根目录（/）开始往下长，就像一棵倒长的树一样。Linux 操作系统包含了非常多的目录和文件，如图 1.2 所示的为文件系统目录结构。图中矩形表示目录，圆形表示文件。

Linux 把不同文件系统挂载（mount）在根文件系统下不同的子目录（挂载点）上，用户可以从根（/）开始方便地找到存放在不同文件系统的文件。而 Windows 操作系统的每个文件系统以逻辑盘符形式呈现给用户，例如 C:\（C 盘）、D:\（D 盘）。

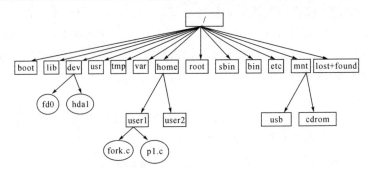

图 1.2　Linux 文件系统目录结构

在安装 Linux 系统时，系统会建立一些默认的目录，每个目录都有其特殊功能。下面是 Linux 文件系统一些常用目录。

- /（根目录）

根目录位于分层文件系统的最顶层，用斜线（/）表示，它包含所有的目录和文件。

- /bin

存放那些供系统管理员和普通用户使用的重要的 Linux 命令的可执行文件。这个目录下的文件要么是可执行文件，要么是其他目录下的可执行文件的符号链接。一些常用命令如 cat、chmod、cp、date、ls 等都存放在这个目录中。

- /boot

存放了用于启动 Linux 操作系统的所有文件，包括 Linux 内核的二进制映像。

- /dev

也称设备目录，存放连接到计算机上的设备的对应文件。

- /etc

存放和特定主机相关的文件和目录。这些文件和目录包括系统配置文件；/etc 目录不包含任何二进制文件。这个目录下的文件主要由管理员使用；普通用户对大部分文件有读权限。/etc/X4 包含了 X4 窗口系统的配置文件。

- /home

存放一般用户的主目录，有些课本中也称自家目录。

- /lib

存放了各种编程语言库。典型的 Linux 系统包含了 C、C++等库文件。目录/lib/modules 包含了可加载的内核模块。/lib 目录存放了所有重要的库文件，其他大部分的库文件则存储在目录/usr/lib 下。

- /mnt

主要用来临时挂载文件系统，系统管理员执行 mount 命令完成挂载工作。

- /opt

用来安装附加软件包。用户调用的软件包程序存放在目录/opt/package_name/bin 下，package_name 是安装的软件包名称。软件包的参考手册存放在目录/opt/package_name/man 下。

- /proc

当前进程和系统的信息，该目录仅存在内存。

- /root

root 用户（管理员用户）的主目录。其他用户的主目录都位于/home 目录下。普通用户没有权限访问/root 目录。

- /sbin

目录/sbin, /usr/sbin 和/usr/local/sbin 都存放了系统管理工具、应用软件和通用的根用户权限的命令。

- /tmp

存放临时性的文件，一些命令和应用程序会用到这个目录。这个目录下的所有文件会被定时删除，以避免临时文件占满整个磁盘分区。

- /usr

/usr 目录是 Linux 文件系统中最大的目录之一，用于存放用户使用的系统命令以及应用程序等信息。

- /var

用来存放可变数据，这些数据在系统运行过程中会不断地改变。这些数据分别存储在几个子目录下。

思考：请在图形环境下，浏览以上文件夹，并查看文件属性。

3. 主目录和当前目录

当登录到 Linux 操作系统时，一般情况下，用户会登录到默认的目录下（/home/用户名）。例如，使用用户名 user1 登录时，就会登录到目录/home/user1，这个目录称为普通用户的默认的主目录（home directory）或登录目录（login directory）。任一时刻用户当前所在的目录称为当前目录（current directory）或工作目录，当前目录又可以用"."表示，当前目录的父目录可以用".."表示。

下面介绍在文件系统中的常用命令。

➢ ls：用于显示目录内容，它的使用权限为所有用户。

例 1.4   **显示/当前目录的内容，如图 1.3 所示。**

`[root@localhost root]# ls`

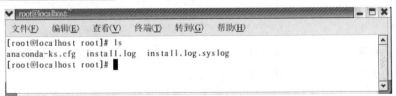

图 1.3   ls 命令显示的文件相关信息

ls 命令使用格式如下：

`ls [参数] [文件名]`

ls 命令常用参数和含义如表 1.2 所示。

表 1.2　ls 命令的常用参数和含义

参　数	含　义
-a	列出所有文件
-l	以长格式显示指定目标的信息

思考：应用 ls 命令，查阅所有 .c 文件的属性。

例 1.5　显示所有文件，如图 1.4 所示。

`[root@localhost root]# ls -a`

图 1.4　ls –a 操作结果

例 1.6　以长格式显示所有文件，如图 1.5 所示。

`[root@localhost root]# ls -l`

图 1.5　ls –l 显示当前目录文件信息

注意：

1. ls -a 列出文件下所有的文件，包括以 "." 开头的隐藏文件（Linux 下隐藏文件是以 "." 开头的文件名。注意当前目录与父目录的区别）。

2. ls -l 列出文件的详细信息，如创建者、创建时间、文件的读写权限列表等。

3. ls -F 在每一个文件的末尾加上一个字符说明该文件的类型。"@" 表示符号链接、"|" 表示 FIFOS、"/" 表示目录、"=" 表示套接字。

4. ls　-s 在每个文件的前面打印出文件的大小（size）。

5. ls　-t 按时间进行文件的排序 time。

6. ls　-A 列出除了"."和".."以外的文件。

7. ls　-R 将目录下所有子目录的文件都列出来，相当于程序设计中的"递归"实现。

8. ls　-L 列出文件的链接名（Link）。

9. ls　-S 以文件的大小进行排序。

命令 ls 结果中各字段的含义如表 1.3 所示。

表 1.3　命令 ls 结果中各字段的含义

字　　段		含　　义
第 1 个字段	第 1 个字母	表示文件类型，其中： -　普通文件 b　块设备文件 c　字符设备文件 d　目录 l　符号连接文件 p　命名管道（FIFO）文件 s　socket 文件
	其他 9 个字母	每一组三个字符，分别表示所有者、组和其他用户的访问权限，r 表示有读权限，w 表示有写权限，x 表示有执行权限，-表示没有对应的权限
第 2 个字段		文件的连接数
第 3 个字段		文件所有者的登录名
第 4 个字段		所有者的组的名字
第 5 个字段		文件大小，以字节为单位
第 6、7、8 字段		最近一次修改的日期、时间
第 9 个字段		文件名

思考：对用户、组成员及其他人的访问权限如何？如果要设置文件的其他权限，应该使用什么命令？

➢　mkdir：建立子目录，它的使用权限是所有用户。

例 1.7　在/root 下创建"zb"目录。

```
[root@localhost root]# mkdir zb
```

mkdir 命令使用格式如下：

```
mkdir [参数] [目录名]
```

mkdir 命令的常用参数和含义如表 1.4 所示。

表 1.4   mkdir 命令的常用参数和含义

参　　数	含　　义
-m	设定权限<模式>
-v	每次创建新目录都返回信息

例 1.8   假设要创建的目录名是"**tsk**"，让所有用户都可 **rwx**（即读、写、执行的权限），返回信息如图 **1.6** 所示。

`[root@localhost root]# mkdir -m 777 tsk`

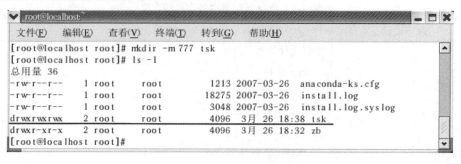

图 1.6   mkdir -m 返回信息

注意：

　　指定文件权限可用两种方式：符号方式或八进制数方式。对于八进制数指定的方式，文件权限字符代表的有效位设为"1"，如"rw-""rwx""r--"以二进制表示为"110""111""100"，再转换成八进制 6，7，4，所以，777 代表所有用户都有 rwx 权限。

例 1.9   在/当前目录下创建"**xiao**"目录，返回相应信息，如图 **1.7** 所示。

`[root@localhost root]# mkdir -v xiao`

图 1.7   mkdir -v 返回信息

➤   rmdir：删除目录。

例 1.10   删除"**xiao**"目录。

`[root@localhost root]# rmdir xiao`

rmdir 命令使用格式如下：

`rmdir 目录名`

思考：如果用户要删除一个非空目录，使用 **rmdir** 命令时应带什么参数？

➢   cd：切换目录。

例 1.11   切换到 **/root** 目录下的"**zb**"目录。

`[root@localhost root]# ` **`cd zb`**

cd 命令使用格式如下：

`cd 目录名`

思考：如果用户想退回到上一级目录，使用 cd 命令时应带什么参数？如果直接回到根目录，应带什么参数？

➢   vi：文本编辑器。

例 1.12   在当前目录下新建一个名为 **a.txt** 的文件，并在文件里面输入内容。

`[root@localhost zb]# ` **`vi a.txt`**

在键盘上按 i 键，进入插入状态。

输入以下内容：

`Hello,Linux!`

接着按 Esc 键，键入"<Shift>+："，出现冒号后输入"wq"保存文件，并退出 vi。

vi 命令使用格式如下：

`vi 文件名`

保存时，按 Esc 键，然后输入"：wq"

思考：如果退出时发生错误，不保存如何退出？在什么情况下使用符号"！"？

注意：

vi 文本编辑器使用比较复杂，在本章中会专门讲解 vi 的使用方法。

➢   gedit：文本编辑器。

例 1.13   在/当前目录下新建一个名为 **b.txt** 的文件，并在文件里面输入内容。

`[root@localhost zb]# ` **`gedit b.txt`**

输入以下内容：

`How do you do!`

保存并退出。

gedit 命令使用格式如下：

`gedit 文件名`

mv：用来为文件或目录改名，或者将文件由一个目录移入另一个目录中，它的使用权限是所有用户。

例 1.14　将文件 **a.txt** 重命名为 **aaa.txt**。

```
[root@localhost zb]# mv a.txt aaa.txt
```

例 1.15　将/usr/cbu 下的所有文件移到当前目录中（用"."表示当前目录）。

```
[root@localhost root]# mv /usr/cbu/* .
```

mv 命令使用格式如下：

```
mv 源文件名 目标文件名
```

➤　cp：将文件或目录复制到其他目录中，它的使用权限是所有用户。

例 1.16　将文件**/root/zb** 下的 **b.txt** 复制到**/home** 目录下。

```
[root@localhost root]# cp zb/b.txt /home
```

cp 命令使用格式如下：

```
cp 源文件名 目标文件名
```

思考：如果用户想拷贝一批文件，使用 cp 命令时应带什么参数？如果拷贝一个文件夹则应带什么参数？

➤　rm：删除文件或目录。

例 1.17　删除**/home** 目录下的 **b.txt** 文件

```
[root@localhost root]# rm /home/b.txt
```

rm 命令使用格式如下：

```
rm [参数] 文件
```

rm 命令的常用参数及含义如表 1.5 所示。

表 1.5　rm 命令的常用参数及含义

参　数	含　义
-r	指示将参数中列出的全部目录和子目录均递归删除
-f	忽视不存在的文件，不给予提示

例 1.18　删除 **root** 目录中的 **test3** 目录及 **test3** 目录中的所有内容，不提示删除信息。

```
[root@localhost root]# rm -rf test3
```

思考：如果用户想删除某一目录下所有文件（连同隐藏），使用 rm 命令时应带什么参数？

➤　grep：在指定文件中搜索特定的内容，并将含有这些内容的行标准输出。

例 1.19　搜索**/etc** 目录中扩展名为**.conf** 且包含"**anon**"字符串的文件，返回信息如图 **1.8** 所示。

```
[root@localhost etc]# grep anon *.conf
```

图 1.8　grep 返回信息

grep 命令使用格式如下：

```
grep [参数] [文件名]
```

grep 命令的常用参数和含义如表 1.6 所示。

表 1.6　grep 命令的常用参数和含义

参　数	含　义
-v	显示不包含匹配文本的所有行
-n	显示匹配行及行号

例 1.20　搜索当前目录中的所有文件内容，显示不包含"kkk"的所有行。

```
[root@localhost root]# grep -v kkk *.*
```

例 1.21　搜索当前目录中的所有文件内容，显示包含有"kkk"的行及行号。

```
[root@localhost root]# grep -n kkk *.*
```

思考：如果用户想搜索应用命令 ls -l 返回的信息中的所有文件中是否含有 sin 字符，写出 grep 的应用。

➤ find：在目录中搜索文件，它的使用权限是所有用户。

例 1.22　在整个目录中找一个文件名是 **grub.conf** 的文件，返回信息如图 **1.9** 所示。

```
[root@localhost root]# find / -name grub.conf
```

图 1.9　find grub.conf 返回信息

注意：　"/"前后都有空格。

思考: 应用 find 命令, 查找 root 目录下所有.c 文件中含有字符串"int"的行。

find 命令使用格式如下:

`find [路径] [参数] [文件名]`

find 命令的常用参数和含义如表 1.7 所示。

表 1.7　find 命令的常用参数和含义

参　　数	含　　义
-name	按照文档名称查找
-user	按照文档属主查找

例 1.23　找出/home 目录下属于 "zb" 这个用户的文件。

`[root@localhost root]# find /home -user zb`

➢　head: 查看文件的开始内容。

head 命令的常用参数和含义如表 1.8 所示。

表 1.8　head 命令的参数和含义

参　　数	含　　义
-c　N	显示文件的前 N 个字节内容
-N	显示开始的 N 行

head 命令输出文件指定前面行数的内容, head 命令默认输出为 10 行。

例 1.24　下面的命令在屏幕中显示文件 **file.txt** 的前面 **5** 行

`[root@localhost root]# head -5 file.txt`

➢　tail: 用来显示一个或多个文件的尾部。

tail 命令的常用参数和含义如表 1.9 所示。

表 1.9　tail 命令的常用参数和含义

参　　数	含　　义
+/-n	如果值的前面有 +(加号), 从文件开头指定的单元数开始将文件写到标准输出; 如果值的前面有-(减号), 则从文件末尾指定的单元数开始将文件写到标准输出; 如果值前面没有 +(加号)或 -(减号), 那么从文件末尾指定的单元数开始读取文件
-f	显示完文件的最后一行后, 如果文件正在被追加, 会继续显示追加的行, 直到键入<Ctrl>+C

命令 tail 用来显示一个或多个文件的尾部, 默认显示 10 行。

例 1.25　下面的命令, 显示 **foo** 文件从第 **2** 行开始的所有行。

`[root@localhost root]# tail +2 foo`
```
pwd
date
```

```
echo linux
```

例 1.26　下面的命令，显示 **foo** 文件的最后 **2** 行。

```
[root@localhost root]# tail  -2  foo
date
echo linux
```

➢　wc：统计文件的行数、单词数和字节数。

wc 命令的常用参数和含义如表 1.10 所示。

表 1.10　wc 命令的常用参数和含义

参　数	含　义
-c	统计文件字节数
-m	统计文件字符数
-l	统计文件行数
-L	统计文件最长行数的长度
-w	统计文件单词数

例 1.27　应用 **wc** 统计文件 **liua** 的行数及其字节数。

```
[root@localhost root]# wc  -l -c liua
21   11549 liua
```

其中 21 为文件 liua 的行数，11549 为文件 liua 的字节数。

思考：应用 wc 命令，统计文件/etc/passwd 单词数。

例 1.28　利用 **wc** 命令可以统计给定目录下的文件个数，命令为：

```
[root@localhost root]# find $dirpath -type f | wc -l
```

其中 dirpath 为目录路径，由 read 读入。find 找出该目录下的文件，通过管道把这些文件的文件名传输给 wc 命令，统计出文件名的个数，即得到给定目录下文件的个数。

➢　gzip：Linux 系统中用于文件压缩、解压缩的命令之一，用此命令压缩生成的文件后缀名为.gz。

例 1.29　在/root 目录下新建一个 **test1.c** 文件，并进行压缩，压缩后的文件名为 **test1.c.gz**。

```
[root@localhost root]# vi test1.c
```

```
[root@localhost root]# gzip test1.c
```

gzip 命令使用格式如下：

```
gzip [参数][文件名]
```

gzip 命令的常用参数和含义如表 1.11 所示。

表 1.11   gzip 命令的常用参数和含义

参　　数	含　　义
-d	对文件进行解压缩
-r	查找指定目录并压缩或解压缩其中所有文件
-t	检查压缩文件是否完整

例 1.30　对例 1.29 中生成的 **test1.c.gz** 文件进行解压缩。

```
[root@localhost root]# gzip -d test1.c.gz
```

 注意：用 gzip 命令压缩文件后，原文件自动删除。

➢　bzip2：Linux 系统中用于文件压缩、解压缩的命令之一，用此命令压缩生成的文件后缀名为.bz2。

例 1.31　新建一个 **test1.c** 文件，并进行压缩。压缩后的文件名为 **test1.c.bz2**。

```
[root@localhost root]# vi test1.c
[root@localhost root]# bzip2  test1.c
```

bzip2 命令使用格式如下：

```
bzip2 [参数] [文件名]
```

bzip2 命令的常用参数和含义如表 1.12 所示。

表 1.12   bzip2 命令的常用参数和含义

参　　数	含　　义
-d	对文件进行解压缩
-k	压缩文件并保留原文件
-z	强制进行压缩
-t	检查压缩文件是否完整

例 1.32　对 **test1.c.bz2** 文件进行解压缩。

```
[root@localhost root]# bzip2 -d test1.c.bz2
```

 注意：

用 bzip2 命令压缩文件后，原文件默认自动删除。如要保留原文件可以使用-k 参数。

➢　tar：Linux 系统中备份文件较可靠的一种方法，用于打包、压缩与解压缩，几乎可以工作于任何环境中，它的使用权限是所有用户。

例 1.33　将根目录下的 **home** 文件夹打包成 **home.tar**。

```
[root@localhost /]# tar -cvf  home.tar  ./home
```

tar 命令使用格式如下：

`tar [参数] 文件名`

tar 命令的常用参数和含义如表 1.13 所示。

表 1.13　tar 命令的常用参数和含义

参　　数	含　　义
-c	建立一个压缩文件的参数指令
-x	解开一个压缩文件的参数指令
-z	指定文件同时具有 gzip 的属性
-v	产生压缩过程中详细报告 tar 处理的文件信息
-j	调用 bzip2 命令来压缩或解压缩文件
-f	使用档案文件或设备，这个选项通常是必选的

例 1.34　将 **home.tar** 文件解压至当前目录下。

`[root@localhost /]# tar -xvf home.tar`

例 1.35　使用 **tar** 和 **gzip** 命令打包并压缩 **home** 文件夹生成扩展名为 **.tar.gz** 的文件。

`[root@localhost /]# tar -cvf home.tar ./home`
`[root@localhost /]# gzip home.tar`

例 1.36　解压 **home.tar.gz** 文件。

`[root@localhost /]# tar -zxvf home.tar.gz`

例 1.37　使用 **tar** 和 **bzip2** 命令打包并压缩 **home** 文件夹生成扩展名为 **.tar.bz2** 的文件。

`[root@localhost /]# tar -cvf home.tar ./home`
`[root@localhost /]# bzip2 home.tar`

注意：

先用 tar 命令生成 .tar 文件，然后用 bzip2 命令压缩产生 .tar.bz2 文件。

例 1.38　应用 **tar** 解压缩 **home.tar.gz** 文件。

`[root@localhost /]# tar -xjvf home.tar.bz2`

➢　mount，umount：分别用于挂载、卸载指定的文件系统。

mount [-t vfstype] [-o options] device dir

其中：

（1）-t vfstype 指定文件系统的类型，通常不必指定。mount 会自动选择正确的类型。常用类型有：

光盘或光盘镜像：iso9660

DOS fat16 文件系统：msdos

Windows 9x fat32 文件系统：vfat

Windows NT ntfs 文件系统：ntfs

Mount Windows 文件网络共享：smbfs

UNIX(LINUX)文件网络共享：nfs

（2）–o options 主要用来描述设备或档案的挂接方式。常用的参数有：

loop：用来把一个文件当成硬盘分区挂接上系统

ro：采用只读方式挂接设备

rw：采用读写方式挂接设备

iocharset：指定访问文件系统所用字符集

（3）device 是要挂接(mount)的设备。

（4）dir 设备在系统上的挂接点(mount point)。

例 1.39 挂载 U 盘（设 U 盘设备名为 **sda1**，可以用 **fdisk –l** 命令查看 U 盘设备名）中的内容至**/mnt/usb** 下，并查找 U 盘的内容。

```
[root@localhost root]# mount /dev/sda1 /mnt/usb
[root@localhost root]# cd /mnt/usb
[root@localhost usb]# ls
```

思考：从 http://sourceforge.net/projects/sd1-draw/上下载压缩包 SDL_draw-1.2.11.tar.gz 到/home/cx/目录下，然后解压在当前目录下。

例 1.40 卸载 U 盘。

```
[root@localhost root]# umount /mnt/usb
```

mount 命令使用格式如下：

mount [参数] 设备名 挂载目录

mount 命令的常用参数和含义如表 1.14 所示。

表 1.14　mount 命令的常用参数和含义

参　数	含　义
–t	指定设备的文件系统类型，如 vfat
–l	显示挂载的驱动卷

umount 命令使用格式如下：

umount 卸载目录

例 1.41 在安装有 Windows 与 Linux 的双系统中，在 Linux 环境下使用 Windows 的资源，设 Windows 设备驱动名为 hda6。把 Windows 中的资源挂载到 Linux 下的/mnt/win 目录下。

```
[root@localhost root]# mkdir /mnt/win
[root@localhost root]# mount -t vfat /dev/hda6 /mnt/win
```

例 1.42　显示已挂载的驱动卷号，如图 1.10 所示。

`[root@localhost root]# `**mount -l**

图 1.10　mount -l 返回信息

1.3　系统管理常用命令

Linux 系统把设备都作为文件系统来处理，例如，中央处理器、内存、磁盘驱动器、键盘、鼠标以及用户等都是文件。熟悉 Linux 常用的文件系统管理命令，对 Linux 的正常运行是很重要的，下面介绍对系统和用户进行管理的一些命令。

➢　useradd：用来建立用户账户和创建用户的起始目录，使用权限是超级用户。

例 1.43　建立一个新用户账户 zb。

`[root@localhost root]# `**useradd zb**

useradd 命令使用格式如下：

`useradd 新建用户名`

注意：

建立新账户后，应及时建立用户账户的登录密码，具体操作见命令 passwd。

➢　passwd：修改账户的登录密码，使用权限是所有用户。

例 1.44　给 zb 设置密码，返回信息如图 1.11 所示。

`[root@localhost root]# `**passwd zb**

图 1.11　passwd 命令信息

passwd 命令使用格式如下：

```
passwd 账户名
```

➢ kill：用来终止一个进程。

例 1.45 强行终止一个标识号为 **1752** 的僵尸进程。

```
[root@localhost root]# kill -9 1752
```

kill 命令使用格式如下：

```
kill [参数] 进程号
```

kill 命令在强行终止一个进程时可用参数 9，kill -9 -1 表示杀死所有的进程。

例 1.46 终止一个标识号为 **2901** 的 **gedit** 进程。

```
[root@localhost  root]#gedit &
```

[1] [2901]

```
[root@localhost  root]# Kill -9 2901
```

➢ date：显示及设置当前日期、时间。

例 1.47 显示当前系统时间。

```
[root@localhost root]# date
```

date 命令使用格式如下：

```
date 时间
```

例 1.48 设置系统时间为 **2** 月 **8** 日 **11** 点 **01** 分，如图 **1.12** 所示。

```
[root@localhost root]# date 02081101
```

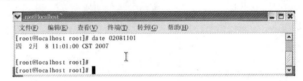

图 1.12　date 命令更改系统时间

例 1.49 将系统时间设置为 **9** 月 **4** 日的 **14:20:15**，不改变年份。

```
[root@localhost root]# date 09041420.15
```

二 9 月 4 14:20:15 UTC 2011

date +%s #显示自 1970/01/01 00:00:00 的秒数，方便计算时间差

date +%Y%m%d%H%M%S # 按照年、月、日、时、分、秒显示，可以方便提取出所要的信息进行计算，如 date +%d 就是日期。

date +%D 表示用 mm/dd/yy 显示时间。

date +%j 计算本年中的第几天。

date -d ‘时间’# 可以很方便地显示一段时间之前或之后的时间，几天、几小时几分钟甚至几秒之前或之后都可以。

例 1.50　显示三天前的日期。

```
[root@localhost root]# date -d  '3  days ago'
```

➤　bc：bc 的计算。

（1）通过管道使用 bc 来计算

例 1.51　应用 **bc** 进行浮点数运算

```
[root@localhost root]# echo "scale=7;355/113" | bc
3.1415929
[root@localhost root]# echo "scale=3;355/113" | bc
3.141
```

其中，scale 指定保留的小数位数，ibase 指定数据表示的进位制，obase 指定数据输出的进位制。

（2）进制的转换

例 1.52　应用 **bc** 进行数制转换。

```
[root@localhost root]# echo "ibase=16;FFFF" | bc
65535
[root@localhost root]# echo "obase=16;1000" | bc
3E8
[root@localhost root]# echo "obase=8;1000" | bc
1750
[root@localhost root]# echo "obase=10;1000" | bc
1000
[root@localhost root]# echo "ibase=16;1000" | bc
4096
[root@localhost root]# echo "ibase=10;1000" | bc
1000
[root@localhost root]# echo "ibase=8;1000" | bc
512
```

（3）通过命令行的方式来使用 bc

例 1.53　应用 **bc** 在命令行进行运算。

```
[root@localhost root]# bc
bc 1.06
Copyright 1991-1994, 1997, 1998, 2000 Free Software Foundation, Inc.
This is free software with ABSOLUTELY NO WARRANTY.
For details type 'warranty'.
5*4
```

```
20
1/4
0
scale=2;3/4
.75
3/4
.75
2%4
0
scale=0
2%4
2
<Ctrl>+D
[root@localhost root]#
```

1.4 网络操作常用命令

由于 Linux 系统是起源于 Internet，并在其基础上发展起来的，因此，它具有强大的网络功能和丰富的网络应用软件，尤其是 TCP/IP 网络协议的实现尤为成熟。Linux 的网络命令比较多，其中一些像 ping，ftp，telnet，route，netstat 等在其他操作系统上也能使用，但也有一些 UNIX/Linux 系统独有的命令，如 ifconfig，finger，mail 等。Linux 网络操作命令的特点是命令参数选项多和功能强。

➤　ifconfig：查看和更改网络接口的地址和参数，包括 IP 地址、网络掩码、广播地址，使用权限是超级用户。

例 1.54　**给 eth0 接口设置 IP 地址 192.168.1.15，并且马上激活它。**

[root@localhost root]# **ifconfig eth0 192.168.1.15 netmask 255.255.255.68**
broadcast 192.168.1.158 up

ifconfig 命令使用格式如下：

`ifconfig <网络适配器名> [IP netmask 子网掩码] <up|down>`

ifconfig 命令的常用参数和含义如表 1.15 所示。

表 1.15   ifconfig 命令的常用参数和含义

参　数	含　义
网络适配器名	指定网络接口名，例如，eth0
netmask	子网掩码
broadcast address	设置接口的广播地址

思考：应用 ifconfig 查找本机的 IP 地址。

例 1.55   暂停 eth0 网络接口的工作。

`[root@localhost root]# ifconfig eth0 down`

➢ ifup：激活某个网络适配卡。

例 1.56   激活名为 eth0 的网卡。

`[root@localhost root]# ifup eth0`

➢ ifdown：关闭某个网络适配卡。

例 1.57   关闭名为 eth0 的网卡。

`[root@localhost root]# ifdown eth0`

注意：

ifup，ifdown 两个命令必须要有相关的配置文档存在才能激活或者关闭。

➢ ping：检测主机网络接口状态，使用权限是所有用户。

例 1.58   用 ping 命令测试与主机 192.168.1.15 的连通情况，如图 1.13 所示。

`[root@localhost root]# ping 192.168.1.15`

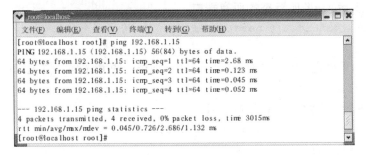

图 1.13   ping 返回信息

ping 命令使用格式如下：

`ping [参数] <IP|域名>`

ping 命令的常用参数和含义如表 1.16 所示。

表 1.16　ping 命令的常用参数和含义

参　数	含　义
-c	设置完成要求回应的次数
-s	设置传输回应包的大小

例 1.59　设置完成要求回应的次数为 4 次。

```
[root@localhost root]# ping 192.168.1.15 -c 4
```

例 1.60　设置回应包的大小为 5。

```
[root@localhost root]# ping -s 5 192.168.2.176
```

➢　netstat：检查整个 Linux 网络状态。

例 1.61　显示处于监听状态的端口。

```
[root@localhost root]# netstat
```

netstat 命令使用格式如下：

```
netstat [参数]
```

netstat 命令的常用参数和含义如表 1.17 所示。

表 1.17　netstat 命令的常用参数和含义

参　数	含　义
-r	显示 Routing Table
-a	显示所有连线中的 Socket

例 1.62　显示本机路由表。

```
[root@localhost root]# netstat -r
```

例 1.63　显示处于监听状态的所有端口。

```
[root@localhost root]# netstat -a
```

➢　arp：用于确定 IP 地址对应的网卡物理地址，查看本地计算机或另一台计算机的 arp 高速缓存中的当前内容。

例 1.64　查看高速缓存中的所有项目。

```
[root@localhost root]# arp -a 192.168.2.1
```

arp 命令使用格式如下：

```
arp [参数]
```

arp 命令的常用参数和含义如表 1.18 所示。

表 1.18　arp 命令的常用参数和含义

参　数	含　义
-a	显示所有与该接口相关的 arp 缓存项目
-e	显示系统默认（Linux 方式）的缓存情况

例 1.65　显示默认的缓存情况。

```
[root@localhost root]# arp -e
```

➤　telnet：开启终端机阶段作业，并登入远端主机。

例 1.66　**远程登录到 192.168.1.15。**

```
[root@localhost root]# telnet 192.168.1.15
```

➤　ftp：进行远程文件传输。

例 1.67　**登录 IP 为 192.168.1.15 的 ftp 服务器。**

```
[root@localhost root]# ftp 192.168.1.15
```

1.5　网络安全常用命令

　　Linux 是一个多用户的系统，如何保证 Linux 操作系统的安全可靠面临着许多挑战。下面将重点介绍有关 Linux 网络安全的一些命令。

➤　su：变更为其他使用者的身份。除超级用户外，其他用户需要键入该使用者的密码。

例 1.68　**变更账号为超级用户。**

```
[root@localhost root]# su root
```

su 命令使用格式如下：

```
su [参数] 用户账户
```

su 命令的常用参数和含义如表 1.19 所示。

表 1.19　su 命令的常用参数和含义

参　数	含　义
-c	变更账户为 user 的使用者，并执行指令(command)后再变回原来的使用者
--login	设置登录 Shell

例 1.69　**变更账户为超级用户，并在执行 df 命令后还原使用者。**

```
[root@localhost root]# su -c df root
```

例 1.70 更改用户账户登录。

```
[root@localhost root]# su --login zb
```

➢ chmod：改变文件或目录的访问权限，用户可以用它控制文件或目录的访问权限，使用者是 root 或文件的属主。

例 1.71 以数字方式设定文件 **tem**，使所有的用户对其具有可读、可写、不可执行的权限。

```
[root@localhost root]# chmod 666 tem
```

chmod 命令使用格式如下：

```
chmod [参数] <文件名|目录名>
```

chmod 命令的常用参数和含义如表 1.20 所示。

表 1.20 chmod 命令的常用参数和含义

参 数	含 义
who (u，g，o，a)	表示用户、同组用户、其他用户、所有用户（a 为系统默认值）
=，+，−	添加、取消某个权限

注意：

666 是三个八进制数，以二进制数表示为 110 110 110，1 表示具有某个权限，110 对应于可读、可写、不可执行。

例 1.72 可读、可写和可执行的权限设定给 **file** 文件所有者。

```
[root@localhost root]# chmod u=rwx file
```

例 1.73 将文件 **file** 所有者的可写和可执行权限删除。

```
[root@localhost root]# chmod u-wx file
```

例 1.74 将档案 **file1.txt** 设为所有人皆可读取。

```
[root@localhost root]# chmod a+r file1.txt
```

或：

```
[root@localhost root]# chmod ugo+r file1.txt
```

例 1.75 将档案 **file1.txt** 与 **file2.txt** 设为仅限该档案拥有者与其所属同一个群体者可写入。

```
[root@localhost root]# chmod ug+w,o-w file1.txt file2.txt
```

例 1.76 将档案 **file1.txt** 设为所有人皆可读取。

```
[root@localhost root]# chmod ugo+r file1.txt
```

将 ex1.py 设定为只有该档案拥有者可以执行。

```
[root@localhost root]# chmod u+x ex1.py
```

例 1.77　将档案 **file1.txt** 设为只有文件所有者可写。

```
[root@localhost root]# chmod utw,go-w file1.txt
```

思考：应用 chmod 命令时，符号 +、-、= 作用于文件属性，有什么不同？

例 1.78　将目前目录下的所有档案与子目录皆设为任何人可读取。

```
[root@localhost root]# chmod -R a+r *
```

此外 chmod 也可以用数字来表示权限，如 chmod 777 file。

chmod 用数字表示的格式如下：

```
chmod [abc] <文件名|目录名>
```

其中 a，b，c 各为一个数字，分别表示 user，group 及 other 的权限。

r=4，w=2，x=1

若要 rwx 属性则 4+2+1=7；

若要 rw- 属性则 4+2=6；

若要 r-x 属性则 4+1=5。

例 1.79　将当前目录下的所有文件和目录都改成只有文件所有者可以读、写与执行，即 **rwx**。

```
[root@localhost root]# chmod 700 *
```

例 1.80　将 **file** 设置成只有所有者可以读、写和执行，而群组只能读取。

```
[root@localhost root]# chmod 740 file
```

注意：下列写法功能是等同的。

chmod a=rwx file 与 chmod 777 file 等同；　chmod ug=rwx,o=x file 与 chmod 771 file 等同。

➢　chown：更改一个或多个文件或目录的属主和属组。使用权限是超级用户。

例 1.81　把文件 **shiyan.c** 的所有者改为 **wan**。

```
[root@localhost root]# chown wan shiyan.c
```

chown 命令使用格式如下：

```
chown [参数] <文件名|目录名>
```

chown 命令的常用参数和含义如表 1.21 所示。

表 1.21　chown 命令的常用参数和含义

参　数	含　义
-R	递归处理所有的文件及子目录
-v	处理任何文件都会显示信息

例 1.82-1　把目录/hi 及其目录下的所有文件和子目录的属主改为用户 wan 所有，并把用户 wan 设置为 users 组。

```
[root@localhost root]# chown -R wan.users /hi
[root@localhost root]# chown -R -v wan.users /hi
```

➢　ps：显示当前进程的动态，使用权限是所有使用者。

例 1.82-2　显示所有包含其他使用者的进程，如图 1.14 所示。

```
[root@localhost root]# ps -aux
```

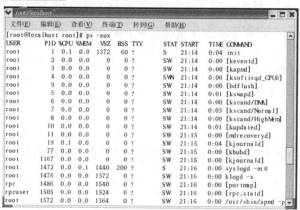

图 1.14　ps -aux 信息

ps 命令使用格式如下：

```
ps [参数]
```

ps 命令的常用参数和含义如表 1.22 所示。

表 1.22　ps 命令的常用参数和含义

参　数	含　义
-m	显示内存信息
-w	加宽显示，以显示较多的信息
-a	显示所有用户的所有进程
-u	按用户名和启动时间的顺序显示进程
-x	显示无控制终端的进程
-l	以长列表的形式显示

例 1.83　以长列表的形式显示当前正在运行的进程。

```
[root@localhost root]# ps -l
```

例 1.84　加宽显示更多的 ps 信息。

```
[root@localhost root]# ps -w
[root@localhost root]# ps -a
PID   TTY     STAT     TIME    CMD
1837  pts/0    S      0:02    Bash
2007  pts/0    R      0:00    ps
```

命令输出多列来显示每个进程的信息。命令 ps -l 按照长列表格式显示系统中的进程信息。表 1.23 简要介绍命令输出中各种字段的含义。

表 1.23　ps -l 命令输出中字段的含义

字　段	含　义
USER	进程执行者的用户名
UID	进程执行者的用户 ID
PID	进程的 ID，每一个进程都有它自己唯一的进程编号
PPID	父进程的进程 ID
VSZ	按照块计算的进程（代码+数据+栈）内存映像的大小
RSS	驻留集的大小：物理内存的大小，用 KB 字节表示
F	与进程有关的标志。它用来指示：进程是用户进程还是内核进程，进程为什么停止或进入休眠等
WCHAN	等待管道：对于正在执行的进程或者进程处于就绪状态并等待 CPU，该域为空；对于等待或者休眠的进程，这个域显示该进程所等待的事件，即进程等待在其上的内核函数
STAT	进程状态
TTY	进程执行时的终端
%CPU	进程占用 CPU 时间的比例
%MEM	进程占用内存的比例
START	进程开始执行的时间
TIME	到目前为止进程已经运行的时间，或者在睡眠和停止之前已经运行的时间
COMMAND	进程的名字，即命令名

其中 STAT 字段为进程状态，含义如下：

D　　　不可中断睡眠（通常为 I/O 操作）

N　　　低优先级进程

R　　　可运行进程队列中的进程，等待分配 CPU

S　　　处于睡眠状态进程

T　　　进程被跟踪（traced）或者停止（stopped）

Z　　　僵死状态的进程

W　　　完全交换到磁盘上的进程

思考：什么是僵死进程？僵死进程有什么危害？

➤ who：显示系统中哪些用户登录系统，使用权限为所有用户。

例 1.85 显示当前登录系统的用户。

`[root@localhost root]# who`

who 命令使用格式如下：

`who [参数]`

who 命令的常用参数和含义如表 1.24 所示。

表 1.24 who 命令的常用参数和含义

参 数	含 义
-u	不显示使用者的动作/工作
-s	使用简短的格式显示

例 1.86 不要显示当前使用者的动作或是工作。

`[root@localhost root]# who -u`

例 1.87 使用简短的格式来显示当前登录者信息。

`[root@localhost root]# who -s`

➤ top：进程实时监视命令。

使用 top 命令来实时监视 CPU 的活动状态。top 命令执行时，可以用各种命令与之交互。使用交互命令时，top 提示一个或者多个与它要完成的工作有关的问题。输入 N，top 询问想要显示的进程数目；输入数字后按<Enter>键，top 便开始显示相应数量的进程。类似的，如果想终止一个进程，按 K 键后 top 提示输入想要终止进程的 PID；输入后，按<Enter>，top 便终止了该进程。在显示 CPU 活动状态时，按下 H 键就可以看到 top 的功能键功能。按下 Q 键就可以离开 top 了。

➤ free：显示物理内存。

用 free 命令可以显示物理内存和 swap 分区的使用情况。和 top 命令不同的是，free 命令会在显示当前内存使用情况后退出命令，而不会像 top 命令一样持续进行监视。如果希望持续监视系统内存使用情况，可以用参数 "-s 间隔秒"。

例 1.88 每 10 秒检查一次内存使用情况。

`[root@localhost root]# free -s 10`

➤ kill：进程终止命令。

当要终止指定的程序或进程时，可以按<Ctrl>+C 来终止一个前台进程，也可以使用 kill 命令终止指定编号进程。

kill 命令是向指定进程发送信号，操作系统根据信号来实现对指定进程的操作，信号是进程之间的一种通信机制。进程接收到信号后，可以采取以下三种行动之一：

- 接受 Linux 内核规定的默认动作；
- 忽略该信号；
- 截获该信号并且执行用户定义的动作。

对于大多数信号，缺省的动作将导致进程终止。可以运行 man –2 signal 命令来查看它的联机帮助手册，获取有关信号的帮助信息。

kill 命令使用格式如下：

```
kill [-信号] 进程或作业号
```

发送"信号"到"进程"，如"作业号"必须以"%"开始。命令 kill -l 返回所有信号的号码以及名字的列表。

常用的信号：

1　挂断（退出系统）

2　中断（<Ctrl>+C）

3　退出（<Ctrl>+\）

9　强制终止

15　终止进程（默认的信号）

对忽略 15 或者其他信号的进程，需要将 9 信号（即强制终止信号）发送给该进程。kill 命令能够终止在 PID-list 中的进程，只要这些进程属于使用 kill 命令的用户。

例 1.89　下面的第一个命令为强制终止进程 **PID** 为 **795** 的进程，第二个命令为强制终止作业号为 **3** 的进程。

```
[root@localhost root]# kill -9  795
[root@localhost root]# kill  -9 %3
```

➤　&：进程和作业控制命令。

&可以控制执行命令的进程在前台或后台执行命令，注意命令和&之间不需要空格。有的时候为了清楚起见可以使用空格。

&使用格式如下：

在前台执行时

```
命令……
```

在后台执行时

```
命令&
```

例 1.90　在后台运行 gedit

```
[root@localhost root]# gedit &
[1] 22119
```

find 命令最适合在后台执行。在它执行的时候，您可以做其他工作。完成前面的功能应该按下面的方式来执行命令。

例如命令：

find / -name file1 -print > file.p 2>/dev/null

表示在整个文件系统中搜索一个名为 file1 的文件并把该文件所在目录的名称存到文件 file.p 中，并把错误的信息存放到文件/dev/null，也就是 Linux "黑洞"中。这个命令要花费较多的时间，它与文件系统的大小、用户登录数，以及系统中运行的进程数目有关。所以，如果您想在该命令执行过程中做其他工作，您就不能让该命令在前台执行。

例 1.91 在后台运行 **find** 命令。查找名为 file1 文件，并把结果存入 file.p 中，丢弃错误信息。

[root@localhost root]# **find / -name file1 -print > file.p 2>/dev/null &**
[1] 755

 注意：

2 > /dev/null 的含义指当不需要回显程序的所有信息时，就将标准错误输出重定向到 /dev/null 中，也就是将产生的所有信息丢弃，这样效率更高。

在 Shell 返回信息中，方括号中的数字是该进程的作业号（job number）；另外一个数字是进程 PID。这里，find 命令的作业号是 1，其 PID 为 755。作业是一种不运行于前台的进程，并且只能在关联的终端上。这样的进程通常在后台执行或者成为被挂起的进程。

有许多工作都需要花费很多的时间来执行，因此放到后台是比较好的。例如，sort 命令、gcc 命令、make 命令、find 命令等。可以使用 fg 命令把后台的进程移到前台执行。

1.6　字符串显示命令

echo 命令用来在屏幕上显示字符串，echo 命令在编写 Shell 脚本程序时非常有用。例如，可以使用 echo $HOME 指令来显示主目录。

echo 命令使用格式如下：

echo [选项] [字符串]

echo 命令常用参数和含义如表 1.25 所示。

表 1.25　echo 命令的参数和含义

参　数	含　义
-n	不输出行尾的换行符
-E	不解析转义字符
-e	解析转义字符
\c	回车不换行
\t	插入制表符
\\	插入反斜线
\b	删除前一个字符
\f	换行但光标不移动
\n	换行且光标移置行首

例 1.92　下面的第一个 **echo** 命令用来显示字符串，第二个 **echo** 命令用来显示存放当前目录的环境变量 **PWD** 的值。

```
[root@localhost root]# echo sample
sample
[root@localhost root]# echo $PWD
/home/user1
```

命令 echo 可以控制背景色与字的颜色，如表 1.26、1.27 所示。

表 1.26　背景颜色范围取值范围 40—47

数值	40	41	42	43	44	45	46	47
颜色	黑	深红	绿	黄	蓝	紫	天蓝	白

表 1.27　前景颜色范围取值范围 30—37

数值	30	31	32	33	34	35	36	37
颜色	黑	红	绿	黄	蓝	紫	天蓝	白

例 1.93　**echo** 命令中控制符的应用。

（1）在 echo 命令中应用参数 31 显示红色的字体。

```
[root@localhost root]# echo -e "\033[31m 这是用 echo 命令控制的前景与背景色控制\033[0m"
这是用 echo 命令控制的前景与背景色控制
```

（2）在 echo 命令中应用参数 32 显示绿色的字体。

```
[root@localhost root]# echo -e "\033[32m 这是用 echo 命令控制的前景与背景色控制\033[0m"
这是用 echo 命令控制的前景与背景色控制
```

（3）在 echo 命令中应用参数 36 显示天蓝的字体。

```
[root@localhost root]# echo -e "\033[36m 这是用 echo 命令控制的前景与背景色控制\033[0m"
这是用 echo 命令控制的前景与背景色控制
```

（4）在 echo 命令中应用参数 42 显示绿色背景色，参数 37 显示白色的字体。

```
[root@localhost root]# echo -e "\\033[42;37m 这是用 echo 命令控制的前景与背景色\033[0m"
```

```
[root@localhost root]# echo -e "\033[42;37m 这是用echo命令控制的前景与背景色\033[0m"
[root@localhost root]# ▯
```

思考：应用 echo 显示高亮度有下划线的文字。

其中控制符的含义如表 1.28 所示。

表 1.28　控制符的含义

控制符	含义	控制符	含义
\33[0m	关闭所有属性	\33[nC	光标右移 n 行
\33[1m	设置高亮度	\33[nD	光标左移 n 行
\33[4m	下划线	\33[y;xH	设置光标位置
\33[5m	闪烁	\33[2J	清屏
\33[7m	反显	\33[K	清除从光标到行尾的内容
\33[8m	消隐	\33[s	保存光标位置
\33[30m -- \33[37m	设置前景色	\33[u	恢复光标位置
\33[40m -- \33[47m	设置背景色	\33[?25l	隐藏光标
\33[nA	光标上移 n 行	\33[?25h	显示光标
\33[nB	光标下移 n 行		

1.7　Shell 的环境变量

　　　Shell 环境变量具有特殊的意义，它们的名字一般比较短，Bash 的环境变量名通常由大写英文字母组成。

　　用户在任何时候都可以更改大多数 Shell 环境变量的值，如果需要修改 Bash 环境变量的值，就在初始化文件/etc/profile 和/etc/csh.cshrc 中进行修改。用户可以将用户创建的变量变成全局变量，同样，也可以将环境变量变成全局变量，这个工作也在初始化文件中自动完成。

例 1.94　修改**/etc/profile** 文件，在终端输入 **vi /etc/profile**。
```
[root@localhost root]# vi /etc/profile
```

例 1.95　在搜索路径中增加两个目录，**~/bin** 和.（"."表示当前目录）。而且使**~/bin** 成为最先被搜索的目录，而当前目录则成为最后被搜索的目录，可使用以下命令与环境参数：
```
[root@localhost root]# PATH=~/bin:$PATH:.
```
在表 1.29 中列出了部分环境变量，更多的环境变量将在第 2 章中给出。您也可以查看您的路径。

```
[root@localhost root]# echo $PATH
```

思考：设置路径的目的是什么？

表 1.29　部分 Bash 环境变量

环境变量名	含　义
CDPATH	cd 命令访问的目录的别名
EDITOR	用户在程序中使用的默认的编辑器
ENV	Linux 查找配置文件的路径
HOME	主目录的名字
PATH	存放搜索命令或者程序的所有目录
PS1	Shell 提示符
PS2	Shell 的二级提示符
PWD	当前工作目录的名字
TERM	用户使用的控制台终端的类型

1. Shell 元字符

除了字母和数字，很多其他字符对于 Shell 都有特殊的含义，这些字符被称为 Shell 元字符（Shell metacharacters），如表 1.30 所示。如果不以特殊方式指明，在 Shell 命令中，这些字符不能作为文本字符使用。所以，不要在文件名中使用这些字符。而且在命令中使用这些字符时，不需要在它们的前面或者后面加上空格。

表 1.30　Shell 中的元字符及其作用

元字符	功　能
回车换行	输入命令后要按回车键
空格	命令行中的分隔符
TAB	命令行中的分隔符
#	以#开头是注释行
"	引用多个字符并允许替换
'	引用多个字符，括号中字符按原义解释
$	表示一行的结束，或引用变量时使用
&	使命令在后台执行
( )	在子 Shell 中执行命令
[ ]	匹配[ ]中一个字符
{ }	在当前 Shell 中执行命令，或实现扩展
*	匹配 0 个或者多个字符
?	匹配单个字符
^	紧跟^后面的字符开始的行，或作为否定符号
`	替换命令
|	管道符
;	顺序执行命令的分隔符

续表

元字符	功 能
<	输入重定向符号
>	输出重定向符号
/	用作根目录或者路径名中的分割符
\	转义字符；转义回车换行字符；或作为续行符
!	启动历史记录列表中的命令和当前命令
%	指定一个作业号时作为起始字符
~	表示主目录

Shell 通配元字符允许在一个命令行中指定若干个目录中的若干个文件。常用通配元字符如表 1.30 所示。如 *，?，~ 和 [ ] 。

字符 ? 匹配任何单个字符。

字符 * 匹配 0 个或者多个字符。

符号 [ ] 表示区间中的任一字符。

例 1.96　字符串"?.txt"可以用来表示一个字符后跟".txt"的所有文件名，例如，a.txt, 1.txt, @.txt。

例 1.97　字符串 lab1 \ / c 表示 lab1/c。注意，在这里用反斜线符（\）来"消除特殊意义"的斜线符（/）。

例 1.98　下面的这条命令显示当前目录中所有由**两个字符**组成并以.html 为结尾的文件。而且这些文件名的第一个字符是数字，第二个字符是大写或者小写的字母。

```
[root@localhost root]# ls [0-9][a-zA-Z].html
```

在这里，[0-9]表示从 0 到 9 的任何数字，[a-zA-Z]表示任何大写或者小写的字母。

```
[root@localhost root]# ls [0-9]-[0-9].c
```

8-4.c 9-3.c

思考：显示所有以字母开头，第三个是数字、字母的.txt 文件。

2. 花括号扩展

花括号扩展源自 C Shell，当不能应用路径名扩展时，它为指定文件名提供了一个便利的方式。尽管花括号扩展主要用于指定文件名，该机制还可以用来产生任意字符串。Shell 不会试着去用已有文件的名称去匹配花括号。

例 1.99　下面的示例演示了花括号扩展的工作原理。如果工作目录下没有任何文件，**ls** 命令不会显示任何输出。命令 **echo** 显示了 **Shell** 使用花括号扩展产生的字符串。此时，该字符串并不匹配文件名（在工作目录下没有文件）。

```
[root@localhost root]# ls
[root@localhost root]# echo chap_{1,2,3}.txt
chap_1.txt chap_2.txt chap_3.txt
```

Shell 将 echo 命令的花括号中以逗号分隔开的字符串扩展成一个字符串列表。该列表中的每一个字符串都被加上了字符串 chap_，称为前缀；同时还被附加了字符串.txt，这称为后缀。无论是前缀还是后缀都是可选的。花括号中字符串从左至右的顺序在扩展过程中仍然会保持。为了让 Shell 对左右花括号进行扩展，花括号里面至少要有一个逗号并且没有未引用的空白字符。

在有较长的前缀或者后缀时，花括号扩展很有用。

例 1.100 下面的示例将位于目录/usr/local/src/C 下的 4 个文件 main.c、f1.c、f2.c 和 tmp.c 复制到当前工作目录下：

```
[root@localhost root]# cp /usr/local/src/C/{main,f1,f2,tmp}.c  .
```

例 1.101 使用花括号扩展一次性创建多个具有相关名字（例如所有子目录的前 3 个字符相同）的子目录。

```
[root@localhost root]# ls  -F
file1 file2 file3
[root@localhost root]# mkdir dir{A,B,C,D,E}
[root@localhost root]# ls  -F
file1 file2 file3 dirA/ dirB/ dirC/ dirD/ dirE/
```

例 1.102 在下面的例子中，用命令 cat 依次显示了目录~/course1/下 demo_set.sh、demo_for.sh 和 demo_while.sh 三个脚本文件的内容

```
[root@localhost root]# cat  ~/courses1/demo_{set, for, while}.sh
```

1.8 文本编辑器 vi / vim

vi 是 Linux/UNIX 世界里最常用的全屏编辑器，在本章例 1.12 已初步作了讲解。所有的 Linux 系统都提供该编辑器。某些版本的 Linux 还提供了 vi 的加强版——vim，与 vi 完全兼容，存放路径为/usr/bin/vim。vim 软件及有关信息可以从 www.vim.org 获得，本节详细讲解 vi/vim 的使用。vi 虽然不易学习，但它具有强大的功能和高度灵活性，与操作系统的兼容性最好，而且是 UNIX 类操作系统使用人数最多的文本编辑器。

多数的 Linux 系统发行版本中 vi 命令是 vim 的别名，可以通过 alias 命令或 which vi

命令查看一下。所以，当启动 vi 命令时，实际运行是 vim 程序。本书不对 vi 和 vim 加以区别，统一使用 vi 命令。

1.vi 文本编辑器的应用

vi 命令使用格式如下：

```
vi [选项] [编辑文件名]
```

vi 常用参数及含义如表 1.31 所示。

表 1.31　vi 常用选项及含义

参　数	含　义
+n	从第 n 行开始编辑文件
+/exp	从文件中匹配字符串 exp 的第一行开始编辑

vi 中的操作主要有两类模式：

● 命令模式（command mode），由键盘命令序列（vi 编辑器命令）组成，完成某些特定动作。

● 插入模式（insert mode），允许您输入文本。

图 1.15 说明 vi 文本编辑器的一般结构，及其如何在模式间进行切换。在 vi 中执行的键盘命令是大小写敏感的，例如，大写的<A>可在当前行末尾的最后一个字符后添加新文本，而小写的<a>则在当前光标所在字符后添加新文本。

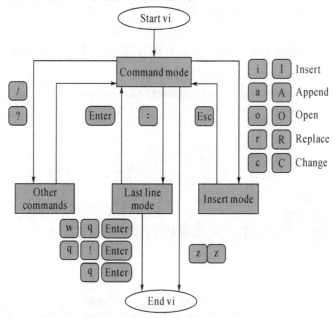

图 1.15　vi 文本编辑器的操作模式

2.vi 的进入与退出

在系统提示符下键入命令 vi，后面跟上您要编辑或创建的文件名，vi 自动装入所要编辑的文件或是开启一个新文件。

　　退出 vi 编辑器，可以在命令行方式下使用命令"∶wq"或者"∶q！"，前者的功能是写文件并从 vi 中退出，后者的功能是从 vi 中退出，但不保存所做的修改。

　　3.vi 的插入方式

　　vi 编辑器预设是以命令模式开始。当从命令模式转变成插入模式时有三个键，分别是 a 键、i 键和 o 键。

　　a　　　从当前光标下一个位置开始插入

　　i　　　从当前光标所在位置开始插入

　　o　　　从当前光标下一行位置开始插入

　　当您想从插入模式切换到命令模式时，按<Esc>键或组合键<Ctrl>+I 即可。

　　4.vi 的命令模式

　　● 　移动光标∶

　　要对正文内容进行修改，必须先把光标移动到要修改的内容所在的位置。用户除了通过上、下、左、右光标箭头键来移动光标外，还可以利用 vi 提供的众多字符组合键在正文中移动光标，迅速达到指定的行或列，实现定位，常用的快捷键如表 1.5 所示。

　　● 　删除文本∶

　　将光标定位于文档中指定位置后，从当前光标位置删除一个或多个字符。

　　● 　复制和粘贴∶

　　在 vi 编辑器中，从正文中删除的内容（如字符、字段或行）并没有真正丢失，而是被剪切并复制到了一个内存缓冲区中，用户可将其粘贴到正文中的任意位置。

　　● 　查找和替换字符串∶

　　vi 提供了强大的字符串查找功能，要查找文件中指定字符或字段出现的位置，可以用该功能直接搜索。简单的查找和替换，可以通过 vi 的替换命令完成。这个命令在屏幕终端的末行显示，通过输入冒号（∶）开始命令，并通过<Enter>键结束命令。在状态行键入替换命令的格式是∶

　　∶ [range] s / old_string / new_string [/option]

　　其中∶

　　[ ]　　　　　方括号的部分是可选的；

　　∶　　　　　状态行命令，冒号是前缀；

　　range　　　缓冲区中有效行的范围指定（如果省略，当前行就是命令的作用范围）；

　　s　　　　　代表替换命令；

　　/　　　　　分隔符；

　　old_string　被替换的文本；

　　/　　　　　分隔符；

　　new_string　替换上去的新文本；

　　/option　　是命令的修饰选项，通常用 g 代表全局。

　　注意，old_string 和 new_string 的语法可以很复杂，可以采用正则表达式（regular expression）的形式。表 1.32 给出了替换命令的一些语法示例。

表 1.32　vi 编辑器的一些常用命令

语　法	说　明
\<a>	在光标所在位置后添加文本
\<A>	在当前行最后一个字符后添加文本
\<c>	开始修改操作，允许您更改当前行文本
\<C>	修改从光标位置开始到当前行末尾范围内的内容
\<i>	在光标所在字符前插入文本
\<I>	在当前行开头插入文本
\<o>	在当前行下方开辟一空行并将光标置于该空行行首
\<O>	在当前行上方开辟一空行并将光标置于该空行行首
\<R>	开始覆盖文本操作
\<s>	替换单个字符
\<S>	替换整行
d	删除字、行等
u	撤销最近一次编辑动作
p	在当前行后面粘贴（插入）此前被复制或剪切的行
P	在当前行前面粘贴（插入）此前被复制或剪切的行
:r filename	读取 filename 文件中的内容并将其插入在当前光标位置
:q!	放弃缓冲区内容，并退出 vi
:wq	保存缓冲区内容，并退出 vi
:w filename	将当前缓冲区内容保存到 filename 文件中
:w! filename	用当前文本覆盖 filename 文件中的内容
ZZ	退出 vi，仅当文件在最后一次保存后进行了修改，才保存缓冲区内容
5dw	开始在当前光标所在的地方删除 5 个字符
7dd	在当前所在位置删除七行
7o	在当前所在位置后空七行
7O	在当前所在位置前空七行
\<u>	撤销最近一次所做的修改
\<r>	用随后键入的一个字符替换当前光标位置处的字符
:s/string1/string2/	在当前行用 string2 替换 string1，只替换一次
:s/string1/string2/g	在当前行用 string2 替换所有的 string1
:1,10s/big/small/g	在第 1 至第 10 行用 small 替换所有的 big
:1,$s/men/women/g	在整个文件中用 women 替换所有的 men

例如，在 vi 命令行状态下，输入：

```
:1,20s/if/iff
```

表示从文本第 1 行至 20 行用替换命令 s，把字符串 if 替换成 iff。

1.9　命令行的执行方式

1. 命令的顺序和并发执行

在一个命令行中输入多个命令来顺序或者并发执行它们。下面给出同一命令行中多个命令顺序执行的命令描述。

顺序执行的命令使用格式如下：

```
command1;command2;command3;…;commandN
```

例 1.103　同一命令行中多个命令顺序执行。

```
[root@localhost root]# date;echo "hello linux";who;
```

上面例子中，用分号作为各个命令的分隔符。第一个是输入 date 命令，第二个是输入 echo 命令，第三个是输入 who 命令。它们会顺序地先从 date 执行，执行完再执行 echo 命令，最后才会执行 who 命令。

可以在每一个命令后面加上一个 "**&**" 符号来使同一命令行中的命令并发执行。以 "**&**" 结尾的命令也会在后台执行。"**&**" 符号前后不必加空格，如为了显示清楚，也可以加上。

在后台顺序执行的命令使用格式如下：

```
command1& command2& command3& ….& commandN&
```

例 1.104　同一命令行中的命令并发执行。

```
[root@localhost root]# date & echo "hello linux" & uname; who
```

上面例子中，date 和 echo 命令并发执行，然后顺序执行 uname 和 who 命令。date 和 echo 命令在后台执行，而 uname 和 who 命令在前台执行。

2. 命令行中&&操作

&& 为 AND 操作。允许按照这样的方式执行一系列命令：只有在前面所有的命令都执行成功的情况下才执行后一条命令。

&& 命令使用格式如下：

```
command1 && command2 && command3 && …&& commandN
```

从左开始顺序执行每条命令，如果一条命令返回的是 true，它右边的下一条命令才能够执行。如此继续直到有一条命令返回 false，或者所有命令都执行完毕。&&的作用是检查前一条命令的返回值。AND(&&)操作在编写 Shell 脚本程序中经常用到。

例 1.105　在下面的例子中，先执行 **ls sample**，检查文件 **sample** 是否存在：如果 **sample** 存在，那么就执行 **rm sample**，即删除 **sample** 文件；如果 **sample** 文件不存在，那么 **rm sample** 命令就不执行了。如果删除文件 **sample** 成功，则显示 "**sample** 文件已被删除" 信息。

```
[root@localhost root]# ls sample && rm sample && echo "sample 文件已被删除"
```

3. 命令行中 || 操作

|| 为 OR 操作,允许持续执行一系列命令直到有一条命令成功为止,其后的命令将不再被执行。

|| 命令使用格式如下:

```
command1 || command2 || command3 || ...|| commandN
```

从左开始顺序执行每条命令。如果一条命令返回的是 false,那么它右边的下一条命令才能够被执行。如此循环直到有一条命令返回 true,或者列表中的所有命令都执行完毕。OR(11)操作在编写 Shell 脚本程序中经常用到。

|| 操作和 && 操作很相似,只是继续执行下一条命令的条件变为其前一条语句必须执行失败。

例 1.106 在下面的例子中,先执行 **ls sample**,检查文件 **sample** 是否存在:如果 **sample** 不存在,那么就执行 **touch sample**,即创建 **sample** 文件;如果 **sample** 文件存在,那么 **touch sample** 命令就不执行了。如果创建空文件 **sample** 成功,则显示"文件 **sample** 已被创建"。

```
[root@localhost root]# ls sample || touch sample && echo "文件 sample 已被创建"
```

1.10 安装 rpm 形式的软件包

在 Red Hat Linux 中使用 rpm 命令安装 rpm 形式的软件包。

例 1.107 安装 **dhcp** 服务器,它的软件包名为 **dhcp-3.0pll-23.i386.rpm**,如图 **1.16** 所示。

```
[root@localhost root]# rpm -ivh dhcp-3.0pll-23.i386.rpm
```

```
文件(F)  编辑(E)  查看(V)  终端(T)  转到(G)  帮助(H)
[root@localhost root]# rpm -ivh dhcp-3.0p11-23.i386.rpm
warning: dhcp-3.0p11-23.i386.rpm: V3 DSA signature: NOKEY, key ID db42a60e
Preparing...                ########################################### [100%]
   1:dhcp                    ########################################### [100%]
[root@localhost root]#
```

图 1.16 rpm 信息

rpm 命令使用格式如下:

```
rpm [参数] 软件包
```

rpm 命令的常用参数和含义如表 1.33 所示。

表 1.33　rpm 命令的常用参数和含义

参　数	含　义
-i	安装软件包
-v	显示信息
-h	用"#"显示完成的进度
-e	删除已安装的软件包

1.11　图形化安装软件

在 Linux 操作系统中,有一个功能类似于 Windows 里面的"添加/删除程序",但是功能又比"添加/删除程序"强大很多。

例 1.108　安装 FTP 服务器程序,具体安装步骤如下:

☞ 操作步骤

步骤 1:单击【主菜单】→【系统设置】→【添加/删除应用程序】,如图 1.17 所示。

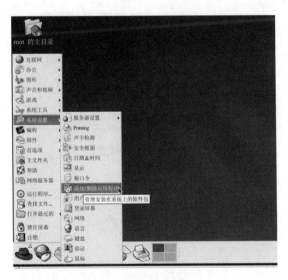

图 1.17　选择【添加/删除应用程序】命令

步骤 2:接着出现如图 1.18 所示对话框。

图 1.18 【添加/删除软件包】对话框

选中【FTP 服务器】，单击【更新】按钮。

步骤 3：接着出现如图 1.19 所示对话框。

图 1.19 提示插入安装盘

这时在光驱中插入磁盘 3，单击【确定】按钮，之后出现提示安装成功的对话框，如图 1.20 所示。

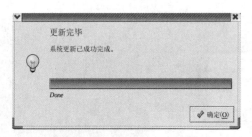

图 1.20 提示安装成功

思考与实验

1. 可以使用 man 和 info 命令来获得每个 Linux 命令的帮助手册，用 man ls，man passwd，info pwd 命令得到 ls，passwd，pwd 三个命令的帮助手册。也可以使用：命令名 --help 格式来显示该命令的帮助信息，如 who --help，试运行一下这些命令。

2. 练习文件系统命令

（1）切换到/home 目录。

（2）在/home 目录下创建文件 cjh.txt。

（3）将文件 cjh.txt 的内容复制到新文件"newdoc.txt"中。

（4）将文件 cjh.txt 重命名为 wjz.txt。

（5）将文件 wjz.txt 的属性设为所有人皆可读取。

（6）以长整型格式显示/home 的内容。

（7）删除 wjz.txt 文件。

（8）创建"aaa"目录，返回相应信息。

（9）删除"xiao"目录

（10）将/home 目录下的文件分别打包成以（.tar）、（.tar.gz）、（.tar.bz2）、（.gz）、（.bz2）为后缀的格式，然后依次解压。

3. 在系统中，执行 cd professional/courses 命令，回答下列问题：

（1）您的主目录的绝对路径是什么？给出获得该绝对路径的命令及命令输出。

（2）acm 目录的绝对路径是什么？

（3）给出 acm 目录的两个相对路径。

（4）执行 cd major/cs381/labs 命令。然后执行一个命令显示当前目录的绝对路径，给出这个会话过程。

（5）给出获得您的主目录三个不同的命令。

4. Linux 系统规定，隐含文件是首字符为"."的文件，如.profile。在您的系统中的主目录下查找隐含文件，它们分别是哪些？

5. 下面这些目录的 inode 号是多少：/、您的主目录（home directory）、~/temp、~/professional 和~/personal?写出会话过程。

6. 用 w 或 who 命令显示当前正在使用您的 Linux 系统的用户名字：

（1）有多少用户正在使用您的 Linux 系统？给出显示的结果。

（2）哪个用户登录的时间最长？给出该用户登录的时间和日期。

7. 使用 whoami 命令找到用户名。使用下面的命令显示有关您计算机系统信息：uname（显示操作系统的名称），uname -n（显示系统域名），uname -p（显示系统的 CPU 名称）。

（1）您的用户名是什么？

（2）您的操作系统名字是什么？

（3）您的计算机系统的域名是什么？

（4）您的计算机系统的 CPU 名字是什么？

8. 删除~/temp 目录下的所有文件和目录。给出会话过程。

9. 在~/temp 目录下创建名为 d1，d2 和 d3 的目录。把文件 smallFile 拷贝到 d1 目录下，并以长列表格式显示文件 smallFile，显示的内容包括 inode 号、访问权限、硬链接数、文件大小。给出完成这些工作的会话。

10. 在您使用的 Linux 系统中，有多少进程在运行？进程 init, Bash, ps 的 PID 是多少？init, Bash 和 ps 进程的父进程是哪一个？这些父进程的 ID 是什么？给出您得到这些信息的会话过程。

11. 有多少个 sh，Bash，csh 和 tcsh 进程运行在您的系统中？给出会话过程。

12. 在 Shell 下执行下面的命令。三个 pwd 命令的运行结果是什么？

$ pwd

$ Bash

```
$ cd /usr
$ pwd
$<Ctrl-D>   #终止 Shell
$ pwd
```

"$"为系统提示符

13. 计算命令 ls -l 的输出中的字符数、单词数和行数，并把它显示在显示器上。给出命令和输出结果。

14. 在/bin 目录下有多少个普通文件、目录文件和符号链接文件？如何得到这个答案？

15. 熟悉网络操作的命令。

（1）用 ping 命令测试与 127.0.0.1 的连通情况。

（2）给 eth1 接口设置 IP 地址 192.168.1.88，子网掩码为 255.255.255.0，广播为 192.168.1.255，并且马上激活它。

（3）远程登录到 192.168.1.88。

（4）登录 IP 为 192.168.1.88 的 FTP 服务器。

16. 用 rpm 安装 dns 服务器（软件包名为 bind-9.2.1-16.i386.rpm，bind-utils-9.2.1 -16.i386.rpm 和 redhat-config-bind-1.9.0-13.norch.rpm）。

17. 用图形化安装邮件服务器。

第 **2** 章

Shell编程

 本章重点

1. Shell 命令行的运行。
2. 编写、权限修改和执行 Shell 程序的步骤。
3. 在 Shell 程序中使用的参数和变量。
4. 表达式比较、循环结构语句和条件结构语句。
5. 在 Shell 脚本中使用函数。

 **本章导读**

　　Shell 既是命令解释程序，又是一种高级程序设计语言。Shell 是解释型语言，这使得调试工作比较容易进行，因为您可以逐行地执行指令，而且节省了重新编译的时间。一个 Shell 程序（又称为 Shell 脚本），包含了要由 Shell 执行的命令并存放在普通的 Linux 文件中。Shell 允许使用一些读写存储区，为用户和程序设计人员提供一个暂存数据的区域，这通常被称为 Shell 变量。Shell 也提供程序流程控制命令，这称为语句，它提供了对 Shell 脚本中的命令进行非顺序执行或循环执行的功能。

　　本章介绍 Bash 基本概念，Bash 变量与参数传递，Bash 脚本的建立与运行，Bash 脚本中的关系、逻辑、算术等运算符的应用，Bash 脚本的程序顺序、分支、循环结构及基本规则，以及较为复杂的 Shell 程序设计。

2.1 Bash 脚本的建立和运行

2.1.1 Shell 命令行

对 Shell 命令行基本功能的理解有助于编写更好的 Shell 程序，在执行 Shell 命令时多个命令可以在一个命令行上运行，但此时要使用分号（;）分隔命令。

例如：

```
[root@localhost root]# ls a* -l; free;df
```

长 Shell 命令行可以使用反斜线符（\）在命令行上扩充。

例如：

```
[root@localhost root]# echo "this is \
> long command"
this is long command
```

注意：

"＞" 符号是系统自动产生的，而不是在终端人为输入的。Shell 编程有很多类似 C 语言及其他程序设计语言的特征，但是又没有有些编程语言那样复杂。Shell 程序是指放在一个文件中的一系列 Linux 命令和实用程序，在运行的时候通过 Linux 操作系统一个接着一个地解释和执行每条命令。

2.1.2 Bash 脚本的建立

编写 Bash 脚本程序有两种方式。可以输入一系列命令让 Bash 交互地执行它们，也可以把这些命令保存到一个文本文件中，然后将该文件作为一个程序来调用。

Bash 程序的每一行既可以是 Bash 语句，又可以是 Bash 命令。建立 Bash 脚本文件的步骤与建立文本文件相同，使用 vi，emacs，gedit，kedit 等各种编辑器都可以生成 Bash 脚本文件。下面是一个简单的 Bash 脚本。

1. 编辑 Shell 程序

例 2.1 编辑一个内容如下的源文件，文件名为**shell21**，可将其存放在目录**/bin** 下。

```
[root@localhost bin]# vi shell21
#!/bin/sh
echo "Mr.$USER,Today is:"
echo &date  "+%B%d%A"
```

```
echo "Wish you a lucky day !"
```

注意：

#!/bin/sh 通知采用 Bash 解释，在 echo 语句中执行 Shell 命令 date，在 date 命令前加符号 "&"，%B%d%A 为输出格式控制符。在不同版本的 Linux 中，也可以将 date 命令及其输出格式控制符用 $( )或反引号对（``）括起来。

思考：语句 echo &date　"+%B%d%A"是否可以用以下语句：echo $(date "+%B%d%A")或　echo `date "+%B%d%A" `代替？请上机调试。

2. 建立可执行的二进制程序

编辑完该文件之后不能立即执行该文件，需给文件设置可执行权限。使用如下命令：

```
chmod +x shell21
```

3. 执行 Shell 程序

● **方法（1）**

```
[root@localhost bin]# ./shell21
```

```
Mr.root,Today is:
```

二月 06 星期二

```
Wish you a lucky day !
```

● **方法（2）**

另外一种执行 date 的方法就是把它作为一个参数传给 Shell 命令：

```
[root@localhost bin]# Bash shell21
```

```
Mr.root,Today is:
```

二月 06 星期二

```
Wish you a lucky day !
```

● **方法（3）**

为了在任何目录都可以编译和执行 Shell 所编写的程序，可以把/bin 的这个目录添加到整个环境变量中。

```
[root@localhost root]# export PATH=/bin:$PATH
```

```
[root@localhost bin]# shell21
```

```
Mr.root,Today is:
```

二月 06 星期二

```
Wish you a lucky day !
```

程序中的注释行以#符号开始，一直持续到该行结束。程序中第一行# !/bin/Bash，是注释语句的一种特殊形式，#!字符告诉系统同一行上紧跟在它后面的那个参数是用来执行本文件的程序。在这个例子中，/bin/Bash 是默认的 Shell 程序。

在后面的例子中，假设您的搜索路径（PATH 变量）中已经包含当前目录 "." 。

例 2.2 编写一个 **Shell** 程序，此程序的功能是：显示 **root** 下的文件信息，然后建立一个名叫 **kk** 的文件夹，在此文件夹下新建一个文件 **aa**，修改此文件的权限为可执行。

分析 此 Shell 程序中需要依次执行命令：

1. 进入 root 目录：cd /root
2. 显示 root 目录下的文件信息：ls l
3. 新建文件夹 kk：mkdir kk
4. 进入 root/kk 目录：cd kk
5. 新建一个文件 aa：vi **aa**   #编辑完成后需手工保存
6. 修改 aa 文件的权限为可执行：chmod +x   aa
7. 回到 root 目录：cd /root
8. Shell 程序只是以上命令的顺序集合，假定程序名为 Shell22。

```
[root@localhost root]# vi Shell22
cd /root
ls  -l
mkdir kk
cd kk
vi aa
chmod +x  aa
cd /root
```

修改可执行权限

```
[root@localhost root]# chmod +x Shell22
```

执行 Shell 代码

```
[root@localhost root]# ./ Shell22
```

思考：仿照以上 Shell 程序，查询某个文件权限、网络状况、端口情况，并同时把这些信息写入到文件 a.dat 中。

2.2 Shell 程序的位置参数与变量

Bash 与其他程序设计语言一样也采用变量来存放数据，使用变量之前通常并不需要事先为它们做出声明。默认情况下，所有变量都被看作字符串并以字符串格式来存储，即使它们被赋值为数值时也是如此。Shell 和一些工具程序会在需要时把数值型字符串转换为对应的数值以对它们进行操作。

2.2.1　Shell 程序的位置参数

1. 位置参数

由系统提供的参数称为位置参数。位置参数的值可以由$N 得到，N 是一个数字，如果
N 为 1，参数的值即$1。类似 C 语言中的数组，Linux 会把输入的命令字符串分段并给每段
进行标号。标号从 0 开始，第 0 号为程序名字，从 1 开始就表示传递给程序的参数，即$0
表示程序的名字，$1 表示传递给程序的第一个参数，以此类推。各位置参数的具体含义如
表 2.1 所示。

表 2.1　位置参数及内部参数含义

位置参数及 内部参数	说　　明	读写特性
$0	Shell 脚本的文件名字	只读
$1—$9	命令行参数 1—9 的值	只读
$*	命令行中所有的参数，如果$*被引号""包括，即"$*"，指各个参数之间用环境变量 IFS 中的第一个字符分隔开。	只读
$@	命令行中所有的参数，它是$*的一种的变体。如果$@被引号""包括，即"$@"，指它不使用 IFS 环境变量，所以当 IFS 为空时，参数的值不会结合在一起。这就是$@同$*在被""包括的时候的差别，其他时候这二者是等价的	只读
$#	命令行参数的总个数	只读
$$	Shell 脚本进程的 ID 号	只读
$?	最近一次命令的退出状态	只读
$!	最近一次后台进程的 ID 号	只读

2. 内部参数

上述提到的$0 是一个内部变量，它是必需的，而$1 则可有可无，最常用的内部变量有
$0、$#、$?、$*，它们的含义如下：

$0：命令所在的路径及其名字。

$#：传递给程序的总的参数数目。

$?：Shell 程序在 Shell 中退出的情况，正常退出返回 0，反之为非 0 值。

$*：传递给程序的所有参数组成的字符串。

例 2.3　编写一个 **Shell** 程序，用于描述 **Shell** 程序中的位置参数$0、$#、$?、$*，程
序名为 **Shell23**，代码如下：

```
[root@localhost bin]# vi shell23
#!/bin/sh
echo "Program name is $0";
```

```
echo "There are totally $# parameters passed to this program";
echo "The status of the last quit is $?";
echo "The parameters are $*";
```

注意:

命令不计算在参数内，程序运行时需要输入多个参数，如:

`[root@localhost bin]# `**Shell23 AAA   bb CCCC DDD 111111**

如果 Shell 脚本中使用的参数不超过 9 个，用$1—$9 即可。当有脚本程序的参数多于 9 个时，可用 Shift 命令来使用序号大于 9 的参数。默认情况下，这个命令把命令行参数全体向左移动一位，使得$2 变成$1，$3 变成$2，如此类推。原先的第一个参数$1 就被移出去了。一旦移走，这个参数不能再被复原为原来的值。若需要移动的位置数大于 1，可以在 Shift 命令的参数中指定。下面就是 shift 命令的简要描述:

命令使用格式如下:

```
shift [N]
```

功能: 把命令行参数向左移动 N 个位置

例 2.4　　下面的 **Shell24** 脚本文件说明了 **Shift** 命令的使用方法。第一个 **Shift** 命令把第一个参数移走，其余的都向左移一位。第二个 **shift** 命令把当前的命令行参数向左移 **3** 位。三个 **echo** 命令用来显示当前的程序的名字（**$0**）、所有位置参数的值（**$@**）和前三个位置参数的值。

程序 Shell24 代码如下:

```
#! /bin/bash
echo "程序名:$0"
echo "所有参数: $@"
echo "前三个参数:$1 $2 $3"
shift
echo "程序名:$0"
echo "所有参数: $@"
echo "前三个参数:$1 $2 $3"
shift 3
echo "程序名:$0"
echo "所有参数: $@"
echo "前三个参数:$1 $2 $3"
exit 0
```

`[root@localhost root]# `**Shell24 Learning Linux programming a b c 123 456**

程序名: Shell24
所有参数: Learning Linux programming a b c 123 456
前三个参数: Learning Linux programming
程序名: Shell24
所有参数: Linux programming a b c 123 456
前三个参数: Linux programming a
程序名: Shell24
所有参数: b c 123 456
前三个参数: b c 123

3. 位置参数的设置

位置参数的值可以用 set 命令来设置。这个命令在处理命令替换的时候非常有用。
set 命令使用格式如下:

```
set [options] argnument-list
```

使用在 argument-list 中的值来设置位置参数、标志、选项。

set 命令选项--, 其含义是如果第一个参数的第一个字符是-。下面的 Shell25 脚本展示了 set 命令的一种用法, 以一个文件名作为参数运行这个脚本的时候, 它会产生一行信息, 其中包括这个文件的文件名、文件的 inode 号和文件大小(按字节计)。set 命令用来把 ls –il 命令的输出设置为$1—$9 的位置变量。如果使用 ls –l 命令, 那么 set 命令应该带一选项。

例 2.5 **set 命令的应用。**

```
[root@localhost root]# cat Shell25
#! /bin/bash
filename="$1"
set $(ls -il $filename)
inode=$1
right=$2
size=$6
echo "Name        Inode    Right    Size"
echo "$filename    $inode    $right $size"
exit 0
```

假设系统中已存在某个文件 3-4.c, 修改脚本可执行权限后执行脚本, 结果可以与 ls 命令执行的结果相比较。

```
[root@localhost root]# ./Shell25  3-4.c
Name        Inode       Right        Size
3-4.c       297666      -rw-r--r--   279
[root@localhost root]# ls -l 3-4.c
-rw-r--r--   1 root      root         279  2月  4 15:26 3-4.c
```

思考：1s-1 显示结果中的各字段与位置变量的关系。

2.2.2 环境变量和用户定义变量

Shell 变量可以分为两大类型：环境变量和用户定义变量。环境变量用来定制您的 Shell 的运行环境，保证 Shell 命令的正确执行。所有环境变量会传递给 Shell 的子进程。这些变量大多数在/etc/profile 文件中初始化，而/etc/profile 是在用户登录的时候执行的。在系统的使用手册中列出了许多这样的环境变量，表 2.2 列出的是一些比较重要的环境变量。

表 2.2   常用的环境变量

环境变量	说　　明	读写特性
$HOME	当前用户的主目录	读写
$PATH	以冒号分隔的用来搜索命令的目录列表	读写
$PS1	命令提示符通常是$字符，但在 Bash 中，您可以使用一些更复杂的值。例如，字符串[\u@\h \W]$就是一个流行的默认值，它给出用户名、机器名和当前目录名，当然也包括一个$提示符	读写
$PS2	二级提示符，用来提示后续的输入，通常是>字符	读写
$IFS	内部域分隔符，当 Shell 读取输入时，用来分隔单词的一组字符，它们通常是空格、制表符和换行符	读写

用户定义的 Shell 变量的名字可以包括数字、字母和下划线，变量名的开头只允许是字母或下划线。变量名中的字母是大小写敏感的，变量名的长度没有限制。

2.2.3 变量声明和赋值

1. 变量的声明

Bash 并不一定要声明变量，但是有些特殊类型的变量必须要声明。您可以使用 declare 和 typeset 命令来声明变量，对它们进行初始化，并设定它们的属性。一个变量的属性规定了该变量可以被赋予的值的类型和该变量的范围。一个 Bash 变量默认是一个字符串，但是您可以把一个变量定义为一个整型值。用这两个命令，可以声明函数和数组，可以把一个变量设为只读，也可以设定一个变量在子进程中可以被访问。

命令使用格式如下：

```
declare [options] [name[=value]]
typeset [options] [name[=value]]
```

功能：声明并初始化变量，设置它们的属性。当不使用 options 的时候，显示所有 Shell 变量和它们的值；当使用 options 的时候，显示符合需求属性的变量和它们的值。

常用选项 options：

-a　　声明"name"是一个数组

-f　　声明"name"是一个函数

-i　　声明"name"是一个整数

-r　　声明"name"是只读的变量

-x　　表示每一个"name"变量都可以被子进程访问到，称为全局变量

Bash 的变量并不一定要在使用前声明或者将其初始化。一个没有声明和初始化的变量的初值是一个空串。可以在使用一个变量前对其初始化并设定它的类型，方法是使用如上所述的带有 options 参数的 declare 或者 typeset 命令。声明一个现有的变量不会改变这个变量的当前值。下面通过一个例子来描述 declare 命令的用法。

例如：declare 命令的用法。

```
[root@localhost root]# declare  -i   age=20
[root@localhost root]# declare  -rx  OS=LINUX
[root@localhost root]# echo $age
20
[root@localhost root]# echo $OS
LINUX
```

2. 变量的赋值

可以使用如下语法把一个值赋给一个或者多个 Shell 变量。通用的语法为：

```
variable=value
```

把 value 赋给变量 variable 的语句通常被称为赋值语句。

注意：

在这个语法中，等号"="前后没有空格。如果一个值包含空格，您必须将其包括在引号中。

使用 name=value 的句法，可以改变一个变量的值，但一个整型变量不能被赋予非整型的值，非整型变量可以被赋予任何值。

例如：变量的赋值。

```
[root@localhost root]# declare  -i  x2=20
[root@localhost root]# echo $x2
20
[root@localhost root]# x2= "text"
[root@localhost root]# echo $x2
0
```

2.2.4 变量引用和单双引号使用

1. 变量引用

在 Shell 中，可以通过在变量名前加一个$字符来访问它的内容。无论何时想要获取变量内容，只要在它前面加一个$字符。当为变量赋值时，只需要使用变量名，此时，如果需要，该变量就会被自动创建。

例 2.6　下面例子中 **echo $myhome** 命令是打印 **myhome** 变量的值，**ls $myhome** 是显示当前目录下 **d1** 子目录下的所有文件和目录，假设 **d1** 子目录下有文件 **file1，file2，file3，file4**。

```
[root@localhost root]# myhome=d1
[root@localhost root]# echo  $myhome
d1
[root@localhost root]# ls $myhome
file1 file2 file3 file4
```

一些其他的语法和操作也可以用来读取一个 Shell 变量的值。

2. 单引号、双引号和反斜线的使用

一般情况下，脚本文件中的参数以空白字符分隔（例如，空格、制表符或者换行符）。如果想在一个参数中包含一个或多个空白字符，您就必须给参数加上引号。

使用双引号可引用除"$""`""\"外的任意字符或字符串。对 Shell 来说，美元符号、反引号和反斜线是特殊符号，它们有特殊意义。而大多数的元字符（包括*）都将被 Shell 按字面意思处理。如果用双引号（""）将值括起来，则允许使用$字符对变量进行替换。字符串通常都被放在双引号中，以防止它们被空白字符分开。

如果用单引号''将值括起来，则不允许有变量替换，且不对它做 Shell 解释。换句话说，就是屏蔽了这些字符的特殊含义，引号里的所有字符，包括引号都作为一个字符串。

反斜线（\）可以用来去除某些字符的特殊含义并把它们按字面意思处理，其中就包括$。

例 2.7　下面例子可以解释双引号、单引号和反斜线的含义。单引号中字符串原样输出，双引号中输出的是变量通过替换后的值，而不是变量名本身。

```
[root@localhost root]# BOOK="linux book"
[root@localhost root]# echo $BOOK
linux book
[root@localhost root]# MSG='$BOOK'
[root@localhost root]# echo $MSG
$BOOK
[root@localhost root]# msg='my name is'
[root@localhost root]# echo $msg
my name is
[root@localhost root]# echo "$msg Linux"
```

```
my name is Linux
[root@localhost root]# echo \$msg
$msg
```

2.2.5　命令替换

当一个命令被包括在一对括号里并在括号前加上$符号，如$(command)，或者被包括在反引号"`"，如`command`中的时候，Shell 把它替换为这个命令的输出结果，这个过程被称为命令替换。

例 2.8　下面例子中，在第一个赋值语句中，变量 **cmd1** 被赋值为 **pwd**；在第二个赋值语句中，**pwd** 命令的输出结果被赋给 **cmd1** 变量。本例中假设已建立文件夹 2-8。

```
[root@localhost root]# cd 2-8
[root@localhost 2-8]#  pwd
/root/2-8
[root@localhost 2-8]# cmd1=pwd
[root@localhost 2-8]# echo "The value of command is: $cmd1."
The value of command is: pwd.
[root@localhost 2-8]# cmd1=$(pwd)
[root@localhost 2-8]# echo "The value of command is: $cmd1."
The value of command is: /root/2-8.
[root@localhost 2-8]# cd
[root@localhost root]# echo "The value of command is: $cmd1."
The value of command is: /root/2-8.
```

命令替换适用于任何命令。在下面的例子中，在 echo 命令执行前，date 命令的输出就替换了$(date)。

例如：

```
[root@localhost root]# echo "The date and time is $(date)."
```
The date and time is 9 月 20 日 10:23:16 UTC 2011.

2.2.6　变量的输入

可以使用 read 命令来将用户的输入赋值给一个 Shell 变量。这个命令需要一个参数，即输入数据的变量名，程序执行到这条语句时会等待用户输入数据。通常情况下，在用户按下回车键时，read 命令结束。从终端上读取一个变量时，一般不需要使用引号。

命令使用格式如下：

```
read [options] variable-list
```
常用选项：

-a　name　　　把词读入 name 数组中去。

-e	把一整行读入第一个变量中，其余的变量均为 null。
-n	在 echo 输出命令字符串后，光标仍然停留在同一行。
-p prompt	如果是从终端读入数据则显示 prompt 字符串。

读入的一行若由许多词组成，则它们须用空格（或者制表符、Shell 环境变量 IFS 的值）分隔开。

如果这些词的数量比列出的变量的数量多，则把余下的所有词赋值给最后一个变量；如果列出的变量的数量多于输入的词的数量，则多余的变量的值被设置为 null。

例如：查看回收站中的文件，从键盘输入回收站中的某一文件，把此文件恢复到/home 目录下。

```
cd $HOME/.Trash
ls  -l
read  i
mv $i  /home
```

例 2.9　编写一个 **Shell** 程序，程序执行时从键盘读入一个目录名，然后显示这个目录下所有文件的信息。

分析　设存放目录的变量为 DIRECTORY，其读入语句为：

read　DIRECTORY

显示文件的信息命令为：

ls -l

编辑 Shell 程序代码为：

```
[root@localhost bin]# vi Shell29
#!/bin/sh
echo  "please input name of directory "
read  DIRECTORY
cd $DIRECTORY
ls  -l
```

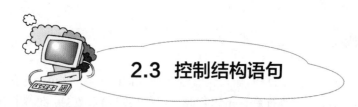

2.3　控制结构语句

Bash 具有一般高级程序设计语言常用的控制结构语句。程序控制结构语句是用来决定 Shell 脚本执行时各个语句执行的顺序的。有三种基本命令可以控制程序流程：二路跳转（if 语句）、多路跳转（case 和 if 语句），以及循环结构（for、while 和 until 语句）。

2.3.1　顺序结构的语句

顺序结构的 Shell 语句的执行是按语句的顺序逐条进行的。

例 2.10　编写一个 **Shell** 程序，此程序的功能是：显示 **root** 下的文件信息，然后建立一个名叫 **kk** 的文件夹，在此文件夹下新建一个文件 **aa**，修改此文件的权限为可执行。

分析　此 Shell 程序中需要依次执行命令：

进入 root 目录：cd /root

显示 root 目录下的文件信息：ls –l

新建文件夹 kk：mkdir kk

进入 root/kk 目录：cd kk

新建一个文件 aa：vi **a**　　#编辑完成后需手工保存

修改 aa 文件的权限为可执行：chmod +x　aa

回到 root 目录：cd /root

Shell 程序只是以上命令的顺序集合，假定程序名为 Shell210。

```
[root@localhost root]# vi Shell210
cd /root
ls -l
mkdir kk
cd kk
vi aa
chmod +x  aa
cd /root
```

2.3.2　if-then-elif-else-fi 语句

if 语句最常用来进行二路跳转，但是它同样可以用于多路跳转。下面是对这个命令的简要描述。所有的 command lists 都是用来完成特定的工作的。下面是使用 if 语句的三种格式。

第一种格式：

```
if expression
  then
    then-command
fi
```

第二种格式：

```
if expression
  then
    command-list
else
```

```
    command-list
fi
```
第三种格式：
```
if expression1
  then
    then1-commands
elif expression2
  then
    then2-commands
elif expression3
  then
    then3-commands
…
else
    else-commands
fi
```

在这里，expression 是表达式。执行完表达式中的命令后将状态值 true 或 false 返回给 expression。如果 expression 为 true，则执行 then 后的命令，否则就执行 fi 语句后面的命令，或 else 语句后面的命令，或 efli 语句。在编写程序时要注意 if—fi 结构。

例 2.11　利用内部变量和位置参数编写一个名为 **Shell211** 的简单删除程序，如删除的文件名为 **a**，则在终端输入的命令为 **Shell211 a**。

分析　除命令外至少还有一个位置参数，即$#不能为 0，删除的文件为$1，程序设计过程为：

```
[root@localhost bin]# vi Shell211
#!/bin/bash
if test $# -eq 0
  then
  echo "Please specify a file!"
else
  gzip $1   #先对文件进行压缩
  mv $1.gz $HOME/dustbin   #移动到回收站
  echo "File $1 is deleted !"
fi
```

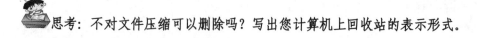

思考：不对文件压缩可以删除吗？写出您计算机上回收站的表示形式。

例 2.12　输入一个字符串，如果是目录，则显示目录下的信息，如为文件显示文件的内容。程序设计过程为：

```
[root@localhost bin]# vi Shell212
#! /bin/bash
echo"Please enter the directory name or file name"
read DORF
if [ -d $DORF ]
  then
  ls $DORF
elif [ -f $DORF]
  then
  cat $DORF
else
  echo "input error!"
fi
```

思考：输入一个字符串，如果是目录，则显示目录下的信息，如为文件则编辑文件的内容。试编写程序。

表达式 expression 可以用 test expression 命令或[expression]来检测。这个命令检测一个表达式并返回 true 还是 false。

命令使用格式如下：

```
test [expression]
```

```
[[ expression ]]
```

在第二种句法中，里面的方括号用来表示中间是一个可选的表达式，外面的方括号则表示 test 命令。在操作数和操作符或者括号的前后都要至少留一个空格。如果您希望把 test 命令的 expression 分行写，则在按下回车键之前输入反斜线 "\"，这样 Shell 就不会把下一行作为一个独立的命令了。

test 命令支持多种对文件和整数的测试，如测试和比较字符串，把两个或多个表达式逻辑连接起来形成更复杂的表达式，等等。test 命令可以使用的条件类型有三类：字符串比较、算术比较和与文件有关的条件测试，表 2.3、表 2.4 和表 2.5 分别描述了这三种条件类型。

表 2.3　字符串比较

字符串比较	结　　果
string1 = string2	如果两个字符串相同则结果为真
string1 != string2	如果两个字符串不同则结果为真
-n string	如果字符串不为空则结果为真
-z string	如果字符串为空则结果为真

表 2.4　算术比较

算术比较	结　果
expression1 -eq expression2	如果两个表达式相等则结果为真
expression1 -ne expression2	如果两个表达式不等则结果为真
expression1 -gt expression2	如果 expression1 大于 expression2 则结果为真
expression1 -ge expression2	如果 expression1 大于或等于 expression2 则结果为真
expression1 -lt expression2	如果 expression1 小于 expression2 则结果为真
expression1 -le expression2	如果 expression1 小于或等于 expression2 则结果为真
! expression	如果表达式为假则结果为真，反之亦然

表 2.5　文件测试

文件条件测试	结　果
-d file	如果文件是一个目录则结果为真
-e file	如果文件存在则结果为真
-f file	如果文件是一个普通文件则结果为真
-g file	如果文件的 SGID 位被设置则结果为真
-r file	如果文件可读则结果为真
-s file	如果文件的长度不为 0 则结果为真
-u file	如果文件的 SUID 位被设置则结果为真
-w file	如果文件可写则结果为真
-x file	如果文件可执行则结果为真

例 2.13　用 if 语句修改前面的 Shell212 脚本，使它仅接受一个命令行参数，并检查这个参数是否是一个文件或目录。如果执行的时候没有给定参数，或者参数的个数多于 1，或者这个参数不是一个普通文件，则脚本返回一个出错信息。脚本的文件名为 Shell213。

Shell213 程序如下：

```
[root@localhost bin]# vi Shell213
#! /bin/bash
if [ $# -gt 1 ]
  then
  echo "参数多于一个！"
  exit 1
fi
if [ -f "$1" ]
  then
  filename="$1"
  set $(ls -il $filename)
  inode=$1
  size=$6
```

```
  echo "Name  Inode  Size"
  echo "$filename $inode $size"
  exit 0
else
  echo "$1: 不是一个普通文件"
  exit 1
fi
```

写程序时需要注意，使用 [ ] 命令测试表达式时，在操作数和操作符或者方括号的前后都需要至少留一个空格，否则程序运行时会出错。

思考：如要显示文件名、文件权限等，如何修改以上程序？

例 2.14　判断您的 **Linux** 系统是否已安装计算器程序，如已安装，执行计算器程序并进行各种算术运算。

分析　在 Linux 环境下，能用图形界面进行操作的一律都可以在终端使用命令操作。查找计算器启动命令可以通过查看计算器属性得到。如图 2.1 所示，执行命令 gnome-calculator 可以启动计算器，程序代码如下：

图 2.1 计算器属性的查看

```
[root@localhost bin]# gedit Shell214
clear
cd /usr/bin
if [ -f  gnome-calculator ]
then
gnome-calculator
else
echo "Your system don't have the  CALCULATOR!"
echo "Press any key to return......"
```

```
fi
cd
```

设置权限：

[root@localhost bin]# **chmod +x Shell214**

执行：

[root@localhost bin]# **./Shell214**

程序执行效果如图 2.2 所示。

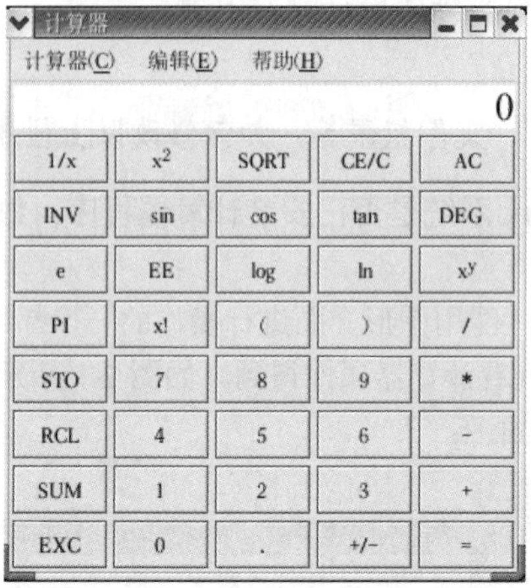

图 2.2　程序执行效果

思考：如何查找在不同 Linux 版本中启动器的属性。

2.3.3　for 语句

for 结构可以用来循环处理一组值，这组值可以是任意字符串的集合。它们可以在程序里被简单地列出，但更常见的做法是把它们与 Shell 的文件名扩展结果结合在一起使用。

for 语句语法：

```
for variable [in argument-list]
do
command-list
done
```

argument-list 中的词被逐一赋值给 variable，然后对应执行一次 command-list 中的命令，这种结构通常被称为循环体。argument-list 中的词有多少个，在 command-list 中的命令就相应执行一样的次数。

下面的 Shell215 脚本文件介绍了带 argument-list 的 for 语句的使用方法。变量 foo 被 argument-list 中的词逐个赋值，这个变量的每一个值都被 echo 语句打印出来，直到 argument-list 中再没有任何词了，程序就跳出 for 循环，执行 done 后面的命令。然后执行

for 语句后面的命令。

例 2.15　在 **for** 循环中的参数列表，在通常情况下以空格符分隔，例如下列程序的输出，程序名为 **Shell215**，程序如下：

```
#! /bin/bash
for foo in  bar  bie  123  four  five  888
do
ec ho "$foo"
done
exit 0
```

```
[root@localhost root]# ./Shell215
bar
bie
123
four
five
888
```

如果把脚本的第一行由 for foo in bar bie 123 four five 888 修改为 for foo in "bar bie 123 four five 888" 会怎样呢？请上机调试，做一下实验。加上引号就等于告诉 Shell 把引号之内的一切东西都看作是一个字符串，这是在变量里保留空格的一种办法。

注意：

IFS 分隔符。IFS 的全称是 Internal Field Separator，即"内部区域分隔符"，它也是一个内置环境变量，存储着默认的文本分隔符，在默认情况下分隔符是空格符（space character）、制表符（tab）以及新行（newline）等。可以通过改变 IFS 的值改变分隔符。

思考： 如何用 for 语句遍历以 # 分隔的字符串？

例 2.16　将分隔符在程序中改成"，"，完成后再改回空格，程序名为 **Shell216**。

```
#!/bin/sh
data="a,b,c,d"
IFSBAK=$IFS      #备份原来的值
IFS=,
for item in $data
do
  echo Item: $item
done
IFS=$IFSBAK      #还原
for item in $data
```

```
do
    echo Item: $item
done
```

运行结果

```
[root@localhost root]# ./Shell216
Item: a
Item: b
Item: c
Item: d
Item: a,b,c,d
```

例 2.17 删除垃圾箱中的所有文件。通常情况下垃圾箱的位置在 **$HOME/.local/share/Trash/files** 中,因而只要删除**$HOME/.local/share/Trash/files** 列表中的所有文件,程序脚本如下:

```
[root@localhost bin]# gedit Shell217
#!/bin/sh
for i in $HOME/.local/share/Trash/files
do
  rm $i && echo "$i has been deleted!"
done
```

思考:

如何把回收站里的文件恢复到指定的目录? 可以参考下列程序代码。

```
#!/bin/sh
ls -l $HOME/.local/share/Trash/files/*
echo "please select a file."
read FILE
sudo mv  $HOME/.local/share/Trash/files/$FILE  /home/$FILE
```

例 2.18 下面这个例子中,要显示当前目录中所有以字母 f 开头的脚本文件,并且假设所有脚本程序都以**.sh** 结尾。

分析 for 循环中使用元字符 * , for 循环经常与 Shell 的文件名中的元字符一起使用。在该思考中使用一个通配符代表若干字符串,并由 Shell 在程序执行时遍历给定域中所有的值。脚本程序用 Shell 元字符 * 为当前目录中所有文件的名字,然后将它们 $i 依次作为 for 循环中的变量 $file 的值来使用。

Shell218 程序如下:

```
#!/bin/Bash
for file in $(ls f*.sh)
do
  cat $file
```

```
done
exit 0
```

思考：显示指定目录中所有的 C 语言程序。

例 2.19　根据指定目录，输出该目录及子目录大小，并将目录中的文件都改变为可执行。**Shell219** 程序代码如下：

```
#! /bin/sh
echo "请输入目录的地址："
read DIR
echo "目录总大小："
du -s $DIR
cd $DIR
for f in $(ls $DIR)
do
if [ -f $f ]
then
    chmod +x $f
elif [ -d $f ]
then
    echo " 子目录 "
    du -s $f
fi
done
ls - l
```

注意：

在本例中程序运行时输入变量 DIR 的目录为绝对路径，如果输入相对路径，程序如何修改？

例 2.20　下面程序在 **for** 语句中应用 **bc** 命令进行表达式 **1+1/2+1/3+1/4+……+1/n** 浮点数计算，**scale=3** 表示小数点的位数。

分析：要做小数运算需要使用 bc 计算器命令，计算的小数点用参数 scale=3 设定。

```
#! /bin/bash
read n
total=0.000
an=0.000
for((num=1;num<=$n;num++));do
    i=$num
    if [ $i != 0 ]
    then
```

```
            an=`echo "scale=3;1.000/$i" | bc`
            total=`echo "scale=3;$total+$an" | bc`
        fi
    done
echo $total
```

思考:

（1）用 for 语句计算表达式 1+2+3+4+⋯+n 的值，n 由键盘输入。
（2）用 for 语句计算表达式 1−1/2+1/3−1/4+⋯−1/n 的值，n 由键盘输入，小数点位数为 4 位。

2.3.4　while 语句

默认情况下，所有 Shell 变量值都被认为是字符串，for 循环特别适合于对一系列字符串进行循环处理，但在命令需要执行特定次数的情况下使用较难。想让循环执行 20 次，如果使用 for 循环，for 语句要写成 for foo in 1 2 3 4 5 6 7 8 9 10 11 12 13 14 15 16 17 18 19 20，代码不够简练。

此时可以使用 while 语句进行循环控制，它可以根据一个表达式的真假而重复执行一系列语句。

语句语法：

```
while expression
do
    command-list
done
```

例 2.21　程序执行时提醒输入密码：secret，如果错误提示再次输入，直到输入正确程序才往下执行。

分析：下面的 demo_while1 脚本是一个应用 while 循环的简单的密码检查程序。do 和 done 之间的语句将反复执行，直到条件不再为真为止。在这个例子中，键盘输入的值被放在变量 yourpasswd 中并反复检查该值是否等于 secret，循环将一直执行到$yourpasswd 等于 secret 为止。循环结束后将继续执行脚本程序中紧跟在 done 后面的语句。

Shell221 程序如下：

```
#! /bin/bash
echo "Guess the password"
echo -n "Enter your password: "
read yourpasswd
while [ "$yourpasswd" != "secret" ]
do
    echo "Sorry. Try again"
    echo  -n "Enter your password: "
    read yourpasswd
```

```
done
echo "Wow! You are a genius! "
exit 0
```

```
[root@localhost root]# ./Shell221
  Guess the password
  Enter your password: pass
  Sorry. Try again
  Enter your password: 888666
  Sorry.Try again
  Enter your password: secret
  Wow! You are a genius!
```

显然，这不是一种非常安全的询问密码的办法，但它演示了 while 语句的运行方式。

例 2.22　应用 **while** 语句，变量 **foo** 从 **1** 开始执行到 **20**，实现特定次的循环。

分析：下面的例子将 while 结构和数值替换结合在一起，这样就可以让某个命令执行特定的次数。这比前面见过的 for 循环要简练多了。

Shell222 程序如下：
```
#! /bin/bash
foo=1
while [ "$foo" -le 20 ]
do
  echo "Here we go again"
  foo=$(($foo+1))
done
exit 0
```

上面这个脚本程序用[ ]命令来测试 foo 的值，如果它小于或等于 20，就执行循环体。在 while 循环的内部，语法$(($foo+1))用来对括号内的表达式进行算术赋值，所以 foo 的值会在每次循环中递增。

因为 foo 不可能变成空字符串，所以在对它的值进行测试时其实不需要把它放在双引号内加以保护，但仍照这样做是因为这是一种良好的编程习惯。

思考：

1. 改写程序，在循环中输出 foo 的值，程序最后输出 1+2+…+20 的值。
2. 改写程序，程序中的 20 由键盘输入(设为 n)，计算表达式 1+2+3+…+n 的值。

程序扩展阅读：
```
#! /bin/bash
echo "A simple calculator using Linux Shell Programming and supporting floating-point number"
  while true
```

```
do
    echo "input num a"
    read a
    echo "input operator"
    read op
    echo "input num b"
    read b
    res=$(expr "scale=4;$a $op $b"|bc)
    echo "The result is $res"
Done
```

注意： 本例中通过 ":" 空命令替换 while 中的 true 实施无限循环，使得计算器可进行连续运算，体现出了 Shell 程序设计的简洁，终止程序运行时可用组合键 Ctrl+C，请调试。

思考： 修改程序，实现在程序运行中让用户选择退出。

2.3.5　until 语句

until 语句的语法与 while 语句类似，但是它们的语义是不同的。until 语句的测试条件与 while 语句相反。while 语句只要表达式的值为真就不断执行循环体，而 until 语句只要表达式的值仍为假就不断执行循环体。until 语句语法如下所示：

```
until expression
do
    command-list
done
```

until 语句非常适合应用在这样的情况：需要让循环不停地执行，直到某些事件发生为止。

例 2.23 设计一个程序，当某个特定的用户登录时，该警报就会开始工作，并通过命令行将用户名传递给脚本程序。

分析：在这个例子中，设置了一个警报(\a)，当某个特定的用户(root)登录时，该警报就会开始工作，并通过命令行将登录用户信息通过管道(>)传递给脚本程序(/dev/aa)。

程序运行时用两种方式输入：

（1）　./Shell223　登录用户名

（2）　./Shell223　非登录用户名

观察并分析程序运行情况，并查看文件 aa 的内容（用命令：cat /dev/aa）。

Shell223 程序如下：

```
#! /bin/bash
until who -a | grep "$1" > /dev/aa
do
```

```
    sleep 60
done
echo  -e \\a
echo "$1 has just logged in"
exit 0
```

 思考：改写程序，在程序中最多循环输入三次口令，正确则执行一个算术运算，错误则退出程序。

2.3.6　case 语句

case 语句的结构比前面介绍的循环结构要稍微复杂一些。case 语句提供了一种同嵌套的 if 语句类似的多路跳转功能，但 case 语句提供的结构可读性更好。如果您嵌套的 if 语句的深度超过了 3 层（如您使用了 3 个 elif），就建议您使用 case 语句来取代它。case 语句的语法如下所示：

```
case variable in
  pattern1 )  command-list1
          ;;
  pattern2 )  command-list2
          ;;
  ...
  pattern )  command-listN
          ;;
esac
```

注意：

每个模式行都以双分号";;"结尾。这是因为需要在前后模式之间放置多条语句，所以需要使用一个双分号来标记前一个语句的结束和后一个模式的开始。

case 结构具备匹配多个模式然后执行多条相关语句的能力，用于处理用户的输入非常适合。

下面例子是用 case 结构编写的一个输入测试脚本程序。

例 2.24　在下列分支程序中，当您输入 **yes** 或 **y** 时，表示是早上，输入 **no** 或 **n** 时表示是下午。**Shell224 程序代码如下：**

```
#! /bin/bash
echo - n "Is it morning? Please answer yes or no:"
read timeofday
case "$timeofday" in
yes ) echo "Good Morning"
;;
no ) echo "Good Afternoon"
;;
```

```
y ) echo "Good Morning"
;;
n ) echo "Good Afternoon"
    ;;
* ) echo "Sorry, answer not recognized"
;;
esac
exit 0
```

case 语句被执行时，它会把变量 timeofday 的内容与各字符串依次进行比较。一旦某个字符串与输入匹配成功，就会执行右括号")"后面紧随的语句，然后结束。

case 命令会对用来做比较的字符串进行正常的通配符扩展。因此可以指定字符串的一部分并在其后加上一个*通配符。只使用一个单独的*表示匹配任何可能的字符串，所以总是在其他匹配字符串之后再加上一个*，以确保如果没有字符串得到匹配 case 语句也会执行某个默认动作。之所以能够这样做是因为 case 语句是按顺序比较每一个字符串，它不会去查找最佳匹配，而仅仅是查找第一个匹配。因为默认条件通常都是些"最不可能出现"的条件，所以使用*对脚本程序的调试是很有帮助的。

例 2.25 用菜单形式完成 7 种电脑图形游戏。

```
#! /bin/bash
while  true
do
    echo  "(1)GNOME Mines"
    echo  "(2)GNOME Robots"
    echo  "(3)GTali"
    echo  "(4)Gnotski"
    echo  "(5)Gnome"
    echo  "(6)GNOME Tetravex"
    echo  "(7)GNOME Stones"
    echo  "(8)Exit Menu"
    read  input
    if test $input = 8
     then
       exit 0
    fi
    case $input in
      1) gnomine;;
      2) gnobots2;;
      3) gtali;;
      4) gnotski;;
      5) gnibbles;;
      6) gnotravex;
      7) gnome-stones;
      *) echo "Please selected 1\2\3\4\5\6\7\8 " ;;
    esac
done
```

例 2.26   在 **Linux Shell** 环境中显示如下菜单：

```
========================================
           ALL FUNCTIONS
           1 COMPILE IT
           2 CHECK IT
           3 RUN IT
           4 EXIT
========================================
```

程序在执行时提示先输入 C 源程序后，通过选择 1 可编译此程序，选择 2 可查看源程序，选择 3 可执行此程序，选择 4 退出程序的运行。程序的功能用于读取、编译、查看、运行一个 C 程序。程序代码设计如下：

```bash
#! /bin/bash
chmod a+x $0
flag=0
clear
 echo "welcome to my program!"
 echo "this is a Shell program to deal with C language programming."
 echo "===================================="
 echo "please first input your C programming:"
 echo "for example: example.c"
 read FILEpath
 if [ -e "$FILEpath" ]
    then
     echo "===================================="
     echo "                GOT IT!                "
     echo "===================================="
     echo ""
     sleep 1
 else
     echo "WRONG INPUT! PROGRAM SUCKS!"
     echo ""
     sleep 1
     exit 1
 fi
 clear
while true
 do
 echo "===================================="
 echo "           ALL FUNCTIONS            "
 echo "           1 COMPILE IT             "
 echo "           2 CHECK IT               "
 echo "           3 RUN IT                 "
 echo "           4 EXIT                   "
 echo "===================================="
 echo "please input the number to choose function:"
```

```
    read num
    case $num in
      1)if [ -e "pro.o" ]
        then
          rm pro.o
        fi
        gcc "$FILEpath"  -o   pro
        let flag=1
        echo "===================================="
        echo "                DONE!"
        echo "===================================="
        echo "";;
      2)cat "$FILEpath"
        echo "===================================="
        echo "                DONE!"
        echo "===================================="
        echo "";;
      3)if [[ flag -eq 0 ]]
          then
          echo "please run FUNCTION ONE frist!"
          echo ""
          else
          ./pro
          echo ""
          echo ""
        fi;;
      4)clear
        echo "===================================="
        echo "      thanks for using my program      "
        echo "                BYEBYE              "
        echo "===================================="
        sleep 3
        while true
         do
           exit
         done
        clear;;
      *)echo "please input the right number!"
        sleep 1
        echo "";;
    esac
  done
```

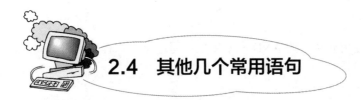

2.4　其他几个常用语句

2.4.1　break 和 continue 语句

break 命令和 continue 命令是用来打断循环体的执行的，功能类似于 C 语言中的同名语句。

break 命令使得程序跳出 for、while、until 循环，执行 done 后面的语句，这样就永久终止了循环。continue 命令使得程序跳转到 done 后再次判断循环条件是否满足，如满足则开始新的一次循环。

但无论以上哪种情况，循环体中在这两条命令后的语句都没有被执行。break 命令和 continue 命令常作为条件语句的一部分来使用。

2.4.2　exit 语句

exit 命令使脚本程序结束运行，退出码为 n。

exit 语句的语法如下：

`exit n`

如果在交互式 Shell 的命令提示符中使用这个命令，系统将退出。如果您允许自己的脚本程序在退出时不指定一个退出状态，那么该脚本中最后一条被执行命令的状态将被用作返回值。在脚本程序中提供一个退出码是一个良好的编程习惯。

在 Shell 脚本编程中，退出码 0 表示成功，退出码 1—125 是脚本程序使用的错误代码。其余数字具有保留含义，如表 2.6 所示。

表 2.6　exit 退出码说明

退出码	说　明
126	文件不可执行
127	命令未找到
128 及以上	出现一个信号

exit 用 0 表示成功退出，对许多 C/C++程序员来说有些不适应，在脚本程序中这种做法的优点是允许使用多达 125 个用户自定义的错误代码。

例 2.27　判断当前目录下是否存在一个名为.profile 的文件，如果存在就返回 0，否则返回 1。Shell227 程序代码如下：

```
#! /bin/bash
if [ -f .profile ]
 then
   exit 0
```

```
fi
exit 1
```

也可以组合使用介绍过的 AND 和 OR 来重写这个脚本程序，只需要一行代码：

```
[ -f .profile ] && exit 0 || exit 1
```

2.4.3　printf 语句

目前版本的 Bash 都提供 printf 命令。X/Open 规范建议用它来代替 echo 命令以产生格式化的输出。

语句语法：

```
printf "format string" parameter1 parameter2 …
```

Shell 中格式字符串的用法与 C/C++的非常相似，但它仍然有一些自身的限制。主要区别是 Shell 不支持浮点数，因为 Shell 中所有的算术运算都是按照整数来进行计算的。格式字符串由各种可打印字符、转义序列和字符转换限定符组成。格式字符串中除了%和\之外的所有字符都将按原样输出。表 2.7 是它支持的转义序列。

表 2.7　printf 支持的转义序列

转义序列	说　　明
\\	反斜线符
\a	报警（响铃或蜂鸣）
\b	退格字符
\f	进纸换页字符
\n	换行符
\r	回车符
\t	制表符
\v	垂直制表符
\ooo	八进制数值 ooo 表示的单个字符

字符转换限定符相当复杂，因此在这里只列出最常见的用法，更详细的介绍可以参考 Bash 的帮助手册或 printf 帮助手册的第三部分（man 3 printf）。字符转换限定符由一个%和跟在后面的一个转换字符组成，主要的转换字符如表 2.8 所示。

表 2.8　输出限定符

字符转换限定符	说　　明
d	输出一个十进制数字
c	输出一个字符
s	输出一个字符串
%	输出一个%字符

例如：　printf 的使用。

```
[root@localhost root]# printf "%s\n" Hello
```

```
Hello
[root@localhost root]# printf  "%c\n"  Hello
H
[root@localhost root]# printf  "%d %f  %lf \n"  120 6.76  120.9
120  6.760000  120.900000
[root@localhost root]# printf  "%s %d\t%s"  "There are" 20 people
There are  20      people
```

思考：

必须使用双引号括住字符串 There are，使之成为一个单独的参数，如果 people 后还有其他单词要输出，应如何修改此语句？

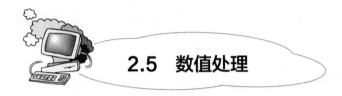

2.5 数值处理

在 Linux 系统中 Bash 变量的值是以字符串格式存储的。如果需要进行算术和逻辑运算，必须先将字符串转换为整数，得到运算结果后再转换回字符串，以便正确地保存于 Shell 变量中。

Bash 提供了三种方法对数值数据进行算术运算：

（1）let 命令

（2）Shell 扩展 $((expression))

（3）expr 命令

表达式求值以长整数格式数据进行，并且不做溢出检查。在表达式中使用 Shell 变量时，变量在求值前首先将被强制转换为长整型。Bash 支持的算术、逻辑和关系运算符按优先级降序列于表 2.9 中。同组的运算符有相同的优先级。将表达式置于括号中可调整求值的次序。八进制数在首位数字前加 0，十六进制数在首位数字前加 0x 或 0X，十进制数不需做任何标记。

表 2.9 算术运算符

运算符	含　义
– +	一元运算（正负号）
! ~	逻辑非、补
**	指数
* / %	乘、除、取模
+ –	加、减
<< >>	左移、右移
> < >= <=	大于、小于、大于等于、小于等于

运算符	含 义
== !=	等于、不等于
&	按位与
^	按位异或（XOR）
|	按位或
&&	逻辑与
||	逻辑或
= += -= *= /= &= ^= |= <<= >>=	赋值运算符：简单赋值、加赋值、减赋值、乘赋值、除赋值、与赋值、异或赋值、或赋值、左移赋值、右移赋值

2.5.1 let 命令

Bash 的内部命令 let 可以用来计算算术表达式的值。如果表达式中有空格或者特殊字符，则应将表达式括在双引号中。

let 命令的使用格式如下：

`let express-list`

如果最后的表达式取值为 0，let 命令返回 1；否则返回 0。

下面是 let 命令使用的例子。使用 Shell 变量的时候，不需要在变量名前加$。例子中的第一个 let 命令中使用了引号，是因为命令中的表达式含有空格。下面几行显示如何使用 let 命令进行变量声明和算术表达式求值。在本例最后的 let 命令中的表达式 2**x，意思是 2 的 x 次方。

例如：let 命令的使用。

```
[root@localhost root]# let "x=6" "y = 9" "z = 16"
[root@localhost root]# let t=x+y
[root@localhost root]# echo "t= $t"
t= 15
[root@localhost root]# let A=2**x B=y*z
[root@localhost root]# echo "A=$A    B=$B"
A=64    B=144
```

2.5.2 $((expression))扩展

使用 Bash 扩展语法来求算术表达式的值。

$扩展命令使用格式如下：

`$((expression))`

这个语法的含义是计算表达式 expression 并用其计算结果代替$((expression))。它类似于命令替换所用的语法"$(...)"，用于命令的执行与输出执行结果。$((expression))可作为参数传递给命令或者放置在命令行上用于算术替换。

表达式 expression 的构成规则与 C 编程语言的规则类似，但 Bash 中使用整数型数据进行计算。除非使用的是整数类型的变量或者真正的整数，否则 Shell 必须先将字符串值转换成整数，再用于算术计算。

在 expression 中的变量名称前不需要加上$符号。

例 2.28　$(( ))的使用，在本例中描述了一个判断离 100 岁还有多少年的算术表达式，设程序名为 Shell228。

```
[root@localhost root]# vi Shell228
#! /bin/bash
echo -n "How old are you? "
read age
echo "Wow, in $((100-age)) years, you'll be 100! "


[root@localhost root]# ./Shell228
How old are you? 20
Wow, in 80 years, you'll be 100!
```

不必将 expression 放在引号中，使用这个特性可以更加容易地使用星号（*）进行乘法运算，如下面的例子所示：

```
[root@localhost root]# echo There are $((60*60*24*365)) seconds in a non-leap
year
There are 31536000 seconds in a non-leap year.
```

下面的例子使用工具 wc、重定向、算术表达式和命令替换来计算打印文件 letter.txt 内容所需要的页数。带-1 选项，表示 wc 命令的输出内容为该文件的行数。如果重定向 wc 的输入，它就不会显示该文件的文件名：

```
[root@localhost root]# wc -1 letter.txt
351 letter.txt
[root@localhost root]# wc -1 < letter.txt
351
[root@localhost root]# numpages=$(( $(wc -1 < letter.txt)/66 + 1))
[root@localhost root]# echo $numpages
6
```

在上面例子中，符号$和单个圆括号指示 Shell 执行替换命令，而$符号和两个圆括号指示 Shell 进行算术扩展。先将 wc 输出的数字除以每页的行数 66，再在表达式末尾加上 1，这是因为整除会丢弃余数。

注意：

$((...))与$(...)的含义不同，两对圆括号用于算术替换，而一对圆括号用于命令的执行和获取输出。

例如：应用 while 循环输出 0—9 的自然数。

```
#! /bin/bash
x=0;
while[ "$x" -ne 10 ]
do
echo $x
x=$(($x+1))      #等同于语句 x=$(expr $x + 1)
done
```

2.5.3　expr 命令

expr 命令将它的参数当作一个表达式来求值。

expr 命令使用格式如下：

`expr args`

功能：计算表达式的参数 'args' 的值，并返回它的值到标准输出

expr 最常见的用法就是进行如下形式的简单数学运算：

``x=`expr $x + 1` ``

反引号（``）字符使 x 取值为命令 expr $x + 1 的执行结果。也可以用语法 $( )替换反引号``。

 注意：

expr 命令的各项参数要以空格隔开。

expr 命令的功能十分强大，它可以完成许多表达式的求值计算。表 2.10 列出了常用的一些数值运算符，表中 expr1 和 expr2 为表达式。

表 2.10　常用的数值运算符

表达式求值	说　明
expr1 | expr2	如果 expr1 非零，则表达式等于 expr1，否则表达式等于 expr2
expr1 & expr2	只要 expr1 和 expr2 中有一个为零，则表达式等于零,否则表达式等于 expr1
expr1 = expr2	等于
expr1 > expr2	大于
expr1 >= expr2	大于等于
expr1 < expr2	小于
expr1 <= expr2	小于等于
expr1 != expr2	不等于
expr1 + expr2	加法
expr1 - expr2	减法
expr1 * expr2	乘法
expr1 / expr2	整除
expr1 % expr2	取余

注意：

在 expr 表达式中如出现 * 这样的 shell 元字符而又不能作为元字符处理时（例如乘法符号），在表达式中必须使用转义符，这样 Shell 才会进行正确的解释。

下面例子中第一个 expr 命令将 Shell 变量 a1 的值加 1，第二个 expr 命令计算 a1 的平方，最后两个 echo 命令用 expr 对 a1 进行整除和取余运算。

例如：expr 命令的使用。

```
[root@localhost root]# a1=5
[root@localhost root]# a1=$( expr $a1 + 1 )
[root@localhost root]# echo $a1
6
[root@localhost root]# a1=$( expr $a1 \* $a1 )    #此处 * 号作为乘法处理
[root@localhost root]# echo $a1
36
[root@localhost root]# echo $( expr $a1 / 4 )
9
[root@localhost root]# echo $( expr $a1 % 10 )
6
```

下面的 demo_addall 脚本将一列整数作为命令行参数，将其累加并显示其和。每次 while 循环将命令行参数中的下一个数加到当前的 sum 上（初始值是 0），并同步更新用来记录累加个数的变量 count，然后把命令行参数向左移动一个位置（使用 shift 命令）。重复循环，直到累加完所有命令行参数。代码后面运行脚本的例子以 1—7 的完全平方数为参数，并返回其和。

例 2.29　expr 在 while 循环中的应用，程序名为 Shell229。

```
#! /bin/bash
#若运行时没有参数，给出提示，并退出程序。
if [ $# = 0 ]
   then
    echo "Usage: $0 number-list"
    exit 1
fi
sum=0        #sum 初始化为 0
count=0       #计算传递的参数的个数

while [ $# != 0 ]
do
    sum=$(expr $sum + $1)          #将下一个参数加到当前的 sum 上
    if [ $? != 0 ]        #如果参数是非零整数值，expr 命令执行失败，在此退出。
     then
```

```
        exit 1
    fi
    count=$((count+1))          #更新目前已经累加的参数个数
    shift           #将累加过的参数移走
done
#显示计算的参数个数及最后累加结果
echo "The sum of the given $count numbers is $sum."
exit 0
```
[root@localhost root]# ./shell229

Usage: ./shell229 number-list

[root@localhost root]# ./shell229 1 4 9 16 25 36 49

The sum of the given 7 numbers is 140

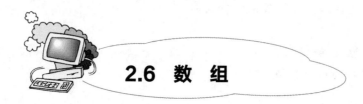

2.6 数 组

Bash 支持一维数组变量。数组是存储在连续内存空间的相同类型的一组元素。数组的下标是整数并以数字 0 作为起始，即数组的第 1 个元素的下标为 0。数组的容量没有限制，且数组的元素不必连续赋值。这意味着一旦有一个数组变量，那么就可以给数组的任何一个元素赋值。

1. 数组的声明

可以使用 declare，local，readonly 等各种语句声明数组变量，也可以用直接赋值的方法声明一个数组。下面是声明一个数组并为其赋值的常见格式。

● array[key]=value
表示给下标为 key 的数组 array 元素赋值 value。

例如： array[0]=one,array[1]=two

● array=(value1 value2 value3…)
表示声明一个数组 array，分别给数组的元素 array[0]、array[1]、array[2]赋值 value1，value2，value3。

● array=([1]=one [2]=two [3]=three…)
表示声明一个数组 array，分别给数组的元素 array[1]、array[2]、array[3]赋值 one，two，three。

2. 数组的访问

${array[key]}
例如：${array[1]}

3. 数组的删除

（1）删除数组中第一个元素：

  unset array[1]

（2）删除整个数组：

  unset array

4. 计算数组的长度

（1）按字节计算数组的第 0 个元素的大小：

  ${#array}

（2）按字节计算数组的第 0 个元素的大小

  ${#array[0]}

（3）计算数组的元素个数：

  ${#array[*]}

  或 ${#array[@]}

5. 数组字串的操作

（1）字串的提取：

${array[@]:n:m} 表示提取数组 n 与 m 之间的元素。

例如：

```
[root@localhost root]# array=( [0]=one [1]=two [2]=three [3]=four )
[root@localhost root]# echo ${array[@]:1}   #除掉第一个元素后的所有元素
two three four
[root@localhost root]# echo ${array[@]:0:2}
one two
[root@localhost root]# echo ${array[@]:1:2}
two three
```

（2）子串删除：

```
[root@localhost root]# echo ${array[@]:0}
one two three four
[root@localhost root]# echo ${array[@]#t*e} #删除从左边开始最短的匹配："t*e"
```
（这将匹配到"thre"）
```
one two e four
[root@localhost root]# echo ${array[@]##t*e}#删除从左边开始最长的匹配："t*e"
```
（这将匹配到"three"）
```
one two four
[root@localhost root]# array=( [0]=one [1]=two [2]=three [3]=four )
[root@localhost root]# echo ${array[@]%o}    #删除从右边开始最短的匹配
```

```
one tw three four
[root@localhost root]# echo ${array[@]%%o}    #删除从右边开始最长的匹配
one tw three four
```

（3）子串替换：

```
[root@localhost root]# array=( [0]=one [1]=two [2]=three [3]=four )
[root@localhost root]# echo ${array[@]/o/m}
#第一个匹配到的子串会被替换
mne twm three fmur
[root@localhost root]# echo ${array[@]//o/m}
#所有匹配到的子串会被替换
mne twm three fmur
[root@localhost root]# echo ${array[@]//o}
#没有指定替换子串，则删除匹配到的子串
ne tw three fur
[root@localhost root]# echo ${array[@]/#o/k}
#替换字符串前端子串
kne two three four
[root@localhost root]# echo ${array[@]/%o/k}
#替换字符串尾端子串
one twk three four
```

在下例中，声明数组的形式为 array=(value1 value2 value3 …)，其中 value1 形如
"[[subscript]=]string"。注意，是否给出下标是可选的，若给出下标则给数组中相应的位
置赋值；否则将给数组中上次赋值位置的下一个位置赋值。在下面的例子中，数组变量 ns
被赋了四个值，依次赋值给了下标为 0，1，6，25 的数组元素。

例如：

```
[root@localhost root]# ns=(max san [6]=zhang [25]=wang)
[root@localhost root]# echo ${ns[0]}
max
[root@localhost root]# echo ${ns[6]}
zhang
```

可以用${name[subscript]}引用数组中的元素，这种方式叫数组索引。如果 subscript 是
@或*，则数组中所有元素都被引用。

下标[@]与[*]的作用都是得到整个数组元素，但它们加上双引号后的含义是不同的，
"${name[@]}"的含义是将原数组的内容逐个复制到新数组中，生成和原来一样的一个新
数组；但"${name[*]}"是把原数组中的所有元素当成一个元素复制到新数组中，生成的
新数组只有一个元素。

注意:

给数组赋值时，等号右边要使用圆括号。

下面例子展示了@和*的不同。

```
[root@localhost root]# a=("${ns[@]}")
[root@localhost root]# echo ${a[0]}
max
[root@localhost root]# b=("${ns[*]}")
[root@localhost root]# echo ${b[0]}
max san zhang wang
```

数组单元的大小（按字节数）可以用$\{\#name[subscript]\}$显示。如果没有给出下标，则显示第一个数组元素的大小；如果用*作为下标，则显示数组的元素个数。

例 2.30   应用整数数组的脚本（数组名为 **Fibonacci**）计算数组中整数的和，并显示在屏幕上。例子中的 **Fibonacci** 数组包括了斐波纳奇数列的头 **10** 个数字。斐波纳奇数列的头两个数字是 **0** 和 **1**，数列中每个数是其前两个数的和。因此，斐波纳奇数列中头 **10** 个数是 **0，1，1，2，3，5，8，13，21，34**。

F1=0

F2=1

Fn=Fn-1 + Fn-2   (n≥3)

分析   程序的功能是计算数组中数据的总和并放在数值变量 sum 中，sum 的初始值从 0 开始。读下一个数组的值并加到 sum，当读完所有的元素，停止并显示结果，程序名为 Shell230。

```
#! /bin/bash
#将斐波纳奇数列中的数初始化到 Fibonacci 数组中
declare -a Fibonacci=( 0 1 1 2 3 5 8 13 21 34 )
size=${#Fibonacci[*]}    # Fibonacci 数组的大小作为字符串
index=1        #数组索引初始化指向第二个元素
sum=0          #sum 初始化为 0
next=0         #用来存储下一个数组元素

while [ $index -lt $size ]
do
next=$(( ${Fibonacci[$index]} ))    #取数组元素的值
    sum=$((sum+next))    #将 next 更新为数组的第 index 个元素的值
    index=$((index + 1))            #将数组索引加 1
done                #显示最后的和
echo "The sum of the given ${#Fibonacci[*]} numbers is $((sum))."
exit 0
[root@localhost root]#  ./Shell230
```

The sum of the given 10 numbers is 88.

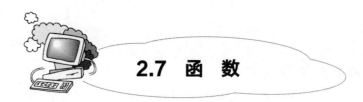

2.7 函 数

如果您想编写大型的 Shell 脚本程序，可以在 Shell 中定义函数。Linux 和 UNIX 系统中有很多大型程序都是使用 Shell 来编写的，如自由软件基金会（Free Software Foundation，FSF）的 autoconf 程序和许多 Linux 软件包的安装程序就是 Shell 脚本程序。

如果不使用函数来写脚本程序，您也可以把一个大型的脚本程序分成许多小一点的脚本程序，让每个脚本完成一个小任务。但这种做法有几个缺点：（1）在一个脚本程序中执行另外一个脚本程序要比执行一个函数慢得多；（2）返回执行结果变得更加困难。

要定义一个 Shell 函数，只需写出它的名字，然后跟一对空括号，再把有关的语句放在一对花括号中。函数定义的格式如下所示：

```
function_name()
{
command-list
}
```

function_name 是函数名，command-list 中的命令为函数体。左花括号{可以与函数名放在同一行。交互式地定义函数可以直接在 Shell 提示符下先输入函数名和圆括号，然后输入{，再每行输入一条命令，最后以}结束。

下面是一个简单的函数例子。

例 2.31 下列脚本的名为 Shell231，是函数调用的应用示例。

```
#! /bin/Bash
foo( )        #函数定义
{
    echo "Function foo is  being  execting"
}

echo "script starting"      #程序开始执行
foo            #函数调用
echo "script ended"
exit 0
```

Shell231 脚本程序与其他脚本程序一样，先从顶部开始执行。当执行到 foo（）{结构时，程序知道定义了一个名为 foo 的函数，它会记住这个函数并跳转到}之后的位置继续执行。当继续执行到单独的命令行 foo 时，Shell 就知道应该去执行刚才定义的函数了，等这个函数执行完毕以后，Shell 又会返回到调用 foo 函数的那条语句的后面，并继续执行其后的语句，运行这个脚本程序会输出下面的信息：

```
[root@localhost root]# ./Shell231
```

script starting

Function foo is execting

script ended

当一个函数被调用时，脚本程序的位置参数$*、$@、$#、$1、$2 等会被替换为函数的参数。当函数执行完毕后，这些参数会恢复为它们先前的值。

可以通过 return 命令让函数返回数字值，也可以使用 local 关键字在 Shell 函数中声明局部变量，局部变量将局限在函数的作用范围内。此外，函数还可以访问全局作用范围内的其他 Shell 变量。如果一个局部变量和一个全局变量的名字相同，前者就会覆盖后者，但仅限于函数的作用范围之内。

例 2.32　下列脚本的名为 **Shell232**，是全局变量与局部变量的应用示例。

```
#! /bin/bash
sample_txt="global varible"
foo() {
local sample_txt="local varible"
echo "Function foo is executing"
echo $sample_txt
}

echo "script starting"
foo           #函数调用
echo $sample_txt
exit 0
```

这个脚本程序运行结果如下：

```
[root@localhost root]# ./Shell232
```

script starting

Function foo is executing

local varible

global varible

例 2.33　本例演示函数中的参数的传递情况，以及函数如何返回一个 **true** 或 **false** 值，脚本程序在调用时需要有一个参数。设脚本名称为 **Shell233**。

```
#! /bin/bash
#定义函数
yes_or_no()
{
echo "Is you name $* ?"
while true
do
echo "Enter yes or no:"
read x
```

```
case "$x" in
y | yes ) return 0;;
n | no ) return 1;;
* ) echo "Answer yes or no"
esac
done
 }
#主程序部分
if [ $# = 0 ]
then
echo "Usage: myname name"
else
echo "Original parameters are $*"
if yes_or_no "$1"
then
echo "Hi $1,nice name"
else
echo "Never mind"
fi
fi
exit 0
```

这个脚本程序的典型输出如下所示：

```
[root@localhost root]#  ./Shell233  Zhang San
Original parameters are Zhang San
Is you name Zhang
Enter yes or no:yes
Hi Zhang,nice name
```

当 Shell233 脚本程序开始执行时，函数 yes_or_no 被定义，但暂时不会执行。在 if 语句中，当脚本程序执行到函数 yes_or_no 时，先把$1 替换为脚本程序的第一个参数 Zhang，再把它作为参数传递给函数供其使用，此时它们被保存在$1，$2 等位置参数中，并向调用者返回一个值。if结构再根据这个返回值去执行相应的语句。

注意：

1. 在 Linux 编辑中命令区分大小写字符。

2. 在 Shell 语句中加入必要的注释，以便以后阅读和维护，注释以#开头。

3. 对 Shell 变量进行数字运算，使用乘法符号 "*" 时，要用转义字符 "\" 进行转义。

4. 由于 Shell 对命令中多余的空格不进行任何处理，因此程序员可以利用这一特性调整程序缩进，达到增强程序可读性的效果。

5. 在对函数命名时最好能使用有含义且容易理解的名字，即您所取的函数名能够比较准确地表达函数所完成的任务。同时建议对于较大的程序要建立函数命名和变量命名对照表。

2.8 综合实例

实例 1：

编写一个 Shell 程序，呈现一个菜单，有 0—5 共六个命令选项，1 为挂载 U 盘，2 为卸载 U 盘，3 为显示 U 盘的信息，4 把硬盘中的文件拷贝到 U 盘，5 把 U 盘中的文件拷贝到硬盘中，选 0 退出。

分析：把此程序分成题目中所要求的六大功能模块，另加一个菜单显示及选择的主模块。

（1）编辑代码

```
[root@localhost bin]# vi zhsl
#!/bin/sh
#mountusb.sh
#退出程序函数
quit()
{
  clear
  echo "*****************************************************"
  echo "**          thank you to use,Good bye!          **"
  exit 0
}
#加载 U 盘函数
mountusb()
{
  clear
  #在/mnt 下创建 usb 目录
  mkdir /mnt/usb
  #查看 U 盘设备名称
  /sbin/fdisk -l |grep /dev/sd
  echo -e "Please Enter the device name of usb as shown above:\c"
  read PARAMETER
  mount /dev/$PARAMETER /mnt/usb
}
#卸载 U 盘函数
umountusb()
{
  clear
  umount /mnt/usb
}
#显示 U 盘信息函数
display()
{
```

```
    clear
    ls -la /mnt/usb
}
```

#拷贝硬盘文件到U盘函数

```
cpdisktousb()
{
    clear
    echo -e "Please Enter the filename to be Copide (under Current
directory):\c"
    read FILE
    echo "Copying,Please wait!..."
    cp $FILE /mnt/usb
}
```

#拷贝U盘函数到硬盘函数

```
cpusbtodisk()
{
    clear
    echo -e "Please Enter the filename to be Copide in USB:\c"
    read FILE
    echo "Copying,Please wait!..."
    cp /mnt/usb/$FILE . #点(.)表示当前路径
}
```

#程序开始执行位置

```
clear
while true
do
    echo "===================================================="
    echo "***           LINUX  USB  MANAGE  PROGRAM        ***"
    echo "              1-MOUNT USB                            "
    echo "              2-UNMOUNT USB                          "
    echo "              3-DISPLAY USB INFORMATION              "
    echo "              4-COPY FILE IN DISK TO USB             "
    echo "              5-COPY FILE IN USB TO DISK             "
    echo "              0-EXIT                                 "
    echo "===================================================="
    echo -e "Please Enter a Choice(0—5):\c"
    read CHOICE
    case $CHOICE in
    1)mountusb;;
    2)umountusb;;
    3)display;;
    4)cpdisktousb;;
    5)cpusbtodisk;;
    0)quit;;
    *)echo "Invalid Choice!Correct Choice is (0—5)"
```

```
    sleep 4
    clear;;
  esac
 done
```

（2）修改权限

[root@localhost root]# **chmod +x zhsl**

（3）程序运行结果

[root@localhost root]# **./zhsl**

实例 2：

设计一个 main 程序，程序由多个文件组成，文件之间可以相互调用，并完成以下所示的模块功能。程序主要分成了六个模块，主要功能模块如图 2.3 所示。

1. main 模块：

 1)　通过 chmod +x　filename 实现对几个文件属性的改变。
 2)　总的模块，通过 ./文件名来实现对其他几个 Shell 程序的调用。

2. USB 功能模块：

 1)　挂载 U 盘
 　　/sbin/fdisk -l|grep /dev/sd 　　　/*显示挂载 U 盘的盘符*/
 　　read r　　　　　　　　　/*读入盘符*/
 　　mount /dev/$r　/mnt　　　/*将 U 盘挂载在/mnt 目录下*/
 2)　卸载 U 盘
 　　umount /mnt　　　　　　　/*卸载挂载在/mnt 目录下的 U 盘*/
 3)　显示 U 盘文件信息
 　　ls -la /mnt　　　　　　　/*显示 U 盘的所有文件及文件夹的内容*/
 4)　拷贝文件
 　　read FILE1　　　　　　　/*读取文件名*/
 　　cp $FILE1　dirname　　　/*将文件拷贝到指定目录下*/
 5)　删除文件
 　　read FILE3　　　　　　　/*输入文件路径*/
 　　rm -v /mnt/$FILE3　　　/*删除文件*/

3. 压缩功能

 1)　压缩原文件
 　　read way1　　　　　　　/*读入文件绝对路径*/
 　　gzip $way1　　　　　　　/*压缩文件*/
 2)　打包压缩文件夹
 　　read way2　　　　　　　　/*读入文件夹路径*/
 　　way8=$way2.tar.gz　　　/*命名打包压缩文件夹名字*/
 　　tar -zcvf $way8 $way2　/*打包压缩文件夹*/
 3)　解压压缩文件

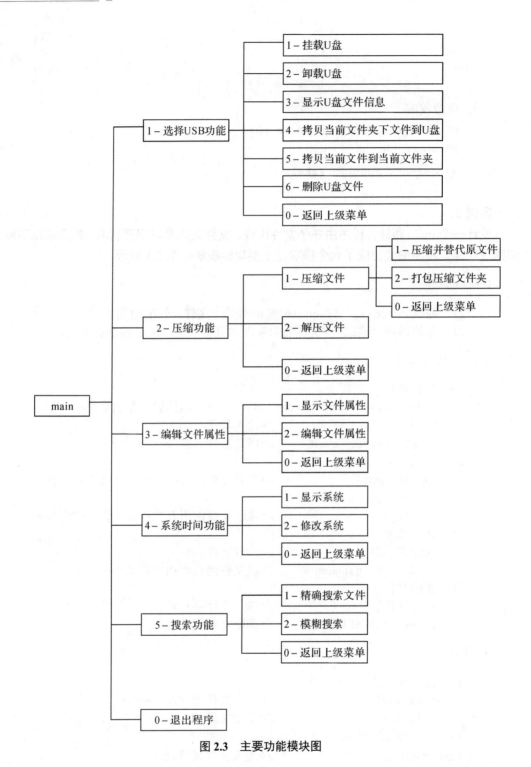

图 2.3　主要功能模块图

```
read way3                    /*读入压缩文件的绝对路径*/
gzip -d $way3                /*解压压缩文件*/
```

4. 编辑文件属性功能

　　1)　显示文件属性
```
read way4                    /*读入文件绝对路径*/
ls -l $way4                  /*显示文件属性*/
```
　　2)　编辑文件属性
```
read way5 pro                /*读入文件绝对路径和八进制的属性*/
chmod $pro $way5             /*改变文件属性*/
ls -l $way5                  /*显示改变后文件的属性*/
```

5. 系统时间功能

　　1)　显示系统时间
```
date                         /*显示系统时间*/
```
　　2)　修改系统时间
```
read time2                   /*读入要修改的时间*/
date $time2                  /*修改系统时间*/
```

6. 搜索功能

　　1)　精确搜索
```
read file9                   /*读入文件名*/
read dir8                    /*读入要搜索的文件夹*/
find $dir8 -name $file9 -print /*搜索匹配文件并显示*/
```
　　2)　模糊搜索
```
read file7                   /*读入部分文件名*/
file6=*$file7*               /*将文件名模糊化*/
read dir7                    /*读入要搜索的文件夹*/
find $dir7 -name $file6 -print /*搜索匹配文件并显示*/
```

这个程序总共由六个文件构成，文件名分别为 main（主程序）、usb（挂载）、compression（压缩）、changemod（编辑文件属性）、changedate（修改日期）、findfile（搜索文件）。

1）main 程序
```
#! /bin/bash
chmod +x /root/changedate
chmod +x /root/changemod
chmod +x /root/usb
chmod +x /root/findfile
chmod +x /root/compression
clear
```

```
while true
do
   echo "    Welcome to my program!"
   echo "  Wish you to have a good day!"
   echo ""
   echo "=============================================="
   echo "***                  ALL FUNCTIONS          ***"
   echo "          1 - USB functions                    "
   echo "          2 - Compression functions          "
   echo "          3 - Edit files' properties         "
   echo"          4 - Time                           "
   echo "          5 - Search      "
   echo "          0 - Exit        "
   echo "=============================================="
   echo "please input the number to choose function:"
   read num
   case $num in
     1)./usb;;
     2)./compression;;
     3)./changemod;;
     4)./changedate;;
     5)./findfile;;
     0)clear
     echo "      Thanks for using my program!"
     echo "          Bye-Bye!"
     sleep 1
     while true
     do
       exit
     done;;
     *)echo "please input the right number!"
     sleep 1
     clear;;
   esac
done
```

2）usb 程序
```
#!/bin/sh
mntusb()
{
  clear
  /sbin/fdisk -l|grep /dev/sd
  echo "please input the device name (like sdb1 or else) which is shown above:"
  read r
  mount /dev/$r /mnt
  echo "if no error warn then"
  echo "successfully!The USB has been mounted in /mnt document"
```

```
  sleep 1
}

umntusb()
{
  clear
  umount /mnt
  echo "if no error warn then umount successfully!"
  sleep 1
}

listusb()
{
  clear
  ls -la /mnt
}

cpdisktousb()
{
  clear
  echo "please input the filename to be copied in current directory"
  read FILE1
  cp $FILE1 /mnt
  echo "if no error warn then copy successfully!"
  sleep 1
}

cpusbtodisk()
{
  clear
  echo "please input the filename to be copied in usb"
  echo "PS:the file will be copied in current directory"
  read FILE2
  cp /mnt/$FILE2 .
  echo "if no error warn then copy successfully!"
  sleep 1
}

rmusb()
{
  clear
  echo "input the file you want to remove in usb"
  read FILE3
  rm -v /mnt/$FILE3
  echo "if no error warn then remove successfully!"
  sleep 1
}
back()
```

```
    {
      clear
      exit
    }

    while true
    do
      clear
      echo "==============================================================="
      echo "***  USB FUNCTIONS                        ***"
      echo "      -------------                       "
      echo "     1 - mount USB                        "
      echo "     2 - umount USB                        "
      echo "     3 - list USB's file's information         "
      echo "     4 - copy current directory's file in disk to USB   "
      echo "     5 - copy USB's file to current directory in disk   "
      echo "     6 - remove the file in USB                "
      echo "     0 - back                      "
      echo "==============================================================="
      echo "input the number to choose function"
      echo "PS:if you want to do something in USB, please mount first!"
      read choice
      case $choice in
        1)mntusb;;
        2)umntusb;;
        3)listusb;;
        4)cpdisktousb;;
        5)cpusbtodisk;;
        6)rmusb;;
        0)back;;
        *)echo "please input the right number!(press any key to continue)"
        read c;
        clear;;
      esac
    done
```

3）compression 程序

```
#! /bin/bash
replace()
{
  echo "please input the file's absolute way including the file's name!"
  read way1
  gzip $way1
  echo "if no error warn then compress successfully!"
  sleep 2
}

pack()
{
```

```
    echo "please input the directory's absolute way!"
    read way2
    way8=$way2.tar.gz
    tar -zcvf $way8 $way2
    echo "ignore the warn 从成员名中删除开头的"/" "
    echo "if no error warn then operate sucessfully!"
    sleep 3
}

back2()
{
  clear
  ./Compression
}

filegzip()
{
clear
while true
do
    echo "========================================================="
    echo "    1 - Replace the original file with compressed file"
    echo "    2 - packing and compress directory"
    echo "    0 - back      "
    echo "========================================================="
    echo "input the number to choose function:"
    read num1
    case $num1 in
      1)replace;;
      2)pack;;
      0)back2;;
      *)echo "please input the right order!"
      sleep 1
      clear;;
    esac
done
}

fileunzip()
{
  echo "please input the file's absolute way including the file's name!"
  read way3
  gzip -d $way3
  echo "if no error warn then decompress sucessfully!"
  sleep 1
}

back()
```

```
{
  clear
  exit
}

clear
while true
do
  echo "        Compression Functions        "
  echo "===================================================="
  echo "***     1 - Compression file          ***"
  echo "     2 - Decompression file          "
  echo "     0 - back              "
  echo "===================================================="
  echo "please input the number to choose the function:"
  read choice2
  case $choice2 in
    1)filegzip;;
    2)fileunzip;;
    0)back;;
    *)echo "please input the right number!"
    sleep 2
    clear;;
  esac
done
```

4）changemod 程序
```
#! /bin/bash
show()
{
  echo "input the file's absolute way including the name of the file"
  read way4
  echo "the information of the file is list following:"
  ls -l $way4
  sleep 1
}

change()
{
echo "input the file's absolute way including the name of the file"
echo "and input the file's properties you want to change to, input like 700"
read way5 pro
echo "the formal properties of the file is like following:"
ls -l $way5
chmod $pro $way5
echo "change successfully!"
echo "the changed file's properties is like following:"
ls -l $way5
```

```
sleep 1
}
clear
while true
do
  echo "     Edit Functions"
  echo "=================================================="
  echo "*** 1 - Show the properties of the file     ***"
  echo "2 - Change the properties of the file   "
  echo "0 - back                "
  echo "=================================================="
  echo "input the number to choose function:"
  read num3
  case $num3 in
    1)show;;
    2)change;;
    0)clear
    exit;;
    *)echo "please input the right number!"
    sleep 1
    clear;;
  esac
done
```

5）changedate 程序

```
#! /bin/bash
show()
{
  echo "Now the time is:"
  date
  echo "Wish you have a happy mood!"
  sleep 1
}

edit()
{
  echo "input the time you want to change to:"
  echo "Ex:0312043307 represent for 2007-03-12-04:33"
  read time2
  date $time2
  echo "if no error warn then change time successfully!"
  sleep 1
}

back()
{
  clear
  exit
```

```
    }

    clear
    while true
    do
      echo "     Date Function"
      echo "================================================"
      echo "***     1 - Show the system's time ***"
      echo "     2 - Edit the system's time        "
      echo "     0 - Back                  "
      echo "================================================"
      echo "please input the number to choose function:"
      read num3
      case $num3 in
        1)show;;
        2)edit;;
        0)back;;
        *)echo "please input the right number!"
        sleep 1
        clear;;
      esac
    done
```

6）findfile 程序

```
#! /bin/bash
schcom()
{
  clear
  echo "input the complete file's name you want to search:"
  read file9
  echo "input the way which you want to search in:(like /root)"
  read dir8
  find $dir8 -name "$file9" -print
  echo "the above way is the file's way you want to search!"
  echo "press Enter to continue!"
  read c
}

schpar()
{
  echo "input the part file's name you rememeber:"
  read file7
  file6=*$file7*
  echo "input the way which you wang to search in:(like /root)"
  read dir7
  find $dir7 -name $file6 -print
  echo "the above way is the file's way you want to search!"
```

```
    echo "press Enter to continue!"
    read c
}

while true
do
  clear
  echo "    Search Function"
  echo "==========================================================="
  echo " 1 - Search file if you remember the file's complete name"
  echo " 2 - Search file if you remember part of the file's name"
  echo " 0 - back"
  echo "==========================================================="
  echo "please input number to choose function:"
  read num5
  case $num5 in
    1)schcom;;
    2)schpar;;
    0)clear
    exit;;
    *)echo "input the right order!"
    sleep 1
    clear;;
  esac
done
```

编辑以上六个文件后，修改 main 文件属性为可执行，然后运行脚本。

```
[root@localhost root]# chmod u+x main
[root@localhost root]# ./main
```

思考与实验

1. 创建一个文件，其中包含了一个使用 date 和 who 命令的 Shell 脚本，每条命令写在一行，使得文件可执行，然后运行这个脚本。写出完成这项工作的所有步骤。

2. 把 echo "Hello，world" 命令的输出赋值给 myname 变量并打印出它的值。写出完成这项工作的所有命令。

3. 把 myname 变量的值复制到另一个变量 anyname 中，使 anyname 变量变为只读，对 myname 和 anyname 两个变量使用 unset 命令，这将有什么结果？

4. 编写一个 Shell 脚本，它显示出所有的命令行参数。把它们都左移两位，并再次显示所有的命令行参数。

5. 编写一个 Shell 脚本，它带一个命令行参数，这个参数是一个文件。如果这个文件是一个普通文件，则打印文件所有者的名字和最后的修改日期；如果程序带有多个参数，则输出出错信息。

6. 编写一个 Bash 脚本程序，用 for 循环实现将当前目录下的所有.c 文件移到指定的目录下，最后在显示器上显示指定目录下的文件和目录。

7. 编写一个名为 dirname 的脚本程序，它将参数作为一个路径名，并将该路径前缀（不包含最后部分的整个串）写到标准输出：

```
[root@localhost root]# dirname a/b/c/d
 a/b/c
```

如果只给 dirname 一个简单的文件名（不含字符/）作为参数，dirname 将写一个.字符符到标准输出：

```
[root@localhost root]# dirname simple
```

用一个 Bash 函数实现 dirname。要确保当参数为/之类时，该函数也能很好地处理。

8. 编写一个累加器脚本程序，用 Fiboracci 数列的前 10 个数作参数。

9. 写一个 Shell 脚本，包含两个数字数组 array1 和 array2，分别初始化为{1，2，3，4，5}和{1，4，9，16，25}。脚本生成并显示一个数组，其中的元素是这两个数组中对应元素的和，数组中第一个元素是 1+1=2，第二个元素是 2+4=6，依此类推。

10. 写出一个命令将 Shell 的 stdin 更改到当前目录下名为 data 的文件，stdout 更改到当前目录下名为 out 的文件。如果 data 文件包含下面的内容，那么在命令执行后会发生什么？

```
echo -n "The time now is:"
date
echo -n "The users presently logged on are:"
who
```

11. 写一个脚本，用文件名和目录名作为命令行参数，如果文件是一个普通文件并在给出的目录中，则删除该文件。若文件（第一个参数）是一个目录，则删除此目录（包括所有的文件和子目录）。

12. 程序调试。此 Shell 脚本用图形化的程序来计算一个人的均绩，用到了 gdialog 语句，还涉及在 Linux 中进行小数的计算。首先要输入课程数量，然后再分别输入每门课程的成绩与学分，就可计算出课程平均绩点，根据不同的绩点最后还有不同的评语，程序短小且比较实用。程序代码如下：

```
#! /bin/bash
gdialog --title "GPA calculator" --menu "What do you want to do?" 9 18 2 1
"Calculate my GPA" 2 "Quit" 2 > choice.txt
    if(($(cat choice.txt)==1))
    then
    i=1
    while((i==1))
    do
    gdialog --title "GPA calculator" --inputbox "Enter the number of your courses"
9 18 2>num.txt
```

```
n=$(cat num.txt)
numerator=0
denominator=0
for i in $( seq 1 $n )
do
gdialog --title "GPA calculator" --inputbox "Enter the score of course $i"
9 18 2>score.txt
score=$(cat score.txt)
if(($score>94))
then gradepoint=5
elif(($score<60))
then gradepoint=0
else gradepoint='expr "scale=2;5+($score-95)/10"|bc'
fi
gdialog --title "GPA calculator" --inputbox "Enter the credit of course $i"
9 18 2>credit.txt
credit=$(cat credit.txt)
numerator='expr "scale=2;$numerator+$gradepoint*$credit"|bc'
denominator='expr "scale=2;$denominator+$credit"|bc'
GPA='expr "scale=2; $numerator/$denominator"|bc'
done
check1='echo "$GPA>=4"|bc'
check2='echo "$GPA>=3"|bc'
if (($check1==1))
then gdialog --title "GPA calculator" --msgbox "Excellent!\nYour GPA is $GPA!" 9 18
elif (($check2==1))
then gdialog --title "GPA calculator" --msgbox "Good!\nYour GPA is $GPA." 9 18
else gdialog --title "GPA calculator" --msgbox "You can do better!\nYour GPA is $GPA!" 9 18
fi
gdialog --title "GPA calculator" --yesno "Will you want to recalculate your GPA" 9 18
if(($?!=0))
then i=0
fi
done
fi
gdialog --infobox "Thank you" 9 18
sleep 1
gdialog --clear
exit 0
```

13. 上机调试实例 1、实例 2 的程序。

第**3**章

Linux 系统 C 语言开发工具

 **本章重点**

1. Linux 环境中对 C 语言程序的编辑、编译及执行。
2. gcc 的编译过程。
3. 编译参数-I、-L 的使用。
4. 静态函数库与共享库。
5. make 工程文件。
6. gdb 调试工具的使用。

 **本章导读**

　　Linux 操作系统提供了非常好的编程环境，它支持多种高级语言。C 语言是 Linux 中最常用的系统编程语言之一，Linux 内核绝大部分代码是用 C 语言编写的，Linux 平台上相当多的应用软件也是用 C 语言开发的。使用 C 语言，软件开发人员可以通过函数库和系统调用非常方便地实现系统服务。另外，还有很多有用的工具为程序开发和维护提供了便利。

　　Linux 操作系统拥有许多用于程序的生成以及分析的软件工具，其中包括用于编辑和缩进代码、编译与连接程序、处理模块化程序、创建程序库、剖析代码、检验代码可移植性、源代码管理、调试、跟踪以及检测运行效率等的工具。在这一章里，将介绍一些常用的 C 语言编译与调试工具。

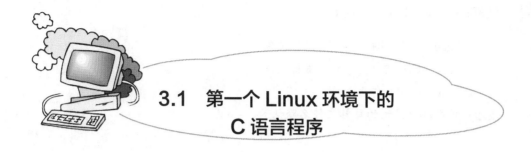

3.1　第一个 Linux 环境下的 C 语言程序

编写程序可以用 Linux 文本编辑器，如 pico 编辑器、vi 或 vim 编辑器、gedit 编辑器、emacs 编辑器和 xemacs 编辑器等。

例 3.1　下面是一个简单的 **C 语言程序，在屏幕打印 5 行"HELLO, LINUX WORLD"**。在 **Linux** 环境下如何实现？

步骤 1　编辑程序。

打开终端，使用 vim 编辑器来编辑 hello.c，输入下列程序代码。这是一个 C 语言的文件。

```
[root@localhost root]# vim  hello.c
#include <sdtio.h>
int main()
{
  int i, j;
  for (i=0,j=5; i < j; i++){
    printf("%d HELLO, LINUX WORLD\n",i);
    exit(0)
  }
  return 0;
}
```

步骤 2　编译程序。

使用 gcc 编译器编译 hello.c 程序，编译、链接后生成的可执行程序文件名为 hello。

```
[root@localhost root]# gcc  -o hello hello.c
```

步骤 3　运行程序。

在终端中输入下面的命令，运行 hello 程序，输出结果。

```
[root@localhost root]# ./hello

0 HELLO, LINUX WORLD
1 HELLO, LINUX WORLD
2 HELLO, LINUX WORLD
3 HELLO, LINUX WORLD
4 HELLO, LINUX WORLD
```

思考：（1）对本例用 gcc hello.c -o hello 进行编译。

（2）请在 Linux 环境下编写一函数 main 函数，函数的参数是一数组与一整型数，编译并调试。

> **注意:** gcc 编译的常用格式如下:
>
>   gcc   C 源文件   -o   目标文件
>   gcc   C 源文件   -o   目标文件
>   gcc   C 源文件
>
> 最后一种情况所产生的目标文件名默认为: a.out。

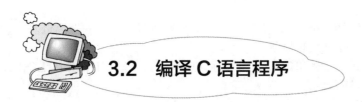

3.2 编译 C 语言程序

3.2.1 gcc 编译器

Linux 下最常用的 C 编译器是 GNU gcc（http://gcc.gnu.org）。gcc 是一个 ANSI C 兼容编译器。C++编译器（如 g++，GNU compiler for C++）也可以用于编译 C 程序，但事实上 g++内部还是调用了 gcc，只不过加上了一些命令行参数使得它能够识别 C++源代码。在此主要介绍 gcc 编译器，它是 Linux 平台上应用最广泛的 C 编译器。

gcc 命令可以启动 C 编译系统。当执行 gcc 命令时，它将完成预处理、编译、汇编和连接 4 个步骤并最终生成可执行代码。产生的可执行程序默认被保存为 a.out 文件。gcc 命令可以接受多种文件类型并依据用户指定的命令行参数对它们做出相应处理。这些文件类型包括静态链接库（扩展名为.a）、C 语言源文件（.c）、C++源文件（.C，.cc 或者.cpp）、汇编语言源文件（.s）、预处理输出文件（.i）和目标代码（.o）。如果 gcc 无法根据一个文件的扩展名决定它的类型，它将假定这个文件是一个目标文件或库文件。

表 3.1 gcc 支持编译的后缀名

后缀名	对应的语言	后缀名	对应的语言
.c	C 原始程序	.ii	已经过预处理的 C++原始程序
.C	C++原始程序	.s	汇编语言原始程序
.cc	C++原始程序	.S	汇编语言原始程序
.cxx	C++原始程序	.h	预处理文件（头文件）
.m	Objective-C 原始程序	.o	目标文件
.i	已经过预处理的 C 原始程序	.a/.so	编译后的库文件

命令使用格式如下:

```
gcc [options] filename-list
```

options 常用选项有:

-ansi　　　　依据 ANSI 标准。

-c　　　　　跳过连接步骤，编译成目标（.o）文件。

-g　　　　　创建用于 gdb(GNU DeBugger)的符号表和调试信息。

-l 库文件名　连接库文件。

-m 类型　　　根据给定的 CPU 类型优化代码。

-o 文件名　　将生成的可执行程序保存到指定文件中，而不是默认的 a.out。

-O[级别]　　根据指定的级别（0—3）进行优化，数字越大优化程度越高。如果指定级别为 0（默认），编译器将不做任何优化。

-pg　　　　　产生供 GNU 剖析工具 gprof 使用的信息。

-S　　　　　跳过汇编和连接阶段，并保留编译产生的汇编代码（.s 文件）。

-v　　　　　产生尽可能多的输出信息。

-w　　　　　忽略警告信息。

-W　　　　　产生比默认模式更多的警告信息。

　　gcc 有 100 多个编译选项。很多的 gcc 选项包括一个以上的字符，因此必须为每个选项指定各自的连字符，而且就像大多数 Linux 命令一样，gcc 也不能在一个单独的连字符后跟一组选项。例如，下面两个命令的含义是不同的：

```
gcc   -p  -g   hello.c
gcc   -pg  hello.c
```

　　第一条命令告诉 gcc 编译 hello.c 时为 prof 命令建立剖析（profile）信息并且把调试信息加入可执行的文件里；第二条命令只告诉 gcc 为 gprof 命令建立剖析信息。

　　例 3.2　（1)下面给出的 **gcc** 命令, 不带任何选项, 编译后生成 **a.out** 可执行文件。**./a.out** 的含义是运行该程序, 即在当前目录下查找 **a.out** 文件。

```
[root@localhost root]# gcc hello.c
[root@localhost root]# ./a.out
```

　　（2）下面给出的 **gcc** 命令, 带**-o** 选项, 编译后生成的可执行文件名为 **hello**。

```
[root@localhost root]# gcc -o hello hello.c
```

　　（3）　可以用**-c** 选项编译成目标文件。下面命令中, 前三个 **gcc** 编译后生成目标文件 **fd.o, fs.o, fm.o**。最后一个 **gcc** 命令, 连接已编译好的目标文件, 生成可执行程序文件名为 **fall**。

```
[root@localhost root]# gcc -c fd.c
[root@localhost root]# gcc -c fs.c
[root@localhost root]# gcc -c fm.c
[root@localhost root]# gcc  fd.o  fs.o  fm.o  -o  fall
```

3.2.2 gcc 编译流程

开放、自由和灵活是 Linux 的魅力所在，而这一点在 gcc 上的体现就是软件工程师能够更好地控制整个编译过程。在使用 gcc 编译程序时，编译过程如图 3.1 所示。下面通过实例来具体看一下 gcc 是如何完成这些步骤的。

例 3.3 设计一个程序，程序运行时要求输入两个整数，将它们求和后的结果输出。本例通过使用 **gcc** 的参数**-E，-S，-c，-o** 控制 **gcc** 的编译过程，以此了解 **gcc** 的编译过程，进一步认识 **gcc** 的灵活性。

分析：源程序比较简单，用 scanf 函数把两次输入的值存入两个变量，然后直接用+号运算，接着用 printf 函数输出。程序操作步骤如下：

（1）用 vim 编辑源程序，生成源程序文件"3-3.c"。

（2）用 gcc 的"-E"参数预处理，生成经过预处理的源程序文件"3-3.i"。

（3）用 gcc 的"-S"参数编译，生成汇编语言程序文件"3-3.s"。

（4）用 gcc 的"-c"参数汇编，生成二进制文件"3-3.o"。

（5）使用 gcc 的"-o"参数处理，把"3-3.o"和一些用到链接库文件链接成可执行文件"3-3"。

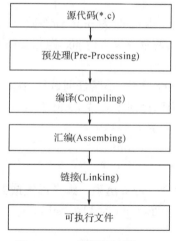

图 3.1 gcc 的编译过程

🖝 **操作步骤**

步骤 1 编辑源程序代码。

`[root@localhost root]# vim 3-3.c`

程序代码如下：

```
/*3-3.c程序：求和程序*/
#include <stdio.h>            /*文件预处理，包含标准输入输出库*/
int main ()                  /*C程序的主函数，开始入口*/
{
    int a,b,sum;
    printf("请输入第一个数:\n"); /*在屏幕上打印"请输入第一个数:"，并等待输入*/
```

```
    scanf("%d",&a);
    printf("请输入第二个数:\n");   /*在屏幕上打印"请输入第二个数:",并等待输入*/
    scanf("%d",&b);
    sum=a+b;                      /*求和*/
    printf("两数之和是:%d\n",sum);/*输出和*/
    return 0;
}
```

步骤 2 预处理阶段。

在该阶段,编译器将上述代码中的"stdio.h"编译进来,在此可以用 gcc 的参数"-E"指定 gcc 只在预处理结束后才停止编译过程。输入如下:

```
[root@localhost root]# gcc 3-3.c -o 3-3.i -E
[root@localhost root]# vim 3-3.i
```

在此处,参数"-o"是指目标文件,由表 3.1 可知,".i"文件为已经过预处理的 C 原始程序。用文本编辑器 vim 可以查看,文件 3-3.i 的部分内容如图 3.2 所示。

```
# 655 "/usr/include/stdio.h" 3
extern void flockfile (FILE *__stream) ;
extern int ftrylockfile (FILE *__stream) ;
extern void funlockfile (FILE *__stream) ;
# 679 "/usr/include/stdio.h" 3

# 2 "3-3.c" 2
int main ()
{
  int a,b,sum;
  printf("请输入第一个数:\n");
  scanf("%d",&a);
  printf("请输入第二个数:\n");
  scanf("%d",&b);
  sum=a+b;
  printf("两数之和是:%d\n",sum);
  return 0;
}
```

图 3.2 已经过预处理的部分内容

由此可见,gcc 确实进行了预处理,已把"stdio.h"的内容插入"3-3.i"文件中。

步骤 3 编译阶段。

在编译阶段,gcc 首先要检查代码的规范性、是否有语法错误等,以确定代码实际要做的工作。在检查无误后,gcc 把代码翻译成汇编语言。用 gcc 的参数"-S"指定 gcc 只进行编译产生汇编代码。输入如下:

```
[root@localhost root]# gcc 3-3.i -o 3-3.s -S
[root@localhost root]# vim 3-3.s
```

在此处,参数"-o"是指目标文件。由表 3.1 可知,".s"文件为汇编语言原始程序,可以用文本编辑器 vim 查看。文件 3-3.s 的部分内容如图 3.3 所示。

```
        .file     "3-3.c"
        .section          .rodata
.LC0:
        .string "\307\353\312\344\310\353\265\332\322\273\270\366\312\375:\n"
.LC1:
        .string "%d"
.LC2:
        .string "\307\353\312\344\310\353\265\332\266\376\270\366\312\375:\n"
.LC3:
        .string "\301\275\312\375\326\256\272\315\312\307:%d\n"
        .text
.globl main
        .type     main,@function
main:
        pushl     %ebp
        movl      %esp, %ebp
        subl      $24, %esp
        andl      $-16, %esp
        movl      $0, %eax
        subl      %eax, %esp
        subl      $12, %esp
        pushl     $.LC0
        call      printf
```

图 3.3 汇编语言原始程序的部分内容

步骤 4 汇编阶段。

汇编阶段是把编译阶段生成的".s"文件转成目标文件。用 gcc 的参数"-c"指定 gcc 只在汇编结束后停止链接过程。把汇编代码转化为".o"的二进制代码。输入如下：

`[root@localhost root]# gcc 3-3.s -o 3-3.o -c`

在此处，参数"-o"是指目标文件，由表 3.1 可知，".o"文件为目标文件。在终端中的显示如图 3.4 所示。

```
[root@localhost root]# ls -l 3-3.o
-rw-r--r--    1 root     root           1012 11 月 26 20:08 3-3.o
```

图 3.4 汇编文件转成目标文件

步骤 5 链接阶段。

在 3-3.c 源程序中没有 printf 和 scanf 这两个函数的实现，再回头仔细找找步骤 2 时包含进来的"stdio.h"文件，发现其中有 printf 和 scanf 这两个函数的声明，但没有这两个函数的实现。那么，它们到底是如何实现的呢？

Linux 系统把 printf 和 scanf 函数的实现都放在了 libc.so.6 的库文件中。在没有参数指定时，gcc 到系统默认的路径"/usr/lib"下查找库文件，将函数链接到 libc.so.6 库函数中去，这样就有了 printf 和 scanf 函数的实现部分。把程序中一些函数的实现部分链接起来，这是链接阶段的工作。

完成链接后，gcc 就可以生成可执行程序文件了，如图 3.5 所示。

```
[root@localhost root]# gcc   3-3.o  -o 3-3
[root@localhost root]# ls 3-3
3-3
```

图 3.5 链接后生成的可执行程序文件

注意：

gcc 在编译的时候默认使用动态链接库，编译链接时并不把库文件的代码加入可执行文件中，而是在程序执行的时候动态加载链接库，这样可以节省系统开销。

3.2.3 gcc 编辑器的主要参数

gcc 有超过 100 个可用参数，主要包括总体参数、告警和出错参数以及优化参数。以下只介绍最常用的参数。

1. 总体参数

gcc 的常用总体参数如表 3.2 所示，有些在前面实例中已经有所涉及。

表 3.2 gcc 总体参数

参　　数	含　　义	参　　数	含　　义
-c	只是编译不链接，生成目标文件	-v	显示 gcc 的版本信息
-S	只是编译不汇编，生成汇编代码	-I dir	在头文件的搜索路径中添加 dir 目录
-E	只进行预编译	-L dir	在库文件的搜索路径列表中添加 dir 目录
-g	在可执行程序中包含调试信息	-static	链接静态库
-o file	把文件输出到 file 中	-llibrary	连接名为 library 的库文件

在此主要讲解两个常用的库依赖参数："-I dir"和"-L dir"。

当头文件与 gcc 不在同一目录下时要用-I dir 参数，它是指头文件所在的目录；而添加库文件时需用-L dir 参数，它指定库文件所在的目录。

例 3.4 设计一个程序，要求把从键盘输入的字符串原样输出到屏幕上，把标准输入输出库文件放在自定义的头文件中，源程序文件名为"**3-4.c**"，自定义的头文件为"**my.h**"，保存在目录"**/root**"下。具体内容如下：

☞ 操作步骤

步骤 1 设计编辑源程序代码 3-4.c。

[root@localhost root]# **vim　3-4.c**

程序代码如下：

```
/*3-4．c 程序：把输入的字符串原样输出*/
#include <my.h>                    /*文件预处理，包含自定义的库文件"my.h"*/
int main()                        /*C 程序的主函数，开始入口*/
{
    char ch;
    while((ch=getchar())!='\n')    /*按回车表示结束输入*/
        putchar(ch);               /*输出字符串*/
    return 1;
}
```

步骤 2 设计编辑自定义的头文件 my.h。

程序代码如下：

```
[root@localhost root]# vim my.h
/*my.h程序：自定义的头文件*/
#include <stdio.h>
```

步骤 3 正常编译 3-4.c 文件，输入如下：

```
[root@localhost root]# gcc 3-4.c -o 3-4
```

gcc 在默认的目录/usr/include 中找不到 my.h 文件，而程序中包含了 getchar 和 putchar 这两个函数，编译器提示出错。要通过加入-I dir 参数来指定包含的头文件 my.h 的位置。

步骤 4 加入-I dir 参数后编译，输入如下：

```
[root@localhost root]# gcc 3-4.c -o 3-4 -I /root
```

编译器就能正确编译，结果如下所示：

```
[root@localhost root]# ./3-4
abcd
abcd
```

思考：上例中如把文件 my.h 存放在文件夹 /home 下，如何重新编译程序？

注意：

在 include 语句中，"<>"表示在默认路径"/usr/include"中搜索头文件，引号" "表示在指定的目录中搜索。因此，前面例子中如果把 3-4.c 中的#include <my.h>改成#include "my.h"，就不需要加入"-I dir"参数也能正确编译了。

参数"-L dir"的功能与"-I dir"类似，能够在库文件的搜索路径列表中添加 dir 目录。

例 3.5 有程序 3-5.c 用到目录"/root/lib"下的一个动态库 libsunq.so，写出 gcc 的编译命令。

因为"-L dir"指定的是路径，而不是文件，所以不能在路径中包含文件名。如果需要指定文件就要用到"-llibrary"参数，它可以指定 gcc 去找 libsunq.so。Linux 下的库文件命名时有一个规定：必须以 l，i，b 三个字母开头，因此，在用"-l"指定链接库文件时可以省去 l，i，b 三个字母，也就是说"-llibsunq"有时候可以写成"-lsunq"。

因此，此列输入如下：

```
[root@localhost root]# gcc 3-5.c -o 3-5 -L /root/lib -lsunq
```

2. 告警和出错参数

gcc 常用的告警和出错参数如表 3.3 所示。

表 3.3　gcc 告警和出错参数

参　　数	含　　义
-ansi	支持符合 ANSI 的 C 程序
-pedantic	允许发出 ANSI C 标准所列的全部告警信息
-pedantic-error	允许发出 ANSI C 标准所列的全部错误信息
-w	关闭所有告警
-Wall	允许发出 gcc 提供的所有有用的告警信息
-werror	把所有的告警信息转化为错误信息，并在告警发生时终止编译

下面结合实例对这几个常用的告警和出错参数进行简单的讲解。

例 3.6　设计一个程序，使它包含一些非标准语法。要求打印"这是一段用于测试的垃圾程序！"，通过这个例子熟悉 **gcc** 的常用告警和出错参数的使用。

☞ 操作步骤

步骤 1　设计编辑源程序代码。

```
[root@localhost root]# vim 3-6.c
```

程序代码如下：

```
/*3-6.c 程序：用于测试的垃圾程序*/
#include <stdio.h>                          /*文件预处理，包含标准输入输出库*/
int main()                                  /*C 程序的主函数，开始入口*/
{
  long long tmp=1;                          /*定义变量*/
  printf("这是一段用于测试的垃圾程序！\n"); /*输出字符串*/
  return 0;
}
```

步骤 2　关闭所有告警。

gcc 编译器加"-w"参数，输入如下：

```
[root@localhost root]# gcc 3-6.c -o 3-6 -w
```

运行结果如下：

```
[root@localhost root]# gcc 3-6.c -o 3-6 -w
[root@localhost root]# ./3-6
```

这是一段用于测试的垃圾程序！

步骤 3　显示不符合 ANSI C 标准语法的告警信息。

gcc 编译器加-ansi 参数，输入如下：

```
[root@localhost root]# gcc 3-6.c -o 3-6 -ansi
```

运行结果如下：

```
[root@localhost root]# gcc 3-6.c -o 3-6 -ansi
3-6.c:2:19: warning: extra tokens at end of #include directive
3-6.c: In function 'main':
3-6.c:7: warning: 'return' with a value, in function returning void
3-6.c:4: warning: return type of 'main' is not 'int'
[root@localhost root]# ./3-6
```

这是一段用于测试的垃圾程序！

步骤4 允许发出 ANSI C 标准所列的全部告警信息。

gcc 编译器加-pedantic 参数，输入如下：

```
[root@localhost root]# gcc 3-6.c -o 3-6 -pedantic
```

运行结果如下：

```
[root@localhost root]# gcc 3-6.c -o 3-6 -pedantic
3-6.c:2:19: warning: extra tokens at end of #include directive
3-6.c: In function 'main':
3-6.c:5: warning: ISO C89 does not support 'long long'
3-6.c:7: warning: 'return' with a value, in function returning void
3-6.c:4: warning: return type of 'main' is not 'int'
[root@localhost root]# ./3-6
```

这是一段用于测试的垃圾程序！

步骤5 允许发出 gcc 提供的所有有用的告警信息。

gcc 编译器加-Wall 参数，输入如下：

```
[root@localhost root]# gcc 3-6.c -o 3-6 -Wall
```

运行结果如下：

```
[root@localhost root]# gcc 3-6.c -o 3-6 -Wall
3-6.c:2:19: warning: extra tokens at end of #include directive
3-6.c:4: warning: return type of 'main' is not 'int'
3-6.c: In function 'main':
3-6.c:7: warning: 'return' with a value, in function returning void
3-6.c:5: warning: unused variable 'tmp'
[root@localhost root]# ./3-6
```

这是一段用于测试的垃圾程序！

gcc 的告警信息对软件工程师编程非常有帮助，其中的-Wall 参数是跟踪和调试的有力工具，读者在学习时应养成使用此参数的习惯。

3. 优化参数

代码优化指的是编译器通过分析源代码，找出其中尚未达到最优的部分，然后对其重新进行组合，目的是改善程序的执行性能。

gcc 提供的代码优化功能非常强大，它通过编译参数-On 来生成优化代码。其中 n 是一个代表优化级别的整数。对于不同版本的 gcc 来讲，n 的取值范围及其对应的优化效果可能并不完全相同。比较典型的优化等级是 n 从 0 变化到 1，2，3 或 s。

-O0：这个等级关闭所有优化选项，这样就不会优化代码，但这通常不是我们想要的。

-O1：这是最基本的优化等级。编译器会在不花费太多编译时间的同时试图生成更快更小的代码。

-O2：-O1 的进阶。设置了-O2 后，编译器会试图提高代码性能而不增大体积和占用大量的编译时间。而且，相比-O1 与-O3，-O2 在效率与安全性上，能取得较好的平衡，比较受到推荐。

-O3：这是最高最危险的优化等级。用这个选项会延长编译代码的时间，而且又将产生更大体积、更耗内存的二进制文件，提高编译失败的概率。

-Os：这个等级用来优化代码尺寸。这对于磁盘空间紧张或 CPU 缓存较小的机器非常有用，但也可能产生问题，所以不推荐。

通常，数字越大优化的等级越高，同时也就意味着程序的运行速度越快。许多 Linux 软件工程师都喜欢使用-O2 参数，因为它在优化长度、编译时间和代码大小之间取得了一个比较理想的平衡。

下面结合实例来感受一下 gcc 的代码优化功能。

例 3.7   设计一个程序，要求循环 **8 亿次**左右，每次都有一些可以优化的加减乘除运算。比较 **gcc** 的编译参数**-On** 优化程序前后的运行速度。

☞ 操作步骤

步骤 1   设计编辑源程序代码。

`[root@localhost root]# vim 3-7.c`

程序代码如下：

```
/*3-7.c 程序：用于测试代码优化的复杂运算程序*/
#include <stdio.h>                      /*文件预处理，包含标准输入输出库*/
int main(void)                          /*C 程序的主函数，开始入口*/
{
  double counter;                       /*定义双精度实型变量*/
  double result;
  double temp;
  /*循环 8 亿多次，每次都有加减乘除运算*/
  for (counter=0;counter<4000.0*4000.0*4000.0/ 20.0+2030;counter +=(5-3+2+1)/4)
    {
    temp=counter/1239;
    result=counter;
    }
    printf("运算结果是: %lf\n", result); /*输出运算结果*/
    return 0;
}
```

步骤 2   不加任何优化参数进行编译，输入如下：

`[root@localhost root]# gcc 3-7.c -o 3-7`

步骤 3   用 Linux 系统提供的 time 命令，可以大致统计出该程序运行所需要的时间，输入如下：

`[root@localhost root]# time ./3-7`

步骤 4   加-O2 优化参数进行编译，输入如下：

`[root@localhost root]# gcc 3-7.c -o 3-7 -O2`

步骤 5   再用 Linux 系统提供的 time 命令，统计优化后的程序运行时所需要的时间，输入如下：

`[root@localhost root]# time ./3-7`

步骤 6   对比两次执行的输出结果，终端中的显示如下：

`[root@localhost root]# gcc 3-7.c -o 3-7`

`[root@localhost root]# time ./3-7`

运算结果是: 3200002029.000000

```
real     1m8.815s
user     1m6.950s
sys      0m0.010s
[root@localhost root]# gcc  3-7.c  -o  3-7  -O2
[root@localhost root]# time ./3-7
运算结果是: 3200002029.000000

real     0m15.172s
user     0m14.790s
sys      0m0.030s
```

不难看出，程序的性能的确得到了很大程度的改善，运行时间由原来的 1 分 8 秒左右缩短到了 15 秒左右，优化后的程序运行时间只有原来的 1/4 左右。当然，这个例子是专门针对 gcc 的优化功能而设计的，因此优化前后程序的执行速度发生的改变很明显。

建议读者动手实践，设计实用程序，或使用前面的实例程序，熟悉 gcc 编译器的优化参数功能。

尽管 gcc 的代码优化功能非常强大，但作为一名优秀的 Linux 软件工程师，首先还是要力求能够手工编写出高质量的代码。如果编写的代码简短，并且逻辑性强，编译器就不需做更多的工作，甚至根本用不着优化。

优化虽然能够给程序带来更好的执行性能，但在如下一些场合中应该避免优化代码。

（1）程序开发的时候。优化等级越高，消耗在编译上的时间就越长，因此在开发的过程中最好不要使用优化参数，只有到软件发行或开发结束的时候，才考虑对最终生成的代码进行优化。

（2）资源受限的时候。一些优化参数会增加可执行代码的体积，如果程序在运行时能够申请到的内存资源非常紧张（如在一些实时嵌入式设备中），那就不要对代码进行优化，因为这可能会产生非常严重的后果。

（3）跟踪调试的时候。在对代码进行优化的时候，某些代码可能会被删除或改写，或者为了取得更佳的性能而进行重组，从而使跟踪和调试变得异常困难。

思考: 应用函数调用和程序中语句完成相同的功能，比较它们的执行效率，请编写程序进行测试。

3.2.4 函数库

函数库是一组预先编译好的函数的集合，这些函数都是按照可重复使用的原则编写的。它们通常由一组相互关联的函数组成并执行某项常见的任务。

标准系统库文件一般存放在 Linux 文件系统/lib 和/usr/lib 目录中。C 语言编译器需要知道要搜索哪些库文件。默认情况下，它只搜索标准 C 语言库。仅把库文件放在标准目录中，然后希望编译器找到它是不够的，库文件必须遵循特定的命名规范并且需要在命令行中明确指定。

库文件的名字总是以 lib 开头，随后的部分指明这是什么库（例如，c 代表 C 语言库，m 代表数学库）。文件名的最后部分以.开始，然后给出库文件的类型：

.a 代表传统的静态函数库；

.so 代表共享函数库。

例如，libm.a 为静态数学函数库。

函数库有静态库和共享库两种格式，可用 ls /usr/lib 命令查看。可以通过给出完整的路径名或用-l 标志来指示编译器要搜索的库文件。例如：

```
[root@localhost root]# gcc -o hello hello.c /usr/lib/libm.a
```

这条命令指示编译器编译文件 hello.c，将编译产生的程序文件命名为 hello，并且除搜索标准的 C 语言函数库外，还搜索数学库以解决函数引用问题。下面的命令也能产生类似的结果：

```
[root@localhost root]# gcc -o hello hello.c -lm
```

-lm（在字母 l 和 m 之间没有空格）是简写方式，它代表的是标准库目录（本例中是/usr/lib）中名为 libm.a 的函数库。-lm 标志的另一个好处是如果有共享库，编译器会自动选择共享库。

也可以通过-L（大写字母）标志为编译器增加库的搜索路径。例如：

```
[root@localhost root]# gcc -o x11pro1 x11hello.c -L/usr/openwin/lib -lX11
```

这条命令用/usr/openwin/lib 目录中的 libX11 库来编译和链接程序 x11hello。

1. 静态库

函数库最简单的形式是一组处于"准备好使用"状态的目标文件。当程序需要使用函数库中的某个函数时，它包含一个声明该函数的头文件。编译器和链接器负责将程序代码和函数库结合在一起组成一个单独的可执行文件。除标准 C 语言运行库外，还需使用的库必须用-l 选项指明。

静态库，也称作归档库（archive）。按惯例函数库的文件名都以.a 结尾。比如，标准 C 语言函数库/usr/lib/libc.a 和 X11 函数库/usr/X11/lib/libX11.a。

创建和维护自己的静态库很容易，只要使用 ar（代表 archive，即建立归档文件）程序和gcc-c 命令对函数分别进行编译即可。应该尽可能把函数分别保存到不同的源文件中，但如果函数需要访问公共数据，则把它们放在同一个源文件中并使用在该文件中声明的静态变量。

例 3.8 本例的目标是创建一个小型函数库，具体流程分析如下：

（1）首先建立两个文件pro1.c 和pro2.c，它们各自包含一个函数，分别是void pro1(int)，void pro2(char *)；

（2）应用 gcc 及参数-c 分别产生目标文件 pro1.o，pro2.o；

（3）建立一个名为 lib.h 的库文件，此库文件包含 pro1 和 pro2 两个函数原型；

（4）应用归档命令 ar 建立动态链接库 libfoo.a，命令形式为：ar crv libfoo.a pro1.o pro2.o；

（5）最后设计程序 3-8.c，其中包含库函数 lib.h；

（6）在应用gcc对程序3-8.c进行编译时加入参数-lfoo，就可以完成对函数pro1和pro2的调用。

操作步骤如下：

步骤1 为两个函数分别创建各自的源文件（将它们分别命名为pro1.c和pro2.c）。

```
[root@localhost root]# cat pro1.c
#include <sdtio.h>
int pro1(int arg)
{
    printf("hello: %d\n",arg) ;
    return  0;
}
```

```
[root@localhost root]# cat pro2.c
#include <sdtio.h>
int pro2(char *arg)
{
    printf("您好: %s\n",arg) ;
    return  0;
}
```

步骤 2 分别编译这两个函数，产生要包含在库文件中的目标文件，这需要通过调用带有 -c 选项的 gcc 编译器来实现。-c 选项的作用是阻止编译器创建一个完整的程序，gcc将把源程序编译成目标程序，文件名为以 .o 结尾。如果此时试图创建一个完整的程序将不会成功，因为还未定义 main 函数。

```
[root@localhost root]# gcc -c pro1.c pro2.c
[root@localhost root]# ls *.o
pro1.o pro2.o
```

步骤3 编写一个调用 pro2 函数的程序。首先，为库文件创建一个头文件 lib.h。这个头文件将声明库文件中的函数，它应该被所有希望使用库文件的应用程序所包含。

```
[root@localhost root]# cat lib.h
/*lib.h: pro1.c, pro2.c*/
int  pro1(int);
int  pro2(char *);
```

步骤4 创建并使用一个库文件。用 ar 程序创建一个归档文件并将目标文件添加进去。这个程序之所以称为 ar，是因为它将若干单独的文件归并到一个大的文件中以创建归档文件。注意，也可以用 ar 程序来创建任何类型文件的归档文件。

```
[root@localhost root]# ar crv libfoo.a pro1.o pro2.o
```
函数库现在即可使用了。

步骤5 主程序 3-8.c 非常简单。它包含库的头文件并且调用库中的一个函数。

```
[root@localhost root]# cat 3-8.c
```

```
#include "lib.h"
int main()
{
    pro2("Linux world");
    exit(0);
}
```

步骤 6 编译并测试这个程序。暂时为编译器显示指定目标文件，然后要求编译器编译文件并将其与预先编译好的目标模块 pro2.o 链接。

```
[root@localhost root]# gcc -o 3-8 3-8.c -L. -lfoo
[root@localhost root]# ./3-8
```

您好：Linux world

应用-l 选项来访问函数库，需找出函数库的位置，因此必须用-L 选项来指示 gcc 在何处可以找到它，如下所示：

```
[root@localhost root]# gcc -o program program.o -L. -lfoo
```

-L.选项指示编译器在当前目录"."中查找函数库。-lfoo 选项指示编译器使用名为 libfoo.a 的函数库（或者名为 libfoo.so 的共享库，如果它存在的话）。

要查看目标文件、函数库或可执行文件里包含的函数，可使用 nm 命令。如果查看 3-8 和 libfoo.a，就会看到函数库 libfoo.a 中包含 pro1 和 pro2 两个函数，而 3.8 里只包含函数 pro2。创建程序时，程序只包含函数库中它实际需要的函数。虽然程序中的头文件里包含了函数库中所有函数的声明，但这并不会将整个函数库包含在最终的程序中。

2. 共享库

静态库有一个缺点，当同时运行的许多应用程序都使用来自同一个函数库的函数时，就会在内存中有同一函数的多份拷贝文件，且程序文件自身也有多份同样的拷贝。这将大量消耗宝贵的内存和磁盘空间。共享库克服了这种不足，可以用来实现函数的动态链接。

目前大多数操作系统都支持共享库，Linux 也不例外。共享库的保存位置与静态库一样，但共享库有不同的文件名后缀。在典型的 Linux 系统中，标准数学库的共享库是 /usr/lib/libm.so。

例 3.9 设计一个程序，要求把输入的数字记作 **a**，算出 **sina 的值**。

分析 首先从键盘输入一个数，用函数 sin 计算后输出。然后用循环的方法输入实型数，关键的问题是如何正确编译。

☞ **操作步骤**

步骤 1 编辑源程序代码。

```
[root@localhost root]# vim 3-9.c
```

程序代码如下：

```
/*3-9.c程序：把输入的数字作为函数自变量，算出它的 sin 值*/
#include<stdio.h>              /*文件预处理，包含标准输入输出库*/
#include<math.h>              /*文件预处理，包含数学函数库*/
```

```
int main()                      /*C 程序的主函数，开始入口*/
{
    double a,b;
    printf("请输入自变量:");
    scanf("%lf",&a);
    b=sin(a);                   /*调用数学函数计算*/
    printf("sin(%lf)=%lf\n",a,b);
    return 0;
}
```

步骤 2　用 gcc 编译程序。

接着用 gcc 的 "-o" 参数，将 3-9.c 程序编译成可执行文件 3-9，输入如下：

[root@localhost root]# **gcc 3-9.c -o 3-9**

结果编译器报错，具体的提示如下：

```
/tmp/ccjPJnA.o(.text+0x3e): In function 'main':
: undefined reference to 'sin'
collect2: ld returned 1 exit status
```

虽然程序已包含数学函数库，但编译器还是提示没有定义函数 sin。这是因为还需要指定函数的具体路径。这首先要对函数进行查找。

函数的查找方法如下：

[root@localhost root]# **nm -o /lib/*.so|grep 函数名**

例如，要查找函数 sin，在终端输入的命令如下：

[root@localhost root]# **nm -o /lib/*.so|grep sin**

这时查找的结果中有部分内容显示如下：

```
/lib/libm-2.3.2.so:00008610 W sin
/lib/libm-2.3.2.so:00008610 t __sin
```

在/lib/libm-2.3.2.so:00008610 W sin 中，除去函数库头 lib 及函数的版本号-2.3.2，所余下的符号为 "m"，在编译时用字符 "1" 与余下的符号 "m" 相连接成 "lm"，在编译时加上此参数，即

[root@localhost root]# **gcc 3-9.c -o 3-9 -lm**

此时能正确地通过编译。

步骤 3　运行程序。

编译成功后，执行可执行文件 3-9，输入如下：

[root@localhost root]# **./3-9**

此时系统会出现运行结果，终端中的显示如下：

[root@localhost root]# **./3-9**

请输入数字(X 轴坐标):0

sin(0.000000)=0.000000

[root@localhost root]# **./3-9**

请输入数字(X 轴坐标):0.5

sin(0.500000)=0.479426

 注意：

Linux 下动态链接库默认后缀名为 ".so"，静态链接库默认后缀名为 ".a"。

思考：用命令 mn 查找线程函数 pthread_create，在编译此类程序时链接应写成什么形式？

　　程序使用共享库时，链接本身不再包含函数代码，而是在运行时访问共享代码。当编译好的程序被装载到内存中执行时，函数引用被解析并产生对共享库的调用，如果有必要，共享库才被加载到内存中。

　　通过这种方法，系统可只保留一份共享库的拷贝并供许多应用程序同时使用，并且在磁盘上也仅保存一份。该方法的另一个好处是共享库的更新可以独立于依赖它的应用程序。文件/usr/lib/libm.so 是对实际库文件的修订版本（/usr/lib/libm.so.N，其中 N 代表主版本号）的符号链接。Linux 启动应用程序时，会考虑应用程序需要的函数库版本，以防止新的主版本函数库更新后旧的应用程序不能使用。

　　对 Linux 系统来说，负责装载共享库并解析客户程序函数引用的程序（动态装载器）是 ld.so，也可能是 ld-linux.so.2 或 ld-lsb.so.1。搜索共享库的其他位置可以在文件/etc/ld.so.conf 中配置。如果修改了这个文件，就需要用命令 ldconfig 来处理（例如，安装了 X 视窗系统后需要添加 X11 共享库）。可通过运行工具 ldd 来查看程序需要的共享库。

　　共享库在许多方面类似于 Windows 中使用的动态链接库：.so 库对应于.DLL 文件，在程序运行时加载；而.a 库类似于.LIB 文件，包含在可执行程序中。

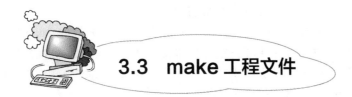

3.3　make 工程文件

3.3.1　make 命令

　　在 C 语言开发的大型软件中都包含很多源文件和头文件。这些文件间通常彼此依赖，且关系复杂。如果用户修改了一个其他文件所依赖的文件，则必须重新编译所有依赖它的文件。例如，拥有多个源文件，且它们都使用同一个头文件，如果用户修改了这个头文件，就必须重新编译每个源文件。

　　编译过程分为编译、汇编、链接等阶段。其中，编译阶段仅检查语法错误以及函数与变量的声明是否正确，链接阶段则主要完成函数链接和全局变量的链接。因此，那些没有改动的源代码根本不需要重新编译，而只要把它们重新链接就可以了。那怎么样才能只编译那些更新过的源代码文件呢？此时可以使用 GNU 的 make 工程管理器。

　　make 工程管理器是一个"自动编译管理器"，这里的"自动"是指它能够根据文件时间戳自动发现更新过的文件而减少编译的工作量。同时，它通过读入 makefile 文件的内容来执行大量的编译工作，只须用户编写一次简单的编译语句就可以了，它大大地提高了实际的工作效率。

　　make 工具提供灵活的机制来建立大型的软件项，make 工具依赖于一个特殊的、名字为 makefile 或 Makefile 的文件，这个文件描述了系统中各个模块之间的依赖关系。系统中部分文件改变时，make 根据这些关系决定一个需要重新编译的文件的最小集合。如果软件包括几十个源文件和多个可执行文件，这时 make 工具特别有用。

命令使用格式如下：

```
make [选项] [make 工程文件]
```

常用选项：

-d   显示调试信息。

-f 文件   此选项告诉 make 使用指定文件作为依赖关系文件，而不是默认的 makefile 或 Makefile，如果指定的文件名是 "-"，那么 make 将从标准输入读入依赖关系。

-n   不执行 makefile 中的命令，只是显示输出这些命令。

-s   执行但不显示任何信息。

3.3.2   make 规则

GNU make 的主要功能是读进一个文本文件 makefile 并根据 makefile 的内容执行一系列的工作。makefile 的默认文件名为 GNUmakefile，makefile 或 Makefile，当然也可以在 make 的命令行中指定别的文件名。如果不特别指定，make 命令在执行时将按顺序查找默认的 makefile 文件。多数 Linux 程序员使用第三种文件名 Makefile。因为其第一个字母是大写的，通常被列在一个目录的文件列表的最前面。

Makefile 是一个文本形式的数据库文件，其中包含一些规则来告诉 make 处理哪些文件以及如何处理这些文件。这些规则主要是描述哪些文件（称为 target 目标文件，不要和编译时产生的目标文件相混淆）是从哪些别的文件（称为 dependency 依赖文件）中产生的，以及用什么命令（command）来执行这个过程。

依靠这些信息，make 会对磁盘上的文件进行检查，如果目标文件的生成或被改动时的时间（称为该文件时间戳）至少比它的一个依赖文件还旧的话，make 就执行相应的命令，以更新目标文件。目标文件不一定是最后的可执行文件，可以是任何一个中间文件并可以作为其他目标文件的依赖文件。

一个 Makefile 文件主要含有一系列的 make 规则，每条 make 规则包含以下内容：

```
目标文件列表:依赖文件列表

<TAB>命令列表
```

目标（target）文件列表：make 最终需要创建的文件，中间用空格隔开，如可执行文件和目标文件；目标文件列表也可以是要执行的动作，如 "clean"。

依赖文件（dependency）列表：通常是编译目标文件所需要的其他文件。

命令（command）列表：是 make 执行的动作，通常是把指定的相关文件编译成目标文件的编译命令。每个命令占一行，且每个命令行的起始字符必须为 TAB 字符。

除非特别指定，否则 make 的工作目录就是当前目录。target 是需要创建的二进制文件或目标文件。dependency 是在创建 target 时需要用到的一个或多个文件的列表。命令序列是创建 target 文件所需要执行的步骤，比如编译命令。

3.3.3 编写 makefile 文件

在一个 makefile 文件中通常包含如下内容：

（1）需要由 make 工具创建的目标体（target），通常是目标文件或可执行文件。

（2）要创建的目标所依赖的文件。

（3）创建每个目标体时需要运行的命令。

例 3.10 设计一个程序，要求计算学生的总成绩和平均成绩，并用 **make** 工程管理器编译。系统要求用户输入学生数和成绩，接着调用自定义函数 **fun_sum** 和 **fun_avg** 分别计算总成绩和平均成绩。计算结果传递回主函数。主函数用 **printf** 函数输出。此程序有主函数 **main** 和自定义函数 **fun_sum** 和 **fun_avg**，再把函数声明都分割成独立的头文件，由此可将此程序分割成四个文件。文件构成的逻辑关系如图 **3.6** 所示。

四个文件	四个文件的逻辑关系

3-10-main.c：调用两个函数 fun_sum、fun_avg
 	
3-10-fun_sum.c：定义函数 fun_sum
 	
3-10-fun_avg.c：定义函数 fun_avg
 	
Chengji.h:包含 fun_avg 和 fun_sum 函数声明
	文件 3-10-main.c 内容：
	`#include <stdio.h>`
	`#include "chengji.h"`
	`int main ()`
	`{`
	`    ...`
	`    sum=fun_sum(array,n);`
	`    ...`
	`    average=fun_avg(array,n);`
	`    ...`
	`}`

图 3.6 文件构成的逻辑关系

☞ 操作步骤

步骤 1 分析程序、分割文件。

（1）3-10-main.c 为主程序，代码如下：

```
/*3-10-main.c 程序：计算学生的总成绩和平均成绩*/
#include <stdio.h>              /*文件预处理，包含标准输入输出库*/
#include "chengji.h"            /*文件预处理，包含 fun_avg 和 fun_sum 函数声明*/
int main ()                     /*C 程序的主函数，开始入口*/
{
  int n,i;
  float average,sum;
  printf("请输入需要统计的学生数：");
  scanf("%d",&n);
  int array[n];
  for(i=0;i<n;i++)
```

```
{
    printf("请输入第%d个学生的成绩: ",i+1);
    scanf("%d",&array[i]);
}
sum=fun_sum(array,n);  /*调用 sum 函数，返回值传递给 sum*/
printf("输入的%d个学生的总成绩是: %6.2f\n",n,sum);
average=fun_avg(array,n);  /*调用 avg 函数，返回值传递给 average*/
printf("输入的%d个学生的平均成绩是: %6.2f\n",n,average);
}
```

（2）chengji.h 为头文件，内含 fun_avg 和 fun_sum 函数的声明，代码如下：

```
/*chengji.h 头文件: fun_avg 和 fun_sum 函数的声明*/
float fun_sum(int var[],int num);   /*自定义函数声明，也可以把声明放在 main 中*/
float fun_avg(int var[],int num);   /*自定义函数声明，也可以把声明放在 main 中*/
```

（3）3-10-fun_sum.c 为 fun_sum 函数的定义，代码如下：

```
/*3-10-fun_sum.c 程序: fun_sum 函数的定义*/
float fun_sum(int var[],int num)    /*自定义函数，计算返回数组元素的平均值*/
{
float avrg=0.0;
int i;
for(i=0;i<num;i++)
  avrg+=var[i];
return (avrg);
}
```

（4）3-10-fun_avg.c 为 fun_avg 函数的定义，代码如下：

```
/*3-10-fun_avg.c 程序: fun_avg 函数的定义*/
float fun_avg(int var[],int num)    /*自定义函数，计算返回数组元素的平均值*/
{
  float avrg=0.0;
  int i;
  for(i=0;i<num;i++)
  avrg+=var[i];
  avrg/=num;
  return (avrg);
}
```

步骤 2 编辑 makefile 文件。

用文本文件编辑器，编辑 makefile 文件，此文件取名为 makefile3-10，编辑程序输入如下：

```
[root@localhost root]# vim makefile3-10
```

makefile 内容如下：

```
3-10:3-10-main.o  3-10-fun_sum.o  3-10-fun_avg.o
    gcc 3-10-main.o 3-10-fun_sum.o 3-10-fun_avg.o -o 3-10
3-10.main.o: 3-10-main.c chengji.h
    gcc 3-10-main.c -c
3-10-fun_sum.o: 3-10-fun_sum.c
    gcc 3-10-fun_sum.c -c
3-10-fun_avg.o: 3-10-fun_avg.c
    gcc 3-10-fun_avg.c -c
```

 注意：

gcc 前面的空格是用 Tab 键生成，而不是按空格键。

make 的书写规则：

目标文件：依赖文件

（Tab）产生目标文件的命令

例如：

```
3-10.main.o :3-10-main.c  chengji.h
    gcc 3-10-main.c -c
```

步骤 3　用 make 命令编译程序。

编写好 makefile 文件后，用 make 命令编译。由于是指定的 makefile 文件 makefile3-10，需要在 make 后面加参数-f，即输入"make –f makefile3-10"，此时终端中的显示如下：

```
[root@localhost root]# make –f makefile3-10
cc   -c -o 3-10-main.o 3-10-main.c
gcc   3-10-fun_sum.c  -c
gcc   3-10-fun_avg.c  -c
gcc   3-10-main.o 3-10-fun_sum.o 3-10-fun_avg.o -o  3-10
```

步骤 4　用 make 命令再次编译。

修改四个文件中的一个，例如修改 3-10-main.c 文件的输出文字，把"输入的%d 个学生的总成绩是："改成"所有的%d 个学生的总成绩是："。重新用 make 编译后会发现只有 3-10-main.c 程序被编译，另外的两个 C 源程序文件根本没有重新编译，显示如下：

```
[root@localhost root]# make –f makefile3-10
cc   -c -o 3-10-main.o 3-10-main.c
gcc   3-10-main.o 3-10-fun_sum.o 3-10-fun_avg.o -o  3-10
```

步骤 5　运行程序。

编译成功后，执行可执行文件 3-10，此时系统会显示等待输入学生数的提示。输入学生数后，提示输入学生成绩。终端中的显示如下：

```
[root@localhost root]# ./3-10
```
请输入需要统计的学生数：**3**⏎

请输入第 1 个学生的成绩：**98**

请输入第 2 个学生的成绩：**89**

请输入第 3 个学生的成绩：**34**

输入的 3 个学生的总成绩是：**221.00**

输入的 3 个学生的平均成绩是：**73.67**

从结果来看，在没有使用 gcc 编译器命令的情况下，依然把设计的程序编译成了可执行文件，实现了设计的功能，可见 make 工程管理器实际调用了 gcc 编译器。

在上面这个 makefile 文件中，目标文件（target）包含可执行文件 3-10 和中间目标文件（*.o）。依赖文件（prerequisites）包含冒号后面的那些.c 文件和.h 文件。每一个 .o 文件都有一组依赖文件，而这些 .o 文件又是可执行文件 3-10 的依赖文件。依赖关系的实质是说明目标文件（target）由哪些文件生成。换言之，目标文件（target）是哪些文件更新的结果。在定义好依赖关系后，后续的代码定义了如何生成目标文件（target）的操作系统命令，注意一定要以一个 TAB 键作为开头。

在默认方式下，只输入 make 命令。make 会做如下工作：

（1）make 会在当前目录下查找名字为 "makefile 文件" 或 "makefile 文件夹" 的文件。如果找到，它会找文件中的第一个目标文件（target）。在上面的例子中，它会找到 3-10 这个文件，并把这个文件作为最终的目标文件（target）；如果 3-10 文件不存在，或是 3-10 所依赖的后面的 .o 文件的修改时间要比 3-10 这个文件新，它就会执行后面所定义的命令来生成 3-10 文件。

（2）如果 3-10 所依赖的.o 文件也存在，make 会在当前文件中找目标为.o 文件的依赖性，如果找到，则会根据规则生成.o 文件（这有点像一个堆栈的过程）。

（3）当然，c 文件和 h 文件如果存在，make 会生成 .o 文件，然后再用 .o 文件生成 make 的最终结果，也就是可执行文件 3-10。

这就是整个 make 的依赖性。make 会一层又一层地去找文件的依赖关系，直到最终编译出第一个目标文件。在找寻的过程中，如果出现错误，比如最后被依赖的文件找不到，make 就会直接退出，并报错。而对于所定义的命令的错误，或是编译不成功，make 就不会处理。如果 make 找到了依赖关系之后，发现冒号后面的文件不存在，make 也不工作。

例如：分析以下的 Makefile 文件。

```
[root@localhost root]# cat Makefile
# 一个简单的 Makefile 的例子，以#开头的为注释行
test: prog.o code.o
    gcc -o test prog.o code.o
prog.o: prog.c prog.h code.h
    gcc -c prog.c -o prog.o
code.o: code.c code.h
    gcc -c code.c -o code.o
clean:
    rm -f  *.o
```

上面的 Makefile 文件中共定义了四个目标：test，prog.o，code.o 和 clean。目标从每行的最左边开始写，后面跟一个冒号"："，如果有与这个目标有依赖性的其他目标或文件，就把它们列在冒号后面，并以空格隔开，然后另起一行开始写实现这个目标的一组命令。在 Makefile 中，可使用续行号"\"将一个单独的命令行延续成几行。但要注意在续行号"\"后面不能跟任何字符（包括空格键）。

一般情况下，调用 make 命令可输入：

```
[root@localhost root]# make target
```

target 是 Makefile 文件中定义的目标之一，如果省略 target，make 就将生成 Makefile 文件中定义的第一个目标。对于上面 Makefile 的例子，单独的一个"make"命令等价于：

```
[root@localhost root]# make test
```

test 是 Makefile 文件中定义的第一个目标，make 首先将其读入，然后从第一行开始执行，把第一个目标 test 作为它的最终目标，所有后面的目标的更新都会影响到 test 的更新。第一条规则说明只要文件 test 的时间戳比文件 prog.o 或 code.o 中的任何一个旧，下一行的编译命令将会被执行。

在检查文件prog.o和code.o的时间戳之前，make会在下面的行中寻找以prog.o和code.o为目标的规则，在第三行中找到了关于 prog.o 的规则，该文件的依赖文件是 prog.c，prog.h 和 code.h。同样，make 会在后面的规则行中继续查找这些依赖文件的规则，如果找不到，则开始检查这些依赖文件的时间戳，如果这些文件中任何一个的时间戳比 prog.o 的新，make 将执行"gcc –c prog.c –o prog.o"命令，更新 prog.o 文件。

以同样的方法，接下来对文件 code.o 做类似的检查，依赖文件是 code.c 和 code.h。当 make 执行完所有这些嵌套的规则后，make 将处理最顶层的 test 规则。如果关于 prog.o 和 code.o 的两个规则中的任何一个被执行，至少其中一个.o 目标文件就会比 test 新，那么就要执行 test 规则中的命令，因此 make 去执行 gcc 命令将 prog.o 和 code.o 连接成目标文件 test。

在上面 Makefile 的例子中，还定义了一个目标 clean，它是 Makefile 中常用的一种专用目标，即删除所有的目标模块。

3.3.4 Makefile 中的变量

Makefile 里的变量就像一个环境变量。事实上，环境变量在 make 中也被解释成 make 的变量。这些变量对大小写敏感，一般使用大写字母。

Makefile 中的变量是用一个字符串在 Makefile 中定义的，这个字符串就是变量的值。只要在一行的开始写下这个变量的名字，后面跟一个＝号和要设定这个变量的值即可定义变量，下面是定义变量的语法：

VARNAME=string

把变量用花括号括起来，并在前面加上$符号，就可以引用变量的值：

　　${VARNAME}

make 解释规则时，VARNAME 在等式右端展开为定义它的字符串。变量一般都在 Makefile 的前面部分定义。按照惯例，所有的 Makefile 变量都应该是大写。如果变量的值发生变化，就只需要在一个地方修改，从而简化了 Makefile 的维护。

现在利用变量把前面的 Makefile 重写一遍：

```
OBJS=prog.o code.o
CC=gcc
 test: ${ OBJS }
     ${ CC } -o test ${ OBJS }
 prog.o: prog.c prog.h code.h
     ${ CC } -c prog.c -o prog.o
 code.o: code.c code.h
     ${ CC } -c code.c -o code.o
 clean:
     rm -f  *.o
```

除用户自定义的变量外，make 还允许使用环境变量、自动变量和预定义变量。使用环境变量的方法很简单，在 make 启动时，make 读取系统当前已定义的环境变量，并且创建与之同名同值的变量，因此用户可以像在 Shell 中一样在 Makefile 中方便地引用环境变量。需要注意的是，如果用户在 Makefile 中定义了同名的变量，用户自定义变量将覆盖同名的环境变量。此外，Makefile 中还有一些预定义变量和自动变量，但是看起来并不像自定义变量那样直观。如表 3.4 所示是 makefile 工程文件中常见的预定义变量，如表 3.5 所示是 makefile 工程文件中常见的自动变量。

表 3.4 makefile 中常见预定义变量

命令格式	含　义
AR	库文件维护程序的名称，默认值为 ar
AS	汇编程序的名称，默认值为 as
CC	C 编译器的名称，默认值为 cc
CPP	C 预编译器的名称，默认值为$(CC)-E
CXX	C++编译器的名称，默认值为 g++
FC	FORTRAN 编译器的名称，默认值为 f77
RM	文件删除程序的名称，默认值为 rm-f
ARFLAGS	库文件维护程序的选项，无默认值
ASFLAGS	汇编程序的选项，无默认值
CFLAGS	C 编译器的选项，无默认值
CPPFLAGS	C 预编译器的选项，无默认值
CXXFLAGS	C 编译器的选项，无默认值
FFLAGS	FORTRAN 编译器的选项，无默认值

表 3.5 makefile 中常见的自动变量

命令格式	含　义
$*	不包含扩展名的目标文件名称
$+	所有的依赖文件，以空格分开，并以出现的先后为序，可能包含重复的依赖文件

续表

命令格式	含　义
$<	第一个依赖文件的名称
$?	所有时间戳比目标文件晚的依赖文件，以空格分开
$@	目标文件的完整名称
$^	所有不重复的依赖文件，以空格分开
$%	如果目标是归档成员，则该变量表示目标的归档成员名称

在上面的例子中，可以简化为：

```
OBJS=prog.o code.o
CC=gcc
test: ${ OBJS }
    ${ CC } -o $@ $^
prog.o: prog.c prog.h code.h
code.o: code.c code.h
 clean:
        rm -f  *.o
```

例如：把下列 makefile 工程文件应用自动变量进行简化。

```
main: main.o  a.o  b.o
  gcc -o main.o a.o b.o
main.o:main.c  a.h  b.h
  gcc -c main.c
a.o:a.c  a.h
  gcc -c a.c
b.o:b.c  b.h
  gcc  -c b.c
```

简化为：

```
main: main.o  a.o  b.o
  gcc -o $@ $^
main.o:main.c  a.h  b.h
  gcc -c $<
a.o:a.c  a.h
  gcc -c $<
b.o:b.c  b.h
  gcc  -c $<
```

缺省变量简化：

```
main: main.o  a.o  b.o
  gcc -o $@ $^
..c.o:
  gcc -c $<
```

makefile 文件主要包含了五部分内容：显式规则、隐式规则、变量定义、文件指示和注释。

（1）显式规则。显式规则说明了如何生成一个或多个目标文件。这要由 makefile 文件的创作者指出，包括要生成的文件、文件的依赖文件、生成的命令。

（2）隐式规则。由于 make 有自动推导的功能，所以隐式的规则可以比较简略地书写 makefile 文件，这是由 make 所支持的。

（3）变量定义。在 makefile 文件中要定义一系列的变量，变量一般是字符串，这与 C 语言中的宏有些类似。当 makefile 文件执行时，其中的变量会扩展到相应的引用位置上。

（4）文件指示。其包括三个部分，一个是在一个 makefile 文件中引用另一个 makefile 文件，就像 C 语言中的 include 一样；另一个是指根据某些情况指定 makefile 文件中的有效部分，就像 C 语言中的预编译#if 一样；还有就是定义一个多行的命令。

（5）注释。makefile 文件中只有行注释，和 UNIX 的 Shell 脚本一样。其注释用"#"字符作注释字符，这个就像 C/C++中的"/* */"和"//"一样。如果要在 makefile 文件中使用"#"字符，可以用反斜线符进行转义，如："\#"。

默认情况下，make 命令会在当前目录下按顺序找寻文件名为"GNUmakefile 文件""makefile 文件""Makefile 文件"的文件，找到后解释这个文件。在这三个文件名中，最好使用"makefile 文件"这个文件名。最好不要用"GNUmakefile 文件"，这个文件是 GNU 的 make 识别的。

一些 make 对"makefile 文件"文件名不敏感，但是大多数的 make 都支持"makefile 文件"和"Makefile 文件"这两种默认文件名。

当然，可以使用别的文件名来书写 makefile 文件，比如"make.Linux""make.Solaris""make.AIX"等。如果要指定特定的 makefile 文件，就要像上面的例子一样使用 make 的 -f 和-file 参数。

GNU 的 make 工作时的执行步骤如下：

（1）读入所有的 makefile 文件。

（2）读入被 include 包括的其他 makefile 文件。

（3）初始化文件中的变量。

（4）推导隐式规则，并分析所有规则。

（5）为所有的目标文件创建依赖关系链。

（6）根据依赖关系，决定哪些目标要重新生成。

（7）执行生成命令。

（1）—（5）为第一个阶段，（6）—（7）为第二个阶段。第一个阶段中，如果定义的变量被使用了，make 会将其在使用的位置展开。但 make 并不会马上完全展开，make 使用的是拖延战术，如果变量出现在依赖关系的规则中，仅当这条依赖被决定要使用了，变量才会在其内部展开。

3.4 gdb 调试工具

Linux 系统中有很多调试器，包括：gdb，kgdb，xxgdb，mxgdb 等。GNU 调试程序 gdb

（GNU DeBugger）可以用于调试 C，C++，Module-2，PASCAL 等多种语言写成的程序，gdb 所提供的一些功能有：

- ➢ 运行程序，设置所有的能影响程序运行的参数和环境；
- ➢ 控制程序在指定的条件下停止运行；
- ➢ 当程序停止时，可以检查程序的状态；
- ➢ 修改程序的错误，并重新运行程序；
- ➢ 动态监视程序中变量的值；
- ➢ 可以单步执行代码，观察程序的运行状态。

可以通过 gdb 命令启动它，一旦启动完成，它会从键盘接收用户命令并完成相应的任务，直到输入 quit 让它退出执行为止。下面是对 gdb 命令的简要描述。

命令使用格式如下：

`gdb [选项] [可执行程序[core 文件|进程 ID]]`

功能：跟踪指定程序的运行，给出它的内部运行状态以协助定位程序中的错误。还可以指定一个程序运行错误产生的 core 文件，或者正在运行的程序进程 ID。

常用选项：

-c core 文件　　使用指定 core 文件检查程序。

-h　　　　　　列出命令行选项的简要介绍。

-n　　　　　　忽略~/.gdbinit 文件中指定的执行命令。

-q　　　　　　禁止显示介绍信息和版权信息。

-s 文件　　　　使用保存在指定文件中的符号表。

gdb 启动时默认读入~/.gdbinit 文件并执行里面的命令，使用-n 可以告诉 gdb 忽略此文件。

启动 gdb：要使用 gdb 调试程序，必须使用-g 参数重新编译该程序。此选项用于生成包含符号表和调试信息的可执行文件。程序成功编译以后，就可以使用 gdb 调试它，注意 gdb 产生的(gdb)提示符。

```
[root@localhost root]# gcc -g hello.c -o hello
[root@localhost root]# gdb -q hello
...

(gdb)
```

启动 gdb 后，可以使用很多命令。输入 help 命令，可以获得 gdb 的帮助信息。如果不带任何参数，help 将列出 gdb 命令的种类，而 help run 则会简单介绍关于运行程序的 gdb 命令。类似的，help tracepoints 会告诉您如何设置跟踪点，以便跟踪程序的执行而不必中止程序。

使用 quit 命令可以离开 gdb 环境并回到 Shell 提示符。

要详细了解 gdb 的使用，请浏览 http://www.gnu.org/software/gdb/gdb.html 网页，或在 Linux Shell 提示符输入 man gdb，可以获得 gdb 帮助。

gdb 支持很多的命令且能实现不同的功能。这些命令从简单的文件装入到允许您检查所调用的堆栈内容的复杂命令，下面列出了在使用 gdb 调试时会用到的部分命令：

file　　　　装入想要调试的可执行文件。

cd   改变工作目录。

pwd   返回当前工作目录。

run   执行当前被调试的程序。

kill   停止正在调试的应用程序。

list   列出正在调试的应用程序的源代码。

break   设置断点。

tbreak   设置临时断点。它的语法与 break 相同，区别在于用 tbreak 设置的断点执行
          一次之后立即消失。

watch   设置监视点。监视表达式的变化。

awatch   设置读写监视点。当要监视的表达式被读或写时将应用程序挂起，它的语法
          与 watch 命令相同。

rwatch   设置读监视点。当监视表达式被读时将程序挂起，等待调试。此命令的语法
          与 watch 相同。

next   执行下一条源代码，但是不进入函数内部。也就是说，将一条函数调用作为
          一条语句执行。执行这个命令的前提是已经 run，开始了代码的执行。

step   执行下一条源代码，进入函数内部。如果调用了某个函数，会跳转到函数所
          在的代码中等候一步步执行。执行这个命令的前提是已经用 run 开始执行代码。

display   在应用程序每次停止运行时显示表达式的值。

info break 显示当前断点列表，包括每个断点到达的次数。

info files 显示调试文件的信息。

info func   显示所有的函数名。

info local 显示当前函数的所有局部变量的信息。

info prog   显示调试程序的执行状态。

print   显示表达式的值。

delete   删除断点。指定断点，则删除断点；不指定参数则删除所有的断点。

Shell   执行 Linux Shell 命令。

make   不退出 gdb 而重新编译生成可执行文件。

quit   退出 gdb。

下面就通过实例来看一下 gdb 是如何调试程序的。

例 3.11 设计一个程序，要求输入两个整数，判断并输出其中的最小数。

步骤 1 设计编辑源程序代码。

`[root@localhost root]# vim 3-11.c`

程序代码如下：

```
/*3-11.c 程序：判断并输出两个输入整数的最小数*/
#include <stdio.h>
int min(int x, int y);                /*自定义函数说明*/

int min(int x, int y)                 /*自定义函数：比较后返回最小值*/
{
```

```
  if (x<y)
    return x;
  else
    return y;
}

int main()                              /*C 程序的主函数，开始入口*/
{
  int a1,a2,min_int;                    /*定义三个变量*/
  printf("请输入第一个整数：");
  scanf("%d",&a1);                      /*输入的值赋值给变量 a1*/
  printf("请输入第二个整数：");
  scanf("%d",&a2);                      /*输入的值赋值给变量 a2*/
  min_int=min(a1,a2);  /*调用函数 min，返回的最小值赋值给变量 min_int*/
  printf("最小的整数是：%d\n",min_int);   /*输出最小的整数*/
}
```

步骤 2　用 gcc 编译程序。

在编译的时候要加上选项“-g”。这样编译出的可执行代码中才包含调试信息，否则之后 gdb 无法载入该可执行文件。

`[root@localhost root]# `**`gcc 3-11.c -o 3-11 -g`**

步骤 3　进入 gdb 调试环境。

gdb 进行调试的是可执行文件，因此要调试的是 3-11 而不是 3-11.c，输入如下：

`[root@localhost root]# `**`gdb 3-11`**

回车后就进入了 gdb 调试模式，如图 3.7 所示。

`[root@localhost root]# `**`gdb 3-11`**

```
GNU gdb Red Hat Linux (5.3post-0.20021129.18rh)
Copyright 2003 Free Software Foundation, Inc.
GDB is free software, covered by the GNU General Public License, and you are
welcome to change it and/or distribute copies of it under certain conditions.
Type "show copying" to see the conditions.
There is absolutely no warranty for GDB.  Type "show warranty" for details.
This GDB was configured as "i386-redhat-linux-gnu"...
(gdb)
```

图 3.7　gdb 调试环境

可以看到，在 gdb 的启动画面中有 gdb 的版本号、使用的库文件等信息，在 gdb 的调试环境中，提示符是“(gdb)”。

步骤 4　用 gdb 调试程序。

1）查看源文件

在 gdb 中输入“1”(list)就可以查看程序源代码，一次显示 10 行，如图 3.8 所示。

```
 (gdb) l
1       #include <stdio.h>
2       int min(int x, int y);              /*自定义函数说明*/
3       int main()                          /*C 程序的主函数，开始入口*/
4       {
5        int a1,a2,min_int;                 /*定义三个变量*/
6        printf("请输入第一个整数：");
7        scanf("%d",&a1);                    /*输入的值赋值给变量 a1*/
8        printf("请输入第二个整数：");
9        scanf("%d",&a2);                    /*输入的值赋值给变量 a2*/
10       min_int=min(a1,a2); /*调用函数 min，返回的最小值赋值给变量 min_int*/
 (gdb)
```

图 3.8　gdb 提示符下 list 的用法

可以看出，gdb 列出的源代码中明确地给出了对应的行号，这样可以大大方便代码的定位。

2）设置断点

设置断点在调试程序时是一个非常重要的手段，它可以使程序到一定位置暂停运行。软件工程师可以在断点处查看变量的值、堆栈情况等，从而找出代码的问题所在。

在 gdb 中设置断点命令是"b"(break)，后面跟行号或者函数名，如图 3.9 所示。

```
 (gdb) b 9
Breakpoint 1 at 0x80483a0: file 3-11.c, line 9.
 (gdb)
```

图 3.9　设置断点

不指定具体行号的断点设置可在"b"(break)后面跟函数名。本例可以输入"break min"，即在自定义的 min 函数处设置断点，和输入"break 14"功能相同。

3）查看断点信息

设置完断点后，可以用命令"info b"(info break)查看断点信息，如图 3.10 所示。

```
 (gdb) b 9
Breakpoint 1 at 0x80483a0: file 3-11.c, line 9.
 (gdb) info b
Num Type           Disp Enb Address    What
1   breakpoint     keep y   0x080483a0 in main at 3-11.c:9
 (gdb)
```

图 3.10　查看断点信息

4）运行程序

接下来可以运行程序，输入"r"(run)开始运行程序，如图 3.11 所示。

```
(gdb) b  9
Breakpoint 1 at 0x80483a0: file 3-11.c, line 9.
(gdb) info b
Num Type           Disp Enb Address    What
1   breakpoint     keep y   0x080483a0 in main at 3-11.c:9
(gdb) r
Starting program: /root/3-11
请输入第一个整数：
```

图 3.11　运行程序

5）查看与设置变量值

调试程序的重要手段就是查看断点处的变量值。程序运行到断点处会自动暂停，此时输入"p 变量名"可查看指定变量的值，如图 3.12 所示。

```
(gdb) info b
Num Type           Disp Enb Address    What
1   breakpoint     keep y   0x080483a0 in main at 3-11.c:9
(gdb) r
Starting program: /root/3-11
请输入第一个整数：10

Breakpoint 1, main () at 3-11.c:9
9          scanf("%d",&a2);                /*输入的值赋值给变量 a2*/
(gdb) n
请输入第二个整数：20
10         min_int=min(a1,a2); /*调用函数 min，返回的最小值赋值给变量 min_int*/
(gdb) p  a1
$1 = 10
(gdb)
```

图 3.12　查看变量值

此程序的断点在第 10 行，变量"a2"和"min_int"在此时应该没有赋值，但它们都有一个初值。由图 3.12 可知，此初值并不为零，而是一个随机整数。

调试程序时，若需要修改变量值，可在程序运行到断点处时，输入"set 变量=设定值"，例如，给变量"a2"赋值 100，输入"set a2=100"，如图 3.13 所示。

```
(gdb) p  a1
$1 = 10
(gdb) set a2=100
(gdb) p  a2
$2 = 100
(gdb)
```

图 3.13　给变量赋值

gdb 在显示变量值时都会在对应值前加 "$n" 标记，它是当前变量值的引用标记，以后想再引用此变量，可以直接使用 "$n"，以提高调试效率。

（6）单步运行

很多情况下，调试的时候要单步运行程序。在断点处输入 "n"(next)或者 "s"(step)可单步运行，如图 3.14 和图 3.15 所示。它们之间的区别在于：若有函数，调试时，"s" 会进入该函数，而 "n" 不会进入该函数。

```
(gdb) p  a1
$1 = 10
(gdb) set a2=100
(gdb) p a2
$2 = 100
(gdb) n
11          printf("最小的整数是：%d\n",min_int);          /*输出最小的整数*/
```

图 3.14   输入 "n" 单步运行程序

```
请输入第二个整数：100
10          min_int=min(a1,a2); /*调用函数 min，返回的最小值赋值给变量 min_int*/
(gdb) s
min (x=10, y=100) at 3-11.c:15
15          if (x<y)
(gdb)
```

图 3.15   输入 "s" 单步运行程序

7）继续运行程序

在查看完变量或堆栈情况后可以输入 "c"(continue)命令恢复程序的正常运行，把剩余的程序执行完，并显示执行结果，如图 3.16 所示。

```
(gdb) s
min (x=10, y=100) at 3-11.c:15
15          if (x<y)
(gdb) c
Continuing.
最小的整数是：10
```

图 3.16   继续运行

8）退出 gdb 环境

只要输入"q"(quit)命令，回车后即可退出 gdb 环境，如图 3.17 所示。

```
(gdb) c
Continuing.
最小的整数是：10


Program exited with code 021.
(gdb) q
```

图 3.17　输入"q"(quit)命令回车后退出 gdb 环境

思考与实验

1. 编写一个简单的 C 语言程序：输出两行文字"How are you"，在 Linux 环境下编辑、编译、运行。

2. 编写一个简单的 C 语言程序：为输入的两个整数求平均值并且在终端输出，通过 gcc 编译器得到它的汇编程序文件。

3. Makfile 文件中的每一行是描述文件间依赖关系的 make 规则。请分析以下 makefile 工程文件。

```
CC = gcc
OPTIONS = -O3 -o
OBJECTS = main.o stack.o misc.o
SOURCES = main.c stack.c misc.c
HEADERS = main.h stack.h misc.h
polish: main.c $(OPJECTS)
   $(CC) $(OPTIONS) power $(OBJECTS) -lm
main.o: main.c main.h misc.h
stack.o: stack.c stack.h misc.h
misc.o: misc.c misc.h
```

回答下列问题：

（1）所有变量名字；

（2）所有目标文件的名字；

（3）每个目标的依赖文件；

（4）生成每个目标文件所需执行的命令；

（5）画出 makefile 对应的依赖关系树；

（6）生成 main.o，stack.o 和 misc.o 时会执行哪些命令，为什么？

4. 请设计下列多文件系统的 makefile 工程文件。此程序由 main.c，compute.c，input.c，compute.h，input.h 和 main.h 文件构成，具体代码如下：

```
[root@localhost root]# cat compute.h
```

```
/* compute 函数的声明原形 */
double compute(double, double);
```

[root@localhost root]# **cat input.h**

```
/* input 函数的声明原形 */
double input(char *);
```

[root@localhost root]# **cat main.h**

```
/* 声明用户提示 */
#define PROMPT1 "请输入 x 的值："
#define PROMPT2 "请输入 y 的值："
```

[root@localhost root]# **cat compute.c**

```
#include <math.h>
#include <stdio.h>
#include "compute.h"
double compute(double x, double y)
{
    return (pow ((double)x, (double)y));
}
```

[root@localhost root]# **cat input.c**

```
#include <stdio.h>
#include"input.h"
double input(char *s)
{
    float x;
    printf("%s", s);
    scanf("%f", &x);
    return (x);
}
```

[root@localhost root]# **cat main.c**

```
#include <stdio.h>
#include "main.h"
#include "compute.h"
#include "input.h"

int main()
{
    double x, y;
    printf("本程序从标准输入获取 x 和 y 的值并显示 x 的 y 次方.\n");
    x = input(PROMPT1);
    y = input(PROMPT2);
```

```
    printf("x 的 y 次方是:%6.3f\n",compute(x,y));
    return 0;
  }
```

（1）创建上述源文件和相应头文件，用gcc编译器生成power可执行文件，并运行power程序。给出完成上述工作的步骤和程序运行结果。

（2）创建 Makefile 文件，使用 make 命令生成 power 可执行文件，并运行 power 程序。给出完成上述工作的步骤和程序运行结果。

5. 下面程序的功能是提示您输入一个整数并把它显示到屏幕上，现在它能够通过编译但运行不正常。利用 gdb 找出它的错误并改正它。重新编译和运行改过的程序以确保它工作正常。

```
#include<stdio.h>
#define PROMPT "请输入一个整数："
void get_input(char *, int *);

int main()
{
  int    *user_input;
  get_input(PROMPT, user_input);
  (void) printf("您输入了: %d。\n", user_input);
  return 0;
}

void get_input(char *prompt, int *ival)
{
  (void) printf("%s", prompt);
  scanf("%d", ival);
}
```

第 4 章

Linux 环境下系统函数的使用

 本章重点

1. Linux 环境下数学函数的使用方法。
2. Linux 环境下字符函数的使用方法。
3. Linux 环境下系统时间与日期函数的使用方法。
4. Linux 环境下环境控制函数的使用方法。
5. Linux 环境下内存分配函数的使用方法。
6. Linux 环境下数据结构中常用函数的使用方法。

 本章导读

本章首先从数学函数的应用入手，着重讨论 Linux 环境下一些常用函数的使用方法。请读者在学习时要注意函数的查找方法与 gcc 加后缀的编译方法，掌握字符函数、系统时间与日期函数、内存分配函数、排序与查找，尤其是快速排序与二分法查找函数的使用。本章安排了较多思考题，以检验学习的效果。

4.1 数学函数的使用

例 4.1   函数 **pow** 用来计算以 **x** 为底的 **y** 次方值，即 **x**^{y} 值，然后将 **x** 的 **y** 次方计算结果返回。此函数的错误代码为 **EDOM**，参数 **x** 为负数且参数 **y** 不是整数。编写程序，要求从键盘读入两个 **double** 型数据，分别赋给 **x** 和 **y**，计算 **x** 的 **y** 次方。

分析   计算 x 的 y 次方要应用函数 pow，此函数的原型为：double pow(double x, double y)；因而要包含数学库 math.h，在使用 gcc 编译时请加入参数-lm。

☞ 操作步骤

步骤 1   编辑源程序代码。

[root@localhost root]# **vim 4-1.c**

编辑程序代码如下：

```
#include <math.h>
int  main()
{
    double answer,x,y;
    scanf("%lf  %lf",&x,&y);
    answer =pow(x,y);
    printf("%lf 的%lf 方等于%lf\n",x,y, answer);
}
```

步骤 2   用 gcc 编译程序。

接着用 gcc 的 "-o" 参数，将 4-1.c 程序编译成可执行文件 4-1。输入如下：

[root@localhost root]# **gcc 4-1.c -o 4-1   -lm**

步骤 3   运行程序。

编译成功后，执行可执行文件 4-1。键盘输入 20，此时出现运行结果，终端中的显示如下：

[root@localhost root]# **./4-1**

7.8   2.5

7.800000 的 2.500000 次方等于 169.916873

思考：编写程序，分别应用下列函数计算函数值。

```
double exp(double x);
double log(double x);
double log10(double x);
```

例 4.2   键盘输入一个整数 **n**，接着输入 **n** 个实型数，分别求取这 **n** 个实型数的平方根。

分析 程序非常简单，首先从键盘输入一个整数，用函数 sqrt 开平方根后输出，然后用循环的方法输入实型数，这里关键的问题是如何正确编译。

☞ 操作步骤

步骤 1 编辑源程序代码。

`[root@localhost root]#` **vim 4-2.c**

程序代码如下：

```c
#include "stdio.h"
#include "math.h"
int main( )
{
    int n,i;
    float x,y;
    scanf("%d",&n);
    for(i=0;i<n;i++)
    {
      scanf("%f",&x);
      y=sqrt(x);
      printf("%f *****%f\n",x,y);
    }
}
```

步骤 2 用 gcc 编译程序。

接着用 gcc 的"-o"参数，再加-lm 参数，将 4-2.c 程序编译成可执行文件 4-2。输入如下：

`[root@localhost root]#` **gcc -o 4-2 4-2.c -lm**

此程序的编写也可以先建立一个目录 4-2，在目录 4-2 下编辑源程序 4-2.c 及 make 工程文件 makefile。makefile 文件如下：

```makefile
CC = gcc
AR = $(CC)ar
EXEC = 4-2
OBJS = 4-2.o
all: $(EXEC)
$(EXEC): $(OBJS)
        $(CC) -o $@ $(OBJS) -lm
clean:
        -rm -f $(EXEC) *.elf *.gdb *.o
```

编辑好工程文件后，在目录 4-2 下执行命令 make，即可生成可执行文件。

步骤 3 运行程序。

编译成功后，运行可执行文件 4-2。先在终端输入 5，然后输入 5 个数，此时系统会出现运行结果，终端中的显示如下：

```
[root@localhost root]# ./4-2
5
12
12.000000 *****3.464102
56
56.000000 *****7.483315
23
23.000000 *****4.795832
44
```

```
44.000000 *****6.633250
29
29.000000 *****5.385165
```

例 4.3　应用函数 **rand** 产生 **10** 个介于 **1** 到 **10** 之间的随机数值。

分析　函数 rand( )会返回一个 0—RAND_MAX（其值为 2147483647）的随机值，即随机产生一个大于等于 0、小于 1 的数。此数可表示为：rand( )/(RAND_MAX+1.0)。

☞ **操作步骤**

步骤 1　编辑源程序代码。

`[root@localhost root]#` **vim　4-3.c**

程序代码如下：

```
#include <stdlib.h>
#include "stdio.h"
int main()
{
   int i,j;
   srand((int)time(0));
   for(i=0;i<10;i++)
   {
    j=1+(int)(10.0*rand()/(RAND_MAX+1.0));
    printf(" %d ",j);
   }
   printf("\n");
}
```

步骤 2　用 gcc 编译程序。

接着用 gcc 的"-o"参数，将 4-3.c 程序编译成可执行文件 4-3。输入如下：

`[root@localhost root]#` **gcc　4-3.c　-o　4-3**

步骤 3　运行程序。

编译成功后，运行可执行文件 4-3。此时系统会出现运行结果，终端中的显示如下所示，可见，程序运行两次所产生的随机数是不相同的。

`[root@localhost root]#` **./4-3**

`4 2 7 3 3 8 6 3 7 9`

`[root@localhost root]#` **./4-3**

`4 6 4 10 4 9 7 9 8 10`

📖 **相关知识介绍**

rand 函数说明如下：

所需头文件	#include<stdlib.h>
函数功能	产生随机数
函数原型	int rand(void)
函数传入值	无
函数返回值	0—2147483647（0—RAND_MAX）
备注	必须先利用 srand( )设好随机数种子

srand 函数说明如下：

所需头文件	#include<stdlib.h>
函数功能	设置随机数种子
函数原型	void srand (unsigned int seed)
函数传入值	通常利用 geypid( )或 time(0)的返回值
函数返回值	无
备注	必须先利用 srand( )设好随机数种子

思考：

（1） 在 4-3.c 中去掉 srand((int)time(0))语句，观察程序的运行结果。

（2）请编写一程序，用 srand 函数产生 20 个 100—200 的随机数。

（3）请编写一程序，用 srandom 函数产生 100 个 100—200 的随机数。

注意：

表达式 1+(int) (50.0*rand()/RAND_MAX+1.0)产生在 1—50 范围内的随机数，也可用 rand( )%50+1 来实现

srand( )是给 rand( )提供种子 seed 的。如果 srand 每次输入的数值是一样的，那么每次运行产生的随机数也是一样的。通常以这样一句代码 srand((unsigned) time(NULL));种子为一个不固定的数，这样产生的随机数就不会每次都产生相同的数了。

4.2 字符函数的使用

字符测试函数如下：

函数名	功　能
isalnum	测试字符是否为英文字母或数字
isalpha	测试字符是否为英文字母
isascii	测试字符是否为 ASCII 码字符
iscntrl	测试字符是否为 ASCII 码的控制字符

函数名	功　　能
isdigit	测试字符是否为阿拉伯数字
islower	测试字符是否为小写字母
isprint	测试字符是否为可打印字符
isspace	测试字符是否为空格字符
ispunct	测试字符是否为标点符号或特殊符号
isupper	测试字符是否为大写英文字母
isxdigit	测试字符是否为十六进制数字

例 4.4　从键盘读入一行字符，测试读入的字符是否为大写字符。

☞ 操作步骤

步骤 1　编辑源程序代码。

`[root@localhost root]#` **`vim  4-4.c`**

程序代码如下：

```c
#include "stdio.h"
#include <ctype.h>
main()
{
 char c;
 while((c=getchar())!='\n')
    if(isupper(c))
       printf("%c is an uppercase character\n",c);
}
```

步骤 2　用 gcc 编译程序。

接着用 gcc 的 "-o" 参数，将 4-4.c 程序编译成可执行文件 4-4。输入如下：

`[root@localhost root]#` **`gcc  4-4.c  -o  4-4`**

步骤 3　运行程序。

编译成功后，运行可执行文件 4-4。输入字符串 "fg56GFyffUTR57"，此时系统会出现运行结果，终端中的显示如下：

```
[root@localhost root]# ./4-4
fg56GFyffUTR57
G is an uppercase character
F is an uppercase character
U is an uppercase character
T is an uppercase character
R is an uppercase character
```

例 4.5　从键盘读入一行字符，测试读入的是否为十六进制数字符。

☞ 操作步骤

步骤 1　编辑源程序代码。

`[root@localhost root]#` **`vim  4-5.c`**

程序代码如下：

```c
#include "ctype.h"
```

```
#include "stdio.h"
int main( )
{
  char c;
  int i;
  for( ;(c=getchar())!='\n';)
      if(isxdigit(c))
        printf("%c is a hexadecimal digits\n",c);
  return 0;
}
```

步骤2 用 gcc 编译程序。

接着用 gcc 的 "-o" 参数，将 4-5.c 程序编译成可执行文件 4-5。输入如下：

`[root@localhost root]#` **gcc 4-5.c -o 4-5**

步骤3 运行程序。

编译成功后，运行可执行文件 4-5。输入字符串 "afdsFuiyt87654fgk"，程序运行结果如下：

```
[root@localhost root]# ./4-5
afdsFuiyt87654fgk
a is a hexadecimal digits
f is a hexadecimal digits
d is a hexadecimal digits
F is a hexadecimal digits
8 is a hexadecimal digits
7 is a hexadecimal digits
6 is a hexadecimal digits
5 is a hexadecimal digits
4 is a hexadecimal digits
f is a hexadecimal digits
```

📖 相关知识介绍

isxdigit 函数说明如下：

所需头文件	#include<ctype.h>
函数功能	测试字符是否为十六进制数字
函数原型	int isxdigit (int c)
函数传入值	字符
函数返回值	TRUE（c 为十六进制数字：0123456789ABCDEF）
	NULL（c 为非十六进制数字）
备注	此为宏定义，非真正函数

思考：请用函数 ispunct 编写一程序，测试输入的一行字符是否为标点符号或特殊符号，并分别统计它们的个数。

4.3 系统时间与日期函数的使用

系统时间与日期函数如下:

函数名	功　能
asctime	将时间和日期以字符串格式表示
ctime	将时间和日期以字符串格式表示
gettimeofday	取得当前的时间
gmtime	把日期和时间转换为格林尼治(GMT)时间的函数
localtime	取得目前当地的时间和日期,并转换成现在的时间日期表示方法
mktime	将时间结构数据转换成经过的秒数
settimeofday	设置当前的时间
time	取得系统当前的时间

例 4.6 用程序的方法应用函数 time 取得当前的时间,然后通过 gmtime 函数转换为格林尼治时间并以字符串形式显示当前的系统时间,最后以"XXXX 年 X 月 XX 日　Tue 11:59:00"形式显示系统时间。

☞ 操作步骤

步骤 1 编辑源程序代码。

[root@localhost root]# **vim　4-6.c**

程序代码如下:

```
#include <time.h>
int main()
{
  time_t timep;          /* 时间结构体变量 */
  char *wday[]={"Sun","Mon","Tue","Wed","Thu","Fri","Sat"};
  struct tm *p;
  time (&timep);          /*取得当前的时间*/
  printf("%s",asctime(gmtime(&timep)));/*将时间和日期以字符串格式表示*/
  p=localtime(&timep);  /*取得当地时间并按现在的时间日期来表示*/
  printf ("%d 年 %d 月 %d 日",(1900+p->tm_year), (1+p->tm_mon), p->tm_mday);
  printf("%s %d:%d:%d\n",wday[p->tm_wday],p->tm_hour,p->tm_min,p->tm_sec);
  return 0;
}
```

步骤 2 用 gcc 编译程序。

接着用 gcc 的"-o"参数,将 4-6.c 程序编译成可执行文件 4-6。输入如下:

[root@localhost root]# **gcc　4-6.c　-o　4-6**

步骤 3　运行程序。

编译成功后，运行可执行文件 4-6。此时系统会出现运行结果，终端中的显示如下：

```
[root@localhost root]# ./4-6
Tue Jul 24 03:59:00 2011
2011 年 7 月 24 日  Tue 11:59:0
```

思考：程序代码中有表达式 1900+p->tm_year，为什么要加 1900，1+p->tm_mon 中为什么要加 1，wday[p->tm_wday] 的含义是什么？

📖 **相关知识介绍**

结构体 tm 的定义如下：

```
struct tm
{
    int tm_sec ;        /*代表当前的秒数，正常范围为 0—59，但允许至 61 秒*/
    int tm_min ;        /* 代表当前的分数，范围 0—59 */
    int tm_hour ;       /* 从午夜算起的时数，范围为 0—23 */
    int tm_mday ;       /* 当前的月份的日数，范围 01—31 */
    int tm_mon ;        /* 代表当前的月份，从一月算起，范围从 0—11 */
    int tm_year ;       /* 从 1900 年算起至今的年数*/
    int tm_wday ;       /* 一星期的日数，从星期一算起，范围 0—6 */
    int tm_yday ;       /* 从今年 1 月 1 日算起至今的天数，范围为 0—365 */
    int tm_isdst ;      /* 夏时制时间*/
};
```

time 函数说明如下：

所需头文件	#include<time.h>
函数功能	取得当前的时间
函数原型	time_t time(time_t *t);
函数传入值	函数将返回值存到 t 指针所指的内存
函数返回值	成功则返回秒数
	失败则返回-1 值，错误原因存于 errno 中
备注	此函数会返回从公元 1970 年 1 月 1 日的 UTC 时间的 0 时 0 分 0 秒算起到现在所经过的秒数

gmtime 函数说明如下：

所需头文件	#include<time.h>
函数功能	将 timep 转换成格林尼治所使用的时间
函数原型	struct tm*gmtime(const time_t*timep);

续表

函数传入值	函数将返回值存到 t 指针所指的内存
函数返回值	结果由结构 tm 返回
备注	gmtime( ) 将参数 timep 所指的 time_t 结构中的信息转换成现在所使用的时间日期表示方法

asctime 函数说明如下：

所需头文件	#include<time.h>
函数功能	将时间和日期以字符串格式表示
函数原型	char * asctime(const struct tm * timeptr);
函数传入值	结构体 tm 指针
函数返回值	返回一字符串表示目前的当地时间日期
备注	将结构体 tm 的指针变量 timeptr 所指的信息转换成现在所使用的时间日期表示方法，其字符串格式为 "Wed Jun 30 21:49:08 2006\n"

localtime 函数说明如下：

所需头文件	#include<time.h>
函数功能	取得目前当地的时间和日期
函数原型	struct tm *localtime(const time_t * timep);
函数传入值	time_t 结构中的指针变量
函数返回值	返回结构 tm 代表目前的当地时间
备注	localtime( ) 将参数 timep 所指的 time_t 结构中的信息转换成现在所使用的时间日期表示方法，然后将结果由结构 tm 返回

例 4.7 应用结构体 **struct timeval** 的成员 **tv_sec** 与 **tv_usec** 显示系统时间的秒与微秒，并测试成员 **tv_sec** 与 **tv_usec** 这段程序输出所用时间。

分析 程序设计的步骤为：用函数 gettimeofday 读取系统时间，显示系统中的秒与微秒，显示格林尼治 Greenwich 的时间差，测试系统时间 tvz，计算时间差。

操作步骤

步骤 1 编辑源程序代码。

```
[root@localhost root]# vim 4-7.c
```

程序代码如下：

```
#include<sys/time.h>
#include<unistd.h>
int main()
{
  struct timeval tv1,tv2;
  struct timezone tz;
```

```
gettimeofday(&tv1,&tz);
printf("tv_sec; %d\n", tv1.tv_sec) ;
printf("tv_usec; %d\n",tv1.tv_usec);
gettimeofday(&tv2,&tz);
printf("tv2_usec-tv1_usec; %d\n",tv2.tv_usec-tv1.tv_usec);
return 0;
}
```

步骤2 用 gcc 编译程序。

接着用 gcc 的 "-o" 参数，将 4-7.c 程序编译成可执行文件 4-7。输入如下：

`[root@localhost root]# gcc 4-7.c -o 4-7`

步骤3 运行程序。

编译成功后，运行可执行文件 4-7。系统会出现运行结果，在终端中的显示如下：

`[root@localhost root]# ./4-7`
```
tv_sec; 1181996233
tv_usec; 647414
tv2_usec-tv1_usec; 65
```

思考： 应用宏与函数完成相同的功能，比较它们的时间执行效率，请编写程序进行测试。

📖 **相关知识介绍**

结构体 timeval 定义如下：
```
struct timeval{
    long tv_sec; /*秒*/
    long tv_usec; /*微秒*/
};
```
结构体 timezone 定义如下：
```
struct timezone{
    int tz_minuteswest; /*和格林尼治时间差了多少分钟*/
    int tz_dsttime; /*日光节约时间的状态*/
};
```

gettimeofday 函数说明如下：

所需头文件	#include <sys/time.h> #include<unistd.h>
函数功能	取得当前的时间
函数原型	int gettimeofday (struct timeval * tv, struct timezone * tz)
函数传入值	time_t 结构中的指针变量
函数返回值	返回结构 tm 代表目前的当地时间
备注	gettimeofday( )会把当前的时间由 tv 所指的结构返回，当地时区的信息则放到 tz 所指的结构中

注意：

做某件事所用时间 t 可用以下程序段计算：

```
gettimeofday(&tv1,&tz);
/*do something */
gettimeofday(&tv2,&tz);
t=tv2.tv_sec-tv1.tv_sec+(tv2.tv_usec-tv1.tv_usec)*pow(10,-6);
```

思考： 在大量数据的大数组中的排序与查找有多种方法，比较各种算法的时间执行效率，请编写程序进行测试。

程序扩展阅读：

阅读并调试下列随机数应用程序。程序中先输出N个0和1个1，0的数量表示目标离炮兵的距离（N≤20），1表示炮兵要打击的目标，并在2秒内先由玩家估算距离（由键盘输入），如估算的距离与目标离炮兵的距离相差在3以内，表示玩家获胜。

```c
#include<sys/time.h>
#include<unistd.h>
int main()
{
    struct timeval tv1,tv2;
    struct timezone tz;
    int t;
    int n0,n;
    int i,j,k;
    srand((unsigned)time(NULL));
    j=rand()%20+1;                    /*0 的数目*/
    k=rand()%3-1;                     /*炮的误差*/
    for(i=1;i<=j;i++)
      printf("0");
    printf("1\n");
    gettimeofday(&tv1,&tz);
    scanf("%d",&n0);                  /*玩家输入*/
    gettimeofday(&tv2,&tz);
    t=tv2.tv_sec-tv1.tv_sec;          /*所用时间*/
    n=n0+k;
    n=n-j;
    if(n>=-3&&n<=3&&t<=2)             /*判断是否击中目标*/
      printf("succeed!\n");
    else
      printf("fail!\n");
    return 0;
}
```

例 4.8 阅读下列程序，程序的功能是计时器，有暂停、查看、重置等功能，思考程序是如何应用 gettimeofday 函数完成以上功能的。

```c
#include<stdio.h>
#include<stdlib.h>
#include<sys/time.h>
#include<unistd.h>
int main()
{
  long int begin,sec,stop;
  struct timeval tv1, tv2;
  struct timezone tz;
  char tmp;
  begin=0;
  stop=0;
  sec=0;
  system("clear");
  printf("计时器程序（单位 s）\n");
  printf("输入 b(begin)计时器开始计时\n");
  printf("输入 w(watch)查看已经累计时间\n");
  printf("输入 r(rest)重新开始计时\n");
  printf("输入 s(stop)暂停计时器\n");
  printf("输入 e(end)结束计时器\n");
  while(1)
  {
  scanf("%c",&tmp);

    if(tmp=='b')
    {
      if(begin==1&&stop==0)
         printf("计时器已经启动！\n");
      if(begin==0&&stop==0)
       {
            printf("计时器启动\n");
            gettimeofday(&tv1,&tz);
            sec=0;
            begin=1;
        }
       if(stop==1)
        {
            gettimeofday(&tv1,&tz);
            stop=0;
            printf("暂停结束！\n");
        }

    }
  if(tmp=='w'){
    if(stop==0){
        gettimeofday(&tv2,&tz);
        printf("已经计时%ld 秒\n",sec+tv2.tv_sec-tv1.tv_sec);
        }
    if(stop==1)
```

```
        printf("已经计时%ld 秒\n",sec);
    }
    if(tmp=='s'){
        if(stop==1){
            printf("计时已经暂停！\n");
            }

        if(stop==0){
            gettimeofday(&tv2,&tz);
            sec=sec+tv2.tv_sec-tv1.tv_sec;
            printf("计时暂停,已经计时%ld 秒\n",sec);
            stop=1;
            }

    }
    if(tmp=='r'){
        gettimeofday(&tv2,&tz);
        printf("已经计时%ld 秒\n",sec+tv2.tv_sec-tv1.tv_sec);
        printf("计时器在 5 秒后被重置！\n");
        sleep(5);
        begin=0;
        sec=0;
        stop=0;
        system("clear");
        printf("计时器程序（单位 s）\n");
        printf("输入 b(begin)计时器开始计时\n");
        printf("输入 w(watch)查看已经累计时间\n");
        printf("输入 r(rest)重新开始计时\n");
        printf("输入 s(stop)暂停计时器\n");
        printf("输入 e(end)结束计时器\n");
    }
    if(tmp=='e') break;
    }
    return 0;
}
```

思考：请设计一个程序，计算机屏幕呈现一个字符，持续 0.5 秒后字符消失，此时取得结构体 timeval 成员 tv_usec 的值，然后做出按键正确反应后再取得 tv_usec 的值，循环 50 次，计算正确反应率以及正确反应的平均时间。

4.4 环境控制函数

常用环境控制函数如下：

函数名	功　能
getenv	取得环境变量内容
putenv/ setenv	改变/增加环境变量
unsetenv	取消已改变的环境变量

例 4.9 **显示当前所登录的用户。**

分析：用函数 getenv 取得系统变量 USER 的值。

☞ 操作步骤

步骤 1 编辑源程序代码。

`[root@localhost root]#` **`vim  4-9.c`**

程序代码如下：

```
#include<stdlib.h>
int main( )
{
  char *p;
  if((p = getenv("USER")))
      printf("USER=%s\n",p);
  return 0;
}
```

步骤 2 用 gcc 编译程序。

接着用 gcc 的 "-o" 参数，将 4-9.c 程序编译成可执行文件 4-9。输入如下：

`[root@localhost root]#` **`gcc  4-9.c  -o  4-9`**

步骤 3 运行程序。

编译成功后，运行可执行文件 4-9。系统会出现运行结果，在终端中的显示如下：

`[root@localhost root]#` **`./4-9`**
`USER=root`

📖 相关知识介绍

getenv 函数说明如下：

所需头文件	#include<stdlib.h>
函数功能	取得环境变量内容
函数原型	char * getenv(const char *name);
函数传入值	系统变量
函数返回值	执行成功则返回指向该内容的指针，找不到符合的环境变量名称则返回 NULL
备注	getenv( )用来取得参数 name（环境变量）的内容。参数 name 为环境变量的名称，如果该变量存在则会返回指向该内容的指针。环境变量的格式为 name＝value

例 4.10 显示当前所登录的用户。

分析 分别应用函数 getenv, setenv 取得系统变量 USER 与设置系统变量 USER 的值。

☞ **操作步骤**

步骤 1 编辑源程序代码。

`[root@localhost root]#` **vim 4-10.c**

程序代码如下：

```c
#include<stdlib.h>
int main()
{
  char * p;
  if((p=getenv("USER")))
  printf("USER =%s\n",p);
  setenv("USER","test",1);
  printf("USER=%s\n",getenv("USER"));
  unsetenv("USER");
  printf("USER=%s\n",getenv("USER"));
  return 1;
}
```

步骤 2 用 gcc 编译程序。

接着用 gcc 的 "-o" 参数，将 4-10.c 程序编译成可执行文件 4-10。输入如下：

`[root@localhost root]#` **gcc 4-10.c -o 4-10**

步骤 3 运行程序。

编译成功后，运行可执行文件 4-10，在终端中的显示结果如下：

```
[root@localhost root]# ./4-10
USER =root
USER=test
USER=(null)
```

📖 **相关知识介绍**

setenv 函数说明如下：

所需头文件	#include<stdlib.h>	
函数功能	改变或增加环境变量	
函数原型	int setenv(const char *name, const char * value, int overwrite);	
函数传入值	name 为环境变量指针	
	value 为变量内容	
	overwrite	0：参数 value 会被忽略
		1：改为参数 value 所指的变量内容
函数返回值	执行成功则返回 0，有错误发生则返回-1	
备注		

思考：如何把所有环境变量输出，可参考下列程序。

```
#include <stdio.h>
int main(void)
{
  extern char **environ;
  int i;
  for(i=0; environ[i]!=NULL; i++)
      printf("%s\n", environ[i]);
  return 0;
}
```

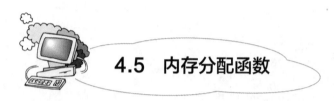

4.5　内存分配函数

常用内存分配函数如下:

函数名	功　能
calloc /malloc	配置内存空间
getpagesize	取得操作系统中内存分页大小
mmap	建立内存映射
munmap	解除内存映射
free	释放原先配置的内存

例 4.11　某手机用户要增加新用户信息到通信录，通信录的结构体定义如下:

```
struct co
{
 int  index;
 char name[8];
 char htel[12];
 char tel[12];
};
```

其中，index 为用户在通信录中的序号，name 存放用户名，htel 存放手机号，tel 存放电话号码。如果要增加一用户，就分配一存储空间，输入数据。请编写一程序进行模拟，最后检测此内存的分页大小。

分析　先询问是否增加一用户，如果是则分配一结构体空间，从键盘读入数据并保存。

☞ **操作步骤**

步骤 1　编辑源程序代码。

`[root@localhost root]#` **vim 4-11.c**

程序代码如下:

```
#include "stdio.h"
#include "stdlib.h"
#include "ctype.h"
struct co
```

```
{
 int index;
 char name[8];
 char MTel[12];
 char Tel[12];
};
int x;
int main( )
{
 struct co *p;
 char ch;
 printf("do you want to add a user ?Y/N\n");
 ch=getchar( );
 if(ch=='y'||ch=='Y')
 {
   p=(struct co *)malloc(sizeof(struct co ));
   p->index=++x;
   printf("User name:");
   scanf("%s",p->name);
   printf("MoveTel:");
   scanf("%s",p->MTel);
   printf("Tel:");
   scanf("%s",p->Tel);
   printf("intex:%d\nname:%s\nMoveTel:%s\nHomeTel:%s\n",
                     p->index, p->name,p->MTel,p->Tel);
  }
 printf("page size =%d\n",getpagesize());/*取得内存分页大小*/
}
```

步骤 2 用 gcc 编译程序。

接着用 gcc 的 "-o" 参数，将 4-11.c 程序编译成可执行文件 4-11。输入如下：

[root@localhost root]# **gcc 4-11.c -o 4-11**

步骤 3 运行程序。

编译成功后，运行可执行文件 4-11，当提示 "do you want to add a user ?Y/N" 时，输入 "y"，然后输入姓名、手机号与固定电话号码，在终端中的显示情况如下：

```
[root@localhost root]# ./4-11
do you want to add a user ?Y/N
y
User name:Liu
MoveTel:13968866888
Tel:05718886688
intex:1
name:Liu
MoveTel:13968866888
HomeTel:05718886688
page size =4096
```

📖 相关知识介绍

calloc 函数说明如下：

所需头文件	#include<stdlib.h>
函数功能	用来分配字节为 nmemb×size 的内存块
函数原型	void *calloc(size_t nmemb, size_t size);
函数传入值	nmemb 为内存块的大小
	size 为内存块的数量
函数返回值	若配置成功则返回一指针，失败则返回 NULL
备注	calloc( )配置内存时会将内存内容初始化为 0

getpagesize 函数说明如下：

所需头文件	#include<unistd.h>
函数功能	取得内存分页大小
函数原型	size_t getpagesize(void);
函数传入值	无
函数返回值	内存分页大小
备注	此为系统的分页大小，不一定会和硬件分页大小相同

malloc 函数说明如下：

所需头文件	#include<stdlib.h>
函数功能	配置内存空间
函数原型	void * malloc(size_t size);
函数传入值	malloc( )用来配置内存空间，其大小由指定的 size 决定
函数返回值	若配置成功则返回一指针，失败则返回 NULL
备注	

mmap 函数说明如下：

所需头文件	#include <unistd.h> #include <sys/mman.h>		
函数功能	mmap( )用来将某个文件内容映射到内存中,对该内存区域的存取即直接对该文件内容的读写		
函数原型	void *mmap(void *start, size_t length, int prot, int flags, int fd, off_t offsize);		
函数传入值	参数 start 指向对应的内存起始地址，通常设为 NULL		
函数传入值	参数 length 代表将文件中多大的部分对应到内存		
	prot 映射区域的 保护方式	PROT_EXEC 映射区域可被执行
		PROT_READ 映射区域可被读取
		PROT_WRITE 映射区域可被写入
		PROT_NONE 映射区域不能存取

续表

所需头文件	#include <unistd.h> #include <sys/mman.h>	
函数传入值	flags 映射区域的特性	PROT_EXEC 映射区域可被执行
		PROT_READ 映射区域可被读取
		PROT_WRITE 映射区域可被写入
		PROT_NONE 映射区域不能存取
		MAP_FIXED：start 所指向的地址无法成功建立映射时，则放弃映射，不对地址做修正
		MAP_SHARED：将射区域的写入数据复制回文件，且允许其他映射该文件的进程共享
	fd	open( )返回的文件描述词
	offsize	文件映射的偏移量，0 代表从文件头开始
函数返回值	映射成功返回映射区的内存起始地址，否则返回 MAP_FAILED(-1)	
备注	在调用 mmap( )时必须要指定 MAP_SHARED 或 MAP_PRIVATE	

例 4.12 利用 **mmap( )**来读取**/etc/passwd** 文件内容，把文件中的内容映射到内存中的区域，此区域中的内容可被读，对映射区域的写入操作会产生一个映射文件。

分析 先用语句 fd=open("/etc/passwd"，O_RDONLY)；打开文件，然后取得文件的大小存入 sb.st_size，再通过 mmap 函数把文件中的内容映射到以 start 为首地址的内存空间中最后用语句：printf("%s"，start)；输出文件中的内容。

☞ **操作步骤**

步骤 1 编辑源程序代码。

```
[root@localhost root]# vim  4-12.c
```

程序代码如下：

```
#include<sys/types.h>
#include<sys/stat.h>
#include<fcntl.h>
#include<unistd.h>
#include<sys/mman.h>
int main()
{
    int fd;
    void *start;
    struct stat sb;
    fd=open("/etc/passwd",O_RDONLY);   /*打开/etc/passwd*/
    fstat(fd,&sb); /*取得文件大小*/
    start=mmap(NULL,sb.st_size,PROT_READ,MAP_PRIVATE,fd,0);
    if(start== MAP_FAILED) /*判断是否映射成功*/
    return 0;
    printf(" %s ",start);
    munmap(start,sb.st_size); /*解除映射*/
```

```
        close(fd);
}
```

步骤 2 用 gcc 编译程序。

接着用 gcc 的 "-o" 参数，将 4-12.c 程序编译成可执行文件 4-12。输入如下：

`[root@localhost root]#` **gcc 4-12.c -o 4-12**

步骤 3 运行程序。

编译成功后，运行可执行文件 4-12，输出结果如下：

`[root@localhost root]#` `./4-12`

```
 root:x:0:0:root:/root:/bin/Bash
bin:x:1:1:bin:/bin:/sbin/nologin
daemon:x:2:2:daemon:/sbin:/sbin/nologin
adm:x:3:4:adm:/var/adm:/sbin/nologin
lp:x:4:7:lp:/var/spool/lpd:/sbin/nologin
sync:x:5:0:sync:/sbin:/bin/sync
shutdown:x:6:0:shutdown:/sbin:/sbin/shutdown
halt:x:7:0:halt:/sbin:/sbin/halt
mail:x:8:12:mail:/var/spool/mail:/sbin/nologin
news:x:9:13:news:/etc/news:
uucp:x:10:14:uucp:/var/spool/uucp:/sbin/nologin
operator:x:11:0:operator:/root:/sbin/nologin
games:x:12:100:games:/usr/games:/sbin/nologin
gopher:x:13:30:gopher:/var/gopher:/sbin/nologin
ftp:x:14:50:FTP User:/var/ftp:/sbin/nologin
nobody:x:99:99:Nobody:/:/sbin/nologin
rpm:x:37:37::/var/lib/rpm:/bin/Bash
vcsa:x:69:69:virtual console memory owner:/dev:/sbin/nologin
nscd:x:28:28:NSCD Daemon:/:/sbin/nologin
sshd:x:74:74:Privilege-separated SSH:/var/empty/sshd:/sbin/nologin
rpc:x:32:32:Portmapper RPC user:/:/sbin/nologin
rpcuser:x:29:29:RPC Service User:/var/lib/nfs:/sbin/nologin
nfsnobody:x:65534:65534:Anonymous NFS User:/var/lib/nfs:/sbin/nologin
mailnull:x:47:47::/var/spool/mqueue:/sbin/nologin
smmsp:x:51:51::/var/spool/mqueue:/sbin/nologin
pcap:x:77:77::/var/arpwatch:/sbin/nologin
apache:x:48:48:Apache:/var/www:/sbin/nologin
squid:x:23:23::/var/spool/squid:/sbin/nologin
webalizer:x:67:67:Webalizer:/var/www/html/usage:/sbin/nologin
xfs:x:43:43:X Font Server:/etc/X11/fs:/sbin/nologin
named:x:25:25:Named:/var/named:/sbin/nologin
ntp:x:38:38::/etc/ntp:/sbin/nologin
gdm:x:42:42::/var/gdm:/sbin/nologin
amanda:x:33:6:Amanda user:/var/lib/amanda:/bin/Bash
mysql:x:27:27:MySQL Server:/var/lib/mysql:/bin/Bash
postfix:x:89:89::/var/spool/postfix:/sbin/nologin
mailman:x:41:41:GNU Mailing List Manager:/var/mailman:/bin/false
postgres:x:26:26:PostgreSQL Server:/var/lib/pgsql:/bin/Bash
radvd:x:75:75:radvd user:/:/sbin/nologin
hz:x:500:500::/home/hz:/bin/Bash
kehua:x:501:501::/var/ftp:/bin/Bash
```

```
aa:x:502:502::/home/aa:/bin/Bash
bb:x:503:503::/home/bb:/bin/Bash
kmy:x:504:504::/home/kmy:/bin/Bash
bbb:x:505:505:bbb:/home/bbb:/bin/Bash
jj:x:507:507::/home/jj:/bin/Bash
liu:x:508:508::/home/liu:/bin/Bash
jia:x:509:509::/home/jia:/bin/Bash
oklupa:x:510:510::/home/oklupa:/bin/Bash
```

函数 mmap 中 flag 参数有很多种用法，例如 MAP_SHARED 用于共享多个进程对同一个文件的映射，一个进程对映射的内存做了修改，另一个进程也会看到这种变化。而对于 MAP_PRIVATE，多个进程对同一个文件的映射不是共享的，一个进程对映射的内存做了修改，另一个进程并不会看到这种变化，也不会真的写到文件中去。

思考：如何把共享内存区某一位置上的内容输出？

程序扩展阅读： 通过实例掌握如何获取文件的属性。

```c
#include <stdio.h>
#include <stdlib.h>
#include <sys/types.h>
#include <sys/stat.h>
#include <unistd.h>
int main()
{
    const char fname[] = "main.c";
    struct stat stat_info;
    if(0 != stat(fname, &stat_info))
    {
        perror("取得文件信息失败！");
        exit(1);
    }
    printf("文件所在设备编号：%ld\r\n", stat_info.st_dev);
    printf("文件所在文件系统索引：%ld\r\n", stat_info.st_ino);
    printf("文件的类型和存取的权限：%d\r\n", stat_info.st_mode);
    printf("连到该文件的硬连接数目：%d\r\n", stat_info.st_nlink);
    printf("文件所有者的用户识别码：%d\r\n", stat_info.st_uid);
    printf("文件所有者的组识别码：%d\r\n", stat_info.st_gid);
    printf("装置设备文件：%ld\r\n", stat_info.st_rdev);
    printf("文件大小：%ld\r\n", stat_info.st_size);
    printf("文件系统的I/O缓冲区大小：%ld\r\n", stat_info.st_blksize);
    printf("占用文件区块的个数(每一区块大小为512个字节)：%ld\r\n", stat_info.st_blocks);
    printf("文件最近一次被存取或被执行的时间：%ld\r\n", stat_info.st_atime);
    printf("文件最后一次被修改的时间：%ld\r\n", stat_info.st_mtime);
    printf("最近一次被更改的时间：%ld\r\n", stat_info.st_ctime);
    return 0;
}
```

思考：仿照例子 4.12，映射您自己建立的某个文件，prot 映射为可读可写，flags 映射区域的特性内存可被修改，修改此文件前 10 个字符为 abcde12345，请编写程序并进行测试。

4.6 数据结构中常用函数

常用数据查找、排序函数如下：

函数名	功　能
bsearch	二分法搜索
lfind/lsearch	线性搜索，lsearch( )找不到关键数据时会主动把该项数据加入数组里
qsort	利用快速排序法排列数组

例 4.13　从键盘读入不多于 50 个的 int 型数据，组成一个数组，应用 qsort 函数进行排序。

☞ 操作步骤

步骤 1　编辑源程序代码。

[root@localhost root]# **vim　4-13.c**

程序代码如下：

```
#define m 70
#include <stdlib.h>
int compar (const void *a ,const void *b)
{
    int *pa=(int * ) a,*pb = (int * )b;
    if( * pa >* pb)return 1;
    if( * pa == * pb) return 0;
    if( * pa < *pb) return -1;
}

int main( )
{
  int base[m],n ;
  int i;
  printf("input n(n<50)\n");
  scanf("%d",&n);
  printf("\n");
  for(i=0;i<n;i++)
     scanf("%d",&base[i]);
  qsort(base,n,sizeof(int),compar);
  for(i=0;i<n;i++)
```

```
        printf("%d ",base[i]);
    printf("\n");
    return 0;
}
```

步骤 2 用 gcc 编译程序。

接着用 gcc 的 "-o" 参数，将 4-13.c 程序编译成可执行文件 4-13。输入如下：

`[root@localhost root]#` **gcc 4-13.c -o 4-13**

步骤 3 运行程序。

编译成功后，运行可执行文件 4-13。输入 10，表示输入 10 个整型数，终端中的显示结果如下：

```
[root@localhost root]# ./4-13
10
4 7 9 -12 71 34 -1 23 9 -98
-98  -12  -1  4  7  9  9  23  34  71
```

思考： 在上例中如要从大到小排列，如何修改 compar ？

相关知识介绍

qsort 函数说明如下：

所需头文件	#include<stdlib.h>
函数功能	利用快速排序法排列数组
函数原型	void qsort(void * base, size_t nmemb, size_t size, int (* compar)(const void *, const void *));
函数传入值	base 指向要被搜索的数组的开头地址
	nmemb 代表数组中的元素数量
	size 为每一元素的大小
	compar 为一函数指针，数据相同时则返回 0；不相同则返回非 0 值。返回 1 时两个数据交换，返回-1 时两个数据不交换
函数返回值	无
备注	

思考： 从键盘读入不多于 20 个的字符串，组成一个字符串数组，应用 qsort 函数进行排序。

例 4.14 从键盘读入一字符串，在已有字符串数组中查找这一字符串。如找不到，主动把该项数据加入到字符串数组里，如找到则显示这一字符串。

分析 根据题意，需要用函数 lsearch 查找。

操作步骤

步骤 1 编辑源程序代码。

```
[root@localhost root]# vim  4-14.c
```
程序代码如下：
```
#include<stdio.h>
#include<stdlib.h>
#define NMEMB 50
#define SIZE 10
int compar (const void *a,const void *b)
{
return (strcmp((char *) a, (char *) b));
}
int main()
{
  char data[NMEMB][SIZE]={"Linux","freebsd","solzris","sunos","windows"};
  char key[80],*base,*offset;
  int i, nmemb=NMEMB,size=SIZE;
    for(i=1;i<5;i++)
    {
    fgets(key,sizeof(key),stdin);
    key[strlen(key)-1]='\0';
    base = data[0];
    offset = (char *)lfind(key,base,&nmemb,size,compar);
    if(offset ==NULL)
      {
        printf("%s not found!\n",key);
        offset=(char *) lsearch(key,base,&nmemb,size,compar);
        printf("Add %s to data array\n",offset);
      }
    else
      {
       printf("found : %s \n",offset);
      }
    }
    return 0;
  }
```
步骤 2　用 gcc 编译程序。

接着用 gcc 的 "-o" 参数，将 4-14.c 程序编译成可执行文件 4-14。输入如下：
```
[root@localhost root]# gcc  4-14.c  -o  4-14
```
步骤 3　运行程序。

编译成功后，运行可执行文件 4-14。当输入一个不存在的字符时，如 "hello"，程序会提示 "hello not found!"，并添加到已有字符串数组中，运行情况如下：
```
[root@localhost root]# ./4-14
hello
hello not found!
Add hello to data array
windows
found : windows
aaa
```

```
aaa not found!
Add aaa to data array
hello
found : hello
```

思考：从键盘读入不多于 20 个数的 int 型数据，组成一个数组，应用 qsort 函数进行排序，然后又从键盘读入一个整型数，用二分法进行查找。请编写程序并测试。

📖 **相关知识介绍**

lfind，lsearch 函数说明如下：

所需头文件	#include<stdlib.h>
函数功能	线性搜索：利用线性搜索在数组中从头至尾一项项查找数据
函数原型	void *lfind (const void *key, const void *base, size_t *nmemb, size_t size, int(* compar) (const void *, const void *));
函数传入值	key 指向欲查找的关键数据的指针 base 指向要被搜索的数组开头地址 nmemb 代表数组中的元素数量 size 为每一元素的大小 compar 为一函数指针，数据相同时则返回 0，不相同则返回非 0 值
函数返回值	找到关键数据则返回找到的该元素的地址，如果在数组中找不到关键数据则返回空指针(NULL)
备注	lfind( ) 与 lsearch( ) 不同点在于，当找不到关键数据时 lfind( ) 仅会返回 NULL，而不会主动把该数据加入数组尾端。如果 lsearch( ) 找不到关键数据，会主动把该数据加入数组里

bsearch 函数说明如下：

文件	#include<stdlib.h>
函数功能	利用二分搜索法从排序好的数组中查找数据
函数原型	void *bsearch(const void *key, const void *base, size_t nmemb, size_tsize, int (*compar) (const void*, const void*));
函数传入值	key 指向欲查找的关键数据的指针 base 指向要被搜索的数组开头地址 nmemb 代表数组中的元素数量 size 为每一元素的大小 compar 为一函数指针，数据相同时则返回 0，不相同则返回非 0 值
函数返回值	无
备注	

注意:

在编程中的 printf 语句中经常会看到如: \033 的转义字符, 它们的具体意思如下。

\33[0m 关闭所有属性	\33[nC 光标右移 n 行
\33[1m 设置高亮度	\33[nD 光标左移 n 行
\33[4m 下划线	\33[y;xH 设置光标位置
\33[5m 闪烁	\33[2J 清屏
\33[7m 反显	\33[K 清除从光标到行尾的内容
\33[8m 消隐	\33[s 保存光标位置
\33[30m -- \33[37m 设置前景色	\33[u 恢复光标位置
\33[40m -- \33[47m 设置背景色	\33[?251 隐藏光标
\33[nA 光标上移 n 行	\33[?25h 显示光标
\33[nB 光标下移 n 行	

字背景颜色范围:40—47

数值	40	41	42	43	44	45	46	47
颜色	黑	深红	绿	黄	蓝	紫	天蓝	白

字颜色:30—37

数值	30	31	32	33	34	35	36	37
颜色	黑	红	绿	黄	蓝	紫	天蓝	白

例如:

```
printf("\033[5;5H%c", c);
printf("\033[49;30minput number of points : \033[?25h");
printf("\033[?25l");
```

思考与实验

1. 编写一个简单的 C 语言程序: 函数 int input(int a[ ], int n)用于输入一个有 n 个元素的整型数组; void output(int b[ ], int n); 函数 int sum(int a[ ], int n)用于数组求和。在 main 函数中依次调用函数 input, output, sum。

2. 编写一个程序,求 2—n 的素数,n 由键盘输入,循环变量分别从 2 到 n、2 到(int)sqrt(n),分别测出两个循环的所用时间。

3. 编写一个简单的 C 语言程序,用随机数函数产生两个整型数,根据输入的字符 "＋"

"—" "*" "/" 做算术运算。

4. 编写程序，测试某一程序段运行所需的时间。

5. 编写程序，在计算机屏幕上随机显示 100 次字符，要求被试者做出按键反应，统计反应时间、正确率与错误率等。

6. 编写程序，类似于猜数游戏，程序产生一随机数，通过和游戏者输入的数据比较，在计算机屏幕上提示"太大了""太小了"或"恭喜您猜中了"等。

7. 输入一个整型数组，再进行排序，然后由键盘输入一个整数，用二分法进行查找。

8. 阅读下列程序，并上机调试。使用系统时间函数来测试几个排序算法的效率，算法分别是插入法排序（Insertion Sort）、二分插入法排序（Half Insertion Sort）、希尔排序（Shell Sort）。程序中首先使用 rand 函数来随机生成了一组数，由于数组元素个数由宏来定义，可以通过直接修改宏来实现个数的调整。下述代码是以 10000 个为例。

```c
#include <stdio.h>
#include <time.h>
#include <stdlib.h>
#include <unistd.h>
#include <sys/time.h>
#define LEN 10000
#define N 3

/*Insertion Sort*/
void InsertionSort(long input[],int len)
{
    int i,j,temp;
    for (i = 1; i < len; i++)
    {
        temp = input[i];  /* 操作当前元素，先保存在其他变量中 */
                          /* 从当前元素的上一个元素开始查找合适的位置 */
        for (j = i - 1;j>-1&&input[j] > temp ; j--)
        {
            input[j + 1] = input[j]; /* 一边找一边移动元素 */
            input[j] = temp;
        }
    }
}


/* Shell Sort */
void ShellSort(long v[],int n)
{
    int gap,i,j,temp;
    for(gap=n/2;gap>0;gap /= 2) /* 设置排序的步长，步长 gap 每次减半，直到减到 1 */
    {
        for(i=gap;i<n;i++)  /* 定位到每一个元素 */
        {
            /* 比较相距 gap 远的两个元素的大小，根据排序方向决定如何调换 */
```

```
            for(j=i-gap;(j >= 0) && (v[j] > v[j+gap]);j -= gap )
             {
              temp=v[j];
              v[j]=v[j+gap];
              v[j+gap]=temp;
             }
         }
      }
}


/* HalfInsertSort */
void HalfInsertSort(long a[], int len)
{
    int i, j,temp;
    int low, high, mid;
    for (i=1; i<len; i++)
    {
        temp = a[i];/* 保存当前元素 */
        low = 0;
        high = i-1;
       while (low <= high) /* 在 a[low…high]中折半查找有序插入的位置 */
       {
         mid = (low + high) / 2; /* 找到中间元素 */
           /* 如果中间元素比当前元素大，当前元素要插入中间元素的左侧 */
          if (a[mid] > temp)
          {
                high = mid-1;
           }
           else    /* 如果中间元素比当前元素小，当前元素要插入中间元素的右侧 */
           {
                low = mid+1;
          }
       }        /* 找到当前元素的位置，在 low 和 high 之间 */
  for (j=i-1; j>high; j--)/* 元素后移 */
   {
     a[j+1] = a[j];
    }
  a[high+1] = temp; /* 插入 */
  }
}

double test(void (*fp)(long a[], int len))
{
   long a[LEN];
   double b;
   int i,j;
    struct timeval tv1,tv2;
```

168

```
    struct timezone tz;
    j = (int)time(0);
    srand(j);
    for(i=0;i<LEN;i++)
    {

        a[i]=rand();
        srand(++j);
    }

    gettimeofday(&tv1,&tz);
    (*fp)(a,LEN);
    gettimeofday(&tv2,&tz);
    b = (tv2.tv_sec-tv1.tv_sec)+(tv2.tv_usec-tv1.tv_usec)/1000000.0;
    return b;
}

int main()
{
  printf("Insertion Sort : %8f\n",test(InsertionSort));
  printf("Half Insertion Sort : %8f\n",test(HalfInsertSort));
  printf("        Shell Sort : %8f\n",test(ShellSort));
  return 0;
}
```

第 **5** 章

文件 I/O 操作

 **本章重点**

1. Linux 系统的文件属性。
2. 不带缓存的文件 I/O 操作。
3. 基于流的文件 I/O 操作。
4. 特殊文件的操作。

 **本章导读**

在 Linux 系统中，外部存储器中的数据和程序都是以文件的形式保存的，对目录和各种设备的操作也都等同于对文件的操作。本章让读者初步认识 Linux 的文件系统的操作，掌握不带缓存的文件 I/O 程序设计，了解和掌握基于流的文件 I/O 程序设计，了解特殊文件例如目录的程序设计。

5.1　Linux 系统文件和文件系统

文件和文件系统是操作系统中的重要概念。文件是指有名字的一组相关信息的集合，文件系统是操作系统用来管理和保存文件的系统。不同的文件系统其数据结构和管理程序是不一样的，Linux 操作系统支持多种不同的文件系统。

Linux 的文件系统结构属于树形结构。因此，文件系统的结构是由根目录（/）开始往下延伸，就像一棵倒长的树一样。Linux 操作系统包含了非常多的目录和文件，如图 5.1 所示。在图 5.1 中方形代表着目录，圆形代表着文件。

Linux 把不同文件系统挂载（mount）在根文件系统下不同的子目录（挂载点）上，用户可以从根（/）开始方便地找到存放在不同文件系统的文件。而 Windows 操作系统的每个文件系统以逻辑盘符形式呈现给用户，例如 C:\（C 盘）、D:\（D 盘）。

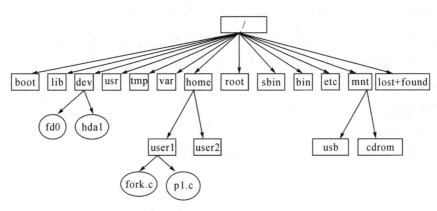

图 5.1　Linux 文件系统结构

在安装 Linux 系统时，系统会建立一些默认的目录，而每个目录都有其特殊功能。

5.1.1　Linux 文件类型

Linux 文件类型分为普通文件（-）、目录文件（r）、符号链接文件（l）、字符设备文件（c）、块设备文件（b）、管道文件（p）、socket 文件（s）等。

例 5.1　设计一个程序，应用 **system** 函数列出当前目录下的文件信息，以及系统"/dev/sda1"和"/dev/lp0"的文件信息。

✒ 操作步骤

步骤 1　编辑源程序代码。目前的 Linux 系统中，一般都安装有图形桌面，如 GNOME 或 KDE 桌面。在编辑程序代码时，往往使用更容易操作的 gedit 或 kedit 全屏幕编辑器。本书的例子使用 UNIX 类操作系统通用的编辑器 vi。

```
[root@localhost root]# vi 5-1.c
```

程序代码如下：

```
/*5-1.c 程序：列出当前目录下和系统特定目录下的文件信息*/
#include<stdio.h>
#include<stdlib.h>                          /*文件预处理，包含 system 函数库*/
int main ()                                 /*C 程序的主函数，开始入口*/
{
    int newret;
    printf("列出当前目录下的文件信息：\n");
    newret=system("ls -l");                 /*调用 ls 程序，列出当前目录下的文件信息*/
    printf("列出"/dev/sda1"的文件信息：\n");
    newret=system("ls /dev/sda1 -l");       /*列出"/dev/sda1"的文件信息*/
    printf("列出"/dev/ lp0"的文件信息：\n");
    newret=system("ls /dev/lp0 -l");        /*列出"/dev/lp0"的文件信息*/
    return 0;
}
```

步骤 2　用 gcc 编译程序。

接着用 gcc 的"-o"选项，将 5-1.c 程序编译成可执行文件 5-1。输入如下：

```
[root@localhost root]# gcc 5-1.c -o 5-1
```

步骤 3　运行程序。

编译成功后，运行可执行文件 5-1。输入如下：

```
[root@localhost root]# ./5-1
```

此时系统会出现运行结果，终端中的显示如下：

```
-rwxr-xr-x   2 root     root     12255  7月 11 04:22 file01
-rw-r--r--   1 root     root       786  7月 11 04:21 file02
drwxr-xr-x   7 root     root      4096  5月 11 04:21 file03
lrwxrwxrwx   1 root     root        11  7月 11 04:20 file04-> etc/passwd
-rwxr-xr-x   2 root     root     12255  7月 11 04:22 file05
列出"/dev/sda1"的文件信息：
brw-rw----   1 root     disk     8,   1 2003-01-30 /dev/sda1
列出"/dev/ lp0"的文件信息：
crw-rw----   1 root     lp       6,   0 2003-01-30 /dev/lp0
```

由程序运行结果可知，file01 和 file02 的第一位都是"-"，表示都是普通文件；file03 的第一位是"d"，表示是目录文件；file04 的第一位是"l"，表示是符号链接文件；file05 的第一位是"-"，表面上看起来也是普通文件，且它与 file01 的文件属性相同（在 ls 命令中带 -i 选项可以显示文件的索引节点号，file01 和 file05 的索引节点号是一样的，它们指向同一个索引节点 inode），但 file05 是一个硬链接文件（第 2 列表示文件连接数）；"/dev/sda1"文件第一位是"b"，表示是设备文件，而且是块设备文件；最后列出的"/dev/lp0"的第一位是"c"，表示是字符设备文件。

用 ls 命令长列表显示文件类型含义如表 5.1 所示。

表 5.1　各种文件类型含义

命　令	作　用
普通文件	权限的 10 个字符中的第一位是"-"的文件
目录文件	权限的 10 个字符中的第一位是"d"的文件
硬链接文件	除了显示的文件数量，其他都和某个普通文件一模一样的文件
软件链接文件	权限的 10 个字符中的第一位是"1"的文件
块设备文件	权限的 10 个字符中的第一位是"b"的文件
socket 文件	权限的 10 个字符中的第一位是"s"的文件
字符设备文件	权限的 10 个字符中的第一位是"c"的文件
管道文件	权限的 10 个字符中的第一位是"p"的文件
setUid 可执行文件	权限的 10 个字符中的第四位是"s"的文件
setGid 可执行文件	权限的 10 个字符中的第七位是"s"的文件
setUid 加 setGid 文件	权限的 10 个字符中的第四位和第七位都是"1"的文件
socket 文件	权限的 10 个字符中的第一位是"s"的文件

思考：

（1）编写一个 C 程序，用 system 函数调用一个 Shell 函数，完成某文件中某一字符串的查找。

（2）编写一个 C 程序，用 system 函数调用另一个 C 程序。

📖 相关知识介绍

C 标准库中的 system 函数提供了一种调用其他程序的简单方法。利用 system 函数调用程序结果与从 Shell 中执行这个程序基本相似。使用 system 函数比使用 exec 函数族更方便。然而，system 函数使用 Shell 调用命令，它受到系统 Shell 自身的功能特性和安全缺陷的限制。

system 函数说明如下：

所需头文件	#include<stdlib.h>
函数功能	在进程中开始另一个进程
函数原型	int system(const char *string);
函数传入值	系统变量
函数返回值	执行成功则返回执行 Shell 命令后的返回值；调用/bin/sh 失败则返回 127；其他原因失败则返回–1；参数 string 为空（NULL），则返回非零值
备注	system( )调用 fork( )产生子进程，子进程调用/bin/sh –c string 来执行参数 string 字符串所代表的命令，此命令执行完后随即返回原调用的进程。如果调用成功，返回 Shell 命令后的返回值可能也是 127，因此，最好能检查 errno 来确定执行情况

5.1.2 Linux 文件权限

Linux 系统是一个多用户系统。为了保护系统中文件的安全，Linux 统对不同用户访问同一文件的权限做了不同的规定。

对于 Linux 系统中的文件来说，它的权限可以分为四种：可读取（Read）、可写入（Write）、可执行（Execute）和无权限，分别用 r、w、x 和-表示。

例 5.2 设计一个程序，要求应用函数 **chmod** 把系统中 "/etc" 目录下的 **passwd** 文件权限设置成文件所有者可读可写，其他所有用户为只读权限。

☞ **操作步骤**

步骤 1 编辑源程序代码。

`[root@localhost root]# vi 5-2.c`

程序代码如下：

```
/*5-2.c 设置 "/etc/passwd" 文件权限*/
#include<sys/types.h>        /*文件预处理，包含 chmod 函数库*/
#include<sys/stat.h>         /*文件预处理，包含 chmod 函数库*/
int main ()                  /*C 程序的主函数，开始入口*/
{
    chmod("/etc/passwd",S_IRUSR|S_IWUSR|S_IRGRP|S_IROTH);
    /*S_IRUSR 表示拥有者具有读权限，S_IRGRP 组读权限，S_IROTH 其他人读权限*/
    return 0;
}
```

步骤 2 用 gcc 编译程序。

接着用 gcc 的 "-o" 选项，将 5-2.c 程序编译成可执行文件 5-2。输入如下：

`[root@localhost root]# gcc 5-2.c -o 5-2`

步骤 3 运行程序。

编译成功后，运行可执行文件 5-2。输入如下：

`[root@localhost root]# ./5-2`

如果程序没有出错，此时系统中没有任何显示。

步骤 4 使用 ls –l 命令来查看 "/etc/passwd" 文件的权限。

`[root@localhost root]# ls -l /etc/passwd`

`-rw-r--r--  1 root    root       1635  3月 15 00:20 /etc/passwd`

由结果可知，运行此例的程序后，"/etc/passwd" 的文件权限改成了：所有者有读写权限，所有者同组的用户有只读权限，其他用户有只读权限。"/etc/passwd" 通常用来存储密码，通过这样的修改增加了系统安全。

📖 **相关知识介绍**

chmod 函数说明如下：

所需头文件	#include<sys/types.h> #include<sys/stat.h>
函数功能	改变文件的权限
函数原型	int chmod(const char * path, mode_t mode);
函数传入值	依参数 mode 的权限来更改参数 path 指定文件的权限
函数返回值	权限改变成功返回 0，失败返回-1，错误原因存于 errno
备注	只有该文件的所有者或有效用户识别码为 0 的用户，才可以修改该文件权限。基于系统安全，如果欲将数据写入一执行文件，而该执行文件具有 S_ISUID 或 S_ISGID 权限，则这两个位会被清除。如果一目录具有 S_ISUID 位权限，表示在此目录下只有该文件的所有者或 root 可以删除该文件

mode 参数说明如下：

参　　数	说　　明
S_IRUSR	所有者具有读取权限
S_IWUSR	所有者具有写入权限
S_IXUSR	所有者具有执行权限
S_IRGRP	组具有读取权限
S_IWGRP	组具有写入权限
S_IXGRP	组具有执行权限
S_IROTH	其他用户具有读取权限
S_IWOTH	其他用户具有写入权限
S_IXOTH	其他用户具有执行权限

注意：

mode 参数的含义：USR 即 user（所有者），GRP 是 group（组），OTH 是 other（其他用户），R 是 read，W 是 write，X 是 execute。

例如：程序语句

```
chmod("/etc/passwd",S_IRUSR | S_IWUSR | S_IRGRP | S_IROTH);
```

该程序语句是将"/etc"目录下的 passwd 文件权限改成了所有者有读写权利，组内除所有者有读写权限，其他用户有只读权限。

例 5.2 中用 chmod 函数，非常简单地修改了已经存在的文件的权限。如果希望 Linux 系统中每个新建的文件都被赋予某种权限，能否做到？答案是肯定的。在 Linux 系统中，每个新建的文件所赋予的默认的权限由系统的权限掩码设置函数 umask 决定。

例 5.3 设计一个程序，应用 umask 函数设置系统文件与目录的权限掩码。

分析 先将系统的权限掩码改为 0666（建立新文件时预设的权限为 0000），然后调用 touch 命令新建文件 liu1；接着将系统的权限掩码设为 0444（建立新文件时预设的权限为 0222），再调用 touch 命令新建文件 liu2；最后调用 ls 命令观察这些文件的权限是否已按题意的要求实现。

☞ **操作步骤**

步骤 1 编辑源程序代码。

```
[root@localhost root]# vi 5-3.c
```

程序代码如下：

```c
/*5-3.c 设置"/etc/passwd"文件权限*/
#include<stdio.h>
#include<stdlib.h>
#include<sys/stat.h>
#include<sys/types.h>
int main()
{
  mode_t new_umask,old_umask;
  new_umask=0666;
  old_umask=umask(new_umask);
  printf("系统原来的权限掩码是：%o\n",old_umask);
  printf("系统新的权限掩码是：%o\n",new_umask);
  system("touch liu1");
  printf("创建了文件 liu1\n");
  new_umask=0444;
  old_umask=umask(new_umask);
  printf("系统原来的权限掩码是：%o\n",old_umask);
  printf("系统新的权限掩码是：%o\n",new_umask);
  system("touch liu2");
  printf("创建了文件 liu2\n");
  system("ls liu1 liu2 -l");
  chmod("liu2",S_IWUSR|S_IXOTH);
  return 0;
}
```

步骤 2 用 gcc 编译程序。

接着用 gcc 的"-o"选项，将 5-3.c 程序编译成可执行文件 5-3。输入如下：

```
[root@localhost root]# gcc 5-3.c -o 5-3
```

步骤 3 运行程序。

编译成功后，运行可执行文件 5-3，此时程序运行结果在终端中显示如下：

```
[root@localhost root]# ./5-3
系统原来的权限掩码是：123
系统新的权限掩码是：666
创建了文件 liu1
```

系统原来的权限掩码是：666

系统新的权限掩码是：444

创建了文件 liu2

```
----------    1 root      root                0  7月 17 20:59 liu1
--w--w--w-    1 root      root                0  7月 17 20:59 liu2
```

上述结果说明如下：

（1）先将系统的权限掩码设为 0666，所以新建的文件 liu1 访问权限为 0000，即 "--------"。

（2）再将系统的权限掩码设为 0444，所以新建的文件 liu2 访问权限为 0222，即 "--w--w--w-"。

语句 system("touch liu1")的作用是调用 system 函数来运行 Shell 命令 "touch liu1"，touch 命令的作用是更改时间标记，若文件不存在，则新建文件。

运行一次此例的程序后，若修改源程序中的掩码后再次编译运行，文件 "liu1" 和 "liu2" 的权限并不改变。因为如果文件已经存在，touch 只修改时间标记。如果要再次验证新的掩码，需要在再次运行程序前删除原来的文件。

umask 函数说明如下：

所需头文件	#include<sys/types.h> #include<sys/stat.h>
函数功能	设置建立新文件时的权限掩码
函数原型	mode_t umask(mode_t mask);
函数传入值	4 位八进制数
函数返回值	返回值为原先系统的 umask 值
备注	建立文件时，该文件的真正权限为 0666—mask 值；建立文件夹时，该文件夹的真正权限则为 0777—mask 值

思考： 设计一个程序，要求 Linux 系统新建的文件权限是 0400，提示 umask 中的参数设置为 0266。

5.1.3　Linux 文件的其他属性

在 Linux 系统中，文件具有各种各样的属性。除了上面所介绍的文件类型和文件权限以外，文件还有创建时间、大小等其他的属性。

在 Linux 系统中，定义了 stat 结构体来存放这些信息。stat 结构的定义如下：

```
struct  stat
{
    dev_t st_dev;  /*文件所在设备的 ID*/
    ino_t st_ino;/*索引节点号*/
    mode_t st_mode;  /*文件保护模式*/
    nlink_t st_nlink;  /*文件的连接数(硬连接)*/
    uid_t st_uid;  /*用户 ID*/
    gid_t st_gid;  /*组 ID*/
```

```
        dev_t st_rdev; /*设备号，针对设备文件*/
        off_t st_size; /*文件字节数*/
        unsigned long st_blksize; /*系统块的大小*/
        unsigned long st_blocks; /*文件所占块数 */
        time_t st_atime; /*最后一次访问时间*/
        time_t st_mtime; /*最后一次修改时间*/
        time_t st_ctime; /*最后一次改变时间(指属性)*/
    };
```

如果要获得文件的其他属性，可以使用 stat 函数、fstat 或 lstat 函数。

fstat 函数返回与打开的文件描述符相关的文件的状态信息，该信息将会写到 stat 结构中，stat 的地址以参数形式传递给 fstat。

stat 和 lstat 返回的是通过文件名查到的状态信息。它们的结果基本一致，但当文件是一个符号链接时，lstat 返回的是该符号链接本身的信息，而 stat 返回的是该链接指向的文件的信息。

例如：

```
    struct stat buf;
    stat("/etc/passwd",&buf);
    printf(" /etc/passwd 文件的连接数是：%d\n" ,buf.st_nlink);
```

借此程序段，可以实现系统中 /etc 目录下的 passwd 文件的连接数的显示。

思考：设计一个程序，输出文件最后一次访问及修改的时间。

例 5.4 设计一个程序，应用系统函数 **stat** 获取系统中"**/etc**"目录下的 **passwd** 文件的大小。

☞ 操作步骤

步骤 1 编辑源程序代码。

`[root@localhost root]# vi 5-4.c`

程序代码如下：

```
/*5-4.c 获取"/etc/passwd"文件的大小*/
#include<unistd.h>                /*文件预处理，包含 stat 函数库*/
#include<sys/stat.h>              /*文件预处理，包含 stat 函数库*/
int main ()                       /*C 程序的主函数，开始入口*/
{
    struct stat buf;

    stat("/etc/passwd",&buf);
    printf(""/etc/passwd"文件的大小是：%d\n",buf.st_size);
    return 0;
}
```

步骤 2 用 gcc 编译程序。

接着用 gcc 的"-o"选项，将 5-4.c 程序编译成可执行文件 5-4。输入如下：

`[root@localhost root]# gcc 5-4.c -o 5-4`

步骤 3 运行程序。

编译成功后，运行可执行文件 5-4。此时系统会出现运行结果，终端中的显示如下：

```
[root@localhost root]# ./5-4
```
"/etc/passwd"文件的大小是：1635

由结果可知，运行此程序后，在没有打开文件"/etc/passwd"的情况下，可通过 stat 函数取得文件大小。

📖 **相关知识介绍**

stat 函数说明如下：

所需头文件	#include<sys/stat.h> #include<unistd.h>
函数功能	取得文件属性
函数原型	int stat(const char * file_name, struct stat *buf);
函数传入值	将参数 file_name 所指的文件状态复制到参数 buf 所指的结构中
函数返回值	执行成功则返回 0，失败返回-1，错误代码存于 errno
备注	

程序扩展阅读：

```
if(stat(filename,&buf)<0)
        printf("%s\n",filename);
if(S_ISLNK(buf.st_mode))
    printf("l");
else if(S_ISREG(buf.st_mode))
    printf("-");
else if(S_ISDIR(buf.st_mode))
    printf("d");
else if(S_ISCHR (buf.st_mode))
    printf("c");
else if(S_ISBLK(buf.st_mode))
    printf("b");
else if(S_ISFIFO(buf.st_mode))
    printf("f");
else if(S_ISSOCK(buf.st_mode))
    printf("s");
 /*打印文件的操作权限*/
 /*文件主对文件的操作权限*/
 if(buf.st_mode&S_IRUSR)
    printf("r");
 else
    printf("-");
 if (buf.st_mode&S_IWUSR)
    printf("w");
 else
    printf("-");
 if(buf.st_mode&S_IXUSR)
    printf("x");
 else
    printf("-");
```

```
/*同组用户对文件的操作权限*/
if(buf.st_mode&S_IRGRP)
    printf("r");
else
    printf("-");
if (buf.st_mode&S_IWGRP)
    printf("w");
else
    printf("-");
if(buf.st_mode&S_IXGRP)
    printf("x");
else
    printf("-");

/*其他用户对文件的操作权限*/
if(buf.st_mode&S_IROTH)
    printf("r");
else
    printf("-");
if (buf.st_mode&S_IWOTH)
    printf("w");
else
    printf("-");
if(buf.st_mode&S_IXOTH)
    printf("x");
else
printf("-");
```

思考:

（1）设计一个程序，要求判断"/etc/passwd"的文件类型。

使用 st_mode 属性，可以使用几个宏来判断：S_ISLNK(st_mode)是否是一个连接，S_ISREG 是否是一个常规文件，S_ISDIR 是否是一个目录，S_ISCHR 是否是一个字符设备，S_ISBLK 是否是一个块设备，S_ISFIFO 是否是一个 FIFO 文件，S_ISSOCK 是否是一个 Socket 文件。

（2）应用命令：man fstat，查阅文件状态相关的应用：

```
int stat(const char *file_name, struct stat *buf);
int fstat(int filedes, struct stat *buf);
int lstat(const char *file_name, struct stat *buf);
```

（3）请查阅相关资料，思考如何利用结构体 struct stat 成员获取文件类型。

5.2　不带缓存的文件 I/O 操作

　　Linux 系统把对目录、设备等的操作，都等同于对文件的操作。那么，系统如何区分和引用特定的文件呢？Linux 系统通过一个文件描述符来进行区分和引用。文件描述符是一个非负的整数，是一个索引值，指向内核中每个进程打开文件表。

　　Linux 系统中，基于文件描述符的文件操作主要有：不带缓存的文件 I/O 操作和带缓存的文件 I/O 操作。

　　不带缓存的文件 I/O 操作包括系统调用或 API 的 I/O 操作，是由操作系统提供的，符合 POSIX 标准，设计的程序能在各种支持 POSIX 标准的操作系统中方便地移植。虽然不带缓存的文件 I/O 程序不能移植到非 POSIX 标准的系统（如 Windows 系统）上去，但是在嵌入式程序设计、TCP/IP 的 Socket 套接字程序设计、多路 I/O 操作程序设计等方面应用广泛。因此，不带缓存的文件 I/O 程序设计是 Linux 文件操作程序设计的重点。

　　不带缓存的文件 I/O 操作主要用到表 5.2 中的函数。

表 **5.2**　不带缓存的文件 I/O 操作用到的主要函数

函　　数	作　　用
creat	创建文件
open	打开或创建文件
close	关闭文件
read	读文件
write	写文件
lseek	移动文件的读写位置
flock	锁定文件或解除锁定（用于文件加建议性锁）
fcntl	文件描述符操作（用于文件加强制性锁）

5.2.1　文件的创建

　　在 Linux C 程序设计中，创建文件可以调用 creat 函数。

　　例 5.5　设计一个程序，要求在"**/root**"目录下创建一个名称为"**5-5file**"的文件，并且把此文件的权限设置为所有者具有只读权限，最后显示此文件的信息。

☞ 操作步骤

　　步骤 1　编辑源程序代码。

`[root@localhost root]# vi 5-5.c`

程序代码如下：

```
/*5-5.c程序：在"/root"目录下创建一个名称为"5-5file"的文件*/
#include<sys/types.h>
```

```
#include<sys/stat.h>
#include<fcntl.h>
int main()
{

    int fd;
    fd=creat("/root/5-5file",S_IRUSR);  /*所有者具有只读权限 */
    system("ls /root/5-5file  -l");/*调用 system 函数执行命令 ls 显示此文件的信息 */
    return 0;
}
```

步骤 2　用 gcc 编译程序。

接着用 gcc 的 "-o" 选项，将 5-5.c 程序编译成可执行文件 5-5。输入如下：

`[root@localhost root]# ` **`gcc  5-5.c  -o  5-5`**

步骤 3　运行程序。

编译成功后，运行可执行文件 5-5，在终端中显示如下：

`[root@localhost root]# ` **`./5-5`**

`-r--------   1 root     root          0  7月 17 22:00 /root/5-5file`

📖 **相关知识介绍**

creat 函数说明如下：

所需头文件	#include<sys/types.h> #include<sys/stat.h> #include<fcntl.h>
函数功能	创建文件
函数原型	int creat(const char * pathname, mode_t mode);
函数传入值	建立文件的访问路径，用来设置新增文件的权限 参数 mode 的取值和说明请参考 5.1.2 节的文件权限部分
函数返回值	由内核返回一个最小可用的文件描述符，若有错误发生则会返回–1
备注	

🧒 **思考**：设计一个程序，应用函数 creat 在 "/mnt" 目录下创建一个名称为 "usb" 的文件，编辑、调试成功后，运行两次是否有问题？为什么？

5.2.2　文件的打开和关闭

文件的打开可以用 open 函数，即使原来的文件不存在，也可以用 open 函数创建文件。在打开或者创建文件时，可以指定文件的属性及用户的权限等参数。

关闭一个打开的文件，用 close 函数。当一个进程终止时，它所有已打开的文件都由内核自动关闭。

例 5.6　设计一个程序，要求在 "/root" 下以可读写方式打开一个名为 "**5-6file**" 的文件。如果该文件不存在，则创建此文件；如果存在，将文件清空后关闭。

☞ **操作步骤**

步骤 1　编辑源程序代码。

`[root@localhost root]# ` **`vi  5-6.c`**

程序代码如下：

```
/*5-6.c程序：如果存在"/root/5-6file"文件，以只读方式打开，如果不存在，创建文件*/
#include<stdio.h>
#include<stdlib.h>              /*文件预处理，包含 system 函数库*/
#include<fcntl.h>              /*文件预处理，包含 open 函数库*/
int main ()                   /*C 程序的主函数，开始入口*/
{
    int fd;
    if((fd=open("/root/5-6file",O_CREAT|O_TRUNC|O_WRONLY,0600))<0)
    {   /*选项 O_TRUNC 表示文件存在时清空*/
        perror("打开文件出错");
        exit(1);
    }
    else
    {
        printf("打开(创建)文件"5-6file"，文件描述符为：%d\n",fd);
    }
    if(close(fd)<0)
    {
        perror("关闭文件出错");
        exit(1);
    }
    system("ls /root/5-6file -l");
    return 0;
}
```

步骤 2　用 gcc 编译程序。

接着用 gcc 的 "-o" 选项，将 5-6.c 程序编译成可执行文件 5-6。输入如下：

`[root@localhost root]# gcc 5-6.c -o 5-6`

步骤 3　运行程序。

编译成功后，运行文件 5-6 后，终端中显示如下：

```
[root@localhost root]# ./5-6
打开(创建)文件"5-6file"，文件描述符为：3
-rw-------   1 root     root          0  7月 17 22:07 /root/5-6file
```

📖 相关知识介绍

open 函数说明如下：

所需头文件	#include<sys/types.h> #include<sys/stat.h> #include<fcntl.h>
函数功能	打开或创建文件
函数原型	int open(const char * pathname, int flags); int open(const char * pathname, int flags, mode_t mode);
函数传入值	建立文件的访问路径，用来设置新增文件的权限 建立文件的访问路径，指定访问文件的命令模式，用来设置新增文件的权限
函数返回值	由内核返回一个最小可用的文件描述符，发生错误返回–1

flags 参数说明如下：

参　　数	说　　明
O_RDONLY	以只读模式打开
O_WRONLY	以写入模式打开
O_RDWR	以读写模式打开
O_APPEND	在文件尾写入数据
O_TRUNG	设置文件的长度 0，并舍弃现存的数据
O_CREAT	建立文件，可使用 mode 参数设置访问权限
O_EXCL	与 O_CREAT 一起使用，若所建立的文件已存在，则打开失败

close 函数说明如下：

所需头文件	#include<unistd.h>
函数功能	关闭文件
函数原型	int close(int fd);
函数传入值	整型
函数返回值	若文件顺利关闭则返回 0，发生错误时返回-1
备注	虽然在进程结束时，系统会自动关闭已打开的文件，但仍建议人工关闭文件，并检查返回值

思考：

（1）设计一个程序，应用 open 函数在"/mnt"目录下打开名称为"usb"的文件。如果该文件不存在，则创建此文件；如果存在，将文件清空后关闭。
（2）应用函数 creat，open 创建一个文件有什么不同点？

5.2.3 文件的读写操作

文件读写操作中，经常用到的函数是 read，write 和 lseek。

read 函数用于从指定的文件描述符中读出数据。write 函数用于向打开的文件写入数据，写操作从文件当前位置开始。lseek 函数用于在指定的文件描述符中将文件指针定位到相应的位置。

对常规文件的读写是不会阻塞的，不管读多少字节，read 一定会在有限的时间内返回。但从终端设备或网络读则不一定，如果从终端输入的数据没有换行符，调用 read 读终端设备时就会阻塞，如果网络上没有接收到数据包，调用 read 从网络读时也会阻塞，阻塞多长时间是不确定的，如果一直没有数据到达就一直阻塞在那里。下列程序在运行过程中等待用户从终端设备读入，如果没有读入，就会产生阻塞。

例 5.7　程序从终端（键盘）读数据再写回终端（显示器）。
```
[root@localhost root]# vi 5-7.c
#include <unistd.h>
```

```
#include <stdlib.h>
int main(void)
{
        char buf[80];
        int n;
        n = read(STDIN_FILENO, buf,80);
        if (n < 0) {
                perror("read STDIN_FILENO");
                exit(1);
         }
        write(STDOUT_FILENO, buf, n);
        printf("\n");
        return 0;
}
```

程序运行时，Shell 进程创建 5-7 进程，5-7 进程开始执行，在 5-7 中调用 read 时睡眠等待，直到终端设备输入了换行符才从 read 返回，read 最多可以读取 80 个字符，如果超过 80 个字符，超过部分的字符仍然保存在缓冲区中。

例 5.8　设计一个 C 程序，以完成文件的复制工作。要求通过使用 **read** 函数和 **write** 函数复制 "**/etc/passwd**" 文件到目标文件中，目标文件名在程序运行时从键盘输入。

分析　由用户输入目标文件的名称，接着打开源文件 "/etc/passwd" 及目标文件，利用 read 函数读取源文件的内容，再利用 write 函数将读取到的内容写入目标文件。

☞ 操作步骤

步骤 1　编辑源程序代码。

[root@localhost root]# **vi 5-8.c**

程序代码如下：

```
/*5-8.c程序: 复制"/etc/passwd"文件*/
#include<unistd.h>
#include<sys/types.h>
#include<sys/stat.h>
#include<fcntl.h>
#include<stdio.h>
int main()
{
    int fdsrc,fddes,nbytes;
    int flags=O_CREAT | O_TRUNC | O_WRONLY;
    int z;
    char buf[20], des[20];
    printf("请输入目标文件名:");            /*提示输入目标文件名*/
    scanf("%s",des);                        /*读入目标文件名*/
    fdsrc=open("/etc/passwd",O_RDONLY);     /*只读方式打开源文件*/
    if(fdsrc<0)
    {
    exit(1);
    }
    fddes=open(des,flags,0644);             /*打开目标文件的权限为: 644*/
    if(fddes<0)
```

```
        {
            exit(1);
        }
    while((nbytes=read(fdsrc,buf,20))>0)
    {
      z=write(fddes,buf,nbytes);
      if(z<0)
        {
            perror("写目标文件出错");/*此函数可以用来输出"错误原因信息"字符串*/
        }
    }
    close(fdsrc);
    close(fddes);
    printf("复制"/etc/passwd"文件为"%s"文件成功! \n",des);
    exit(0);
}
```

步骤 2 用 gcc 编译程序。

接着用 gcc 的 "-o" 选项，将 5-8.c 程序编译成可执行文件 5-8。输入如下：

`[root@localhost root]# gcc 5-8.c -o 5-8`

步骤 3 运行程序。

编译成功后，运行可执行文件 5-8。然后输入目标文件名，目标文件名称由读者自己定义，本例中为 5-8test，输入后终端中显示如下：

`[root@localhost root]# ./5-8`
请输入目标文件名:**5-8test**
复制"/etc/passwd"文件为"5-8test"文件成功!

复制文件的时候先打开并读取源文件，然后将读取内容写入目标文件。复制成功后，读者可以用编辑器打开 "5-8test" 文件，看看内容是否和 "/etc/passwd" 文件一致。也可以在终端中用 cat 命令查看文件内容。

📖 **相关知识介绍**

read 函数说明如下：

所需头文件	#include<unistd.h>
函数功能	读取文件
函数原型	ssize_t read(int fd, void * buf , size_t count);
函数传入值	fd 文件描述符 buf 存入数据内容的内存空间 count 读取的字节数
函数返回值	有错误发生则会返回–1
备注	若返回的字节数比要求读取的字节数少，则有可能读到了文件尾或是从管道(pipe)或终端机读取

write 函数说明如下：

所需头文件	#include<unistd.h>
函数功能	写入文件
函数原型	ssize_t　write (int fd, const void * buf, size_t count);
函数传入值	fd 文件描述符 buf 存入数据内容的内存空间首地址 count 写入的字节数
函数返回值	有错误发生则会返回-1
备注	返回值：如果顺利 write( )会返回实际写入的字节数

思考：

　　（1）设计一个程序，使用 read 函数从源文件读取数据，再用 write 函数写入目标文件，源文件名和目标文件名都由键盘输入。

　　（2）设计一个程序，要求在"/mnt"目录下，打开名称为"usb"的文件。如果该文件不存在，则创建此文件；如果已存在，把字符串"usb 作为优盘设备文件"写入此文件后关闭。

5.2.4　文件的非阻塞操作

　　文件的读写操作中还有一个阻塞和非阻塞的问题。非阻塞文件打开时用 flags 的一个值 O_NONBLOCK 来表示，read/write 就不会阻塞。以 read 为例，如果设备暂时没有数据可读就返回-1，同时置 errno 为 EWOULDBLOCK，表示本来应该阻塞但事实上并没有阻塞而是直接返回错误信息。通过轮询方式试着再读一次，而不是阻塞在这里死等，这样可以同时监视多个设备。

　　阻塞和非阻塞的区别在于没有数据到达的时候是否立刻返回。非阻塞 I/O 能提高程序运行的效率，减少不必要的等待。非阻塞模式的操作主要应用在网络服务中，使得服务器得到最大的利用。

注意：

　　文件非阻塞操作时设文件打开模式参数，flags | =O_NONBLOCK，

　　文件阻塞操作时设 flags &=~O_NONBLOCK。

　　在使用非阻塞 I/O 时，通常不会在一个 while 循环中一直不停地查询（这称为 Tight Loop），而是每延迟等待一会儿来查询一下，以免做太多无用功，在延迟等待的时候可以调度其他进程执行。非阻塞程序结构如图 5.2 所示。

```
            while(1) {
                非阻塞 read(设备 1);
                if(设备 1 有数据到达)
                    处理数据;
                非阻塞 read(设备 2);
                if(设备 2 有数据到达)
                    处理数据;
                ...
```

图 5.2　非阻塞程序结构

例 5.9　以下是一个非阻塞 **I/O** 的例子。程序打开当前终端文件**/dev/tty**，在打开时设定 **O_NONBLOCK** 标志。程序运行时每隔一定时间（**6 秒**）等待用户从终端输入，如无输入时循环 **5** 次，共等待 **30** 秒，每次等待时屏幕都有提示"try again"。**30** 秒后继续执行主程序，输出一个三角图形后结束。如有输入，退出循环，执行主程序输出三角图形后结束。

```
*
* *
* * *
* * * *
* * * * *
```

```c
#include <unistd.h>
#include <fcntl.h>
#include <errno.h>
#include <string.h>
#include <stdlib.h>
#define MSG_TRY "try again\n"
#define MSG_TIMEOUT "timeout\n"

int main(void)
{
    char buf[10];
    int fd, n, i, j;
    fd = open("/dev/tty", O_RDONLY|O_NONBLOCK);
    if(fd<0) {
        perror("open /dev/tty");
        exit(1);
    }
    for(i=0; i<5; i++) {
        n = read(fd, buf, 10);
        if(n>=0)
            break;
        if(errno!=EAGAIN) {
```

```
                perror("read /dev/tty");
                exit(1);
            }
            sleep(6);
            write(STDOUT_FILENO, MSG_TRY, strlen(MSG_TRY));
        }
        if(i==5)
            write(STDOUT_FILENO, MSG_TIMEOUT, strlen(MSG_TIMEOUT));
        else
            write(STDOUT_FILENO, buf, n);
             for(i=0;i<5;i++){
                for(j=0;j<=i;j++)
                    printf("%2c",'*');
                printf("\n");
            }
        close(fd);
        return 0;
    }
```

程序运行时，轮询等待用户的输入，等待期间如有输入，即转入主程序执行，如没有输入，30 秒后继续执行主程序，执行结果如下：

```
[root@localhost root]# ./5-9
try again
try again
try again
try again
try again
timeout
 *
 * *
 * * *
 * * * *
 * * * * *
[root@localhost root]# ./5-9
try again
ls -l
try again
ls -l
 *
 * *
 * * *
 * * * *
 * * * * *
```

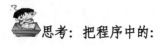思考：把程序中的：

```
if(n>=0)
break;
```

改写为：

```
if(n>=0)
{
printf("Welcome to China Bank!\n");
    sleep(5);
    system("firefox http://www.boc.cn/");
    break;
    }
```

请重新调试程序。

5.2.5 函数 fcntl 应用及文件上锁

  Linux 是多用户操作系统，多个用户共同使用、操作同一个文件的事情很容易发生。Linux 操作系统需要给这个文件上锁，以避免共享的资源产生竞争，导致数据读写错误。

  在 Linux 系统中，给文件上锁主要有建议性锁和强制性锁。给文件加建议性锁用的是 flock 函数，给文件加强制性锁用的是 fcntl 函数。一般情况下，系统使用强制性锁，而很少使用建议性锁。当一个文件被加上强制性锁后，内核将阻止其他任何文件对其进行读写操作。

  可以用函数 fcntl 改变一个已打开的文件的属性，可以重新设置读、写、追加、非阻塞等标志，使用函数 fcntl 通过 F_GETFL、F_SETFL 可以分别用于读取、设置文件锁的属性，能够更改的文件属性的标志有 O_APPEND，O_ASYNC，O_DIRECT，O_NOATIME 和 O_NONBLOCK。

（1）获取文件的 flags，即 open 函数的第二个参数：

   flags = fcntl(fd,F_GETFL,0);

（2）设置文件的 flags：

   fcntl(fd,F_SETFL,flags);

（3）　增加文件的某个 flags，比如文件原本是阻塞的，想设置成非阻塞：

   flags = fcntl(fd,F_GETFL,0);

   flags |= O_NONBLOCK;

   fcntl(fd,F_SETFL,flags);

（4）　取消文件的某个 flags，比如文件原本是非阻塞的，想设置成为阻塞：

   flags = fcntl(fd,F_GETFL,0);

   flags &= ~O_NONBLOCK;

   fcntl(fd,F_SETFL,flags);

例 5.10　文件锁的操作，应用函数 **fcntl** 获取标准输出文件 **STDOUT_FILENO** 锁的属性，然后添加 **O_NONBLOCK** 属性到标准输入文件 **STDIN_FILENO** 中。

```c
#include <stdio.h>
#include <stdlib.h>
#include <unistd.h>
#include <fcntl.h>
#include <error.h>

char buf[500000];

int main(int argc,char *argv[])
{
        int ntowrite,nwrite;
        const char *ptr ;
        int flags;

        ntowrite = read(STDIN_FILENO,buf,sizeof(buf));
        if(ntowrite <0)
        {
                perror("read STDIN_FILENO fail:");
                exit(1);
        }
        fprintf(stderr,"read %d bytes\n",ntowrite);

        if((flags = fcntl(STDOUT_FILENO,F_GETFL,0))==-1)
        {
                perror("fcntl F_GETFL fail:");
                exit(1);
        }
        flags |= O_NONBLOCK;
        if(fcntl(STDOUT_FILENO,F_SETFL,flags)==-1)
        {
                perror("fcntl F_SETFL fail:");
                exit(1);
        }

        ptr = buf;
        while(ntowrite > 0)
        {
                nwrite = write(STDOUT_FILENO,ptr,ntowrite);
                if(nwrite == -1)
                {

                        perror("write file fail:");
                }
                if(nwrite > 0)
                {
                        ptr += nwrite;
                        ntowrite -= nwrite;
```

```
                    }
                }

                flags &= ~O_NONBLOCK;
                if(fcntl(STDOUT_FILENO,F_SETFL,flags)==-1)
                {
                        perror("fcntl F_SETFL fail2:");
                }
                return 0;
        }
```

例 5.11 设计一个程序，要求在"/root"下打开一个名为"5-11file"的文件，如果该文件不存在，则创建此文件。打开文件后对其加上强制性的写入锁 **F_WRLCK**，按回车后解锁 **F_UNLCK**，然后加上读出锁 **F_RDLCK**，按回车后再解锁 **F_UNLCK**。程序在终端1运行后会显示程序的进程号，再打开终端2，会提示此文件处于锁定状态，此时在终端2可以多按几次回车，观察程序的运行结果。然后在终端1按回车，等待终端1解锁后，在终端2才可锁定此文件，您可观察到强制性锁是独占状态，当在终端2解锁后，在终端1或2可加读出锁，在读出锁状态终端1或2的运行不需要等待，因为读出锁是处于共享状态。请编写程序并测试程序运行的结果。

分析 主程序先用 open 函数打开文件"5-11file"，如果该文件不存在，则创建此文件。接着调用自定义函数 lock_set：先传递参数 F_WRLCK 给文件 5-11file 加锁，并打印输出给文件加锁进程的进程号；然后再传递参数 F_UNLCK 给文件 5-11file 解锁，并打印输出给文件解锁进程的进程号。在自定义函数 lock_set 给文件上锁语句前，加上判断文件是否上锁的语句。如果文件已经被上锁，打印输出给文件上锁进程的进程号。

🖙 **操作步骤**

步骤 1 编辑源程序代码。

`[root@localhost root]# vi 5-11.c`

程序代码如下：

```
/*5-11.c 程序：打开 "/home/5-11file" 后对其加上强制性的写入锁，然后释放写入锁*/
#include<stdio.h>
#include<stdlib.h>
#include <unistd.h>
#include <sys/file.h>
#include <sys/types.h>
#include <sys/stat.h>
void lock_set(int fd, int type)
{
  struct flock lock;
  lock.l_whence = SEEK_SET;
  lock.l_start = 0;
  lock.l_len =0;
  while(1){
  lock.l_type = type;

  if((fcntl(fd,F_SETLK,&lock))==0){/*根据不同的 type 值给文件加锁或解锁*/
```

```
    if( lock.l_type == F_RDLCK )    /*F_RDLCK 为共享锁，表示读取锁或建议性锁*/
       printf("加上读取锁的是：%d\n",getpid());
    else if( lock.l_type == F_WRLCK )   /*F_WRLCK 为排斥锁，表示强制性锁*/
       printf("加上写入锁的是：%d\n",getpid());
    else if( lock.l_type == F_UNLCK )
       printf("释放强制性锁：%d\n",getpid());
    return;
   }
  fcntl(fd, F_GETLK,&lock);  /*读取文件锁的状态*/
  if(lock.l_type != F_UNLCK){
    if( lock.l_type == F_RDLCK )
       printf("文件已经加上了读取锁，其进程号是：%d\n",lock.l_pid);
    else if( lock.l_type == F_WRLCK )
       printf("文件已加上写入锁，其进程号是：%d\n",lock.l_pid);
    getchar();
   }
 }
}
int main ()
{
  int fd;
  fd=open("/root/5-11file",O_RDWR | O_CREAT, 0666);
  if(fd < 0)
  {
    perror("打开出错");
    exit(1);
  }
  lock_set(fd, F_WRLCK);
  getchar();
  lock_set(fd, F_UNLCK);
  getchar();
  lock_set(fd, F_RDLCK);
  getchar();
  lock_set(fd, F_UNLCK);
  close(fd);
  exit(0);
}
```

步骤 2　用 gcc 编译程序。

接着用 gcc 的 "-o" 参数，将 5-11.c 程序编译成可执行文件 5-11。输入如下：

```
[root@localhost root]# gcc 5-11.c -o 5-11
```

步骤 3　运行程序。

编译成功后，打开两个终端，都执行 5-11，输入 "./5.11" 后，终端中显示如下：

终端 1：

```
[root@localhost root]# ./5-11
```

加上写入锁的是：5403

释放强制性锁：5403

文件已加上写入锁，其进程号是：5404

文件已加上写入锁，其进程号是：5404

文件已加上写入锁，其进程号是：5404

加上读取锁的是：5403

释放强制性锁：5403

终端 2：

```
[root@localhost root]# ./5-8
```

文件已加上写入锁，其进程号是：5403

文件已加上写入锁，其进程号是：5403

文件已加上写入锁，其进程号是：5403

加上写入锁的是：5404

释放强制性锁：5404

加上读取锁的是：5404

释放强制性锁：5404

由程序运行结果可知，此程序在终端 1 中运行后的第一个进程，先打开或创建文件"5-11file"，接着给文件"5-11file"加上写入锁，锁定文件，并打印输出加锁信息和给文件加锁进程的进程号，这儿加的是"写入锁"，这台机器上第一个给文件加锁进程的进程号是"5403"，最后等待用户按任意键后解除锁定，并打印输出解锁信息和给文件解锁进程的进程号。

如果在第一个进程解除锁定前，此程序在另一个终端中再运行，即运行第二个进程。此时文件已经被第一个进程上锁，因此第二个进程无法上锁，只能先打印输出文件已经上锁和第一个进程的进程号信息。直到前一个进程解锁后，后一个进程才能上锁、解锁。

程序在终端中运行后会暂停，需要按任意键后程序才会继续运行。

📖 **相关知识介绍**

struct flock 结构体

```
struct flock
{
    short l_type;
    short l_whence;
    off_t l_start;
    off_t l_len;
    pid_t l_pid;
};
```

l_type 加锁的类型：F_RDLCK，F_WRLCK，F_UNLCK；

l_whence 是对 l_start 的解释，分别为 SEEK_SET，SEEK_CUR，SEEK_END；

l_start 指明加锁部分的开始位置；

l_len 是加锁的长度；

l_pid 是加锁进程的进程 id。

flock 函数说明如下：

所需头文件	#include<sys/file.h>
函数功能	锁定文件或解除锁定（用于文件加建议性锁）
函数原型	int flock(int fd, int operation);
函数传入值	operation 有下列四种情况： ● LOCK_SH 建立共享锁定。多个进程可同时对同一个文件做共享锁定 ● LOCK_EX 建立互斥锁定。一个文件同时只有一个互斥锁定 ● LOCK_UN 解除文件锁定状态 ● LOCK_NB 无法建立锁定时，此操作可不被阻断，马上返回进程 通常与 LOCK_SH 或 LOCK_EX 做 OR 组合
函数返回值	返回 0 表示成功，若有错误则返回-1，错误代码存于 errno
备注	单一文件无法同时建立共享锁定和互斥锁定，而当使用 dup( )或 fork( ) 时文件描述词不会继承此种锁定

fcntl 函数说明如下：

所需头文件	#include<unistd.h> #include<fcntl.h>
函数功能	文件描述符操作（用于文件加强制性锁）

函数原型	int fcntl(int fd , int cmd);
	int fcntl(int fd,int cmd,long arg);
	int fcntl(int fd,int cmd,struct flock * lock);

函数传入值	参数 fd 代表欲设置的文件描述词，参数 cmd 代表欲操作的类型，lock 为记录锁的具体状态
函数返回值	成功则返回 0，若有错误则返回-1，错误原因存于 errno
备注	

思考：

设计一个程序，要求在"/mnt"目录下打开名称为"usb"的文件，如果该文件不存在，则创建此文件。打开后对其加上强制性的写入锁，然后释放写入锁。

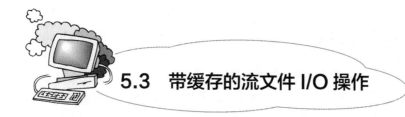

5.3　带缓存的流文件 I/O 操作

带缓存的流文件 I/O 操作，又称标准 I/O 操作，符合 ANSI C 标准，是在内存中开辟一个"缓存区"，为程序中的每一个文件使用。带缓存的文件 I/O 操作的程序比不带缓存的文件 I/O 程序方便移植。

当执行读文件的操作时，从磁盘文件将数据先读入内存"缓存区"，装满后再从内存"缓存区"依次读入接收的变量。当执行写文件的操作时，先将数据写入内存"缓存区"，待内存"缓存区"装满后再写入文件。

由此可以看出，内存"缓存区"的大小，影响着实际操作外存的次数，内存"缓存区"越大，则操作外存的次数就少，执行速度就快，效率高。

带缓存的文件 I/O 操作主要用到表 5.3 中的函数。

表 **5.3**　带缓存的文件 I/O 操作用到的主要函数

函　数	作　用
fopen	打开或创建文件
fclose	关闭文件
fgetc	由文件中读取一个字符
fputc	将一指定字符写入文件流中
fgets	由文件中读取一字符串
fputs	将一指定的字符串写入文件内
fread	从文件流成块读取数据
fwrite	将数据成块写入文件流
fseek	移动文件流的读写位置
rewind	重设文件流的读写位置为文件开头
ftell	取得文件流的读取位置

5.3.1　流文件的打开和关闭

带缓存的流文件 I/O 操作，是基于输入/输出（I/O）流机制的文件操作，又叫做文件流（File Stream）的操作。下面具体说明文件流的关闭与打开。

例 5.12　设计一个程序，要求用流文件 I/O 操作打开文件"**5-12file**"，如果该文件不存在，则创建此文件。

分析　带缓存的基于输入/输出（I/O）流机制的文件操作时，打开文件用 fopen 函数，关闭文件用 fclose 函数。

☞ **操作步骤**

步骤 1　编辑源程序代码。

`[root@localhost root]#` **vi　5-12.c**

程序代码如下：

```
/*5-12.c 程序：用 fopen 函数打开文件"5-12file"*/
#include<stdio.h>
int main()
{
    FILE * fp;                            /*定义文件变量指针*/
    if((fp=fopen("5-12file","a+"))==NULL) /*打开(创建)文件*/
    {
```

```
        printf("打开(创建)文件出错");                    /*出错处理*/
        exit(0);
    }
    fclose(fp);                                          /*关闭文件流*/
}
```

步骤 2　用 gcc 编译程序。

接着用 gcc 的"-o"参数，将 5-12.c 程序编译成可执行文件 5-12。输入如下：

```
[root@localhost root]# gcc 5-12.c -o 5-12
```

步骤 3　运行程序。

编译成功后，如果当前目录下有"5-12file"文件，删除此文件，接着运行可执行文件 5-12，然后用 ls –l 命令来查看"5-12file"文件。

```
[root@localhost root]# ./5-12
[root@localhost root]# ls -l 5-12file
-rw-r--r--   1 root      root           0  7月 17 15:16 5-12file
```

比较程序运行前后的情况，此程序确实可以打开（创建）文件"5-12file"。

📖 相关知识介绍

fopen 函数说明如下：

所需头文件	#include<stdio.h>
函数功能	打开或创建文件
函数原型	FILE * fopen(const char * path, const char * mode);
函数传入值	参数 path 字符串包含欲打开的文件路径及文件名，参数 mode 字符串则代表着流形态。有以下几种取值： ● r 打开只读文件，该文件必须存在 ● r+ 打开可读写的文件，该文件必须存在 ● w 打开只写文件，若文件存在则文件长度清为零，即该文件内容会清空；若文件不存在则建立该文件 ● w+ 打开可读写文件，若文件存在则文件长度清为零，即该文件内容会清空；若文件不存在则建立该文件 ● a 以附加的方式打开只写文件。若文件不存在，则建立该文件；若文件存在，写入的数据会被加到文件尾，即文件原先的内容会被保留 ● a+ 以附加方式打开可读写的文件。若文件不存在，则建立该文件；若文件存在，写入的数据会被加到文件尾，即文件原先的内容会被保留 上述的形态字符串都可以再加一个 b 字符，如 rb、w+b 或 ab＋等组合，加入 b 字符用来告诉函数库打开的文件为二进制文件，而非纯文字文件
函数返回值	成功：指向 FILE 的指针 失败：返回 NULL
备注	在 POSIX 系统的 Linux 中会忽略 b 字符。新建文件会有 S_IRUSR|S_IWUSR|S_IRGRP|S_IWGRP|S_IROTH|S_IWOTH(0666)权限，此文件权限也会参考 umask 值

fclose 函数说明如下：

所需头文件	#include<stdio.h>
函数功能	关闭文件

续表

所需头文件	#include<stdio.h>
函数原型	int fclose(FILE * stream);
函数传入值	文件地址
函数返回值	成功：返回 0 失败：返回 EOF
备注	若关文件动作成功则返回 0，有错误发生时则返回 EOF

思考：设计一个程序，要求用带缓存的流文件 I/O 操作，在"/tmp"目录下打开名称为"tmpfile"的文件。如果该文件不存在，则创建此文件；如果存在，将文件清空后关闭。

5.3.2 流文件的读写操作

当流文件按指定的工作方式打开以后，就可以执行对文件的读和写。

在 Linux 系统中，流文件可按字符、字符串或成块的方式读写。

例 5.13 设计一个程序，要求把键盘上输入的字符写入文件"5-13file"，如果该文件不存在，则创建此文件。

分析 带缓存的基于输入/输出（I/O）流机制的文件操作时，读字符用 fgetc 函数，写字符用 fputc 函数。

☞ 操作步骤

步骤 1 编辑源程序代码。

`[root@localhost root]# vi 5-13.c`

程序代码如下：

```
/*5-13.c 程序：把键盘上输入的字符写入文件"5-13file"*/
#include<stdio.h>
int main()
{
    FILE * fp;                              /*定义文件变量指针*/
    char ch;
    if((fp=fopen("5-13file","a+"))==NULL)   /*打开(创建)文件*/
    {
        printf("打开(创建)文件出错");        /*出错处理*/
        exit(0);
    }
    printf("请输入要写入文件的一个字符：");    /*提示输入一个字符*/
    fputc((ch=fgetc(stdin)),fp);            /*把键盘输入的一个字符写入文件*/
    fclose(fp);                             /*关闭文件流*/
}
```

步骤 2 用 gcc 编译程序。

接着用 gcc 的"-o"参数，将 5-13.c 程序编译成可执行文件 5-13。输入如下：

`[root@localhost root]# gcc 5-13.c -o 5-13`

步骤 3 运行程序。

编译成功后，运行可执行文件 5-13。然后输入一个字符后回车，多运行几次此程序，终端中显示如下：

```
[root@localhost root]# ./5-13
请输入要写入文件的一个字符：a
[root@localhost root]# ./5-13
请输入要写入文件的一个字符：b
```

读者可以用编辑器打开"5-13file"文件，也可以在终端中用 cat 命令查看文件内容，发现从终端输入的字符都写入了"5-13file"文件。

📖 相关知识介绍

fgetc 函数说明如下：

所需头文件	#include<stdio.h>
函数功能	由文件中读取一个字符
函数原型	int fgetc(FILE * stream);
函数传入值	参数 stream：一个文件流
函数返回值	成功：返回读取的字符 失败：返回 EOF
备注	

fputc 函数说明如下：

所需头文件	#include<stdio.h>
函数功能	将一指定字符写入文件流中
函数原型	int fputc(int c, FILE * stream);
函数传入值	参数 c：字符 参数 stream：一个文件流
函数返回值	成功：返回写入的字符 失败：返回 EOF
备注	

思考：设计一个程序，要求用带缓存的流文件 I/O 操作，应用 fputc 函数把键盘上输入的字符串写入文件"/tmp/5-13tmp"，如果该文件不存在，则创建此文件。

读字符用 fgetc 函数，写字符用 fputc 函数。当需要读写非常多的字符时，只能把字符读写函数和循环、判断等语句结合起来完成任务。实际上 ANSI C 还提供了 fgets 函数和 fputs 函数，用于流文件对字符串的读写操作。

例 5.14　设计一个程序，要求把键盘上输入的字符写入文件"5-14file"，如果该文件不存在，则创建此文件。

分析　带缓存的基于输入/输出（I/O）流机制的文件操作时，读字符串用 fgets 函数，写字符串用 fputs 函数。

☞ 操作步骤

步骤 1　编辑源程序代码。

[root@localhost root]# **vi　5-14.c**

程序代码如下：

```
/*5-14.c程序：把键盘上输入的字符写入文件"5-14file"*/
#include<stdio.h>
int main()
{
    FILE * fp;                              /*定义文件变量指针*/
    char s[80];
    if((fp=fopen("5-14file","a+"))==NULL)    /*打开(创建)文件*/
    {
        printf("打开(创建)文件出错");          /*出错处理*/
        exit(0);
    }
    printf("请输入要写入文件的字符串：");        /*提示输入一个字符*/
    fputs(fgets(s,80,stdin),fp);             /*把键盘输入的字符串写入文件*/
    fclose(fp);                              /*关闭文件流*/
}
```

步骤 2　用 gcc 编译程序。

接着用 gcc 的 "-o" 参数，将 5-14.c 程序编译成可执行文件 5-14。输入如下：

[root@localhost root]# **gcc　5-14.c　-o　5-14**

步骤 3　运行程序。

编译成功后，运行可执行文件 5-14。然后输入字符串后回车，多运行几次此程序，终端中显示如下：

[root@localhost root]# **./5-14**
请输入要写入文件的字符串：测试一下
[root@localhost root]# **./5-14**
请输入要写入文件的字符串：This is a test!

读者可以用编辑器打开 "5-14file" 文件，也可以在终端中用 cat 命令查看文件内容，发现从终端输入的字符串都写入了 "5-14file" 文件。

📖 相关知识介绍

fgets 函数说明如下：

所需头文件	#include<stdio.h>
函数功能	从文件中读取一字符串
函数原型	char * fgets(char * s, int size, FILE * stream);
函数传入值	参数 s：内存地址 参数 size：字符串长度 参数 stream：一个文件流
函数返回值	成功：返回 s 指针 失败：返回 EOF
备注	

fputs 函数说明如下：

所需头文件	#include<stdio.h>
函数功能	将一指定的字符串写入文件内
函数原型	int fputs(const char * s, FILE * stream);
函数传入值	参数 s：内存地址
	参数 stream：一个文件流
函数返回值	成功：返回写出的字符个数
	失败：返回 EOF
备注	

思考：

（1）设计一个程序，要求用带缓存的流文件 I/O 操作，把键盘上输入的字符串写入文件"/tmp/5-14tmp"。如果该文件不存在，则创建此文件。多次运行程序并多次输入字符串后，文件"/tmp/5-14tmp"中只保存最后一次输入的字符串。

（2）设计一个程序，要求用带缓存的流文件 I/O 操作，把文件"/tmp/5-14tmp"中的内容读取出来，在终端中打印输出。

读写比字符串更复杂的内容，一般称作块信息的读写，可以通过 fread 函数和 fwrite 函数来完成。

例 5.15　设计两个程序，要求一个程序把三个人的姓名和账号余额信息通过一次流文件 I/O 操作写入文件 **"5-15file"**，另一个程序输出账号信息，把每个人的账号和余额一一对应输出。

分析　需要读写的信息包含字符串和数字，而且要一一对应输出。把块信息写入文件用 fwrite 函数，从文件中读取块信息用 fread 函数。

☞ 操作步骤

步骤1　编辑源程序代码。

```
[root@localhost root]# vi  5-15fwrite.c
```

5-15fwrite.c 程序代码如下：

```
/*5-15fwrite.c程序：把账号信息写入文件*/
#include<stdio.h>
#define set_s(x,y,z){strcpy(s[x].name,y);s[x].pay=z;} /*自定义宏，用于赋值*/
#define nmemb 3
struct test                     /*定义结构体*/
{
    char name[20];
    int pay;
}s[nmemb];
int main()
{
    FILE * fp;                  /*定义文件变量指针*/
```

```
    set_s(0,"张三",12345);
    set_s(1,"李四",200);
    set_s(2,"王五",50000);
    fp=fopen("5-15file","a+");   /*打开(创建)文件*/
    fwrite(s,sizeof(struct test),nmemb,fp);/*调用 fwite 函数把块信息写入文件*/
    fclose(fp);
    return  0;                      /*关闭文件流*/
}
```

[root@localhost root]# **vi 5-15fread.c**

5-15fread.c 程序代码如下：

```
/*5-15fread.c 程序：把账号信息写入文件*/
#include<stdio.h>
#define nmemb 3
struct test                     /*定义结构体*/
{
    char name[20];
    int pay;
}s[nmemb];

int main( )
{
    FILE * fp;                      /*定义文件变量指针*/
    int i;
    fp = fopen("5-15file", "r");    /*打开文件*/
    fread(s,sizeof(struct test),nmemb,fp);/*调用 fread 函数从文件读取块信息*/
    fclose(fp);                           /*关闭文件流*/
    for(i=0;i<nmemb;i++)
    printf("帐号[%d]:%-20s 余额[%d]:%d\n",i,s[i].name,i,s[i].pay);
    return 0;
}
```

步骤2 用 gcc 编译程序。

接着用 gcc 的 "-o" 参数，将 5-15fwrite.c 程序和 5-15fread.c 程序编译成可执行文件
5-15fwrite 和 5-15fread。输入如下：

[root@localhost root]# **gcc 5-15fwrite.c -o 5-15fwrite**
[root@localhost root]# **gcc 5-15fread.c -o 5-15fread**

步骤3 运行程序。

编译成功后，运行可执行文件 5-15fwrite 和 5-15fread。在不同的终端分别执行如下
命令：

[root@localhost root]# **./5-15fwrite**
[root@localhost root]# **./5-15fread**

账号[0]:张三   余额[0]:12345
账号[1]:李四   余额[1]:200
账号[2]:王五   余额[2]:50000

读者可以用编辑器打开 "5-15file" 文件，也可以在终端中用 cat 命令查看文件内容，
发现从终端输入的字符串都写入了 "5-15file" 文件。

📖 **相关知识介绍**

fwrite 函数说明如下：

所需头文件	#include<stdio.h>
函数功能	将数据写至文件流
函数原型	size_t fwrite(const void * ptr, size_t size, size_t nmemb, FILE * stream);
函数传入值	参数 ptr：欲写入的数据地址 参数 size：字符串长度 参数 nmemb：字符串数目 参数 stream：一个文件流
函数返回值	成功：返回实际写入的 nmemb 数目 失败：返回 EOF
备注	

fread 函数说明如下：

所需头文件	#include<stdio.h>
函数功能	从文件流读取数据
函数原型	size_t fread(void * ptr, size_t size, size_t nmemb, FILE * stream);
函数传入值	参数 ptr：从文件读取的内容存放到 ptr 所指的内存首地址 参数 size：字符串长度 参数 nmemb：字符串数目 参数 stream：一个文件流
函数返回值	成功：返回实际读取到的 nmemb 数目 失败：返回 EOF
备注	

思考：

（1）完善例 5.15 的程序，使得账号和余额都可以从键盘输入，要求余额可以输入小数。

（2）设计一个程序，要求把文本文件"5-15test"中的数据读出。文本文件"5-15test"有两列数据，第一列是账号（11 位整数表示），第二列是账号余额（double 数据类型），两列数据间用逗号隔开。按账号余额从小到大排序，把排序后的数据写入文本文件"5-15sort"。账号要和余额一一对应。

5.3.3　文件的定位

前面介绍的带缓存的流文件 I/O 的读写方式都是顺序读写，即读写文件只能从头开始，顺序读写各个数据。

在实际应用中常要求只读写文件中某一指定的部分。为了解决这个问题，可先移动文件内部的位置指针到需要读写的位置，再进行读写，这种读写称为随机读写。

实现随机读写的关键是按要求移动位置指针，这称为文件的定位。文件定位时移动文件内部位置指针的函数主要有三个，即 rewind 函数、fseek 函数和 ftell 函数，分别应用于重新定位于文件开头，随机定位设置、测试文件流的编移量。

例 5.16 设计一个程序，要求用 **fopen** 函数打开系统文件 "**/etc/passwd**"，先把位置指针移动到第 **10** 个字符前，再把位置指针移动到文件尾，最后把位置指针移动到文件头，输出三次定位的文件偏移量的值。

分析 先调用 fseek 函数定位到距文件开头 SEEK_SET 位移量为 10 的位置，再调用 ftell 函数取得文件流的偏移量并输出；然后调用 fseek 函数定位到距文件尾 SEEK_END 位移量为 0 的位置，接着调用 ftell 函数取得文件流的偏移量并输出；最后调用 rewind 函数重设文件流的读写位置为文件开头，再一次调用 ftell 函数取得文件流的偏移量并输出。

☞ 操作步骤

步骤 1 编辑源程序代码。

```
[root@localhost root]# vi 5-16.c
```

程序代码如下：

```
/*5-16.c 程序：文件的定位*/
#include<stdio.h>
int main()
{
  FILE *stream;
  stream=fopen("/etc/passwd","r");
  fseek(stream,10,SEEK_SET);
  printf("文件流的偏移量: %d\n",ftell(stream));
  fseek(stream,0,SEEK_END);
  printf("文件流的偏移量: %d\n",ftell(stream));
  rewind(stream);
  printf("文件流的偏移量: %d\n",ftell(stream));
  fclose(stream);
  return 0;
}
```

步骤 2 用 gcc 编译程序。

接着用 gcc 的 "-o" 参数，将 5-16.c 程序编译成可执行文件 5-16。输入如下：

```
[root@localhost root]# gcc 5-16.c -o 5-16
```

步骤 3 运行程序。

编译成功后，运行可执行文件 5-16，此时系统会出现运行结果，终端中的显示如下：

```
[root@localhost root]# ./5-16
文件流的偏移量: 10
文件流的偏移量: 1635
文件流的偏移量: 0
```

📖 相关知识介绍

fseek 函数说明如下：

所需头文件	#include<stdio.h>
函数功能	移动文件流的读写位置

续表

所需头文件	#include<stdio.h>
函数原型	int fseek(FILE * stream, long offset, int whence);
函数传入值	参数 stream 为已打开的文件指针 参数 whence 为下列其中一种： ● SEEK_SET 从距文件开头 offset 位移量为新的读写位置 ● SEEK_CUR 以目前的读写位置往后增加 offset 个位移量 ● SEEK_END 将读写位置指向文件尾后再增加 offset 个位移量 当 whence 值为 SEEK_CUR 或 SEEK_END 时，参数 offset 允许为负值
函数返回值	当调用成功时返回 0，若有错误则返回-1
备注	特别的使用方式： （1）将读写位置移动到文件头：fseek(FILE *stream, 0, SEEK_SET); （2）将读写位置移动到文件尾：fseek(FILE *stream, 0, SEEK_END);

ftell 函数说明如下：

所需头文件	#include<stdio.h>
函数功能	取得文件流的读取位置，当用函数 fseek 定位于文件尾时，ftell 测得的是文件大小
函数原型	long ftell(FILE * stream);
函数传入值	文件地址
函数返回值	当调用成功时返回目前的读写位置，若有错误则返回-1
备注	参数 stream 无效或可移动读写位置的文件流

rewind 函数说明如下：

所需头文件	#include<stdio.h>
函数功能	重设文件流的读写位置为文件开头
函数原型	void rewind(FILE * stream);
函数传入值	文件地址
函数返回值	无
备注	参数 stream 为已打开的文件指针

思考：设计一个程序，要求从系统文件"/etc/passwd"中读取偏移量在 100—200 的字符，写入"/tmp/pass"文件。

5.4 特殊文件的操作

Linux 系统中，除了普通文件外，还有几类重要的特殊文件。特殊文件的操作和普通文件操作类似。这节主要介绍对最常用的目录文件和符号链接文件的操作，管道文件的操作将在进程通信中介绍。

5.4.1 目录文件的操作

目录文件是 Linux 中一种比较特殊的文件。它是 Linux 文件系统结构中的骨架，对构成整个树型层次结构的 Linux 文件系统非常重要。

对目录文件的操作可以使用 mkdir 函数、opendir 函数、closedir 函数、readdir 函数和 scandir 函数等函数。

例 5.17 设计一个程序，要求打印系统目录 "**/etc/rc.d**" 下所有的文件和子目录的名字。

☞ **操作步骤**

步骤 1 编辑源程序代码。

```
[root@localhost root]# vi 5-17.c
```

程序代码如下：

```
/*5-17.c 程序：读取系统目录文件 "/etc/rc.d" 中所有的目录结构*/
#include<stdio.h>
#include<sys/types.h>
#include<dirent.h>
#include<unistd.h>
int main()
{
  DIR * dir;
  struct dirent * ptr;
  dir=opendir("/etc/rc.d");
  printf("/etc/rc.d 目录中文件或子目录有:\n");
  while((ptr = readdir(dir))!=NULL)
  {
    printf("%s\n",ptr->d_name);
  }
closedir(dir);
}
```

步骤 2 用 gcc 编译程序。

接着用 gcc 的 "-o" 参数，将 5-17.c 程序编译成可执行文件 5-17。输入如下：

```
[root@localhost root]# gcc 5-17.c -o 5-17
```

步骤 3 运行程序。

编译成功后，运行可执行文件 5-17，在终端中显示如下：

```
[root@localhost root]# ./5-17
```

/etc/rc.d 目录中文件或子目录有：

```
 .
 ..
init.d
rc0.d
rc1.d
rc2.d
rc3.d
rc4.d
rc5.d
rc6.d
rc.local
rc
rc.sysinit
```

📖 相关知识介绍

结构体 DIR 的定义

```
struct __dirstream
  {
    void *__fd;          /*struct hurd_fd' pointer for descriptor.*/
    char *__data;        /*Directory block.*/
    int __entry_data;    /*Entry number `__data' corresponds to.*/
    char *__ptr;         /*Current pointer into the block.*/
    int __entry_ptr;     /*Entry number `__ptr' corresponds to.*/
    size_t __allocation;/*Space allocated for the block.*/
    size_t __size;       /*Total valid data in the block.*/
    __libc_lock_define (, __lock) /*Mutex lock for this structure.*/
  };
typedef struct __dirstream DIR;
```

结构体 dirent 的定义

```
struct dirent
{
  ino_t  d_ino;
  ff_t  d_off;
  signed short int  d_reclen;
  unsigned char  d_type;
  har  d_name[256];
};
```

其中：

d_ino 此目录进入点的 inode 的节点号；

d_off 目录文件开头至此目录进入点的位移；

d_reclen _name 不包含 NULL 字符；

d_type d_name 所指的文件类型；

d_name 文件名。

opendir 函数说明如下：

所需头文件	#include<sys/types.h> #include<dirent.h>
函数功能	打开目录文件
函数原型	DIR * opendir(const char * name);
函数传入值	打开参数 name 指定的目录，并返回 DIR*形态的目录流。和 open( )类似，接下来对目录的读取和搜索都要使用此返回值
函数返回值	成功则返回 DIR* 形态的目录流，打开失败则返回 NULL
备注	

readdir 函数说明如下：

所需头文件	#include<sys/types.h> #include<sys/stat.h> #include<fcntl.h>
函数功能	读取目录文件
函数原型	struct dirent * readdir(DIR * dir);
函数传入值	返回参数 dir 目录流的下个目录进入点
函数返回值	成功则返回下个目录进入点，有错误发生或读取到目录文件尾则返回 NULL
备注	

closedir 函数说明如下：

所需头文件	#include<sys/types.h> #include<dirent.h>
函数功能	关闭目录文件
函数原型	int closedir(DIR *dir);
函数传入值	参数 dir：目录流
函数返回值	关闭成功则返回 0，失败返回–1，错误原因存于 errno 中
备注	参考 readdir

思考：设计一个程序，要求读取"/etc"目录下所有的目录结构，并依字母顺序排列。
#include<dirent.h>
考虑以下语句：
```
scandir("/etc",&namelist,0,alphasort);
```
程序段：
```
while(n--)
{
    printf("%s\n", namelist[n]->d_name);
```

```
        free(namelist[n]);
    }
```

例 5.18　设计一个程序，要求用递归的方法列出某一目录下的全部文件和文件夹的大小及创建日期，包括子文件和子文件夹。

☞ **操作步骤**

步骤 1　编辑源程序代码。

`[root@localhost root]#` **vi 5-18.c**

程序代码如下：

```
#include<stdio.h>
#include<time.h>
#include<linux/types.h>
#include<dirent.h>
#include<sys/stat.h>
#include<unistd.h>
#include<string.h>
char *wday[]={"日","一","二","三","四","五","六"};
void list(char *name,int suojin)
{
    DIR *dirname;
    struct dirent *content;
    struct stat sb;
    struct tm *ctime;
    int i;
    if((dirname=opendir(name))==NULL)
    {
        printf("该目录不存在\n");
        return;
    }
    chdir(name);/*改换工作目录*/
    while((content=readdir(dirname))!=NULL)
    {
     for(i=0;i<suojin;i++)
        putchar('\t');
     if(content->d_type==4)
        printf("目录\t");
     else if(content->d_type==8)
        printf("文件\t");
     else
        printf("其他\t");
     stat(content->d_name,&sb);
     ctime=gmtime(&sb.st_mtime);
 printf("%d年%d月%d日 星期%s %d:%d:%d\t",ctime->tm_year+1900,
 1+ctime->tm_mon,ctime->tm_mday,wday[ctime->tm_wday],ctime->tm_hour,
ctime->tm_min,ctime->tm_sec);
printf("%d\t",sb.st_size);
printf("%s\n",content->d_name);/*列出目录或文件的相关信息*/
if(content->d_type==4&&strcmp(content->d_name,"..")&&strcmp(content->d_name,"."))
```

```
        {
            list(content->d_name,suojin+1);/*如果是目录，则递归列出目录里的内容*/
         }
      }
        closedir(dirname);
        chdir("..");/*当该层目录中的文件列完后，返回父目录*/
}


int main(int argc,char *argv[])
{
  char name[256];
  printf("类型\t 最后修改时间\t\t\t 大小\t 文件名\n");
  printf("*********************************************************\n");
  if(argc==1) {
     printf("Enter directory name:");
     scanf("%s",name);
     list(name,0);
    }
  else
  {
     list(argv[1],0);
    }
}
```

步骤 2 用 gcc 编译程序。

接着用 gcc 的 "-o" 参数，将 5-18.c 程序编译成可执行文件 5-18。输入如下：

`[root@localhost root]#` **gcc 5-18.c -o 5-18**

步骤 3 运行程序。

编译成功后，运行可执行文件 5-18，在终端中显示如下：

`[root@localhost root]#` **./5-18**

5.4.2 链接文件的操作

Linux 操作系统可以通过链接实现文件或目录的共享，链接文件有两种方式：符号链接（软链接）和硬链接。符号链接文件类似于 Windows 操作系统中的 "快捷方式"。

1. 符号链接文件

符号链接文件可以跨越不同文件系统。符号链接可以在目录间建立链接；符号链接指向的文件可以被任何编辑器编辑，只要文件路径名称不变。

符号链接也有缺点，如果链接指向的文件从一个目录移动到另一个目录，就无法通过符号链接访问它。原因是符号链接文件含有源文件在文件结构中的路径信息。建立符号链接文件需要一个索引节点，需要占用空间。

例 5.19 设计一个程序，要求为 "/etc/passwd" 文件建立符号链接 **"5-19link"**，并查看此链接文件和 **"/etc/passwd"** 文件。

☞ **操作步骤**

步骤 1　编辑源程序代码。

`[root@localhost root]# vi 5-19.c`

程序代码如下：

```
/*5-19.c程序：为"/etc/passwd"文件建立符号链接"5-19link"*/
#include<unistd.h>
int main()
{
    symlink("/etc/passwd","5-19link");
    system("ls -l 5-19link ");
    system("ls -l /etc/passwd ");
}
```

步骤 2　用 gcc 编译程序。

接着用 gcc 的"-o"参数，将 5-19.c 程序编译成可执行文件 5-19。输入如下：

`[root@localhost root]# gcc 5-19.c -o 5-19`

步骤 3　运行程序。

编译成功后，运行可执行文件 5-19，在终端中显示如下：

```
[root@localhost root]# ./5-19
lrwxrwxrwx    1 root     root        11  7月 17 23:49 5-19link -> /etc/passwd
-rw-r--r--    2 root     root      1635  3月 15 00:20 /etc/passwd
```

从程序运行结果看，在新创建的"5-19link"文件代表权限的 10 个字符中，第一位是"1"，而且最后显示"-> /etc/passwd"，表明链接目标是"/etc/passwd"文件。可见，确实建立了一个链接文件"5-19link"。

📖 **相关知识介绍**

symlink 函数说明如下：

所需头文件	#include<unistd.h>
函数功能	建立软链接
函数原型	int symlink(const char * oldpath, const char * newpath);
函数传入值	参数 newpath：链接的名称 参数 oldpath：已存在文件路径和文件名
函数返回值	成功则返回 0，失败返回-1，错误原因存于 errno
备注	参数 oldpath 指定的文件一定要存在，如果参数 newpath 指定的名称为一不存在的文件则不会建立链接

思考：设计一个程序，要求为"/bin"目录文件建立软链接"bin"，并查看此链接文件和目录文件"/bin"。

2. 硬链接文件

硬链接是 Linux 系统整合文件系统的传统方式。硬链接也存在一些问题和限制，不允许给目录创建硬链接。

硬链接不可以在不同文件系统的文件间建立链接,但若只是在自己目录下的文件间建立链接关系,以主目录作为最高层目录,或者在同一个文件系统里与另一个用户目录里的文件建立链接关系,不受这个限制。假设"/bin"目录和用户目录属于不同的文件系统,如果您想将在"/bin"目录下的文件和目录里的文件之间建立链接,这种链接是建立不了的。

例 5.20 设计一个程序,要求为"/etc/passwd"文件建立硬链接"5-20link",并查看此链接文件和"/etc/passwd"文件。

☞ 操作步骤

步骤 1 编辑源程序代码。

`[root@localhost root]# vi 5-20.c`

程序代码如下:

```
/*5-20.c 程序: 为"/etc/passwd"文件建立硬链接"5-20link"*/
#include<unistd.h>
int main()
{
  link("/etc/passwd","5-20link");
  system("ls 5-20link -l");
  system("ls /etc/passwd -l");
}
```

步骤 2 用 gcc 编译程序。

接着用 gcc 的"-o"参数,将 5-20.c 程序编译成可执行文件 5-20。输入如下:

`[root@localhost root]# gcc 5-20.c -o 5-20`

步骤 3 运行程序。

编译成功后,运行可执行文件 5-20,在终端中显示如下:

```
[root@localhost root]# ./5-20
-rw-r--r--    2 root      root        1635  3月 15 00:20 5-20link
-rw-r--r--    2 root      root        1635  3月 15 00:20 /etc/passwd
```

从程序运行结果看,在权限的 10 个字符中,第一位是"-",表面上看起来像是建立了一个普通文件,除了文件名,新建立的文件跟原文件显示的属性一模一样,而且第二项是"2",因此,确实建立了一个硬链接文件"5-20link"。

📖 **相关知识介绍**

link 函数说明如下:

所需头文件	#include<unistd.h>
函数功能	建立硬链接
函数原型	int link (const char * oldpath, const char * newpath);
函数传入值	参数 oldpath: 已存在的文件路径和文件名 参数 newpath: 链接的名称
函数返回值	成功则返回 0, 失败返回-1, 错误原因存于 errno
备注	如果参数 newpath 指定的名称为一不存在的文件, 则不会建立链接

思考：设计一个程序，要求为"/bin/ls"文件建立硬链接"ls"，并查看此链接文件和"/bin/ls"文件。

思考与实验

1. 设计一个程序，要求打开文件"pass"，如果没有这个文件，新建此文件，权限设置为只有所有者有只读权限。

2. 设计一个程序，要求新建一个文件"hello"，利用 write 函数将"Linux 下 C 软件设计"字符串写入该文件。

3. 设计一个程序，要求利用 read 函数读取系统文件"/etc/passwd"，并在终端中显示输出。

4. 设计一个程序，要求打开文件"pass"，如果没有这个文件，新建此文件，再读取系统文件"/etc/passwd"，把文件中的内容都写入"pass"文件。

5. 设计一个程序，要求将 10 分别以十进制、八进制和十六进制输出。

6. 设计一个程序，要求新建一个目录，预设权限为 ---x--x--x。

7. 设计一个程序，要求为"/bin/ls"文件建立一个软链接"ls1"和一个硬链接"ls2"，并查看两个链接文件和"/bin/ls"文件。

8. 调试下列程序，程序基本具备 linux 中的 ls -l 功能。要求格式必须与系统的命令 ls 一致，即-rw-r--r-- 1 root root 2915 08-03 06:16 a。

```
#include <sys/types.h>
#include <sys/stat.h>
#include <unistd.h>
#include <stdio.h>
#include <stdlib.h>
#include <string.h>
#include<pwd.h>
#include<grp.h>
#include<time.h>
void mode_to_letter(int  mode,char *str)    /*转换文件权限显示信息*/
{

    str[0]='-';    /*缺省为'-'*/

    if(S_ISDIR(mode)) str[0]='d';/*判断 链接文件*/
    if(S_ISCHR(mode)) str[0]='c';/*判断 字符设备文件*/
    if(S_ISBLK(mode)) str[0]='b';/*判断 设备文件*/

    if(mode & S_IRUSR) str[1]='r';/*开始权限信息转换用户*/
    else str[1]='-';
    if(mode & S_IWUSR) str[2]='w';
    else str[2]='-';
    if(mode & S_IXUSR) str[3]='x';
    else str[3]='-';
```

```
    if(mode & S_IRGRP) str[4]='r';/*开始权限信息转换群组*/
    else str[4]='-';
    if(mode & S_IWGRP) str[5]='w';
    else str[5]='-';
    if(mode & S_IXGRP) str[6]='x';
    else str[6]='-';

    if(mode & S_IROTH) str[7]='r';/*开始权限信息转换其他*/
    else str[7]='-';
    if(mode & S_IWOTH) str[8]='w';
    else str[8]='-';
    if(mode & S_IXOTH) str[9]='x';
    else str[9]='-';

    str[10]='\0';
}

int main(int argc,char *argv[])
{
    struct stat fst;/*定义结构体 stat*/
    struct tm *mytime=(struct tm *)malloc(sizeof(struct tm));
    char str[12];
    if(argc!=2){
        fprintf(stderr,"Usage: %s <pathname>\n",argv[0]);
        exit(EXIT_FAILURE);
    }

    if(stat(argv[1],&fst)==-1){/*判断是否正确读取*/
        perror("stat");
        exit(EXIT_FAILURE);
    }

    mode_to_letter(fst.st_mode,str);  /*开始文件权限模式信息修改*/
    printf("%s",str);    /*输出文件类型与权限信息*/
    printf(" %d",fst.st_nlink);    /*输出文件的硬链接数*/
    printf(" %s",getpwuid(fst.st_uid)->pw_name);  /*输出所属用户名*/
    printf(" %s",getgrgid(fst.st_gid)->gr_name);  /*输出用户所在群组*/
    printf(" %ld",fst.st_size);                  /*输出文件大小*/
    mytime=localtime(&fst.st_mtime);             /*获取文件修改时间 */
    printf(" %d-%02d-%02d %02d:%02d ",mytime->tm_year+1900,mytime->tm_mon+1,
mytime->tm_mday,mytime->tm_hour,mytime->tm_min);
                                                /*按照一定格式输出文件修改时间*/
    printf(" %s",argv[1]);                       /*输出文件名*/
    printf("\n");                               /*回车*/
    return 0;
}
```

9. 调试下列程序，程序模拟一个图书馆的订位系统。利用文件上锁的功能，当一位同学订位时，这个座位被该同学锁定，直到该同学离开其他同学才能订位。

```
#include <stdio.h>
```

```
#include <stdlib.h>
#include <unistd.h>
#include <sys/file.h>
#include <sys/types.h>
#include <sys/stat.h>
#include <string.h>

void LockSet(int fd, int type);

int main (void)
{

char seat[3];
int fd;
int time=0;
int flag=0;

while(1)
{
printf("------------欢迎使用图书馆订位系统-------------\n");
printf("              1---预约座位\n");
printf("              2---解约座位\n");
printf("              3---退出系统\n");
scanf("%d", &flag);

switch (flag)
{
case 1:
    printf("请输入您想要订的座位号：（0~100)和订位的时间（单位，小时）\n");
    scanf("%s%d", seat, &time);

    fd = open(seat, O_RDWR|O_CREAT, 0777);
    if(fd<0)
    {
        perror("打开错误!\n");
        exit(1);
    }

    LockSet(fd, F_WRLCK);
    break;
case 2:
    printf("请输入您想要退订的座位号：（0~100）\n");
    scanf("%s", seat);

    fd = open(seat, O_RDWR|O_CREAT, 0777);
    if (fd < 0)
    {
        perror("打开错误!\n");
        exit(1);
    }
```

```
        LockSet(fd, F_UNLCK);
        break;
case 3:
        return 0;
        break;
default:
        printf("请输入正确的操作号！\n");
        break;
    }
    }
    }
void LockSet(int fd, int type)
{
struct flock lock;
lock.l_whence = SEEK_SET;
lock.l_start = 0;
lock.l_len =0;

while(1)
{
    lock.l_type = type;

    if( (fcntl(fd, F_SETLK, &lock))==0)
    {
        if( lock.l_type == F_WRLCK )
            printf("\n订位成功！\n离开时请退订座位!\n");
        else if( lock.l_type == F_UNLCK )
            printf("\n退订成功！\n");
        return;
    }
    fcntl(fd, F_GETLK, &lock);
    if(lock.l_type != F_UNLCK)
    {
        if( lock.l_type == F_WRLCK )
            printf("\n该座位已经被其他同学预订！\n");
            return;
        }
    }
}
```

第 **6** 章

进程控制

本章重点

1. 进程的基本概念及进程的结构。
2. Linux 环境下进程的相关函数的应用。
3. 守护进程的概念、启动和建立。
4. 进程操作程序的编写。

本章导读

进程是计算机系统最重要的概念之一。本章让读者初步认识进程的基本概念及进程的结构，掌握进程创建函数 fork 的应用以及进程的控制，理解僵尸进程产生的原因，掌握进程操作程序设计，掌握操作系统守护进程的特性和编程要点。

6.1 进程简介

进程是正在执行中的程序。当在终端执行命令时，Linux 就会建立一个进程，而当程序执行完成时，这个进程就被终止了。Linux 是一个多任务操作系统，允许多个用户使用计算机系统，多个进程并发运行。

Linux 环境下启动进程有两种主要途径：手工启动和调度启动。

1.手工启动

手工启动又可分为前台启动和后台启动。

前台启动：是手工启动一个进程最常用的方式。一般地，当用户输入一个命令，如"gedit"时，就已经启动了一个进程，并且是一个前台进程。

后台启动：在后台启动进程的方法是用户在终端输入一个命令时同时在命令末尾加上一个"&"符号。比如用户要启动一个需要长时间运行的文本编辑器，可输入命令"gedit &"，表示这个进程在后台运行。在终端中显示如"［1］ 4513"的字样，表示在后台运行的进程数及进程号。有进程在后台运行，终端中仍可以运行其他进程。

2.调度启动

有时，系统需要进行一些比较费时而且占用资源的维护工作，并且这些工作适合在深夜无人值守的时候进行，这时用户就可以事先进行调度安排，指定任务运行的时间或者场合，到时候系统就会自动完成一切工作。例如，输入"at 17:30 8/8/2011"，即可指定在2011 年 8 月 8 日下午 5:30 执行某命令。例如：

[root@localhost root]# **at 17:30 8/8/2011**

warning: commands will be executed using (in order) a) $SHELL b) login Shell c)

/bin/sh

at> service httpd start

at> ls -l kk

at> <EOT>

job 2 at 2011-08-08 17:30

在输入调度命令结束时，按下组合键<Ctrl>+D 退出 at 编辑状态，到了进程的调度时间计算机自动启动以上两个进程。

注意： at 命令用于在未来的某一个特定时刻进行一项任务，比如定时关机。格式一般有两种：

（1）绝对时刻，如 at 12:46 9/7/2013。

（2）相对时刻，如 at now +5 min 或 at now +5 hours。

但是由 at 执行的命令一般并不会在终端回显，如执行 ls –l 后，其实执行的任务并没有在终端显示，但如果将其重定向至文件便可以查看了。当然，at 还有许多的参数可供使用。如比较实用的-m 参数，可将不回显的内容以邮件的形式发送给当前用户。

进程操作包括终止进程、改变优先级、查看进程属性等，Linux 中常见的进程操作的系统命令如表 6.1 所示。

表 **6.1　Linux** 环境下常见的进程操作命令

命　令	作　用
ps	查看系统中的进程
top	动态显示系统中的进程
nice	按用户指定的优先级运行
renice	改变正在运行进程的优先级
kill	终止进程（包括后台进程）
crontab	用于安装、删除或者列出用于驱动 cron 后台进程的任务
bg	将挂起的进程放到后台执行
fg	把后台进程转到前台执行

6.2　Linux 进程控制

在 Linux 环境下创建进程时，系统会分配一个唯一的数值给每个进程，这个数值就称为进程标识符。

在 Linux 中进程标识符有进程号（PID）和它的父进程号（PPID）。其中，PID 唯一地标识一个进程。PID 和 PPID 都是非零的正整数。在 Linux 中获得当前进程的 PID 和 PPID 的系统调用为 getpid 和 getppid 函数。

例 6.1　设计一个程序，要求显示 **Linux** 系统分配给此程序的进程号和它的父进程号。

分析　在 Linux 程序设计中要获取当前进程的进程号和它的父进程号，需分别调用函数 getpid 和 getppid 函数。

👉 操作步骤

步骤 1　编辑源程序代码，输入如下：

`[root@localhost root]# vi 6-1.c`

程序代码如下：

```
/*6-1.c程序：显示Linux系统分配的进程号（PID）和它的父进程号（PPID）*/
#include<stdio.h>
#include<unistd.h>
int main ()                          /*C程序的主函数，开始入口*/
{
    printf("系统分配的进程号(PID)是：%d\n",getpid());    /*输出显示进程号*/
    printf("系统分配的父进程号(PPID)是：%d\n",getppid());/*输出显示父进程号*/
    return 0;
}
```

步骤 2　用 gcc 编译程序。

接着用 gcc 的"-o"选项，将 6-1.c 程序编译成可执行文件 6-1。输入如下：

`[root@localhost root]# gcc 6-1.c -o 6-1`

步骤 3 运行程序。

编译成功后，运行可执行文件 6-1，系统会出现运行结果，显示 Linux 系统分配的进程号（PID）和它的父进程号（PPID），终端中的显示如下：

`[root@localhost root]# ./6-1`

系统分配的进程号(PID)是：4601

系统分配的父进程号(PPID)是：4556

`[root@localhost root]# ./6-1`

系统分配的进程号(PID)是：4602

系统分配的父进程号(PPID)是：4556

多次运行例 6.1 的程序，从程序运行结果可以看出，每一次运行的结果的 PID 值都是不一样的，PID 唯一地标识一个进程。实际应用中可利用系统分配的 PID 值来建立各自的临时文件，以避免临时文件相同带来的问题。

思考：

（1）程序 6-1 运行将产生一个进程，程序 6-1 进程与 getppid()读取的进程有什么关系？

（2）请修改程序，看看程序中是否同时能查找程序 6-1 运行时的进程号？

提示：`ps -ef | grep 6-1`

📖 相关知识介绍

getpid 函数说明如下：

所需头文件	#include<unistd.h>
函数功能	取得当前进程的进程号
函数原型	pid_t getpid(void);
函数传入值	无
函数返回值	执行成功则返回当前进程的进程标识符
备注	

getppid 函数说明如下：

所需头文件	#include<unistd.h>
函数功能	取得当前进程的父进程号
函数原型	pid_t getppid(void);
函数传入值	无
函数返回值	执行成功则返回当前进程的父进程标识符
备注	

6.2.1　进程的相关函数

Linux 环境下与进程相关的主要函数如表 6.2 所示。其中，getpid 和 getppid 函数在前面实例中已经有所涉及。

表 6.2　Linux C 与进程相关的主要函数

函数名	功　　能
getpid	取得当前进程的进程号
getppid	取得当前进程的父进程号
exec 函数族	在进程中启动另一个程序执行
system	在进程中开始另一个进程
fork	从已存在进程中复制一个新进程
sleep	让进程暂停运行一段时间
exit	用来终止进程
_exit	用来终止进程
wait	暂停父进程，等待子进程运行完成
waitpid	暂停父进程，等待子进程运行完成

下面还是以实例来认识一下进程操作编程中常用的几个函数的基本用法。读者实际开发时，如果要更深入灵活地使用这些函数，不妨结合相应的头文件知识看看。

6.2.2　进程创建

Linux 进程通过系统调用 fork 创建另外一个进程，这两个进程继续执行 fork 语句后的代码。执行创建的进程称为父进程，被创建的进程称为子进程。

为了执行一个程序，需要一种机制使子进程成为要执行的命令。Linux 系统调用 exec 来完成这项工作，使进程可以用另外一个程序的可执行代码来覆盖自身。

1. fork 函数

进程调用fork函数创建一个新进程，由fork创建的新进程被称为子进程（child process）。该函数被调用一次，但返回两次，两次返回值的区别是子进程的返回值是0，而父进程的返回值则是新子进程的PID。

子进程和父进程继续执行fork之后的指令。子进程是父进程的复制品，与父进程共享相同的数据结构。例如，子进程获得父进程数据空间、堆和栈的复制品。注意，这是子进程所拥有的拷贝，父、子进程并不共享这些存储空间部分，通常父、子进程共享代码段。

例 6.2　设计一个程序，用 **fork** 函数创建一个子进程，在子进程中给变量 n 赋值 3，在父进程中给变量 n 赋值 6。**fork** 调用之后父进程和子进程的变量 **message** 和 n 被赋予不同的值，互不影响。请阅读程序，思考父、子进程中 n 的值并分析程序运行的结果。

👉 操作步骤

步骤 1 设计编辑源程序代码。

在 vi 中编辑源程序，输入如下：

`[root@localhost root]#` **vi 6-2.c**

程序代码如下：

```
/*6-2.c程序：用fork函数创建一个子进程，在父、子进程中分别给变量n赋值*/
#include <sys/types.h>
#include <unistd.h>
#include <stdio.h>
#include <stdlib.h>
int main(void)
{
    pid_t pid;
    char *message;
    int n;
    pid = fork();
    if (pid < 0) {              /*进程创建失败*/
        perror("fork failed");
        exit(1);
    }
    if (pid == 0) {             /*执行子进程*/
        message = "This is the child\n";
        n = 3;
    }
    else {                      /*执行父进程*/
        message = "This is the parent\n";
        n = 6;
    }
    for(; n > 0; n--) {
        printf(message);
        sleep(1);
    }
    return 0;
}
```

步骤 2 用 gcc 编译程序。

接着用 gcc 的 "-o" 选项，将 6-2.c 程序编译成可执行文件 6-2。输入如下：

`[root@localhost root]#` **gcc 6-2.c -o 6-2**

步骤 3 运行程序。

编译成功后，运行可执行文件 6-2，此时系统会出现如下运行结果。

`[root@localhost root]#` **./6-2**
```
This is the child
This is the parent
This is the parent
This is the child
This is the parent
This is the child
This is the parent
This is the parent
This is the parent
```

　　这个程序是在 Shell 下运行的，因此 Shell 进程是父进程的父进程。父进程运行时，Shell 进程处于等待状态，父进程每打印一条消息就睡眠 1 秒，这时内核调度别的进程执行，在 1 秒这么长的间隙里（对于计算机运算时间来说 1 秒很长了），子进程很有可能被调度到。同样原理，子进程也每打印一条消息就睡眠 1 秒，在这 1 秒期间父进程也很有可能被调度到。所以程序运行的结果基本上是父、子进程交替打印。当然这也不是绝对的，也取决于系统中其他进程的运行情况和内核的调度算法，如果系统中其他进程非常繁忙则有可能显示不同的结果。

思考：

（1）在子进程中给变量 n 赋值 6，父进程中给变量 n 赋值 3，请分析程序运行的结果。提示：当父进程终止时，Shell 进程认为命令执行结束了，于是打印 Shell 提示符。而事实上这时子进程还没结束，所以子进程的消息被打印到了 Shell 提示符后面。最后光标停在 This is the child 的下一行，这时用户仍然可以输入命令，即使命令不是紧跟在提示符后面，Shell 也能正确读取。

（2）本例中父、子进程有相同的数据结构，但存放在不同的内容空间，例如 n 是两个不同的变量，如何证明？

（3）读者也可以把程序中的 sleep(1); 去掉，查看程序的运行结果如何改变。

（4）有如下程序代码：

```
int main()
{
    for(;;)
        fork();
    return 0;
}
```

这个程序的功能就是循环地用 fork 创建子进程，其结果是程序不断产生子进程，而这些子进程又不断产生新的子进程，系统的进程很快就满了，被这些不断产生的进程"撑死了"。这个恶意的程序能完成它的企图吗？

📖 相关知识介绍

　　sleep 函数说明如下：

所需头文件	#include<unistd.h>
函数功能	让进程暂停执行一段时间
函数原型	unsigned int sleep(unsigned int seconds);
函数传入值	Seconds：暂停时间，单位为秒
函数返回值	执行成功则返回 0，失败则返回剩余秒数
备注	sleep( )会令目前的进程暂停（进入睡眠状态），直到达到参数 seconds 所指定的时间，或是被信号所中断

fork 函数说明如下：

所需头文件	#include<unistd.h>
函数功能	建立一个新的进程
函数原型	pid_t fork(void);
函数传入值	无
函数返回值	执行成功则在子进程中返回 0，在父进程会返回新建立子进程的进程号（PID）；失败则返回-1，失败原因存于 errno 中
备注	Linux 使用 copy-on-write(COW)技术，只有当其中一进程试图修改欲复制的空间时，才会做真正的复制动作，由于这些继承的信息是复制而来，并非指相同的内存空间，因此子进程对这些变量的修改和父进程并不会同步

思考：具体是父进程还是子进程被调用完全依赖于内核的算法，请对下列小程序进行验证。另有 vfork 函数可保证子进程一定优先于父进程开始执行。

```
#include <unistd.h>
#include <stdio.h>
#include <time.h>
#include <sys/time.h>

int main (void)
{
  pid_t pid;
  struct timeval tv1, tv2;
  struct timezone tz;
  pid = fork();

  if (pid < 0)
   {
      perror("fork failed!");
      exit(1);
   }
  if (pid == 0)
   {
      gettimeofday(&tv1, &tz);
      printf("这是子进程开始了！");
      printf("子进程开始的时间：tv1_sec %ld  tv1_usec %ld\n", tv1.tv_sec,
      tv1.tv_usec);
   }
     else
      {
      gettimeofday(&tv2, &tz);
      printf("这是父进程开始了！");
      printf("父进程开始的时间：tv2_sec %ld  tv2_usec %ld\n", tv2.tv_sec,
      tv2.tv_usec);
   }
  eturn 0;
}
```

2. exec 函数族

在系统中创建一个进程的目的是需要该进程完成一定的任务，如需要该进程执行它的程序代码。在 Linux 系统中，使程序执行的唯一方法是使用系统调用 exec。

系统调用 exec 有多种使用形式，称为 exec 族，它们只是在参数上不同，而功能是相同的。

在 exec 族中有 6 个函数可用来建立子进程，它们是 execl、execv、execle、execve、execlp、execvp、函数中最后一个字符 l、v、e、p 表示函数中的参数分别用列表传递方式（l）、字符指针数组传递方式（v）、可指定环境变量（e）或及路径自动搜索功能（p）。

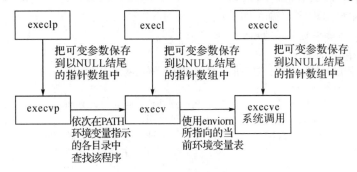

图 6.1　exec 函数族

表 6.3 中列举了 exec 函数族的六个成员函数的语法。

表 6.3　exec 函数族的六个成员函数的语法

所需头文件	#include<unistd.h>
函数原型	int execl(const char *path,const char *arg,….)
	int execv(const char *path,char　const *argv[ ])
	int execle (const char *path,const char *arg,….,char *const envp[ ])
	int execve(const char *path,char *const argv[ ] ,char *const envp[ ])
	int execlp(const char *file,const char *arg,…)
	int execvp(const char *file,,char *const argv[ ])
函数返回值	−1：出错

事实上，这六个函数中真正的系统调用函数只有 execve，其他五个都是库函数，它们最终都会调用 execve 这个系统调用函数。

Exec 函数族调用举例如下：

```
char *const ps_argv[] ={"ps", "-o", "pid,ppid,pgrp, session,tpgid, comm", NULL};
char *const ps_envp[] ={"PATH=/bin:/usr/bin", "TERM=console", NULL};
execl("/bin/ps", "ps", "-o", "pid,ppid,pgrp,session,tpgid,comm", NULL);
execv("/bin/ps", ps_argv);
execle("/bin/ps", "ps", "-o", "pid,ppid,pgrp,session,tpgid,comm", NULL,
    ps_envp);
execve("/bin/ps", ps_argv, ps_envp);
```

```
execlp("ps", "ps", "-o", "pid,ppid,pgrp,session,tpgid,comm", NULL);
execvp("ps", ps_argv);
```

例 **6.3**　excel 函数应用举例。设计一个程序，用 **fork** 函数创建一个子进程，在子进程中要求显示子进程号与父进程号，然后显示当前目录下的文件信息，在父进程中同样要求显示子进程号与父进程号。

☞ 操作步骤

　　步骤 1　设计编辑源程序代码。

　　在 vi 中编辑源程序，输入如下：

[root@localhost root]# **vi 6-3.c**

程序代码如下：

```
/*6-3.c 程序: 显示当前目录下的文件信息, 并测试网络连通状况*/
#include<stdio.h>
#include<stdlib.h>              /*文件预处理, 包含 system, exit 等函数库*/
#include<unistd.h>             /*文件预处理, 包含 fork, getpid, getppid 函数库*/
#include<sys/types.h>         /*文件预处理, 包含 fork 函数库*/
int main ()                          /*C 程序的主函数, 开始入口*/
{
    pid_t result;
    result=fork();                  /*调用 fork 函数, 返回值存在变量 result 中*/
    int newret;
    if(result==-1)   /*通过 result 的值来判断 fork 函数的返回情况, 这里先进行出错处理*/
    {
        perror("创建子进程失败");
        exit(0);
    }
    else if (result==0)              /*返回值为 0 代表子进程*/
    {
        printf("返回值是:%d,说明这是子进程!\n此进程的进程号(PID)是:%d\n此进程的父
                进程号(PPID)是:%d\n",result,getpid(),getppid());
        execl("/bin/ls","ls","-l",0);/*调用 ls 程序, 显示当前目录下的文件信息*/
    }
    else                            /*返回值大于 0 代表父进程*/
    {
        sleep(10);
        printf("返回值是:%d,说明这是父进程!\n此进程的进程号(PID)是:%d\n此进程的父
                进程号(PPID)是:%d\n",result,getpid(),getppid());
    }
}
```

　　步骤 2　用 gcc 编译程序。

　　接着用 gcc 的 "-o" 选项，将 6-3.c 程序编译成可执行文件 6-3。输入如下：

[root@localhost root]# **gcc 6-3.c -o 6-3**

　　步骤 3　运行程序。

　　编译成功后，运行可执行文件 6-3，此时系统会出现运行结果，根据 result 的值，先显示 Linux 系统分配给子进程的进程号（PID）和父进程号（PPID）。接着运行 ls 程序，显

示当前目录下的文件信息。再等待 10 秒后,显示父进程的进程号(PID)和父进程号(PPID),
如下所示:

```
[root@localhost root]# ./6-3
返回值是:0,说明这是子进程!
此进程的进程号(PID)是:4873
此进程的父进程号(PPID)是:4872
总用量 76
-rwxr-xr-x    1 root    root        11865  7月 17 15:54 6-1
-rw-r--r--    1 root    root          445  7月 17 15:54 6-1.c
-rw-r--r--    1 root    root          517  7月 17 16:04 6-2.c
-rw-r--r--    1 root    root          427  7月 17 16:14 6-3.c
-rwxr-xr-x    1 root    root        12478  7月 17 16:27 6-4
返回值是:4873,说明这是父进程!
此进程的进程号(PID)是:4872
此进程的父进程号(PPID)是:4739
```

在本题中使用 fork 函数创建了一个子进程,子进程的返回值是 0,父进程的返回值是子
进程的进程号(PID),这台机器上显示的是 4873。而子进程的父进程号(PPID)和父进程
的进程号(PID)相同,这台机器上显示的是 4872。可见,子进程是由父进程派生出来的。

观察下列程序的运行结果:

```
#include <unistd.h>
#include <stdlib.h>
int main(void)
{
  execlp("ps", "ps", "-o", "pid,ppid,pgrp,session,tpgid,comm", NULL);
  perror("exec ps");
  exit(1);
}
```

思考:

(1)execv 函数的应用,要在程序中执行命令 ps -ef,命令 ps 在"/bin"目录下。在这一
函数中,参数 v 表示参数传递(含命令)为构造指针数组方式。

    char *arg[]={"ps","-ef",NULL};
函数的使用为
    execv("/bin/ps",arg);
参考程序:
    #include<stdio.h>
    #include<unistd.h>   /*文件预处理,包含 getpid,execv,getppid 函数库*/
    int main ()
    {
        char *arg[]={"ps","-ef",NULL};

```
        execv("/bin/ps",arg);
        return 1;
}
```

（2） exec1p 函数的应用，要在程序中执行命令 ps-ef，命令 ps 在"/bin"目录下。在这一函数中，参数 1 表示命令或参数逐个列举，参数 p 为文件查找方式（不需要给出路径），因而此函数的调用形式为

```
        execlp("ps","ps","-ef",NULL);
```

请编写一程序进行调试。

（3）exec1 函数的应用，要在程序中执行命令 ps-ef，命令 ps 在"/bin"目录下。在这一函数中，参数 1 表示命令或参数逐个列举，文件需给定路径，因而此函数的调用形式为

```
        execl("/bin/ps","ps","-ef",NULL);
```

请编写一程序进行调试。

（4）exec1e 函数的应用。

```
        execle("/bin/login", "login", "-p", username, NULL, envp);
```

上述语句运行时，login 程序提示用户输入密码（输入密码期间关闭终端的回显），然后验证账户密码的正确性。如果密码不正确，login 进程终止，init 会重新 fork/exec 一个 getty 进程。如果密码正确，login 程序会设置一些环境变量，并设置当前工作目录为该用户的主目录。

（5）设计一个程序，在子进程中调用函数 exec1（"/bin/ps"，"ps"，"-ef"，NULL），而在父进程中调用函数 execle（"/bin/env"，"env"，NULL,envp），其中定义：

```
        char *envp[]= {"PATH= /tmp"，"USER=liu"，NULL};
```

请编写并进行调试。

6.2.3　进程终止

有以下五种方式可以终止进程：
1. 正常终止
（1）在 main 函数内执行 return 语句，等效于调用 exit 函数。
（2）调用 exit 函数。此函数由 ANSI C 定义，其操作包括调用各终止处理程序，然后关闭所有标准 I/O 流等。
（3）调用_exit 系统调用函数，此函数由 exit 函数调用。
2. 异常终止
（1）调用 abort。
（2）由一个信号终止。
下面介绍 exit 函数和_exit 函数。
例 6.4　设计一个程序，要求子进程和父进程都在显示输出一些文字后分别用 **exit** 和

_exit 函数终止进程。

☞ 操作步骤

　　步骤 1　设计编辑源程序代码。

[root@localhost root]# **vi　6-4.c**

程序代码如下：

```
/*6-4.c程序：用 exit 和_exit 函数终止进程的区别*/
#include<stdio.h>              /*文件预处理，包含标准输入输出库*/
#include<stdlib.h>             /*文件预处理，包含 exit 函数库*/
#include<unistd.h>             /*文件预处理，包含 fork，exit 函数库*/
#include<sys/types.h>          /*文件预处理，提供 pid_t 的定义*/
int main ()                    /*C 程序的主函数，开始入口*/
{
    pid_t result;
    result=fork();             /*调用 fork 函数，返回值存在变量 result 中*/
    if(result==-1) /*通过 result 的值来判断 fork 函数的返回情况，这里先进行出错处理*/
    {
        perror("创建子进程失败");
        exit(0);
    }

    else if (result==0)        /*返回值为 0 代表子进程*/
    {
        printf("测试终止进程的_exit 函数!\n");
        printf("目前为子进程，这一行我们用缓存!");
        _exit(0);
    }
    else                       /*返回值大于 0 代表父进程*/
    {
        printf("测试终止进程的 exit 函数!\n");
        printf("目前为父进程，这一行我们用缓存!");
        exit(0);
    }
}
```

　　步骤 2　用 gcc 编译程序。

　　接着用 gcc 的 "-o" 选项，将 6-4.c 程序编译成可执行文件 6-4。输入如下：

[root@localhost root]# **gcc　6-4.c　-o　6-4**

　　步骤 3　运行程序。

　　编译成功后，运行可执行文件 6-4，此时系统实际的运行结果显示：exit 函数前的文字只输出了两句；_exit 函数前的文字只输出了一句，而有一句没按要求输出。如下所示：

```
[root@localhost root]# ./6-4
测试终止进程的_exit 函数!
测试终止进程的 exit 函数!
目前为父进程，这一行我们用缓存!
[root@localhost root]#
```

　　由于 printf 函数使用的是缓冲 I/O 方式，在遇到换行符 "\n" 时，自动从缓冲区将记录读出。从例 6.4 中可以看出，调用 exit 函数时，缓冲区中的记录能正常输出；而调用_exit 函数时，缓冲区中的记录无法输出。

_exit 函数的作用是直接使进程停止运行，清除其使用的内存空间，并清除其在内核中的各种数据结构；exit 函数则在执行退出之前加了若干道工序，它在调用 exit 系统之前要查看文件的打开情况，把文件缓冲区中的内容写回文件。exit 和_exit 函数的区别如图 6.2 所示。

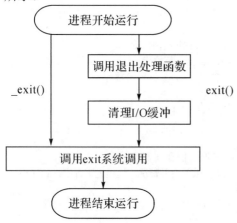

在 Linux 的标准函数库中，有一种被称作"缓冲 I/O"的操作，就是对应每一个打开的文件，在内存中都有一片缓冲区，每次读、写文件时，都是在缓冲区里读取、写入的。每次写入文件时，等满足了一定条件再将缓冲区中的内容一次性写入文件，这种技术大大增加了文件读写的速度。但是，有时没有满足选定的条件，数据还只是保存在缓冲区内，这时用_exit 函数直接将进程关闭，缓冲区中的数据就会丢失。因此，若想保证数据的完整性，就一定要使用 exit 函数终止进程。

图 6.2　exit 函数和_exit 函数的区别

📖 **相关知识介绍**

exit 函数说明如下：

所需头文件	#include<stdlib.h>
函数功能	正常终止进程
函数原型	void exit(int status);
函数传入值	整数 status
函数返回值	无
备注	exit( )用来正常终止目前进程的执行，并把参数 status 返回给父进程，而进程中所有的缓冲区数据会自动写回并关闭未关闭的文件

_exit 函数说明如下：

所需头文件	#include<unistd.h>
函数功能	立刻终止进程
函数原型	void　_exit(int status);
函数传入值	整数 status
函数返回值	无
备注	_exit( )用来立刻终止目前进程的执行，并把参数 status 返回给父进程，并关闭未关闭的文件，但它不会处理标准 I/O 缓冲区

6.2.4　僵尸进程

一个已经终止运行但其父进程尚未对其进行善后处理（获取终止子进程的有关信息、释放它仍占用的资源）的进程，被称为僵尸进程（zombie）。Linux的ps命令将僵尸进程的状态显示为 Z。

　　使用 fork 函数创建子进程时，由于子进程有可能比父进程晚终止，即父进程终止后，子进程还没终止。此时子进程就会进入一种无父进程的状态，它就成了僵尸进程。为避免这种情况，可以在父进程中调用 wait 或 waitpid 函数，使子进程比父进程早终止，而让父进程有机会了解子进程终止时的状态，并自动清除僵尸进程。

　　wait 函数用于使父进程阻塞，直到一个子进程终止或者该进程接到了一个指定的信号为止。如果该父进程没有子进程或者它的子进程已经终止，则 wait 函数就会立即返回。

　　Waitpid 函数的作用和 wait 函数一样，但它并不一定要等待第一个子进程终止，它还有若干选项，也能支持作业控制。实际上 wait 函数只是 waitpid 函数的一个特例，在 Linux 内部实现 wait 函数时直接调用的就是 waitpid 函数。

　　例 6.5　**僵尸进程产生。**

```
#include <sys/types.h>
#include <sys/wait.h>
#include <unistd.h>
#include <stdlib.h>
int main ()
{
    pid_t pc,pr;
    pc = fork();
    if (pc < 0)
      printf("error ocurred!\n");
    else
      if(pc == 0)
      {
            printf("This is child process with pid of %d\n",getpid());
      }
      else{
            sleep(20);
            printf("This is partent with pid of %d\n",getpid());
      }
    exit(0);
}
```

　　步骤 2　用 gcc 编译程序。

　　接着用 gcc 的"-o"选项，将 6-5.c 程序编译成可执行文件 6-5。输入如下：

```
[root@localhost root]# gcc 6-5.c -o 6-5
```

　　步骤 3　运行程序。

　　编译成功后，运行可执行文件 6-5。程序运行后，显示子进程的进程号（PID），然后等待父进程中的输出。在父进程结束前在另一个终端执行命令：

```
[root@localhost root]# ps 子进程号
```

　　例如：

```
[root@localhost root]# ./6-5
This is child process with pid of 2594
This is partent with pid of 2593
```

　　程序执行后显示子进程的进程号 2594，在父进程输出"This is partent with pid of 2593"前，在另一终端输入命令：

```
ps 2594
```
如：
```
[root@localhost root]# ps 2594
  PID TTY     STAT   TIME COMMAND
 2594 pts/2    Z     0:00 [6-5 <defunct>]
```

ps 命令显示 2594 进程的属性，其状态（STAT）为"Z"，为僵尸进程状态。如果在"sleep(20);"前添加语句"wait(NULL);"，结果表明消除了僵尸进程。

如果 6-5 进程退出而没有调用 wait 会出现什么情况？僵尸进程会停留在系统中吗？答案是不会。我们试着再次运行 ps，会发现两个 6-5 进程都消失了。当一个程序退出，它的子进程被一个特殊进程继承，这就是 init 进程，它是 Linux 启动后运行的第一个进程。init 进程会自动清理所有它继承的僵尸进程。

例 6.6 通常在父进程中调用 **wait** 函数等待子进程，父进程直到接收到子进程结束的信号后，父进程结束等待。请设计一个程序，要求创建一个子进程，子进程显示自己的进程号（**PID**）后暂停一段时间；父进程等待子进程正常结束，打印显示等待的进程号（**PID**）和等待的进程退出状态。

分析 先用 fork 函数创建子进程，若在子进程中返回值为 0，子进程用 getpid 函数显示自己的进程号（PID），用 sleep 函数暂停 5 秒；若父进程中返回值大于 0，父进程用 wait 函数等待子进程正常终止，避免子进程变成僵尸进程，父进程打印等待的进程的进程号（PID）和它的终止状态。

流程图如图 6.3 所示。

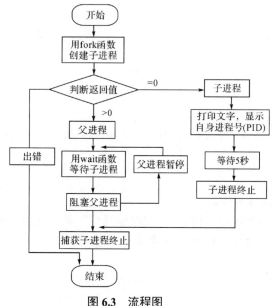

图 6.3　流程图

✒ **操作步骤**

步骤 1 编辑源程序代码。
```
[root@localhost root]# vi  6-6.c
```
程序代码如下：
```
/*6-6.c程序：避免子进程成为僵尸进程*/
#include<stdio.h>
```

```
#include<stdlib.h>              /*文件预处理，包含 exit 函数库*/
#include<unistd.h>              /*文件预处理，包含 fork 函数库*/
#include<sys/types.h>           /*文件预处理，包含 fork，wait，waitpid 函数库*/
#include<sys/wait.h>            /*文件预处理，包含 wait，waitpid 函数库*/
int main ()                     /*C 程序的主函数，开始入口*/
{
    pid_t pid,wpid;
    int status,i;
    pid=fork();                 /*调用 fork 创建新进程，返回值存在变量 pid 中*/
    if(pid==0)
    {
        printf("这是子进程,进程号(PID)是:%d\n",getpid());
        sleep(5);               /*子进程等待 5 秒*/
        exit(6);
    }
    else
    {
        printf("这是父进程,正在等待子进程……\n");
        wpid=wait(&status);         /*父进程调用 wait 函数，消除僵尸进程*/
        i=WEXITSTATUS(status);   /*通过整形指针 status,取得子进程退出时的状态*/
        printf("等待的进程的进程号(PID)是:%d ,结束状态:%d\n",wpid,i);
    }
}
```

步骤 2　用 gcc 编译程序。

接着用 gcc 的 "-o" 选项，将 6-6.c 程序编译成可执行文件 6-6。输入如下：

`[root@localhost root]#` **gcc 6-6.c -o 6-6**

步骤 3　运行程序。

编译成功后，运行可执行文件 6-6。程序运行后，显示子进程的进程号（PID），接着显示父进程的一行文字，然后停顿 5 秒左右，显示等待的进程的进程号（PID）和它的结束状态。结果如下所示：

`[root@localhost root]#` **./6-6**
这是子进程,进程号(PID)是:4998
这是父进程,正在等待子进程……
等待的进程的进程号(PID)是:4998 ,结束状态:6

此例中的子进程运行时间明显比父进程长。当子进程退出时，它向父进程发送一个 SIGCHLD 信号，默认情况下总是忽略 SIGCHLD 信号。此时进程状态一直保留在内存中，直到父进程使用 wait 函数收集进程状态信息，才会在内存中清空这些信息。为了避免子进程成为僵尸进程，父进程调用 wait 函数，阻塞父进程的运行，等待子进程正常结束后，父进程才继续运行，直到正常结束。

语句 wpid=wait(&status); 指父进程一直等待子进程，直到子进程结束，同时把子进程的状态存入变量 status 中，程序中也可使用语句 "wpid=waitpid(pid,&status,0);"。

子进程的结束状态返回后存于 status，然后使用下列几个宏可判别子进程结束情况：

WIFEXITED(status)，如果子进程正常结束则为非零值。

WEXITSTATUS(status)，取得子进程 exit( )返回的结束代码，一般先用 WIFEXITED 来判断是否正常结束，才能使用此宏。

WIFSIGNALED(status)，如果子进程是因为信号而结束，则此宏值为真。

WTERMSIG(status)，取得子进程因信号而中止的信号代码，即信号的编号，一般会先用 WIFSIGNALED 来判断后才使用此宏。

WIFSTOPPED(status)，如果子进程处于暂停执行状态，则此宏值为真。一般只有使用 WUNTRACED 时才会有此情况。

WSTOPSIG(status)，取得引发子进程暂停的信号代码。

思考：

（1）改写程序 6-6.c，在子进程中不使用语句 sleep(5);而执行一些其他操作，如建立文件，测试网络状态，运行某个 Shell 程序等，并且等子进程退出后父进程才退出。

（2）模仿程序 6-6.c，输出下列宏的返回值：WIFEXITED(status)、WIFSIGNALED(status)、WTERMSIG(status)、WIFSTOPPED(status)、WSTOPSIG(status)。

例 6.7 在父进程中用 **waitpid** 函数等待子进程。子进程结束时通过调用函数 **exit(3)**向父进程发送结束信号。父进程直到接收到子进程结束的信号后方结束等待，并且通过宏 **WIFEXITED(stat_val)**取得子进程 **exit(3)**返回的结束代码。

☞ 操作步骤

步骤 1 设计编辑源程序代码。

`[root@localhost root]# vi 6-7.c`

程序代码如下：

```
/*6-7.c 程序：通过宏 WIFEXITED(stat_val)，取得子进程 exit(3) 返回的结束代码*/
#include <sys/types.h>
#include <sys/wait.h>
#include <unistd.h>
#include <stdio.h>
#include <stdlib.h>

int main(void)
{
    pid_t pid;
    pid = fork();
    if (pid < 0) {
        perror("fork failed");
        exit(1);
    }
    if (pid == 0) {
        int i;
        for (i = 3; i > 0; i--) {
            printf("This is the child\n");
            sleep(1);
        }
        exit(3);
    }
    else
    {
```

```
        int stat_val;
        waitpid(pid, &stat_val, 0);
        if (WIFEXITED(stat_val))
          printf("Child exited with code %d\n", WEXITSTATUS(stat_val));
          else if (WIFSIGNALED(stat_val))
          printf("Child terminated abnormally, signal%d\n",WTERMSIG(stat_
          val));
    }
    return 0;
}
```

步骤 2　用 gcc 编译程序。

接着用 gcc 的 "-o" 选项，将 6-7.c 程序编译成可执行文件 6-7。输入如下：

```
[root@localhost root]# gcc  6-7.c  -o  6-7
```

步骤 3　运行程序。

编译成功后，运行可执行文件 6-7。程序运行后，如果在等待的时间内在终端输入命令，当子进程退出，父进程结束时，会在终端执行此命令。

```
[root@localhost root]# ./6-7
This is the child
This is the child
This is the child
Child exited with code 3
[root@localhost root]# ps
PID TTY        TIME CMD
32201 pts/2   00:00:00 Bash
32416 pts/2   00:00:00 ps
```

📖 相关知识介绍

wait 函数说明如下：

所需头文件	#include<sys/types.h>
	#include<sys/wait.h>
函数功能	等待子进程中断或结束
函数原型	pid_t wait (int *status);
函数传入值	Status：子进程状态
函数返回值	执行成功则返回子进程的进程号（PID），如果有错误发生则返回-1，失败原因存于 errno 中
备注	wait( )会暂停目前进程的执行，直到有信号来到或子进程终止

思考:

（1）改写程序 6-7.c，程序设计要体现子进程与父进程并发执行的效果，并且子进程退出后父进程才退出。

提示,请参考以下程序段：

```
pid=fork();
if(pid==0)
```

```
    {
       for(i=0;i<40;i++)
       {
          printf("这是子进程,进程号(pid)是:%d\n",getpid());
          sleep(3);
       }
    }
    else
    {
       for(k=0;k<30;k++)
       {
          printf("这是父进程,进程号(pid)是:%d\n",getppid());
          sleep(5);
       }
    }
```

（2）在例 6.7 中如果不用 wait 函数，子进程变成了僵尸进程，如何在系统找出这个僵尸进程？

例 6.8 设计一个程序，要求用户可以选择是否创建子进程：子进程模仿思科（Cisco）1912 交换机的开机界面，以命令行的方式让用户选择进入，父进程判断子进程是否正常终止。

分析 先让用户选择是否创建子进程，如果不创建，打印子进程结束状态后退出；如果创建子进程，子进程模仿思科（Cisco）1912 交换机的开机界面，以命令行的方式让用户选择进入，父进程用 waitpid 函数等待子进程正常终止，防止子进程变成僵尸进程，父进程打印子进程的终止状态。

流程图如图 6.4 所示。

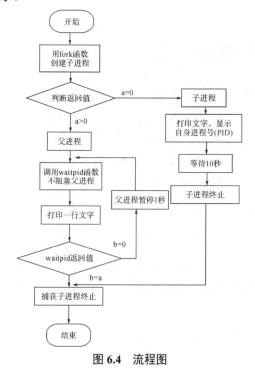

图 6.4 流程图

☞ 操作步骤

步骤 1　设计编辑源程序代码。

[root@localhost root]# **vi　6-8.c**

程序代码如下：

```
#include<stdio.h>
#include<unistd.h>              /*文件预处理，包含 fork 函数库*/
#include<sys/types.h>          /*文件预处理，包含 fork，wait，waitpid 函数库*/
#include<sys/wait.h>           /*文件预处理，包含 wait，waitpid 函数库*/
#include<stdlib.h>             /*文件预处理，包含 exit 函数库*/
void display0();               /*子程序声明*/
void display1();
void display2();
int main ()                    /*程序的主函数，开始入口*/
{
    pid_t result;
    int status,select,num;
    void (*fun[3])();          /*利用函数指针建立三个子程序*/
    fun[0]=display0;
    fun[1]=display1;
    fun[2]=display2;
    printf("1.创建子进程\n2.不创建子进程\n 请输入您的选择:");
    scanf("%d",&select);
    if(select==1)              /*如果用户输入 1，创建进程*/
    {
        result=fork();         /*调用 fork 函数创建进程，返回值存在变量 result 中*/
        if(result==-1)
        {
            perror("创建进程出错");
            exit(1);
        }
    }
    if (result==0)             /*子进程*/
    {
        printf("这是子进程(进程号：%d，父进程号：%d): ",getpid(),getppid());
        printf("进入思科(Cisco)1912 交换机开机界面。\n ");
        printf("1 user(s) now active on Management Console.\n");
        printf("\tUser Interface Menu\n");
        printf("\t[0] Menus\n");
        printf("\t[1] Command Line\n");
        printf("\t[2] IP Configuration\n");
        printf("Enter Selection: ");
        scanf("%d",&num);                  /*运用函数指针，运行相应的子程序*/
        if(num>=0&&num<=2)
            (*fun[num])();
        exit(0);
    }
    else
    {
        waitpid(result,&status,0); /*父进程调用 waitpid 函数，消除僵尸进程*/
        printf("这是父进程(进程号：%d，父进程号：%d)\n ",getpid(),getppid());
```

```
        if(WIFEXITED(status)==0)
            printf("子进程非正常终止，子进程终止状态：%d\n", WIFEXITED(status));
        else
            printf("子进程正常终止，子进程终止状态：%d\n", WIFEXITED(status));
        exit(0);
    }
}
void display0()                          /*子程序部分*/
{
    printf("您选择进入了菜单模式\n");
}
void display1()
{
    printf("您选择进入了命令行模式\n");
}
void display2()
{
    printf("您选择进入了IP地址配置模式\n");
}
```

步骤 2　用 gcc 编译程序。

接着用 gcc 的 "-o" 选项，将 6-8.c 程序编译成可执行文件 6-8。输入如下：

`[root@localhost root]# gcc  6-8.c  -o  6-8`

步骤 3　运行程序。

编译成功后，运行可执行文件 6-8。程序运行后，提示是否创建子进程，先选择 "2.不创建子进程"，此时没有产生子进程，返回值为 "0"，如下所示：

```
[root@localhost root]# ./6-8
1.创建子进程
2.不创建子进程
请输入您的选择：2
这是父进程(进程号：5028，父进程号：4739)
子进程非正常终止，子进程终止状态：0
```

再次运行程序后，选择 "1.创建子进程"，此时产生子进程，子进程的功能是模拟交换机的开机界面，提示选择画面，这里选择 0，进入子进程 display0，等待子进程运行终止后，返回值为 "1"，父进程才终止，如下所示：

```
[root@localhost root]# ./6-8
1.创建子进程
2.不创建子进程
请输入您的选择：1
这是子进程(进程号：5044，父进程号：5043)：进入思科(Cisco)1912交换机开机界面。
 1 user(s) now active on Management Console.
        User Interface Menu
        [0] Menus
        [1] Command Line
        [2] IP Configuration
Enter Selection: 0
您选择进入了菜单模式
这是父进程(进程号：5043，父进程号：4739)
子进程正常终止，子进程终止状态：1
```

步骤 4　修改程序。

这时候，试着不用 waitpid 函数，把下面这句从程序里去掉，或者把它变成注释，如下所示：

```
/*waitpid(result,&status,0); */    /*父进程调用 waitpid 函数，消除僵尸进程*/
```

再次运行程序后，选择"1.创建子进程"，这时候父进程没有等待子进程，也就是在模拟显示完交换机的开机界面后，根本没来得及输入选择，父进程就终止了，子进程就变成了僵尸进程，如下所示：

```
[root@localhost root]# ./6-8
1.创建子进程
2.不复创建子程
请输入您的选择:1
这是子进程(进程号：5067，父进程号：5064)：进入思科(Cisco)1912 交换机开机界面。
 1 user(s) now active on Management Console.
      User Interface Menu
      [0] Menus
      [1] Command Line
      [2] IP Configuration
Enter Selection:这是父进程(进程号：5064，父进程号：4739)
子进程非正常终止，子进程终止状态：0
```

由此例可以看出，在没有语法、语义等错误的情况下，程序还是没有完成设计要求。可见，在设计多进程程序时，除了养成使用完后就终止的良好习惯，还要让子进程工作完成后再终止，这个时候父进程就得灵活使用 wait 函数和 waitpid 函数。

📖 相关知识介绍

waitpid 函数说明如下：

所需头文件	#include<sys/types.h> #include<sys/wait.h>	
函数功能	等待子进程中断或结束	
函数原型	pid_t　waitpid(pid_t　pid, int *status, int options);	
函数传入值	Pid：子进程号	
	Status：子进程状态	
	options 可以为 0 或后面的 or 组合	WNOHANG：如果没有任何已终止的子进程则马上返回，不予等待
		WUNTRACED：如果子进程进入暂停执行则马上返回，但对终止状态不予理会
函数返回值	执行成功则返回子进程号（PID），失败则返回-1，失败原因存于 errno 中	
备注	waitpid( )会暂停目前进程的执行，直到有信号来到或子进程终止	

思考：waitpid 函数的应用，要求子进程用 sleep 等待 10 秒，父进程用 waitpid 函数等待子进程正常结束。父进程在等待的时候不阻塞，每 1 秒在屏幕上输出一行文字，若发现子进程退出，打印出等待进程的进程号（PID）和退出状态。请编写一程序进行调试。

6.3 Linux 守护进程

守护进程（daemon）是运行在后台，并且一直在运行的一种特殊进程，通常也称为精灵进程。它独立于控制终端并且周期性地执行某种任务或等待处理某些发生的事件。守护进程是一种很有用的进程，Linux 的大多数服务器就是用守护进程实现的，比如 Internet 服务器 inetd、Web 服务器 httpd 等。同时，守护进程完成许多系统任务，比如作业控制进程 crond、打印进程 lpd 等。

6.3.1 守护进程及其特性

首先，守护进程最重要的特性是后台运行。其次，守护进程必须与其运行前的环境隔离开来。这些环境包括未关闭的文件描述符、控制终端、会话和进程组、工作目录以及文件创建掩码等。这些环境通常是守护进程从执行它的父进程（特别是 Shell）中继承下来的。最后，守护进程的启动方式有其特殊之处。它可以在 Linux 系统启动时从启动脚本/etc/rc.d 中启动，也可以由作业控制进程 crond 启动，还可以由用户终端（通常是 Shell）执行。

除了这些以外，守护进程与普通进程基本上没有什么区别。因此，编写守护进程实际上是把一个普通进程按照上述守护进程的特性改造成为守护进程。如果读者对前面进程控制编程有比较深入的认识，理解和编写守护进程就更容易了。

下面请读者了解一下，在 Linux 环境下有哪些内核守护进程。通过 ps -aux 命令就可查看 Linux 环境下的守护进程了。

（1）init 系统守护进程：进程的 PID 值为 1，负责启动各运行层次特定的系统服务。这些服务通常是在它们自己拥有的守护进程的帮助下实现的。

（2）keventd 守护进程：为在内核中运行计划执行的函数提供进程上下文。

（3）kswapd 守护进程：也称为页面置换守护进程。

（4）bdflush 和 kupdated 守护进程：Linux 内核使用两个守护进程，即 bdflush 和 kupdated。

（5）portmap 端口映射守护进程：提供将远程过程调用（RPC）程序号映射为网络端口号的服务。

（6）syslogd 守护进程：可帮助操作人员把系统消息记入日志。

（7）inetd 守护进程（xinetd）：它侦听系统网络接口，以便取得来自网络的对各种网络服务进程的请求。

（8）nfsd，lockd，rpciod 守护进程：提供对网络文件系统（NFS）的支持。

（9）cron 守护进程：在指定的日期和时间执行指定的命令。许多系统管理任务是由 cron 定期执行相关程序而实现的。

（10）cupsd 守护进程：是打印假脱机进程。它能处理对系统提出的所有打印请求。

6.3.2　编写守护进程的要点

1.创建子进程，终止父进程

由于守护进程是脱离控制终端的，因此首先要创建子进程，终止父进程，使得程序在 Shell 终端里造成一个已经运行完毕的假象。之后所有的工作都在子进程中完成，而用户在 Shell 终端里则可以执行其他的命令，从而使得程序以僵尸进程形式运行，在形式上做到了与控制终端的脱离。

创建子进程，终止父进程的代码如下：

```
pid=fork();
if(pid>0)
    {exit(0);}    /*终止父进程*/
```

2.在子进程中创建新会话

这个步骤是创建守护进程中最重要的一步，在这里使用的是系统函数 setsid。

setsid 函数用于创建一个新的会话，并担任该会话组的组长。调用 setsid 有三个作用：让进程摆脱原会话的控制、让进程摆脱原进程组的控制和让进程摆脱原控制终端的控制。

在调用 fork 函数时，子进程全盘拷贝父进程的会话期（session，是一个或多个进程组的集合）、进程组、控制终端等，虽然父进程退出了，但原先的会话期、进程组、控制终端等并没有改变，因此，这还不是真正意义上使两者独立开来。setsid 函数能够使进程完全独立出来，从而脱离所有其他进程的控制。

3.改变工作目录

使用 fork 创建的子进程也继承了父进程的当前工作目录。由于在进程运行过程中，当前目录所在的文件系统不能卸载，因此，把当前工作目录换成其他的路径，如"/"或"/tmp"等。改变工作目录的常见函数是 chdir。

4.重设文件创建掩码

文件创建掩码是指屏蔽掉文件创建时的对应位。由于使用 fork 函数新建的子进程继承了父进程的文件创建掩码，这就给该子进程使用文件带来了诸多的麻烦。因此，把文件创建掩码设置为 0，可以大大增强该守护进程的灵活性。设置文件创建掩码的函数是 umask，通常的使用方法为 umask(0)。

5.关闭文件描述符

用 fork 新建的子进程会从父进程那里继承一些已经打开了的文件。这些被打开的文件可能永远不会被守护进程读或写，但它们一样消耗系统资源，可能导致所在的文件系统无法卸载。

通常按如下方式关闭文件描述符：

```
    for(i=0;i<NOFILE;i++)
    close(i);
```

也可以用如下方式：

```
    for(i=0;i<MAXFILE;i++)
    close(i);
```

例如：初始化一个守护进程。

```
#include <stdlib.h>
#include <stdio.h>
#include <fcntl.h>

void daemonize(void)
{
    pid_t pid;
    if ((pid = fork()) < 0)
    {
        perror("fork");
        exit(1);
    }
     else if (pid != 0)  /* parent */
         exit(0);
     setsid();/* 创建一个新的对话 */
     /* 改变当前目录到"/"       */
     if (chdir("/") < 0) {
        perror("chdir");
        exit(1);
    }

    /*标准输入、标准输出、错误输出重定向到空设备/dev/null 中            */
    close(0);
    open("/dev/null", O_RDWR);
    dup2(0, 1);
    dup2(0, 2);
}
```

函数 daemonize 确保调用 setsid 的进程不是进程组的 Leader。函数中首先用 fork 创建出一个子进程，父进程退出，然后子进程调用 setsid 创建新的 session，成为守护进程。按照守护进程的惯例，通常将当前工作目录切换到根目录，将文件描述符 0，1，2 重定向到 /dev/null。Linux 也提供了一个库函数 daemon(3)实现我们的 daemonize 函数的功能，它有两个参数指示要不要切换工作目录到根目录，以及要不要把文件描述符 0，1，2 重定向到 /dev/null。

6.3.3 守护进程的编写

下面就通过实例来看一下守护进程的编程。

例 6.9 设计两段程序，主程序 **6-9.c** 和初始化程序 **init.c**。要求主程序每隔 **10** 秒向 **/tmp** 目录中的日志 **6-9.log** 报告运行状态。初始化程序中的 **init_daemon** 函数负责生成守护进程。

分析　把生成守护进程的部分写成独立的函数 init_daemon 放在程序 init.c 中，方便调用，程序 init.c 中要编写的是前面守护进程的五步。主程序先调用 init_daemon 函数，使得主程序运行后成为守护进程，接着主程序用 while 语句无限循环，每隔 10 秒往 6-9.log 文件中写入一行文字和当前时间。

操作步骤

步骤 1　设计编辑源程序代码。

```
[root@localhost root]# vi  6-9.c
```

主程序 6-9.c 程序代码如下：

```
/*6-9.c 程序：主程序每隔 1 分钟向/tmp 目录中的日志 6-9.log 报告运行状态*/
#include <stdio.h>                    /*文件预处理，包含标准输入输出库*/
#include <time.h>                     /*文件预处理，包含时间函数库*/
void init_daemon(void);               /*守护进程初始化函数*/
int main()                            /*C 程序的主函数，开始入口*/
{
  FILE *fp;
  time_t t;
  init_daemon();                      /*初始化为 daemon*/
  while(1)                            /*无限循环，每隔 10 秒向 6-9.log 写入运行状态*/
{
    sleep(10);                        /*睡眠 10 秒*/
    if((fp=fopen("6-9.log",″a+″))>=0)/*打开 6-9.log 文件，若没有此文件，创建它*/
    {
        t=time(0);
        fprintf(fp,"守护进程还在运行，时间是：%s",asctime(localtime(&t)) );
        fclose(fp);
    }
  }
}
```

初始化程序 init.c 程序代码如下：

```
[root@localhost root]# vi  init.c
```

```
/*init.c 程序：生成守护进程*/
#include <unistd.h>
#include <signal.h>
#include <sys/param.h>
#include <sys/types.h>
#include <sys/stat.h>
#include<stdlib.h>

void init_daemon(void)
{
    pid_t child1,child2;
    int i;
    child1=fork();
    if(child1>0)                      /*(1)创建子进程，终止父进程*/
        exit(0);                      /*这是子进程，后台继续执行*/
    else if(child1< 0)
    {
        perror("创建子进程失败");      /*fork 失败，退出*/
```

```
        exit(1);
    }
    setsid();                          /*(2)在子进程中创建新会话*/
    chdir("/tmp");                     /*(3)改变工作目录到"/tmp"*/
    umask(0);                          /*(4)重设文件创建掩码*/
    for(i=0;i< NOFILE;++i)             /*(5)关闭文件描述符*/
    close(i);
    return;
}
```

步骤 2 用 gcc 编译程序。

接着用 gcc 的"-o"选项，将 6-9.c 和 init.c 程序编译成可执行文件 6-9。输入如下：

```
[root@localhost root]# gcc 6-9.c init.c -o 6-9
```

步骤 3 运行程序。

编译成功后，运行可执行文件 6-9。程序运行后，没有任何提示，等待一段时间后，查看一下 6-9.log 文件中有没有文字写入，输入"tail -6 /tmp/6-9.log"，显示 6-9.log 文件中的最后 6 行。从时间上看，说明守护进程在暗地里每隔 10 秒写入一串字符，如下所示：

```
[root@localhost root]# ./6-9
[root@localhost root]# tail -6 /tmp/6-9.log
守护进程还在运行，时间是：Fri Oct 21 14:30:12 2011
守护进程还在运行，时间是：Fri Oct 21 14:30:22 2011
守护进程还在运行，时间是：Fri Oct 21 14:30:32 2011
守护进程还在运行，时间是：Fri Oct 21 14:30:42 2011
守护进程还在运行，时间是：Fri Oct 21 14:30:52 2011
守护进程还在运行，时间是：Fri Oct 21 14:31:02 2011
```

此时用 ps 命令查看一下进程，输入"ps -ef|grep 6-9"，显示如下：

```
[root@localhost root]# ps -ef|grep 6-9
root     5108     1 0 14:28 ?          00:00:00 ./6-9
root     5117  4774 0 14:28 pts/1      00:00:00 grep 6-9
```

可见，6-9 确实一直在运行，而且看到"?"，结合 Linux 环境下进程的知识，知道确实有了一个守护进程。结束此守护进程可用 kill 命令，如使用 kill 5108，即撤销 PID 为 5108 的进程 6-9。

📖 **相关知识介绍**

父进程创建了子进程，而父进程退出之后，此时该子进程就变成了"孤儿进程"。在 Linux 中，每当系统发现孤儿进程，就会自动由 1 号进程（也就是 init 进程）收养它，原先的子进程就会变成 init 进程的子进程了。

setsid 函数说明如下：

所需头文件	#include<sys/types.h> #include<unistd.h>
函数功能	设置新的组进程号
函数原型	pid_t setsid(void);
函数传入值	无
函数返回值	执行成功则返回进程组号（GID），失败则返回-1，失败原因存于 errno 中
备注	如果调用此函数的进程不是一个进程组的组长，则此函数创建一个新对话期，结果如下： （1）此进程变成该新对话期的对话期首进程，且是该新对话期中的唯一进程。 （2）此进程成为一个新进程组的组长进程。新进程组号是此调用进程的进程号。 （3）此进程没有控制终端。如果在调用 setsid 之前此进程有一个控制终端，那么这种联系也将被解除。 如果此调用进程已经是一个进程组的组长，则此函数返回出错。为了保证不处于这种情况，通常先调用 fork，然后使其父进程终止，而子进程则继续

思考：

（1）例 6.9 中，如果不先终止父进程就调用 setsid 函数会发生什么？守护进程运行后，注销当前用户后再登录进去，守护进程还在运行吗？

（2）编写一程序，要求运行后成为守护进程，每隔 5 分钟修改一次本机的 IP 地址。所有的 IP 地址放在一个文本文件中，每隔 5 分钟随机读取一个，Linux 中可以用"ioctl"和"sysctl"函数实现，也可以调用系统命令"ifconfig"，例如"ifconfig   eth0   192.168.0.20   netmask   255.255.255.0"。能否利用例 6.9 中的初始化程序 init.c？

在守护进程的编写、调试过程中会发现，程序运行成为守护进程后，完全脱离了终端的控制，调试的时候没法像普通程序调试那样在终端中看到错误信息，甚至用 gdb 也无法正常调试。

在 Linux 系统中，编写、调试守护进程，一般是利用系统的日志服务，通过系统守护进程 syslogd 控制自己编写的守护进程的告警信息。Linux C 语言中，只要调用 syslog 函数，将守护进程的出错信息写入"/var/log/messages"系统日志文件，就可以做到这一点。

例 6.10   设计一个程序，要求运行后成为守护进程，守护进程又创建一个子进程。守护进程和它的子进程都调用 **syslog** 函数，把结束前的状态写入系统日志文件。

分析   根据守护进程的编程要点，原程序运行后的进程要退出，它的子进程变成守护进程，称为"第一子进程"，守护进程创建的子进程称为"第二子进程"。流程图如图 6.5 所示。

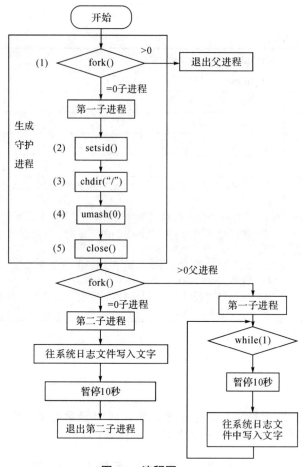

图 6.5 流程图

☞ **操作步骤**

步骤 1 设计编辑源程序代码。

`[root@localhost root]#` **`vi 6-10.c`**

主程序 6-10.c 程序代码如下：

```
/*6-10.c程序：将守护进程和它的子进程退出信息写入系统日志文件*/
#include<stdio.h>
#include<stdlib.h>
#include<sys/types.h>
#include<unistd.h>
#include<sys/wait.h>
#include<syslog.h>
#include<signal.h>
#include<sys/param.h>
#include<sys/stat.h>
int main()
{
    pid_t child1,child2;
    int i;
```

```
child1=fork();
if(child1>0)                     /*(1)创建子进程，终止父进程*/
    exit(0);                     /*这是第一子进程，后台继续执行*/
else if(child1< 0)
{
    perror("创建子进程失败");    /*fork 失败，退出*/
    exit(1);
}
setsid();                        /*(2)在子进程中创建新会话*/
chdir("/");                      /*(3)改变工作目录到"/"*/
umask(0);                        /*(4)重设文件创建掩码*/
for(i=0;i< NOFILE;++i)           /*(5)关闭文件描述符*/
close(i);
/* 调用 openlog 函数打开日志文件*/
openlog("例 6-10 程序信息",LOG_PID,LOG_DAEMON);
child2=fork();
if(child2==-1)
{
    perror("创建子进程失败");    /*fork 失败，退出*/
    exit(1);
}
else if(child2==0)
{
    syslog(LOG_INFO,"第二子进程暂停 5 秒！"); /* 调用 syslog，写入系统日志*/
    sleep(5);                   /*睡眠 5 秒*/
    syslog(LOG_INFO,"第二子进程结束运行。");/* 调用 syslog，写入系统日志*/
    exit(0);
}
else      /* 返回值大于 0 代表父进程，这是第二子进程的父进程，即第一子进程*/
{
    waitpid(child2,NULL,0); /*第一子进程调用 waitpid 函数，等待第二子进程*/
    syslog(LOG_INFO, "第一子进程在等待第二子进程结束后，也结束运行。");
    closelog();                 /*调用 closelog 函数关闭日志服务*/
    while(1)                    /*无限循环*/
    {
        sleep(10);             /*睡眠 10 秒*/
    }
}
}
```

步骤 2　用 gcc 编译程序。

接着用 gcc 的"-o"选项，将 6-10.c 程序编译成可执行文件 6-10。输入如下：

`[root@localhost root]# gcc  6-10.c  -o  6-10`

步骤 3　运行程序。

编译成功后，运行可执行文件 6-10，输入如下：

`[root@localhost root]# ./ 6-10`

程序运行后，没有任何提示，等待一段时间后，查看一下/var/log/messages 文件中有没有文字写入，使用命令"tail -3 /var/log/messages"显示最后三行内容，说明守护进程通过系统日志管理服务，在暗地里写入一串字符，而且从时间上可看出，第二子进程确实是在暂停 5 秒后退出的，显示如下：

```
[root@localhost root]# tail -3 /var/log/messages
Fri Oct 14:52:29 localhost 例 6-10 程序信息[5162]：第二子进程暂停 5 秒！
Fri Oct 14:52:34 localhost 例 6-10 程序信息[5162]：第二子进程结束运行。
Fri Oct 14:52:34 localhost 例 6-10 程序信息[5161]：第一子进程在等待第二子进程结束
```
后，也结束运行。

此时用 ps 命令查看一下进程，输入"ps -ef | grep 6-10"，显示如下：

```
[root@localhost root]# ps -ef|grep 6-10
root     5161    1  0 14:40 ?        00:00:00 ./6-10
root     5173 4774  0 17:54 pts/1    00:00:00 grep 6-10
```

可见，6-10 确实一直在运行，而且看到"?"，./6-10 进程是一个守护进程。守护进程的调试，通常就用这种写入系统文件的方法。

注意，调用 openlog，syslog 函数，操作的系统日志文件"/var/log/message"，必须具有 root 权限。

📖 相关知识介绍

openlog 函数说明如下：

所需头文件	#include<syslog.h>
函数功能	准备做信息记录
函数原型	void openlog(char *ident, int option, int facility);
函数传入值	option 参数主要有： ● LOG_CONS：如果无法将信息送至 syslogd 则直接输出到控制台 ● LOG_PID：将信息字符串加上产生信息的进程号(PID) facility 参数代表信息种类，主要有： ● LOG_CRON：由 cron 或 at 程序产生的信息 ● LOG_DAEMON：由系统 daemon 产生的信息
函数返回值	无
备注	

syslog 函数说明如下：

所需头文件	#include<syslog.h>
函数功能	将信息记录至系统日志文件
函数原型	void syslog(int priority, char *format,…);
函数传入值	priority 指定信息的种类或等级，主要有： ● LOG_INFO：提示相关信息 ● LOG_DEBUG：出错相关信息 format 参数和 printf 函数相同
函数返回值	无
备注	

思考：编写一程序，要求运行后成为守护进程，复制守护进程的子进程，子进程往某个文件里写入字符串"测试守护进程"，守护进程的错误信息输出到系统日志文件"/var/log/messages"，程序以普通用户权限编译后运行调试会有什么结果？请把产生守护进程的部分分割成独立的程序文件。

注意：

与 openlog( ) 相关的宏参量。openlog( ) 用于打开系统记录，其用法为 openlog(const char *ident, int option, int facility)，参数 option 所指定的标志用来控制 openlog( ) 操作和 syslog( ) 的后续调用。它的值可以单独取下列某个值，也可以通过与运算来获得多种特性

LOG_CONS：直接写入系统控制台，如果有一个错误，同时发送到系统日志记录。

LOG_NDELAY：立即打开连接（通常打开连接时记录的第一条消息）。

LOG_NOWAIT：不要等待子进程。

LOG_ODELAY：延迟连接的打开直到 syslog 函数调用。

LOG_PERROR：同时输出到 stderr（标准错误文件）。

LOG_PID：包括每个消息的 PID。

程序扩展阅读 1：

以下程序中创建了一个守护程序，用于监视系统所有运行的进程。源程序如下：

```c
#include <unistd.h>
#include <signal.h>
#include <sys/types.h>
#include <sys/stat.h>
#include <stdio.h>
#include <stdlib.h>
#include <sys/resource.h>

/*创建一个守护进程*/
void init()
{
    int pid;
    int i;
    struct rlimit  rl;

    if (getrlimit(RLIMIT_NOFILE, &rl) < 0)     /*获取进程最多文件数 */
            printf(":can't get file limit");

    if(pid = fork())
       exit(0);                              /*父进程，退出*/

    else if(pid < 0)                          /*开辟进程失败，退出并关闭所有进程*/
       exit(1);
    /* 子进程继续执行 */
```

```
    setsid();              /*创建新的会话组，子进程成为组长，并与控制终端分离*/

    /* 防止子进程（组长）获取控制终端 */
    if(pid = fork())
        exit(0);                      /*父进程，退出*/

    else if(pid < 0)
            exit(1);                  /*开辟进程失败，退出并关闭所有进程*/

    /* 第二子进程继续执行 ，第二子进程不再是会话组组长*/

    /* 关闭打开的文件描述符*/
    if (rl.rlim_max == RLIM_INFINITY)      /*RLIM_INFINITY 是一个无穷量的限制*/
        rl.rlim_max = 1024;
        for (i = 0; i < rl.rlim_max; i++)
            close(i);

    chdir("/tmp"); /* 切换工作目录*/
    umask(0);        /* 重设文件创建掩码*/
    return;
}

int main()
{
    FILE *fp;
    FILE *fstream;
    signal(SIGCHLD, SIG_IGN); /* 忽略子进程结束信号，防止出现僵尸进程*/

    init();                /*初始化守护进程，就是创建一个守护进程*/
    while(1)
    {
        /*PID 进程 ID , user:进程开辟用户，comm: 进程名,lstart:进程开始时间,etime:
          进程持续时间*/
        fstream=popen("ps -eo pid,user,comm,lstart,etime>test.txt","r");
        /*如果执行命令失败，则写入错误报告*/
        if(fstream==NULL)
        {
            /*在打开或者创建 error.log 成功的情况下，写入错误（使用 errno 时失败）*/
            if((fp = fopen("error.log", "a+")) != NULL)
            {
                fprintf(fp, "%s\n", "执行命令失败");
                fclose(fp);
            }
            else
                exit(1);   /*写入错误失败，则终止程序推出并关闭所有进程*/
        }
        else
            pclose(fstream); /*关闭 popen 打开的 I/O 流*/
        sleep(120);    /*设置成 2 分钟获取一次系统进程情况*/
    }
    return 0;
```

```
}
```

程序扩展阅读2:

该程序为守护进程,能够监视/etc/filemonitor.conf内列出的文件以及文件夹的修改时间。当检测到某个文件的修改时间发生变化时,程序在系统日志中输出该文件的修改时间。程序代码如下:

```c
#include <sys/types.h>
#include <sys/stat.h>
#include <stdio.h>
#include <stdlib.h>
#include <fcntl.h>
#include <unistd.h>
#include <syslog.h>
#include <string.h>

int main(void)
{
  pid_t pid;
  char list[10][80], str[80], count, i;
  time_t mtime[10];
  struct stat buf;
  FILE *fp;
  if ((pid = fork()) < 0)
  {
      printf("Cannot fork!\n");
      return 0;
  }
  if (pid > 0) return 0;
  umask(0);
  setsid();
  chdir("/");
  close(STDIN_FILENO);
  close(STDOUT_FILENO);
  close(STDERR_FILENO);
  openlog("File Monitor", LOG_PID, LOG_DAEMON);
  if (!(fp = fopen("/etc/filemonitor.conf", "r")))
  {
      syslog(LOG_INFO, "Cannot find configure file!");
      closelog();
      return 0;
  }
  count = 0;
  while (1)
  {
      fscanf(fp, "%s", str);
      if (feof(fp)) break;
      strcpy(list[count++], str);
  }
  fclose(fp);
```

```
for (i = 0; i < count; i++)
{
    stat(list[i], &buf);
    mtime[i] = buf.st_mtime;
}
while (1)
{
    for (i = 0; i < count; i++)
    {
        stat(list[i], &buf);
        if (mtime[i] != buf.st_mtime)
        {
         mtime[i] = buf.st_mtime;
         syslog(LOG_INFO, "%s was modified at %s", list[i],
                asctime(gmtime(&buf.st_mtime)));
        }
    }
    sleep(5);
}
}
```

思考与实验

1. 什么是进程？进程与程序有什么区别？

2. 进程启动的方式有哪几种？

3. 用 exec 函数创建一个进程，显示当前目录下的文件信息。

4. execle 函数的应用。要在程序执行时设定环境变量，路径为 tmp，用户名为 liu，执行命令 env 时把这些环境变量传递给系统。在这一函数中，参数 e 表示可传递新进程环境变量；参数 1 表示命令或参数逐个列举，文件查找需给出路径。命令 env 在 "/bin" 目录下。把环境变量设定为

```
char *envp[]={"PATH=/tmp","USER=liu",NULL};
```

因而此函数的调用形式为

```
execle("/bin/env","env",NULL,envp);
```

请编写一程序进行调试。

5. execve 函数的应用，要在程序执行时设定环境变量，路径为 tmp，用户名为 liu，执行命令 env 时把这些环境变量传递给系统。在这一函数中，参数 e 表示可传递新进程环境变量，参数 v 表示传递的参数（含命令）为构造指针数组，文件查找需给出路径。命令 env 在 "/bin" 目录下。把环境变量设定为

```
char *envp[]={"PATH=/tmp","USER=liu",NULL};
```

参数的构造指针数组为

```
char *arg[]={"env",NULL};
```

因而此函数的调用形式为

```
execve("/bin/env","env",envp);
```
请编写一程序进行调试

6．execvp 函数的应用，要在程序中执行命令 ps -ef, 命令 ps 在 "/bin" 目录下。在这一函数中，参数 v 为构造指针数组，参数 p 为文件查找方式（不需要给出路径）。因而构造的指针数组为

```
char *arg[]={"ps","-ef",NULL};
```
此函数的调用形式为

```
execvp("ps",arg);
```
请编写一程序进行调试。

7．思考例 6.6 中的子进程有没有变成僵尸进程，为什么？

8．编写一个后台检查邮件的程序，这个程序每隔一个指定的时间会去检查邮箱，如果发现有邮件了，会不断地通过机箱上的小喇叭来发出声音报警（Linux 的默认个人邮箱地址是/var/spool/mail/用户的登录名）。

第 **7** 章

进程通信

本章重点

1. 进程通信中信号的概念及信号处理。
2. 进程间的管道通信编程。
3. 进程间的内存共享编程。
4. 进程间队列通信编程。

本章导读

    Linux 系统下的用户进程之间、多个用户进程之间相互通信、交换信息必不可少。进程通信的方法多种多样。本章让读者了解常用的进程通信方法，了解和掌握 Linux 系统信号处理程序的设计方法，掌握管道、消息队列的各种操作及控制，掌握、了解在 Linux 环境下如何让进程共享内存。

7.1　进程间通信

　　每个进程各自有不同的进程地址空间，任何一个进程的全局变量在另一个进程中都不能被访问，所以进程之间要交换数据必须通过内核。在内核中开辟一块缓冲区，P1 进程把数据从用户空间拷到内核缓冲区，P2 进程再从内核缓冲区把数据读走，如图 7.1 所示。内核提供的这种机制称为进程间通信（InterProcess Communication，IPC）。

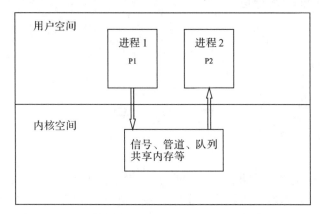

图 7.1　进程间的通信通过管道、队列、信号、共享内存等来进行

　　能够实现进程间通信的方法有：信号（signal）、管道（pipe）、套接字（socket）和 System V IPC 机制。

　　管道机制在同一台机器的两个进程间双向通信方面工作得相当出色。套接字机制是允许在不同机器上的两个进程间进行通信。而 System V IPC 机制最早是在 UNIX System V 版本中增加的，它实际上包括可以被视为一体的三个机制，分别是消息队列（message queue）、共享内存（shared memory）和信号量（semaphore）。消息队列主要用于信息传递频繁而内容较少的进程之间的通信，共享内存用于信息内容较多的进程之间的通信，而信号量则用于实现进程之间通信的同步问题。

　　常见的通信方式：

　　（1）信号（signal）：信号是一种比较复杂的通信方式，用于通知接收进程某个事件已经发生。

　　（2）管道（pipe）：管道是一种半双工的通信方式，数据只能单向流动，而且只能在具有亲缘关系的进程间使用。进程的亲缘关系通常是指父子进程关系。

　　（3）命名管道 FIFO：命名管道也是半双工的通信方式，但是它允许无亲缘关系进程间的通信。

　　(4) 消息队列(message queue)：消息队列是由消息的链表存放在内核中，并由消息队列标识符标识。消息队列克服了信号传递信息少、管道只能承载无格式字节流以及缓冲区大小受限等缺点。

（5）共享存储(shared memory)：共享内存就是映射一段能被其他进程所访问的内存，这段共享内存由一个进程创建，但多个进程都可以访问。共享内存是最快的 IPC 方式，它是针对其他进程间通信方式运行效率低而专门设计的。它往往与其他通信机制（如信号量）配合使用，来实现进程间的同步和通信。

（6）信号量(semaphore)：信号量是一个计数器，可以用来控制多个进程对共享资源的访问。它常作为一种锁机制，防止某进程正在访问共享资源时，其他进程也访问该资源。因此，它主要作为进程间以及同一进程内不同线程之间的同步手段。

（7）套接字（socket）：套接字也是一种进程间通信机制，与其他通信机制不同的是，它可用于不同及其间的进程通信。

7.2 信 号

信号是 Linux 系统中用于进程之间相互通信或操作的一种机制。信号可以在任何时候发给某一进程，而无须知道该进程的状态。如果该进程当前并未处于执行状态，则该信号就由内核保存起来，直到该进程恢复执行并传递给它为止；如果一个信号被进程设置为阻塞，则该信号的传递被延迟，直到其阻塞被取消时才被传递给进程。

Linux 提供了几十种信号，分别代表着不同的意义。信号之间依靠它们的值来区分，但是通常在程序中使用信号的名字来表示一个信号。在 Linux 系统中，这些信号和以它们的名称命名的常量均定义在/usr/include/bits/signum.h 文件中。通常程序中不需要直接包含这个头文件，而应该包含<signal.h>。

7.2.1 信号及其使用简介

信号是在软件层次上对中断机制的一种模拟，是一种异步通信方式。信号可以在用户空间进程和内核之间直接交互，内核也可以利用信号来通知用户空间的进程发生了哪些系统事件。信号事件的发生有两个来源：

（1）硬件来源，如按下了<Ctrl>+C 键，通常产生中断信号（SIGINT）。

（2）软件来源，如使用系统调用或者使用命令发出信号。最常用的发送信号的系统函数是 kill，raise，alarm，setitimer，sigation 和 sigqueue，软件来源还包括一些非法运算等操作。

例 7.1 列出 Linux 系统所支持的所有信号列表。

☞ 操作步骤

步骤 1 使用系统命令 kill。

```
[root@localhost root]# kill  -1
```

Linux 操作系统列出的系统支持的信号如图 7.2 所示。

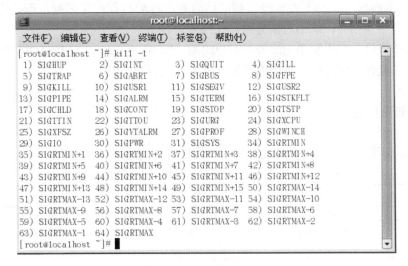

图 7.2　系统支持的信号

步骤 2　分析。

在此，信号值 1～31 的都是用 "SIG" 开头的名称，34～49 的都是用 "SIGRTMIN" 开头的名称，50～64 的都是用 "SIGRTMAX" 开头的名称。

其中，信号值 32 之前的信号都有不同的名称，信号值 32 以后是两类名称相同、数字不同的特殊信号。"SIGRTMIN" 开头的是从 UNIX 系统中继承下来的信号，称为不可靠信号（也称为非实时信号）；"SIGRTMAX" 开头的是为了解决前面不可靠信号问题而进行更改和扩充的信号，称为可靠信号（也称为实时信号）。

可靠信号（实时信号）：支持排队，发送用户进程一次就注册一次，即使发现相同信号已经在进程中注册，也要再注册。

不可靠信号（非实时信号）：不支持排队，发送用户进程判断后注册，如果发现相同信号已经在进程中注册，就不再注册，忽略该信号。前面显示的 31 种 "SIG" 开头的信号，也属于非实时信号。

一个完整的信号生命周期如图 7.3 所示。

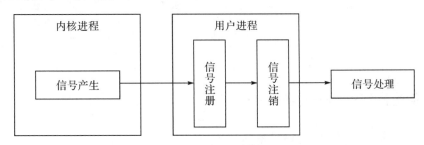

图 7.3　信号生命周期

一旦有信号产生，用户进程对信号的响应有三种方式：

（1）执行默认操作。Linux 对每种信号都规定了默认操作。

（2）捕捉信号。定义信号处理函数，当信号发生时，执行相应的处理函数。

（3）忽略信号。当不希望接收到的信号对进程的执行产生影响，而让进程继续进行时，可以忽略该信号，即不对信号进行任何处理。

有两个信号是应用程序无法捕捉和忽略的，即 SIGKILL 和 SEGSTOP。两者是为了使系统管理员能在任何时候中断或结束某一特定的进程而设的。

📖 相关知识介绍

Linux 系统常见信号的含义及其默认操作如表 7.1 所示。

表 7.1 Linux 系统常见信号的含义及其默认操作

信号名	含 义	默认操作
SIGHUP	该信号在用户终端连接（正常或非正常）结束时发出，通常是在终端的控制进程结束时，通知同一会话内的各个作业与控制终端不再关联	终止
SIGINT	在用户按下中断键（一般是<Ctrl>+C）时，系统便会向该终端相关的进程发送此信号	终止
SIGQUIT	在用户按下退出键（一般是<Ctrl>+\）时，系统会发送此信号，会造成进程非正常终止	终止
SIGILL	该信号在一个进程企图执行一条非法指令时（可执行文件本身出现错误，或者试图执行数据段、堆栈溢出时）发出	终止
SIGFPE	该信号在发生致命的算术运算错误时发出	终止
SIGKILL	该信号是一个特殊的信号，用来立即结束程序的运行，并且不能被阻塞、处理或忽略	
SIGALRM	该信号在一个定时器计时完成时发出，定时器可用进程调用 alarm 函数来设置	
SIGSTOP	该信号是一个特殊的信号，用于暂停一个进程，并且不能被阻塞、处理或忽略	
SIGTSTP	在用户按下挂起键（一般是<Ctrl>+Z）时，系统会发送此信号，会造成进程挂起	
SIGCHLD	该信号在子进程结束时，向父进程发出。当进程中有子进程时，若运行了 exit 函数，就会向父进程发送此信号。此时，如果父进程正在运行 wait 函数，则它会被唤醒；但如果父进程没有在运行 wait 函数，它就不会捕捉此信号，此时子进程就会变成僵尸进程	

7.2.2 信号操作的相关函数

信号操作中的常用函数如表 7.2 所示。

表 7.2　信号操作中的常用函数

函　数	功　能
kill	发送 SIGKILL 信号给进程或进程组
raise	发送信号给进程或自身
alarm	定时器时间到时，向进程发送 SIGALARM 信号
pause	没有捕捉信号前一直将进程挂起
signal	捕捉信号 SIGINT、SIG_IGN、SIG_DFL 或 SIGQUIT 时执行信号处理函数
sigemptyset	初始化信号集合为空
sigfillset	初始化信号集合为所有信号集合
sigaddset	将指定信号加入到指定集合
sigdelset	将指定信号从信号集中删除
sigismember	查询指定信号是否在信号集合之中
sigprocmask	判断检测或更改信号屏蔽字

1. 信号发送

信号发送的关键是使系统知道向哪个进程发送信号以及发送什么信号。能否向某一进程发送某一特定信号是和用户的权限密切相关的。例如，只有系统管理员才能向任何一个进程发送 SIGKILL 信号终止该进程。

调用 alarm 函数可以设定一个闹钟。例如语句 alarm(seconds)；告诉内核在 seconds 秒之后给当前进程发 SIGALRM 信号，该信号的默认处理动作是终止当前进程，函数的返回值是 0 或者是所设定的闹钟时间还余下的秒数。

例 7.2 下列程序应用函数 alarm(10)在运行 10 秒后发送信号 SIGALARM，程序接收到 SIGALARM 信号就被终止。

```
#include <unistd.h>
#include <stdio.h>
#include <stdio.h>

int main(void)
{
    int counter;
    double j;
    alarm(10);    /*10 后发送 SIGALARM 信号*/
    for(counter=0; 1; counter++){
        printf("正在计数中:%d\n ", counter);
        for(j=0;j<=100000;j=j+0.1);    /*空循环*/
    }
    return 0;
}
[root@localhost root]# ./7-2
正在计数中:0
正在计数中:1
……
正在计数中:905
闹钟
```

例 7.3　设计一个程序，要求用户进程创建一个子进程，父进程应用 **kill** 函数向子进程发出 **SIGKILL** 信号后子进程收到此信号，结束子进程的运行。

分析　用前一章学习过的 fork 函数创建一个子进程；为了使子进程不在父进程发出信号前结束，在子进程中使用信号操作的 raise 函数，发送 SIGSTOP 信号，使自己暂停；父进程中使用信号操作的 kill 函数，向子进程发送 SIGKILL 信号，子进程收到此信号后结束子进程。

☞ 操作步骤

步骤 1　编辑源程序代码。

在 vi 中编辑源程序，在终端中输入如下：

`[root@localhost root]# vi 7-3.c`

程序代码如下：

```
/*7-3.c程序：父进程向子进程发出信号，结束子进程*/
#include<stdio.h>          /*文件预处理，包含标准输入输出库*/
#include<stdlib.h>         /*文件预处理，包含 system、exit 等函数库*/
#include<signal.h>         /*文件预处理，包含 kill、raise 等函数库*/
#include<sys/types.h>      /*文件预处理，包含 waitpid、kill、raise 等函数库*/
#include<sys/wait.h>       /*文件预处理，包含 waitpid 函数库*/
#include<unistd.h>         /*文件预处理，包含进程控制函数库*/
int main ()                /*C 程序的主函数，开始入口*/
{
    pid_t result;
    int ret;
    result=fork();           /*调用 fork 函数，复制进程,返回值存在变量 result 中*/
    int newret;
    if(result<0) /*通过 result 的值来判断 fork 函数的返回情况，这里进行出错处理*/
    {
        perror("创建子进程失败");
        exit(1);
    }
    else if (result==0)      /*返回值为 0 代表子进程*/
    {
        raise(SIGSTOP);       /*调用 raise 函数，发送 SIGSTOP 使子进程暂停*/
        exit(0);
    }
    else                     /*返回值大于 0 代表父进程*/
    {
        printf("子进程的进程号(PID)是：%d\n",result);
        if((waitpid(result,NULL,WNOHANG))==0)
        {
          /*调用 kill 函数，发送 SIGKILL 信号结束子进程 result */
            if(ret=kill(result,SIGKILL)==0)
             printf("用 kill 函数返回值是：%d，发出的 SIGKILL 信号结束的进程进程
号：%d\n",ret,result);
            else{ perror("kill 函数结束子进程失败");}
        }
    }
}
```

步骤 2　用 gcc 编译程序。

接着用 gcc 的 "-o" 选项，将 7-3.c 程序编译成可执行文件 7-3。输入如下：

`[root@localhost root]# gcc 7-3.c -o 7-3`

此程序的编写也可以先建立一个目录 7-3，在目录 7-3 下编辑源程序 7-3.c 及 makefile

文件。makefile 文件如下：

```
CC = gcc
EXEC = 7-3
OBJS = 7-3.o
$(EXEC): $(OBJS)
        $(CC) -o $@ $(OBJS)
clean:
        -rm -f *.o
```

编辑好工程文件后，在目录 7-3 下执行命令 make，即可生成可执行文件。

步骤 3　运行程序。

编译成功后，运行可执行文件 7-3。输入"./7-3"，此时系统会出现运行结果，显示子进程的进程号（PID）、kill 函数的返回值和 SIGKILL 信号所结束进程的进程号（PID）。终端中的显示如下：

[root@localhost root]# **./7-3**

子进程的进程号(PID)是：7894

用 kill 函数返回值是：1，发出的 SIGKILL 信号结束进程的进程号：7894

由此例可知，系统调用 kill 函数和 raise 函数，都是简单地向某一进程发送信号。kill 函数用于给特定的进程或进程组发送信号；raise 函数用于向某个进程自身发送信号。

kill 函数和 raise 函数很常用，使用也比较方便。与此相似的函数还有 alarm 和 setimiter。alarm 函数用于设定时间片，使系统在一定时间后发送信号；setimiter 函数可以比 alarm 函数更精确地控制程序。

📖 相关知识介绍

kill 函数说明如下：

所需头文件	#include<sys/types.h> #include<signal.h>
函数功能	发送信号给指定的进程
函数原型	int kill(pid_t pid, int sig);
函数传入值	发送参数 sig 指定的信号给参数 pid 指定的进程 参数 pid 有几种情况： 　● pid>0，将信号传给进程识别码为 pid 的进程 　● pid=0，将信号传给和目前进程相同进程组的所有进程 　● pid=-1，将信号广播传送给系统内所有的进程 　● pid<0，将信号传给进程组识别码为 pid 绝对值的所有进程 参数 sig 代表的主要信号参考前面的 Linux 系统常见信号的含义及其默认值
函数返回值	执行成功则返回 0，如果有错误则返回-1
备注	

raise 函数说明如下：

所需头文件	#include<signal.h>
函数功能	发送信号给当前的进程
函数原型	int raise(int sig);
函数传入值	参数 sig 代表的 Linux 系统常见信号可参考表 7.1
函数返回值	执行成功则返回 0，如果有错误则返回–1
备注	相当于 kill 函数，但只能发送信号给当前进程

思考：在父进程 kill 函数发送 SIGKILL 信号前，如果想用 ps 命令查看子进程状态，例如进程号(PID)，程序如何修改？

2．信号处理

当某个信号被发送到一个正在运行的进程时，该进程即对此特定信号注册相应的信号处理函数，以完成所需处理。也就是说，在编写程序代码时，对需要进程捕获的信号给出相应的处理程序代码。一旦接收到此信号，则通知系统调用相应信号处理函数做出处理。

例 7.4 设计一个程序，要求程序运行后进入无限循环，当用户按下中断组合键（<Ctrl>+C）时，进入程序的自定义信号处理函数，当用户再次按下中断键（<Ctrl>+C）后，结束程序运行。

分析 主程序的无限循环用 while 语句，为了清楚看到结果，while 循环中每 3 秒输出一条语句；当用户按下中断键（<Ctrl>+C）发送信号 SIGINT，此时调用信号处理函数（自定义函数 fun_ctrl_c），设置信号处理方式的是 signal 函数，在程序正常结束前，再应用 signal 函数（用参数 SIG_DFL），恢复系统对信号的默认处理方式。

操作步骤

步骤 1 编辑源程序代码。

在 vi 中编辑源程序，在终端中输入如下：

[root@localhost root]# **vi 7-4.c**

程序代码如下：

```
/*7-4.c程序：用户按下中断键(<Ctrl>+C)时的自定义信号处理函数设计 */
#include<stdio.h>
#include<signal.h>              /*文件预处理，包含signal等函数库*/
#include<unistd.h>
#include<stdlib.h>
void fun_ctrl_c();             /*自定义信号处理函数声明*/
void fun_ctrl_c()              /*自定义信号处理函数*/
{
    printf("\t 您按了<Ctrl>+C 哦:)\n");
    printf("\t 信号处理函数：有什么要处理，在处理函数中编程！\n");
    printf("\t 此例不处理，重新恢复SIGINT信号的系统默认处理。\n");
    (void) signal(SIGINT,SIG_DFL);   /*重新恢复SIGINT信号的系统默认处理*/
}
```

```
int main ()                 /*C 程序的主函数, 开始入口*/
{
    (void) signal(SIGINT,fun_ctrl_c);/*如果按了<Ctrl>+C 键,调用 fun_ctrl_c 函数*/
    printf("主程序: 程序进入一个无限循环! \n");
    while(1)
    {
        printf("这是一个无限循环(要退出请按<Ctrl>+C 键)! \n");
        sleep(3);
    }
    exit(0);
}
```

步骤 2 用 gcc 编译程序。

接着用 gcc 的 "-o" 选项, 将 7-4.c 程序编译成可执行文件 7-4。输入如下:

[root@localhost root]# **gcc 7-4.c -o 7-4**

步骤 3 运行程序。

编译成功后, 运行可执行文件 7-4, 输入 "./7-4", 此时系统会出现运行结果, 每等待 3 秒打印输出一段相同的文字, 直到用户按下<Ctrl>+C 键, 进入信号处理函数, 显示自定义函数中要打印输出的文字, 显示完毕后回到主程序, 依然是每 3 秒打印输出一段相同的文字, 用户如果第二次按下<Ctrl>+C 键, 结束程序运行。终端中的显示如下:

[root@localhost root]# **./7-4**
主程序: 程序进入一个无限循环!
这是一个无限循环(要退出请按<Ctrl>+C 键)!
这是一个无限循环(要退出请按<Ctrl>+C 键)!
        您按了<Ctrl>+C 哦:)
        信号处理函数: 有什么要处理, 在处理函数中编程!
        此例不处理, 重新恢复 SIGINT 信号的系统默认处理。
这是一个无限循环(要退出请按<Ctrl>+C 键)!
这是一个无限循环(要退出请按<Ctrl>+C 键)!
这是一个无限循环(要退出请按<Ctrl>+C 键)!

思考:

(1) 在以上例子中, 如省略语句 "(void) signal(SIGINT, SIG_DFL);" 程序运行情况会发生什么变化? 为什么?

(2) 仿照例 7.2, 函数 alarm(10) 在运行 10 秒后发送信号 SIGALARM, 程序接收到 SIGALARM 信号后启动输出打印函数, 此函数输出登录系统的用户名。

signal 函数主要用于前面 31 种非实时信号的处理, 不支持信号传递信息(函数类型是 void), 但是使用简单、方便, 只需把要处理的信号和处理函数列出即可, 因此受到许多软件工程师的欢迎。

📖 **相关知识介绍**

signal 函数说明如下：

所需头文件	#include<signal.h>
函数功能	设置信号处理方式
函数原型	void (*signal(int signum, void(* handler)(int)))(int);
函数传入值	signal( )会依参数 signum 指定的信号编号来设置该信号的处理函数。当指定的信号到达时就会跳转到参数 handler 指定的函数执行。如果参数 handler 不是函数指针，则必须是下列两个常数之一： • SIG_IGN： 忽略参数 signum 指定的信号 • SIG_DFL： 将参数 signum 指定的信号重设为核心预设的信号处理方式
函数返回值	返回先前的信号处理函数指针，如果有错误则返回 SIG_ERR(–1)
备注	

思考:

（1）在自定义函数中能否发送 SIGKILL 信号给进程，直接结束整个程序？如果不能，为什么？如果可以，如何修改程序？

（2）阅读以下程序，理解 raise、kill、signal 等函数的应用。

```
#include <stdio.h>
#include <signal.h>

void sig_callback1( ){   printf("signal: SIGUSR1\n");   }
void sig_callback2( ){   printf("signal: SIGUSR2\n");   }
void sig_haha( )
{printf("heng, i do not terminate the process,so what?\n");}

int main()
{
    // 用户定义信号
    if(SIG_ERR == signal(SIGUSR1, sig_callback1))
    {
        printf("error1\n");
        return 1;
    }

    // 用户定义信号
    if(SIG_ERR == signal(SIGUSR2, sig_callback2))
    {
        printf("error2\n");
        return 1;
```

```
    }

    // SIGTERM 信号的默认操作是杀死进程，但通过函数的映射可以改变这个默认操作
    if(SIG_ERR == signal(SIGTERM, sig_haha))
    {
        printf("error3\n");
        return 1;
    }

    while(1)
    {
        getchar();
        kill(getpid(), SIGUSR1); // 向当前进程发送 SIGUSR1 消息
        getchar();
        raise(SIGUSR2); // 向当前进程发送 SIGUSR2 消息
    }
    return 0;

}
```

3. 信号阻塞

有时既不希望进程在接收到信号时立刻中断进程的执行，也不希望此信号完全被忽略掉，而是希望延迟一段时间再去调用信号处理函数，这个时候就需要信号阻塞来完成。

在信号阻塞处理中要用到下列信号集操作函数：

```
#include <signal.h>
int sigemptyset(sigset_t *set);
int sigfillset(sigset_t *set);
int sigaddset(sigset_t *set, int signo);
int sigdelset(sigset_t *set, int signo);
int sigismember(const sigset_t *set, int signo);
```

函数 sigemptyset 初始化 set 所指向的信号集，使其中所有信号的对应 bit 清零，表示该信号集不包含任何有效信号。

函数 sigfillset 初始化 set 所指向的信号集，使其中所有信号的对应 bit 置位，表示该信号集的有效信号包括系统支持的所有信号。注意，在使用 sigset_t 类型的变量之前，一定要调用 sigemptyset 或 sigfillset 进行初始化，使信号集处于确定的状态。

初始化 sigset_t 变量之后就可以在调用 sigaddset 和 sigdelset 在该信号集中添加或删除某种有效信号。这四个函数都是成功时返回 0，出错时返回-1。

sigismember 是一个布尔函数，用于判断一个信号集的有效信号中是否包含某种信号，若包含则返回 1，不包含则返回 0，出错返回-1。

例 7.5　设计一个程序，要求主程序运行时，即使用户按下中断键（<Ctrl>+C），也不能影响正在运行的程序，即让信号处于阻塞状态，当主体程序运行完毕后才进入自定义信号处理函数。

分析　为了清楚看到结果，主程序等待 2 秒后打印输出一条语句，共打印输出 5 条语句；要使用户按下中断键跳到自定义函数，还是用比较简单的 signal 函数，用户按中断键<Ctrl>+C 不能影响正在运行的程序，就需要阻塞中断信号，用 sigemptyset，sigaddset 和 sigprocmask 三

个函数。在程序主体运行完毕后，用 sigprocmask 函数解除对中断信号的阻塞，转入自定义函数运行。

☞ 操作步骤

步骤 1 编辑源程序代码。

在 vi 中编辑源程序，在终端中输入如下：

```
[root@localhost root]# vi 7-5.c
```

程序代码如下：

```
/*7-5.c程序：先阻塞用户发出的中断信号，程序主体运行完毕后才进入自定义信号处理函数 */
#include<stdio.h>              /*文件预处理，包含标准输入输出库*/
#include<stdlib.h>             /*文件预处理，包含进程控制函数库*/
#include<signal.h>             /*文件预处理，包含进程通信函数库*/
#include<sys/types.h>          /*文件预处理，包含进程控制函数库*/
#include<unistd.h>             /*文件预处理，包含进程控制函数库*/
void fun_ctrl_c();             /*自定义信号处理函数声明*/
int main ()                    /*C程序的主函数，开始入口*/
{
    int i;
    sigset_t set,pendset;
    struct sigaction action;
    (void) signal(SIGINT,fun_ctrl_c);    /*调用 fun_ctrl_c 函数*/
    if(sigemptyset(&set)<0)              /*初始化信号集合*/
        perror("初始化信号集合错误");
    if(sigaddset(&set,SIGINT)<0)         /*把 SIGINT 信号加入信号集合*/
        perror("加入信号集合错误");
    if(sigprocmask(SIG_BLOCK,&set,NULL)<0)/*把信号集合加入到当前进程的阻塞集合中*/
        perror("往信号阻塞集增加一个信号集合错误");
    else
    {
        for(i=0;i<5;i++)
        {
            printf("显示此文字，表示程序处于阻塞信号状态！\n");
            sleep(2);
        }
    }
    if(sigprocmask(SIG_UNBLOCK,&set,NULL)<0)/*从当前的阻塞集中删除一个信号集合*/
        perror("从信号阻塞集删除一个信号集合错误");
}
void fun_ctrl_c()             /*自定义信号处理函数*/
{
    printf("\t 您按了<Ctrl>+C 系统是不是很长时间没理您？\n");
    printf("\t 信号处理函数：有什么要处理，在处理函数中编程！\n");
    printf("\t 此例不处理，直接结束!\n");
    (void) signal(SIGINT,SIG_DFL);         /*重新恢复 SIGINT 信号的系统默认处理*/
}
```

步骤 2 用 gcc 编译程序。

接着用 gcc 的"-o"选项，将 7-5.c 程序编译成可执行文件 7-5。输入如下：

```
[root@localhost root]# gcc 7-5.c -o 7-5
```

步骤 3　运行程序。

编译成功后，运行可执行文件 7-5，输入 "./7-5"，此时系统会出现运行结果，等待 2 秒打印输出一段相同的文字，共打印输出 5 条。

如果在打印输出文字的时候，用户没有按下<Ctrl>+C 键，程序在打印输出完 5 条信息后结束运行。终端中的显示如下：

```
[root@localhost root]# ./7-5
显示此文字，表示程序处于阻塞信号状态！
显示此文字，表示程序处于阻塞信号状态！
显示此文字，表示程序处于阻塞信号状态！
显示此文字，表示程序处于阻塞信号状态！
显示此文字，表示程序处于阻塞信号状态！
```

如果在打印输出文字的时候，用户按下<Ctrl>+C 键。程序没有马上进入信号处理程序，而是仍然打印输出文字，等到打印输出完毕，程序才进入自定义信号处理函数。终端中的显示如下：

```
[root@localhost root]# ./7-5
显示此文字，表示程序处于阻塞信号状态！
显示此文字，表示程序处于阻塞信号状态！
显示此文字，表示程序处于阻塞信号状态！
显示此文字，表示程序处于阻塞信号状态！
显示此文字，表示程序处于阻塞信号状态！
          您按了<Ctrl>+C 系统是不是很长时间没理您？
          信号处理函数：有什么要处理，在处理函数中编程！
          此例不处理，直接结束！
```

当一个信号被阻塞而处于等待被传递的状态时，就称为信号被挂起。在某些情况下，需要了解被挂起的都是什么信号，这时还可以使用 sigpromask 函数或者 sigpending 函数。请读者动手编写程序，查看被挂起的信号。

📖 相关知识介绍

sigemptyset 函数说明如下：

所需头文件	#include<signal.h>
函数功能	初始化信号集
函数原型	int sigemptyset(sigset_t *set);
函数传入值	将参数 set 信号集初始化并清空
函数返回值	执行成功则返回 0，如果有错误则返回–1
备注	错误代码：EFAULT——参数 set 指针地址无法存取

sigaddset 函数说明如下：

所需头文件	#include<signal.h>
函数功能	增加一个信号至信号集
函数原型	int sigaddset(sigset_t *set, int signum);
函数传入值	将参数 signum 代表的信号加入至参数 set 的信号集里
函数返回值	执行成功则返回 0，如果有错误则返回–1
备注	错误代码：EFAULT——参数 set 指针地址无法存取 EINVAL——参数 signum 非合法的信号编号

sigprocmask 函数说明如下：

所需头文件	#include<signal.h>
函数功能	查询或设置信号掩码
函数原型	int sigprocmask(int how, const sigset_t *set, sigset_t *oldset);
函数传入值	用来改变目前的信号掩码，参数 how 有以下几种： ● SIG_BLOCK：新的信号掩码由目前的信号掩码和参数 set 指定的信号掩码作联集 ● SIG_UNBLOCK：将目前的信号掩码删除掉参数 set 指定的信号掩码 ● SIG_SETMASK：将目前的信号掩码设成参数 set 指定的信号掩码
函数返回值	执行成功则返回 0，如果有错误则返回–1
备注	

思考：如何阻塞<Ctrl>+Z 的用户按键？信号阻塞能阻塞 SIGSTOP 信号吗？

例 7.6 下列程序能处理三种不同的信号，其中信号 SIGINT(<Ctrl>+C 键)和 SIGTSTP（<Ctrl>+Z 键）是可阻塞的，而信号 SIGQUIT（<Ctrl>+\ 键）是不可阻塞的。程序源代码如 7-6.c 所示。

☞ 操作步骤

步骤 1 编辑源程序代码。

在 vi 中编辑源程序，在终端中输入如下：

```
[root@localhost root]# vi 7-6.c
```

程序代码如下：

```
#include<stdio.h>        /*文件预处理，包含标准输入输出库 */
#include<stdlib.h>       /*文件预处理，包含进程控制函数库 */
#include<signal.h>       /*文件预处理，包含进程通信函数库 */
#include<sys/types.h>    /*文件预处理，包含进程控制函数库 */
#include<unistd.h>       /*文件预处理，包含进程控制函数库 */
void fun_ctrl_c();       /*自定义信号处理函数声明 */
void fun_ctrl_z();
void fun_ctrl_d();
int main()
{                        /*C 程序的主函数，开始入口 */
    int i;
    sigset_t set, pendset;
    struct sigaction action;
    (void) signal(SIGINT, fun_ctrl_c);  /*调用 fun_ctrl_c 函数 */
    (void) signal(SIGTSTP,fun_ctrl_z);
    (void) signal(SIGQUIT, fun_ctrl_d);
    if (sigemptyset(&set) < 0)  /*初始化信号集合 */
        perror("初始化信号集合错误");
```

```
    if (sigaddset(&set, SIGINT) < 0)        /*把 SIGINT 信号加入信号集合 */
        perror("<Ctrl>+C 加入信号集合错误");
    if (sigaddset(&set, SIGTSTP) < 0)
        perror("<Ctrl>+Z 加入信号集合错误");
    /*把信号集合加入到当前进程的阻塞集合中 */
    if (sigprocmask(SIG_BLOCK, &set, NULL) < 0)
        perror("往信号阻塞集增加一个信号集合错误");
    else
    {
        for (i = 0; i < 10; i++)
        {
          printf("<Ctrl>+C、<Ctrl>+Z 信号处理处于阻塞状态, 能及时处理'<Ctrl>+\'
          信号\n");
            sleep(3);
    }
    }
    /*从当前的阻塞集中删除一个信号集合 */
    if (sigprocmask(SIG_UNBLOCK, &set, NULL) < 0)
        perror("从信号阻塞集删除一个信号集合错误");
}


void fun_ctrl_c()    /*自定义信号处理函数 */
{
    int n ;
    printf("\t 您按了<Ctrl>+C 系统是不是很长时间没理您? \n");
    for(n=0;n<4;n++)
        printf("\t 正在处理<Ctrl>+C 信号处理函数 \n");
}


void fun_ctrl_z()     /*自定义信号处理函数 */
{
    int n ;
    printf("\t 您按了<Ctrl>+Z 系统是不是很长时间没理您? \n");
    for(n=0;n<6;n++)
        printf("\t 正在处理<Ctrl>+Z 信号处理函数 \n");
}


void fun_ctrl_d( )              /*自定义信号处理函数 */
{
    int n;
    printf("\t 您按了'<Ctrl>+\' 系统及时地处理了此信号处理函数\n");
    for(n=0;n<2;n++)
        printf("\t 正在处理<Ctrl>+\ 信号处理函数 \n");
}
```

步骤 2　用 gcc 编译程序。

接着用 gcc 的 "-o" 选项，将 7-6.c 程序编译成可执行文件 7-6。输入如下：

`[root@localhost root]#` **`gcc  7-6.c  -o  7-6`**

步骤 3 运行程序。

编译成功后，运行可执行文件 7-6。可以试图按下<Ctrl>+C 键、<Ctrl>+Z 键、<Ctrl>+/ 键，观察终端的输出情况。

7.3 管 道

管道允许在进程之间按先进先出的方式传送数据，是进程间通信的一种常见的方式。

例如：

`[root@localhost root]#` **`ls | more`**

这是一个 Shell 命令的例子，功能是将 ls 命令的输出作为 more 命令的输入，并显示 more 的最终输出。这里 ls 与 more 要由两个进程来完成。这两个进程的通信就通过父进程 Shell 创建管道。ls 向管道输入数据，more 从管道读出数据，如图 7.4 所示。

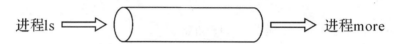

图 7.4 进程 ls 与进程 more 之间的通信

管道分为无名管道（pipe）和命名管道（FIFO）两种。无名管道是半双工的，数据只能向一个方向流动；需要双方通信时，需要建立起两个管道；只能用于具有亲缘关系的父子进程或者兄弟进程之间通信。有名管道与无名管道不同之处在于它提供一个路径名与之关联，以 FIFO 的文件形式存在于文件系统中，即使通过 FIFO 不相关的进程也能交换数据。其他方面除了建立、打开、删除的方式不同外，这两种管道几乎是一样的。它们都是通过内核缓冲区实现数据传输。

pipe 函数用于相关进程之间的通信，如父进程和子进程。它通过 pipe( )系统调用来创建并打开无名管道，当最后一个使用它的进程关闭对它的引用时，pipe 将自动撤销。

FIFO 即命名管道，在磁盘上有对应的节点，但没有数据块——换言之，只是拥有一个名字和相应的访问权限。它是通过 mknod( )系统调用或 mkfifo( )函数来建立的。一旦建立，任何进程都可以通过文件名将其打开和进行读写，而不局限于父、子进程。当然前提是进程对 FIFO 有适当的访问权。当不再被进程使用时，FIFO 在内存中释放，但磁盘节点仍然存在。

管道操作中的常用函数如表 7.3 所示。

管道的实质是一个内核缓冲区，进程以先进先出的方式在缓冲区中存取数据：管道一端的进程顺序地将数据写入缓冲区，另一端的进程则顺序地读出数据。该缓冲区可以看作一个循环队列，读和写的位置都是自动增加（循环）的，不能随意改变，一个数据

表 7.3 管道操作中的常用函数

函 数	功 能
pipe	创建无名管道
popen	创建标准流管道，电标准 I/O 库提供，即高级管道
mkfifo	创建命名管道

只能被读一次，读出以后在缓冲区中就不复存在了。当缓冲区读空或写满时，有一定的规则控制相应的读进程或写进程是否进入等待队列；当空的缓冲区有新数据写入或满的缓冲区有数据读出时，就唤醒等待队列中的进程继续读写。

7.3.1 无名管道操作

无名管道实际上以类似文件的方式与进程交互，但它并不与磁盘打交道，所以效率要比文件操作高很多。建立无名管道用 pipe 函数，一个管道就如一个打开的文件，主要包括两个 file 结构——分别用于读和写。

无名管道操作时，建立管道用 pipe 函数。管道操作分以下步骤：

（1）父进程调用 pipe 函数开辟管道，得到两个文件描述符指向管道的两端。

（2）父进程调用 fork 函数创建子进程，那么子进程也有两个文件描述符指向同一管道。

（3）父进程关闭管道读取端，子进程关闭管道写入端。父进程可以往管道里写，子进程可以从管道里读，管道是用环形队列实现的，数据从写入端流入，从读取端流出，这样就实现了进程间通信。

在下面的例子中，建立管道后，Linux 系统会同时为该进程建立两个文件描述符 pipe_fd[0]和 pipe_fd[1]。父进程 pipe_fd[1]用来把数据写入管道。子进程 pipe_fd[0]用来从管道读取数据。对管道而言，可以用 write 函数把数据写入管道，用 read 函数读取管道数据。

例 7.7 设计一个程序，要求创建一个管道，复制进程，父进程往管道中写入字符串，子进程从管道中读取并输出字符串。

分析 主程序调用 pipe 函数创建一个管道，调用 fork 函数创建进程；父进程中先用 close(pipe_fd[0])关闭 pipe_fd[0]，剩下的 pipe_fd[1]用来把数据写入管道，利用 write 函数写入字符串，然后用 close(pipe_fd[1])关闭 pipe_fd[1]；子进程是用 close(pipe_fd[1])关闭 pipe_fd[1]，剩下的 pipe_fd[0]用来从管道读取数据，利用 read 函数读取字符串，然后用 close(pipe_fd[0])关闭 pipe_fd[0]。

☞ **操作步骤**

步骤 1 编辑源程序代码。

在 vi 中编辑源程序，在终端中输入如下：

```
[root@localhost root]# vi  7-7.c
```

程序代码如下：

```
/*7-7.c 程序：管道的创建和读写*/
#include<stdio.h>          /*文件预处理，包含标准输入输出库*/
#include<stdlib.h>         /*文件预处理，包含 system、exit 等函数库*/
#include<sys/types.h>      /*文件预处理，包含 waitpid、kill、raise 等函数库*/
#include<sys/wait.h>       /*文件预处理，包含 waitpid 函数库*/
#include<unistd.h>         /*文件预处理，包含进程控制函数库*/
#include<string.h>
int main ()                /*C 程序的主函数，开始入口*/
{
  pid_t result;
```

```
int r_num;
int pipe_fd[2];
char buf_r[100],buf_w[100];
  /*把 buf_r 所指的内存区域的前 sizeof(buf_r)字节置为 0，初始化清空的操作*/
memset(buf_r,0,sizeof(buf_r));
if(pipe(pipe_fd)<0)      /*调用 pipe 函数，创建一个管道*/
{
   printf("创建管道失败");
   return -1;
}
result=fork();           /*调用 fork 函数，复制进程,返回值存在变量 result 中*/
if(result<0)  /*通过 result 的值来判断 fork 函数的返回情况，这里进行出错处理*/
{
   perror("创建子进程失败");
   exit(0) ;
}
else if(result==0)          /*子进程运行代码段*/
{
   close(pipe_fd[1]);
   if((r_num=read(pipe_fd[0],buf_r,100))>0)
       printf("子进程从管道读取%d 个字符，读取的字符串是：%s\n",r_num,buf_r);
   close(pipe_fd[0]);
   exit(0);
}
else                        /*父进程运行代码段*/
{
   close(pipe_fd[0]);
   printf("请从键盘输入写入管道的字符串\n");
   scanf("%s",buf_w);
   if(write(pipe_fd[1],buf_w,strlen(buf_w))!=-1)
       printf("父进程向管道写入:%s\n",buf_w);
   close(pipe_fd[1]);
   waitpid(result,NULL,0);/*调用 waitpid,阻塞父进程,等待子进程退出*/
   exit(0);
}
}
```

步骤 2　用 gcc 编译程序。

接着用 gcc 的 "-o" 选项，将 7-7.c 程序编译成可执行文件 7-7。输入如下：

`[root@localhost root]# gcc 7-7.c -o 7-7`

步骤 3　运行程序。

编译成功后，运行可执行文件 7-7。输入 "./7-7"，此时系统会出现运行结果，父进程向管道写入两串文字，子进程从管道中读取字符串，并在终端中显示输出读取的字符串和字符数。终端中的显示如下：

`[root@localhost root]# ./7-7`
请从键盘输入写入管道的字符串
aabbbcccc
父进程向管道写入:aabbbcccc
子进程从管道读取 9 个字符，读取的字符串是：aabbbcccc

📖 相关知识介绍

pipe 函数说明如下：

所需头文件	#include<unistd.h>
函数功能	建立管道
函数原型	int pipe(int　filedes[2]);
函数传入值	将文件描述字同参数 filedes 数据返回：filedes[0]管道读取端，filedes[1]管道写入端
函数返回值	执行成功则返回 0，如果有错误则返回–1
备注	

memset 函数说明如下：

所需头文件	#include<string.h>
函数功能	将一段内存空间填入某值
函数原型	void *memset (void *s, int c, size_t n);
函数传入值	将参数 s 所指的内存区域内前 n 个字节以参数 c 填入，然后返回指向 s 的指针。参数 c 虽声明为 int，但必须是 unsigned char，所以范围在 0～255 之间
函数返回值	返回指向 s 的指针
备注	

　　思考：设计一个程序，要求创建一个管道，创建子进程，父进程读取文件 7-7.c 的内容，把读出的字符串写入管道，子进程从管道中读取字符串并输出，直到文件结束。

请阅读下列程序，程序对 7-7.c 做了一些改进，父进程可以根据需要不断写入数据到管道，请自己调试此程序。

```
#include<stdio.h>          /*文件预处理，包含标准输入输出库 */
#include<stdlib.h>         /*文件预处理，包含 system、exit 等函数库 */
#include<sys/types.h>        /*文件预处理，包含 waitpid、kill、raise 等函数库 */
#include<sys/wait.h>         /*文件预处理，包含 waitpid 函数库 */
#include<unistd.h>         /*文件预处理，包含进程控制函数库 */
#include<string.h>
int main()
{                    /*C 程序的主函数，开始入口 */
    pid_t result;
    int r_num;
    int i = 0, y = 1;
    int pipe_fd[2];
    char buf_r[100], buf_w[100];
    /*把 buf_r 所指的内存区域的前 sizeof(buf_r)得到的字节置为 0，初始化清空的操作 */
```

```
memset(buf_r, 0, sizeof(buf_r));
if(pipe(pipe_fd) < 0)
{    /*调用 pipe 函数，创建一个管道 */
printf("创建管道失败");
exit(1);
}
result = fork();      /*调用 fork 函数，复制进程,返回值存在变量 result 中 */
/*通过 result 的值来判断 fork 函数的返回情况，这里进行出错处理 */
if (result < 0)
{
    perror("创建子进程失败");
    exit(1);
}
else if(result == 0)     /*返回值为 0 代表子进程 */
{
    close(pipe_fd[1]);
    while (y)
    {
      if ((r_num = read(pipe_fd[0], buf_r, 100)) > 0)
      {  buf_r[r_num] = '\0';      }
      printf("子进程从管道读取%d 个字符，读取的字符串是: %s\n", r_num,buf_r);
      if (strcmp(buf_r, "q") == 0)
        y = 0;
    }
      close(pipe_fd[0]);
      exit(0);
}
else
  {              /*返回值大于 0 代表父进程 */
    close(pipe_fd[0]);
    while (y)
    {
      i++;
      printf("输入管道的第%d 串字符是:", i);
      scanf("%s", buf_w);
      if (write(pipe_fd[1], buf_w, strlen(buf_w)) != -1)
          printf("父进程向管道写入:%s\n", buf_w);
      printf("继续(1/0?):");
      scanf("%d", &y);
      if (y == 0)
          write(pipe_fd[1], "q", 2);
    }
    close(pipe_fd[1]);
    waitpid(result, NULL, 0); /*调用 waitpid, 阻塞父进程,等待子进程退出*/
    exit(0);
  }
}
```

使用管道需要注意以下 5 种特殊情况（假设都是阻塞 I/O 操作，没有设置 O_NONBLOCK

标志）：

（1）如果所有指向管道写入端的文件描述符都关闭了（管道写入端的引用计数等于 0），而仍然有进程从管道的读取端读数据，那么管道中剩余的数据都被读取后，再次 read 会返回 0，就像读到文件末尾一样。

（2）如果有指向管道写入端的文件描述符没关闭（管道写入端的引用计数大于 0），而持有管道写入端的进程也没有向管道中写数据，这时有进程从管道读取端读数据，那么管道中剩余的数据都被读取后，再次 read 会阻塞，直到管道中有数据可读了才读取数据并返回。

（3）如果所有指向管道读取端的文件描述符都关闭了（管道读取端的引用计数等于 0），这时有进程向管道的写入端 write，那么该进程会收到信号 SIGPIPE，通常会导致进程异常终止。

（4）如果有指向管道读取端的文件描述符没关闭（管道读取端的引用计数大于 0），而持有管道读取端的进程也没有从管道中读数据，这时有进程向管道写入端写数据，那么在管道被写满时再次 write 会阻塞，直到管道中有空位置了才写入数据并返回。

（5）两个进程通过一个管道只能实现单向通信，如果有时候也需要子进程写父进程读，就必须另开一个管道。

7.3.2　命名管道

命名管道（FIFO），它与无名管道的工作机制很类似，都是采用对打开的文件进行读写的方式。命名管道是为了解决无名管道只能用于近亲进程之间通信的缺陷而设计的。命名管道是建立在实际的磁盘介质或文件系统（而不是只存在于内存中）上有自己名字的文件，任何进程可以在任何时间通过文件名或路径名与该文件建立联系。两者的主要区别在于命名管道有一个名字，而无名管道没有。命名管道的名字对应于一个磁盘索引节点，有了这个文件名，任何进程有相应的权限都可以对它进行访问。而无名管道却不同，进程只能访问自己或祖先创建的管道，而不能任意访问已经存在的管道——因为没有名字。

由于存在这个区别，命名管道的创建、打开和删除的过程与无名管道也不一样。Linux 中通过系统调用 mknod( )或 mkfifo( )来创建一个命名管道。具体过程如下：

（1）应用函数 mkfifo 建立一个命名管道；

（2）根据读写方式用函数 open 打开这个命名管道；

（3）应用宏建立文件描述符集合，设定等待时间，使用函数 select 实现非阻塞传送；

（4）使用 read、write 读写管道；

（5）读写完成关闭管道。

最简单的方式是直接使用 Shell 命令：

```
[root@localhost root]# mkfifo myfifo
```

等价于

```
[root@localhost root]# mknod myfifo p
```

以上命令在当前目录下创建了一个名为 myfifo 的命名管道。用 ls –p 命令查看文件的类型时，可以看到命名管道对应的文件名后有一条竖线"|"，表示该文件不是普通文件而是命名管道。使用 open( )函数通过文件名可以打开已创建的命名管道，而无名管道不能用

open( )来打开。当一个命名管道不再被任何进程打开时，它并没有消失，还可以再次被打开，就像打开一个磁盘文件一样。可以用删除普通文件的方法将其删除，实际删除的是磁盘上对应的节点信息。

例 7.8 设计两个程序，要求用命名管道 FIFO 实现简单的聊天功能。

分析 因为管道通信是单工的，要实现聊天需要有两个实现单工的程序，两个程序都创建相同的两个管道文件。

🖝 操作步骤

步骤 1 编辑源程序代码。

在 vi 中编辑源程序，在终端中输入如下：

`[root@localhost root]# vi 7-8zhang.c`

程序代码如下：

```
/*7-8zhang.c 程序：利用命名管道创建简单的聊天程序，张三的终端*/
#include <stdio.h>
#include <fcntl.h>
#include <string.h>
#include <stdlib.h>
#include <sys/select.h>
#include <sys/types.h>
#include <sys/stat.h>
#include <errno.h>
int main()
{
  int i, rfd,wfd,len=0,fd_in;
  char str[32];
  int flag,stdinflag;
  fd_set write_fd,read_fd;
  struct timeval net_timer;
  mkfifo("fifo1",S_IWUSR|S_IRUSR|S_IRGRP|S_IROTH); /*mkfifo 函数创建命名管道*/
  mkfifo("fifo2",S_IWUSR|S_IRUSR|S_IRGRP|S_IROTH); /*mkfifo 函数创建命名管道*/
  wfd =open("fifo1",O_WRONLY); /*以写方式打开管道文件*/
  rfd =open("fifo2",O_RDONLY); /*以只读方式打开管道文件*/
  if(rfd<=0||wfd<=0)return 0;
     printf("这是张三的终端!\n");
  while(1)
  {
      FD_ZERO(&read_fd);      /*清除一个文件描述符集*/
      FD_SET(rfd,&read_fd);       /*将文件描述符 rfd 加入文件描述符集 read_fd */
      FD_SET(fileno(stdin),&read_fd);
      net_timer.tv_sec=5;
      net_timer.tv_usec=0;
      memset(str,0,sizeof(str)); /*memset 函数初始化清空*/
      if(i=select(rfd+1, &read_fd,NULL, NULL, &net_timer) <= 0)
         continue;
      if(FD_ISSET(rfd,&read_fd))
      {
          read(rfd,str,sizeof(str)); /*读取管道，将管道内容存入 str 变量*/
          printf("----------------------------\n");
          printf("李四:%s\n",str); /*打印输出 str 变量内容*/
```

```
        }
        if(FD_ISSET(fileno(stdin),&read_fd))
        {
            printf("----------------------------\n");
            fgets(str,sizeof(str),stdin);
            len=write(wfd,str,strlen(str));  /*写入管道*/
        }
    }
    close(rfd);
    close(wfd);
}
```

select 函数说明如下：

所需头文件	#include <sys/select.h>
函数功能	使用 select 就可以完成非阻塞（non-block）方式工作的程序，它能够监视需要监视的文件描述符的变化情况——读写或是异常
函数原型	int select(int maxfdp , fd_set *readfds , fd_set *writefds , fd_set *errorfds , struct timeval *timeout)
函数传入值	int maxfdp:指集合中所有文件描述符的范围，即所有文件描述符的最大值加 1 fd_set *readfds:指集合中可读的文件描述符 fd_set *writefds:指集合中可写的文件描述符 fd_set *errorfds:指集合中用来监视文件错误异常的描述符 struct timeval *timeout:是 select 的超时时间，timeout 参数判断是否超时，若超出 timeout 的时间，select 返回 0，若发生错误返回负值
函数返回值	文件无操作或超出 timeout 设定的时间返回 0，文件有操作返回一个正值，若发生错误返回负值
备注	具体见以下说明

注意：

　　使用 select 就可以完成非阻塞（non-block）方式工作的程序，它能够监视需要监视的文件描述符的变化情况——读写或是异常。

　　int select(int maxfdp,fd_set *readfds,fd_set *writefds,fd_set *errorfds,struct timeval *timeout);

　　（1）struct fd_set 可以理解为文件描述符的集合，socket 句柄也是一个文件描述符。fd_set 集合可以通过宏来操作，比如：

　　FD_ZERO(fd_set *);　——清空集合。

　　FD_SET(int, fd_set *);　——将一个给定的文件描述符加入集合之中。

　　FD_CLR(int, fd_set *);　——将一个给定的文件描述符从集合中删除。

　　FD_ISSET(int ,fd_set *);　——检查集合中指定的文件描述符是否可以读写

　　（2）struct timeval：用来代表时间值。

　　（3）fd_set *readfds 是指向 fd_set 结构的指针，监视这些文件描述符的读变化的。如

果这个集合中有一个文件可读，select 就会返回一个大于 0 的值，表示有文件可读；如果没有可读的文件，则根据 timeout 参数再判断是否超时，若超出 timeout 的时间，select 返回 0，若发生错误返回负值。可以传入 NULL 值，表示不关心任何文件的读变化。

（4）fd_set *writefds 是指向 fd_set 结构的指针，监视这些文件描述符的写变化的，即我们关心是否可以向这些文件中写入数据了。如果这个集合中有一个文件可写，select 就会返回一个大于 0 的值，表示有文件可写；如果没有可写的文件，则根据 timeout 参数再判断是否超时，若超出 timeout 的时间，select 返回 0，若发生错误返回负值。可以传入 NULL 值，表示不关心任何文件的写变化。

（5）fd_set *errorfds：同上面两个参数的意图，用来监视文件错误异常。

（6）struct timeval *timeout 是 select 的超时时间，它可以使 select 处于三种状态：

第一，若将 NULL 以形参传入，即不传入时间结构，就是将 select 置于阻塞状态，一直等到监视文件描述符集合中某个文件描述符发生变化为止；

第二，若将时间值设为 0 秒 0 毫秒，就变成一个纯粹的非阻塞函数，不管文件描述符是否有变化，都立刻返回继续执行，文件无变化返回 0，有变化返回一个正值；

第三，timeout 的值大于 0，这就是等待的超时时间，即 select 在 timeout 时间内阻塞，超时时间之内有事件到来就返回了，否则在超时后不管怎样一定返回，返回值同上述。

（7）select 返回值：负值表示 select 错误；正值表示某些文件可读写或出错；0 表示等待超时，没有可读写或错误的文件。

```
[root@localhost root]# vi 7-8li.c
```
程序代码如下：
```c
/*7-8li.c程序：利用命名管道创建简单的聊天程序，李四的终端*/
#include <stdio.h>
#include <fcntl.h>
#include <string.h>
#include <stdlib.h>
#include <sys/select.h>
#include <sys/types.h>
#include <sys/stat.h>
#include <errno.h>
int main()
{
  int i, rfd,wfd,len=0,fd_in;
  char str[32];
  int flag,stdinflag;
  fd_set write_fd,read_fd;
  struct timeval net_timer;
  mkfifo("fifo1",S_IWUSR|S_IRUSR|S_IRGRP|S_IROTH); /*mkfifo函数创建命名管道*/
  mkfifo("fifo2",S_IWUSR|S_IRUSR|S_IRGRP|S_IROTH); /*mkfifo函数创建命名管道*/
  rfd =open("fifo1",O_RDONLY); /*以只读方式打开管道文件*/
  wfd =open("fifo2",O_WRONLY); /*以写方式打开管道文件*/
  if(rfd<=0||wfd<=0)return 0;
    printf("这是李四的终端!\n");
  while(1)
```

```
{
    FD_ZERO(&read_fd);              /*清除一个文件描述符集*/
    FD_SET(rfd,&read_fd);           /*将文件描述符 rfd 加入文件描述符集 read_fd */
    FD_SET(fileno(stdin),&read_fd);
    net_timer.tv_sec=5;
    net_timer.tv_usec=0;
    memset(str,0,sizeof(str));      /*memset 函数初始化清空*/
    if(i=select(rfd+1,&read_fd,NULL, NULL, &net_timer) <= 0)
        continue;
    if(FD_ISSET(rfd,&read_fd))
    {
        read(rfd,str,sizeof(str));  /*读取管道，将管道内容存入 str 变量*/
        printf("--------------------------\n");
        printf("张三:%s\n",str);     /*打印输出 str 变量内容*/
    }
    if(FD_ISSET(fileno(stdin),&read_fd))
    {
        printf("--------------------------\n");
        fgets(str,sizeof(str),stdin);
        len=write(wfd,str,strlen(str)); /*写入管道*/
    }
}
close(rfd);
close(wfd);
}
```

步骤 2　用 gcc 编译程序。

接着用 gcc 的“-o”选项，将 7-8zhang.c 程序和 7-8li.c 程序编译成可执行文件 7-8zhang 和 7-8li。输入如下：

```
[root@localhost root]# gcc  7-8zhang.c  -o  7-8zhang
[root@localhost root]# gcc  7-8li.c  -o  7-8li
```

步骤 3　运行程序。

编译成功后，分别打开两个终端运行可执行文件 7-8zhang 和 7-8li，在终端 1 中输入“./7-8zhang”，在终端 2 中输入“./7-8li”。此时系统会出现运行结果，一个程序中的输入马上能够被另一个程序显示，实现了简单的聊天功能。终端中的显示如下：

终端 1 中显示如下：

```
[root@localhost root]# ./7-8zhang
```

这是张三的终端！
您好

李四:好

吃饭了吗?

李四:吃了,您呢?

嗯,下次有空来我们家吃饭。

```
--------------------------
--------------------------
```

李四:好的,回头见!

88
```
--------------------------
--------------------------
```
李四:8

终端 2 中显示如下：

`[root@localhost root]#` **./7-8li**
这是李四的终端!
```
--------------------------
```
张三:您好

好
```
--------------------------
--------------------------
```
张三:吃饭了吗?

吃了,您呢?
```
--------------------------
--------------------------
```
张三:嗯,下次有空来我们家吃饭。

好的,回头见!
```
--------------------------
--------------------------
```
张三:88

8
```
--------------------------
```

到当前目录下查看,发现多了两个管道文件"fifo1"和"fifo2"。限于篇幅,这个简单的聊天程序没有做结束处理。要结束程序可以按<Ctrl>+Z 或者<Ctrl>+C 键,请读者试一下两种结束方法,思考为什么两种中断结束后,终端显示是不一样的。

程序扩展阅读1:

```
    while(1)
    {
        FD_ZERO(&fds); //每次循环都要清空集合,否则不能检测描述符变化
        FD_SET(sock,&fds); //添加描述符
        FD_SET(fp,&fds); //同上
        maxfdp=sock>fp?sock+1:fp+1;     //描述符最大值加 1
        switch(select(maxfdp,&fds,&fds,NULL,&timeout))    //使用 select
        {
            case -1: exit(-1);break; //select 错误,退出程序
            case 0:break; //再次轮询
            default:
              if(FD_ISSET(sock,&fds)) //测试 sock 是否可读,即是否网络上有数据
              {
```

```
            recvfrom(sock,buffer,256,.....);//接收网络数据
            if(FD_ISSET(fp,&fds))  //测试文件是否可写
                fwrite(fp,buffer...);//写入文件, 清空 buffer;
        }// end if break;
    }// end switch
}//end while
```

程序扩展阅读2：对上例利用管道实现聊天的程序加以改造，功能为当两个终端分别打开各自的程序之后，系统随机产生一个100～1000之间的整数，两名同学在各自的终端中输入数字，其终端可显示猜测正确、猜大了或者猜小了，同时也会显示对方输入的数字与结果。最终先猜到正确答案的人获胜。程序应用了随机数函数rand( )、管道通信等知识点，由张三的终端产生随机数，通过管道传递给李四的终端，实现了两人猜测数字的统一，请调试程序。

张三的终端的程序game1.c

```c
#include <stdio.h>
#include <fcntl.h>
#include <string.h>
#include <stdlib.h>
#include <sys/select.h>
#include <sys/types.h>
#include <sys/stat.h>
#include <errno.h>
int main()
{
  int i, rfd,wfd,len=0,fd_in;
  char str[32];
  int flag,stdinflag;
  int j,n,mynumber;
  fd_set write_fd,read_fd;
  struct timeval net_timer;
  /*mkfifo 函数创建命名管道*/
  mkfifo("fifo1",S_IWUSR|S_IRUSR|S_IRGRP|S_IROTH);
  /*mkfifo 函数创建命名管道*/
  mkfifo("fifo2",S_IWUSR|S_IRUSR|S_IRGRP|S_IROTH);
  wfd =open("fifo1",O_WRONLY); /*以写方式打开管道文件*/
  rfd =open("fifo2",O_RDONLY); /*以只读方式打开管道文件*/
  if(rfd<=0||wfd<=0)
     return 0;
  FD_ZERO(&read_fd);        /*清除一个文件描述符集*/
  FD_SET(rfd,&read_fd);     /*将文件描述符 rfd 加入文件描述符集 read_fd */
  FD_SET(fileno(stdin),&read_fd);
  net_timer.tv_sec=5;
  net_timer.tv_usec=0;
  memset(str,0,sizeof(str)); /*memset 函数初始化清空*/
  srand((int)time(0));
  n=100+(int)(901.0*rand()/(RAND_MAX+1.0));
  sprintf(str,"%d",n);
  len=write(wfd,str,strlen(str));
```

```
      printf("猜数字(100-1000)\n");
      while(1)
      {
        FD_ZERO(&read_fd);        /*清除一个文件描述符集*/
        FD_SET(rfd,&read_fd);     /*将文件描述符 rfd 加入文件描述符集 read_fd */
        FD_SET(fileno(stdin),&read_fd);
        net_timer.tv_sec=5;
        net_timer.tv_usec=0;
        memset(str,0,sizeof(str)); /*memset 函数初始化清空*/
        if(i=select(rfd+1, &read_fd,NULL, NULL, &net_timer) <= 0)
          continue;
        if(FD_ISSET(rfd,&read_fd))
        {
          read(rfd,str,sizeof(str)); /*读取管道，将管道内容存入 str 变量*/
          printf("--------------------------\n");
          if(strcmp(str,"李四获胜!")==0)
          {
            printf("%s\n",str);
            printf("正确数字为:%d\n",n);
            break;
          }
          printf("李四:%s\n",str); /*打印输出 str 变量内容*/
        }
        if(FD_ISSET(fileno(stdin),&read_fd))
        {
          printf("--------------------------\n");
          fgets(str,sizeof(str),stdin);
          mynumber=atoi(str);
          if(mynumber==n)
          {
            strcpy(str,"张三获胜!");
            printf("恭喜您,猜对了!\n");
            len=write(wfd,str,strlen(str));
            break;}
          else if(mynumber<n)
            strcat(str,"猜小了.");
          else
            strcat(str,"猜大了.");
          printf("%s\n",str);
          len=write(wfd,str,strlen(str)); /*写入管道*/
        }
      }
    close(rfd);
    close(wfd);
}
```

李四的终端的程序game2.c

```
#include <stdio.h>
#include <fcntl.h>
#include <string.h>
#include <stdlib.h>
```

```
#include <sys/select.h>
#include <sys/types.h>
#include <sys/stat.h>
#include <errno.h>
int main()
{
int i, rfd,wfd,len=0,fd_in;
char str[32];
int flag,stdinflag;
int j,n,mynumber;
fd_set write_fd,read_fd;
struct timeval net_timer;
mkfifo("fifo1",S_IWUSR|S_IRUSR|S_IRGRP|S_IROTH); /*mkfifo 函数创建命名管道*/
mkfifo("fifo2",S_IWUSR|S_IRUSR|S_IRGRP|S_IROTH); /*mkfifo 函数创建命名管道*/
rfd =open("fifo1",O_RDONLY); /*以只读方式打开管道文件*/
wfd =open("fifo2",O_WRONLY); /*以写方式打开管道文件*/
if(rfd<=0||wfd<=0)return 0;
FD_ZERO(&read_fd);              /*清除一个文件描述符集*/
FD_SET(rfd,&read_fd);    /*将文件描述符 rfd 加入文件描述符集 read_fd */
FD_SET(fileno(stdin),&read_fd);
net_timer.tv_sec=5;
net_timer.tv_usec=0;
memset(str,0,sizeof(str)); /*memset 函数初始化清空*/
read(rfd,str,sizeof(str)); /*读取管道，将管道内容存入 str 变量*/
n=atoi(str);
printf("猜数字(100-1000)\n");
while(1)
{
FD_ZERO(&read_fd);          /*清除一个文件描述符集*/
FD_SET(rfd,&read_fd);    /*将文件描述符 rfd 加入文件描述符集 read_fd */
FD_SET(fileno(stdin),&read_fd);
net_timer.tv_sec=5;
net_timer.tv_usec=0;
memset(str,0,sizeof(str)); /*memset 函数初始化清空*/
if(i=select(rfd+1,&read_fd,NULL, NULL, &net_timer) <= 0)
continue;
if(FD_ISSET(rfd,&read_fd))
{
read(rfd,str,sizeof(str)); /*读取管道，将管道内容存入 str 变量*/
printf("---------------------------\n");
if(strcmp(str,"张三获胜!")==0)
{
printf("%s\n",str);
printf("正确数字为:%d\n",n);
break;}
printf("张三:%s\n",str); /*打印输出 str 变量内容*/
}
if(FD_ISSET(fileno(stdin),&read_fd))
{
printf("---------------------------\n");
fgets(str,sizeof(str),stdin);
```

```
mynumber=atoi(str);
if(mynumber==n)
{
strcpy(str,"李四获胜!");
printf("恭喜您,猜对了!\n");
len=write(wfd,str,strlen(str));
break;
}
else if(mynumber<n)
strcat(str,"猜小了.");
else
strcat(str,"猜大了.");
printf("%s\n",str);
len=write(wfd,str,strlen(str)); /*写入管道*/
}
}
close(rfd);
close(wfd);
}
```

📖 相关知识介绍

mkfifo 函数说明如下:

所需头文件	#include<sys/types.h> #include<sys/stat.h>
函数功能	建立命名管道
函数原型	int mkfifo(const char *pathname, mode_t mode);
函数传入值	依参数 pathname 建立特殊的 FIFO 文件,该文件必须不存在,而参数 mode 为该文件的权限（mode%~umask）,因此 umask 值也会影响到 FIFO 文件的权限。Mkfifo( )建立的 FIFO 文件,其他进程都可以用读写一般文件的方式存取
函数返回值	若成功则返回 0,否则返回-1,错误原因存于 errno 中
备注	

思考:设计两个程序,要求用命名管道实现聊天功能的程序,每次发言后自动在发言内容后面增加当前系统时间。程序结束时增加结束字符,比如最后输入"88"后结束进程。

7.3.3　高级管道操作

在 Linux C 程序设计中除了应用常用的 pipe 系统调用建立管道外,还可以使用 C 函数库中的管道函数 popen 函数来建立管道,使用 pclose 函数关闭管道。popen 函数用创建管道的方式启动一个进程,并调用 shell 来执行 command 命令。由于管道是单向的,所以 type

的方式只能是只读或者只写，不能同时读写。popen 函数的优缺点如下：

优点：在 **Linux** 中所有的参数扩展都是由 shell 来完成的。所以在启动程序（command 中的命令程序）之前先启动 shell 来分析命令字符串，也就可以使各种 shell 扩展（如通配符）在程序启动之前就全部完成，这样我们就可以通过 popen 启动非常复杂的 shell 命令。

缺点：对于每个 popen 调用，不仅要启动一个被请求的程序，还要启动一个 shell，即每一个 popen 调用将启动两个进程，从效率和资源的角度看，popen 函数的调用比正常方式要慢一些。

例 7.9　应用函数 popen 来实现一个程序，在管道中让用户输入数据，然后在从管道中取出用户输入的数据，显示在终端。在主程序中，把一个可执行文件（./input）作为 I/O 标准流管道，并在提示符 "prompt>" 输入一行字符，应用 popen 函数建立这个标准 I/O 管道，popen 函数的第一个参数是文件命令（可执行程序./input），从管道 fpin 读取一行字符到 line，然后再输出到标准终端 stdout。在程序 input.c 中，把大写字母转化为小写字母，并把 input 作为标准 I/O 管道，管道的输出数据作为 7-9.c 的输入数据。因而，此管道的功能是把输入的大写字符转化为小写字符并输出。

分析　首先实现一个输入程序 input.c，然后在 7-9.c 中用 popen 调用这个程序，把 input 的输出作为 7-9.c 的输入。

程序 **input.c** 的代码如下：

```
#include <string.h>
#include <stdio.h>
#include <ctype.h>

int main()
{
    int  c;
    //用户输入数据
    while ((c = getchar()) != EOF)
    {
        if (isupper(c))
        {   c = tolower(c);      }
        //输出数据作为 testinput 的输入数据
        if (putchar(c) == EOF)
        {    fputs("output error\n", stdout);        }
        if (c == '\n')
        {   fflush(stdout);        }
    }
     return 0;
}
```

程序 **7-9.c** 的代码如下：

```
#include <stdio.h>
#include <stdlib.h>
#include <string.h>
#include <unistd.h>
#include <sys/wait.h>
#define MAXLINE 100
```

```
int main()
{
    char    line[MAXLINE];
    FILE  *fpin;
    //popen 的第一个参数是命令，这里执行一个可执行文件
    if ((fpin = popen("./input", "r")) == NULL)
    {
        fputs("popen error\n", stdout);
    }

    for ( ; ; )
    {
        fputs("prompt> ", stdout);
        fflush(stdout);
        if (fgets(line, MAXLINE, fpin) == NULL)
        {      break;      }

        if (fputs(line, stdout) == EOF)
        {      fputs("fputs error to pipe", stdout);      }
    }

    if (pclose(fpin) == -1)
    {      fputs("pclose error\n", stdout);      }
    puts("");
    exit(0);
}
```

编译后执行结果如下：

```
[root@localhost root]#./7-9
prompt> Is-1
Is -1
prompt> LS -L
Is -1
prompt> ABCDabcd
abcdabcd
prompt>
```

按<Ctrl>+C 退出程序的执行。

例 7.10 设计一个程序，要求用 **popen** 创建管道，实现"**ls   -l | grep   7-10.c**"的功能。

分析　先用 popen 函数创建一个读管道，调用 fread 函数将"ls -l"的结果存入 buf 变量，用 printf 函数输出 buf 内容，用 pclose 关闭读管道；接着用 popen 函数创建一个写管道，调用 fprintf 函数将 buf 的内容写入管道，运行"grep   7-10.c"命令。

☞ **操作步骤**

步骤 1　编辑源程序代码。

在 vi 中编辑源程序，在终端中输入如下：

```
[root@localhost root]# vi  7-10.c
```

程序代码如下：

```
/*7-10.c程序：管道的创建和读写*/
#include<stdio.h>
#include<string.h>
int main () /*C程序的主函数，开始入口*/
{
    FILE *fp;
    int num;
    char buf[5000];
    memset(buf,0,sizeof(buf));
    /*把buf所指的内存区域的前sizeof(buf)的字节置为0，即初始化清空的操作*/
    printf("建立管道……\n");
    fp=popen("ls -l","r");    /*调用popen函数，建立管道(读管道)*/
    if(fp!=NULL)
    {
        num=fread(buf,sizeof(char),5000,fp);
        if(num>0)
        {
            printf("第一个命令是"ls-l"，运行结果如下：\n");
            printf("%s\n",buf);
        }
        pclose(fp);
    }
    else
    {
        printf("用popen创建管道错误\n");
        return 1;
    }
    fp=popen("grep 7-10.c","w");    /*调用popen函数，建立管道(写管道)*/
    printf("第二个命令是"grep 7-10.c"，运行结果如下：\n");
    fprintf (fp, "%s\n", buf);
    pclose(fp);
    return 0;
}
```

步骤 2　用 gcc 编译程序。

接着用 gcc 的 "-o" 选项，将 7-10.c 程序编译成可执行文件 7-10。输入如下：

`[root@localhost root]# gcc 7-10.c -o 7-10`

步骤 3　运行程序。

编译成功后，运行可执行文件 7-10，输入 "./7-10"，此时系统会出现运行结果，用 popen 创建管道，实现 "ls -l | grep 7-10.c" 的功能。终端中的显示如下：

`[root@localhost root]# ./7-10`

```
建立管道……
第一个命令是"ls-l"，运行结果如下：
总用量 200
-rw-r--r-- 1 root root  398 10-21 16:30 5.17.c
-rw-r--r-- 1 root root  393 10-21 16:27 5.17.c~
-rw-r--r-- 1 root root 1714 10-17 21:51 5.18.c
-rw-r--r-- 1 root root 1676 10-17 21:46 5.18.c~
```

```
-rw-r--r-- 1 root root  307 10-17 20:47 5.5.c
-rw-r--r-- 1 root root  306 10-17 20:39 5.5.c~
-rwxr-xr-x 1 root root 6298 10-21 14:27 6.9
-rw-r--r-- 1 root root  719 10-21 14:27 6.9.c
-rw-r--r-- 1 root root  713 10-21 14:19 6.9.c~
-rw-r--r-- 1 root root  406 10-21 16:18 7.2.c
drwxr-xr-x 2 root root 4096 10-21 21:46 7-3
-rw-r--r-- 1 root root  881 10-22 12:29 7-10.c
-rw-r--r-- 1 root root  883 10-22 12:29 7-10.c~
-rwxr-xr-x 1 root root 5618 10-22 12:30 a.out
```

第二个命令是"grep 7-10.c",运行结果如下:
```
-rw-r--r-- 1 root root  881 10-22 12:29 7-10.c
-rw-r--r-- 1 root root  883 10-22 12:29 7-10.c~
```

使用 popen 函数读写管道,实际上也是调用 pipe 函数建立一个管道,再调用 fork 函数建立子进程,接着会建立一个 Shell 环境,并在这个 Shell 环境中执行参数指定的进程。

📖 相关知识介绍

popen 函数说明如下:

所需头文件	#include<stdio.h>
函数功能	建立管道 I/O
函数原型	FILE *popen(const char *command, const char *type);
函数传入值	调用 fork( )产生子进程,然后从子进程中调用/bin/sh -c 来执行参数 command 的指令。参数 type 可使用 "r" 代表读取, "w" 代表写入, "r" 和 "w" 是相对于 command 的管道而言的。若为 "r" 则文件指针连接到 command 的标准输出,若为 "w" 则文件指针连接到 command 的标准输入
函数返回值	若成功则返回管道的文件流指针,否则返回 NULL,错误原因存于 errno 中
备注	在编写具有 SUID/SGID 权限的程序时,请尽量避免使用 popen( ),因为 popen( )会继承环境变量,通过环境变量可能会造成系统安全的问题

思考:设计一个程序,要求用 popen 创建管道,实现"kill -l|grep SIGRTMAX"的功能。假设把第一个命令 kill-l 的结果临时存入"7-10.bin"文件中,在运行第二个命令 grep SIGRTMAX 前从"7-10.bin"读取写入管道。

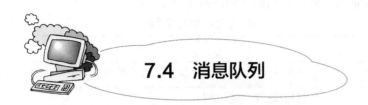

7.4 消息队列

消息队列，就是一个消息构成的链表，是一系列保存在内核中的消息的列表。用户进程可以向消息队列添加消息，也可以从消息队列读取消息。

消息队列是UNIX系统V版本中三种进程间通信机制之一。消息队列就是一个消息的链表。就是把消息看作一个记录，并且这个记录具有特定的格式以及特定的优先级。对消息队列有写权限的进程，可以按照一定的规则添加新消息；对消息队列有读权限的进程则可以从消息队列中读出消息。Linux采用消息队列的方式来实现消息传递。这种消息的发送方式是：发送方不必等待接收方检查它所收到的消息就可以继续工作下去，而接收方如果没有收到消息也不需等待。新的消息总是放在队列的末尾，接收的时候并不总是从头来接收，可以从中间来接收。消息队列是随内核持续的并发进程相关，只有在内核重启或者显示删除一个消息队列时，该消息队列才会真正被删除。因此系统中记录消息队列的数据结构位于内核中，系统中的所有消息队列都可以在结构msg_ids中找到访问入口。

（1）　使用ftok函数可以将不同的进程通过同一个文件访问相同的消息队列。

      key_t　　ftok(const char *pathname, int proj_id);

ftok函数返回值与ftok参数 *pathname文件的索引节点号、指定的参数ID有关。

（2）应用ftok函数返回值key作为msgget函数参数，产生一个消息队列。

（3）进程可以用msgsnd发送消息到这个队列，相应地别的进程用msgrcv读取。注意msgsnd可能会失败的两个情况：

- 可能被中断打断（包括msgsnd和msgrcv）；
- 消息队列满。

（4）msgctl函数可以用来删除消息队列。

消息队列产生之后，除非明确地删除，否则产生的队列会一直保留在系统中。Linux下消息队列的个数是有限的，如果使用已经达到上限，msgget调用会失败，产生的错误码对应的提示信息为"no space left on device"。

注意：

ftok 根据参数给定的路径名提取文件信息，再根据这些文件信息及 project ID 合成 key，该路径可以随便设置。参数中的路径是必须存在的，ftok 只是根据文件 inode 在系统内的唯一性来取一个数值，和文件的权限无关。参数 proj_id 可以根据自己的约定随意设置。在 UNIX 系统上，它的取值是 1 到 255。

消息队列与管道通信相比，其优势是对每个消息指定特定消息类型，接收的时候不需要按队列次序，而是可以根据自定义条件接收特定类型的消息。

可以把消息看作一个记录，具有特定的格式以及特定的优先级。对消息队列有写权限的进程可以向消息队列中按照一定的规则添加新消息；对消息队列有读权限的进程则可以从消息队列中读取消息。消息队列的常用函数如表 7.4 所示。

表 7.4　消息队列的常用函数

函　数	功　能
ftok	由文件路径节点索引号和工程 ID 生成标准 key
msgget	创建或打开消息队列
msgsnd	添加消息
msgrcv	读取消息

思考:

（1）函数 ftok 中参数 pathname 是目录还是文件的具体路径，是否可以随便设置？pathname 指定的目录或文件的权限是否有要求？id 是否可以随便设定及限制条件？

（2）调试下述程序，分析程序的输出结果，ftok 函数获取的键值是与哪个参数相关？st_dev 的后两位、st_ino 的后四位是如何构成的？

```
#include <stdio.h>
#include <stdlib.h>
#include <sys/stat.h>

int main()
{
        char    filename[50];
        struct stat    buf;
        int    ret;
        strcpy( filename, "/home/satellite/" );
        ret = stat( filename, &buf );
        if( ret )
        {
                printf( "stat error\n" );
                return -1;
        }

        printf( "the file info: ftok( filename, 0x27 ) = %x, st_ino = %x,
                st_dev=  %x\n",  ftok(  filename,  0x27  ),  buf.st_ino,
                buf.st_dev );
        return 0;
}
```

　　例 7.11　设计一个程序，要求用函数 msgget 创建消息队列，将从键盘输入的字符串添加到消息队列，然后应用函数 msgrcv 读取队列中的消息并在计算机屏幕上输出。

　　分析　程序先调用 msgget 函数创建、打开消息队列；接着调用 msgsnd 函数，把输入的字符串添加到消息队列中；然后调用 msgrcv 函数，读取消息队列中的消息并打印输出；

最后调用 msgctl 函数，删除系统内核中的消息队列。

操作步骤

步骤 1 编辑源程序代码。

在 vi 中编辑源程序，在终端中输入如下：

`[root@localhost root]# vi 7-11.c`

程序代码如下：

```c
/*7-11.c程序：进程利用消息队列通信*/
#include <stdio.h>
#include <string.h>
#include <stdlib.h>
#include <sys/types.h>
#include <sys/msg.h>
#include <sys/ipc.h>
#include <unistd.h>
struct msgmbuf                     /*结构体，定义消息的结构*/
{
    long msg_type;                 /*消息类型*/
    char msg_text[512];            /*消息内容*/
};
int main()
{
    int qid;
    key_t key;
    int len;
    struct msgmbuf msg;
    if((key=ftok(".",'a'))==-1)    /*调用 ftok 函数，产生标准的 key*/
    {
        perror("产生标准 key 出错");
        exit(1);
    }
    /*调用 msgget 函数，创建、打开消息队列*/
    if((qid=msgget(key,IPC_CREAT|0666))==-1)
    {
        perror("创建消息队列出错");
        exit(1);
    }
    printf("创建、打开的队列号是：%d\n",qid);   /*打印输出队列号*/
    puts("请输入要加入队列的消息：");
    if((fgets((&msg)->msg_text,512,stdin))==NULL)/*输入的消息存入变量 msg_text*/
    {
        puts("没有消息");
        exit(1);
    }
    msg.msg_type=getpid();
    len=strlen(msg.msg_text);
    if((msgsnd(qid,&msg,len,0))<0)   /*调用 msgsnd 函数，添加消息到消息队列*/
    {
        perror("添加消息出错");
        exit(1);
```

```
    }
    if((msgrcv(qid,&msg,512,0,0))<0)    /*调用 msgrcv 函数，从消息队列读取消息*/
    {
        perror("读取消息出错");
        exit(1);
    }
    printf("读取的消息是：%s\n",(&msg)->msg_text); /*打印输出消息内容*/
    if((msgctl(qid,IPC_RMID,NULL))<0)/*调用 msgctl 函数，删除系统中的消息队列*/
    {
        perror("删除消息队列出错");
        exit(1);
    }
    exit (0);
}
```

步骤 2　用 gcc 编译程序。

接着用 gcc 的 "-o" 选项，将 7-11.c 程序编译成可执行文件 7-11。输入如下：

`[root@localhost root]# gcc  7-11.c  -o  7-11`

步骤 3　运行程序。

编译成功后，运行可执行文件 7-11。输入 "./7-11"，此时系统会出现运行结果，显示输出队列号，接收字符输入，然后显示输出前面输入的字符串。终端中的显示如下：

`[root@localhost root]# ./7-11`
创建、打开的队列号是：0
请输入要加入队列的消息：
测试输入一条消息！
读取的消息是：测试输入一条消息！

由此例可知，进程间通过消息队列通信，主要是创建或打开消息队列、添加消息、读取消息和控制消息队列这四种操作。

消息队列可以在无任何关系的进程间通信，类似于命名管道 FIFO，但它要比命名管道应用广泛。消息队列可以通过队列 ID 号根据条件读取消息。

📖 相关知识介绍

ftok 函数说明如下：

所需头文件	#include<sys/types.h> #include<sys/ipc.h>
函数功能	通过函数 ftok 建立一个用于 IPC 通信的 ID 值
函数原型	key_t ftok(char *pathname, char id);
函数传入值	参数 pathname：文件名含路径 参数 id 为子序号
函数返回值	若成功则返回 key_t 值，否则返回-1，错误原因存于 errno 中
备注	

注意：

在一般的 UNIX 实现中，是将文件的索引节点号取出，前面加上子序号得到 key_t 的返回值。如指定文件的索引节点号为 65538，换算成 16 进制为 0x010002，您指定的 ID 值为 38，换算成 16 进制为 0x26，则最后的 key_t 返回值为 0x26010002。

查询文件索引节点号的方法是 ls –i。

msgget 函数说明如下：

所需头文件	#include<sys/types.h> #include<sys/ipc.h> #include<sys/msg.h>
函数功能	建立消息队列
函数原型	int msgget(key_t key, int msgflg);
函数传入值	参数 key 为 IPC_PRIVATE 则建立新的消息队列 参数 msgflg 用来决定消息队列的存取权限，取值如下： ·IPC_CREAT ：如果消息队列对象不存在则创建之，否则则进行打开操作 ·IPC_EXCL：如果消息对象不存在则创建之，否则产生一个错误并返回，用"|"连接和 IPC_CREAT 一起使用
函数返回值	执行成功则返回消息队列识别号，否则返回–1，错误原因存于 errno 中
备注	

msgsnd 函数说明如下：

所需头文件	#include<sys/types.h> #include<sys/ipc.h> #include<sys/msg.h>
函数功能	将消息送入消息队列
函数原型	int msgsnd(int msqid, struct msgbuf *msgp, int msgsz, int msgflg);

函数传入值	·msqid：消息队列的识别码
	·msgp：指向消息缓冲区的指针，此位置用来暂时存储发送和接收的消息，是一个用户可定义的通用结构，形态如下：
	struct msgbuf {
	　　long mtype;　　/* 消息类型，必须大于 0 */
	　　char mtext[1];　/* 消息文本 */
	};
	·msgsz：消息的大小，用来指定消息数据的长度
	·msgflg：用来指明核心程序在队列没有数据的情况下所应采取的行动

函数返回值	执行成功则返回 0，否则返回–1，错误原因存于 errno 中
备注	

msgrcv 函数说明如下：

所需头文件	#include<sys/types.h> #include<sys/ipc.h> #include<sys/msg.h>
函数功能	从消息队列读取信息
函数原型	int msgrcv(int msqid, struct msgbuf *msgp, int msgsz, long msgtyp, int msgflg);
函数传入值	• 参数 msqid：消息队列标识 • 参数 msge：指向读取消息的结构体指针 • 参数 msgsz：消息数据的长度 • 参数 msgtyp：用来指定所要读取的消息种类。若等于 0，返回队列内第一项消息；大于 0，返回队列内第一项 msgtyp 与 mtype 相同的消息；小于 0，返回队列内第一项 mtype 小于或等于 msgtyp 绝对值的消息
函数返回值	执行成功则返回实际读取的消息数据长度，否则返回-1，错误原因存于 errno 中
备注	

注意：

在访问同一共享内存的多个进程先后调用 ftok()时间段中，如果 fname 指向的文件或者目录被删除而且又重新创建，那么文件系统会赋予这个同名文件新的 i 节点信息，这些进程调用的 ftok( )都能正常返回，但键值 key 却不一定相同。由此可能造成的后果是，原本这些进程意图访问一个相同的共享内存对象，然而由于它们各自得到的键值不同，实际上进程指向的共享内存不再一致；如果这些共享内存都得到创建，则在整个应用运行的过程中表面上不会报出任何错误，然而通过一个共享内存对象进行数据传输的目的将无法实现。

思考：设计两个程序，要求类似于在服务器与客户端用消息队列实现简单的聊天程序。

程序扩展阅读：

阅读下列程序并调试。

server.c 代码如下：

```c
/* the string "88" will quit the chat promgram */
#include "head.h"

int main(void)
{
    int qid;
    char usrname[NAMESIZE];
    key_t key;
    int len, rfd;
    fd_set read_set;
```

```
struct my_msgbuf msg;
struct timeval timeout;
time_t t;
if((key = ftok(PROJ_PATH, PROJ)) == -1)
{
    perror("Failed to make a standard key.");
    exit(1);
}
if((qid = msgget(key, IPC_CREAT | 0666)) == -1)
{
    perror("Failed to get Message Queue!");
    exit(1);
}
printf("Please enter a user name: ");
scanf("%s", usrname);
trim(usrname);
len = sizeof(msg.msg_text);
rfd = fileno(stdin);
fflush(stdin);
printf(LINE);
fflush(stdout);
while(1)
{
    if(msgrcv(qid, &msg, len, CLIENT_MSG, IPC_NOWAIT) > 0)
    {
     printf("%s : %s\n%s\n", msg.msg_user, msg.msg_time, msg.msg_text);
     printf(LINE);
     fflush(stdout);
    }
    FD_ZERO(&read_set);   //集合初始化
    FD_SET(rfd, &read_set);
    timeout.tv_sec = 0;
    timeout.tv_usec = 500000;
    if(select(rfd + 1, &read_set, NULL, NULL, &timeout) <= 0)
    {
     continue;
    }
    if(FD_ISSET(rfd, &read_set))
    {
     fgets(msg.msg_text, len, stdin);
     msg.msg_text[strlen(msg.msg_text) - 1] = '\0';
     if(strlen(msg.msg_text) == 0)
     {
      continue;
     }
     if(strcmp(QUIT, msg.msg_text) == 0)
     {
      msgctl(qid,IPC_RMID,NULL);
```

```
            break;
          }
        msg.msg_type = SERVER_MSG;
        time(&t);
        strcpy(msg.msg_time, ctime(&t));
        strcpy(msg.msg_user, usrname);
        msgsnd(qid, &msg, len, IPC_NOWAIT);
        printf(LINE);
        fflush(stdout);
        }
    }
    return 0;
}
```

client.c 代码如下：

```
/* the string "88" will quit the chat promgram */
#include "head.h"

int main(void)
{
    int qid;
    char usrname[NAMESIZE];
    key_t key;
    int len, rfd;
    fd_set read_set;
    struct my_msgbuf msg;
    struct timeval timeout;
    time_t t;
    if((key = ftok(PROJ_PATH, PROJ)) == -1)
    {
       perror("Failed to make a standard key.");
       exit(1);
    }
    if((qid = msgget(key, IPC_CREAT | 0666)) == -1)
    {
       perror("Failed to get Message Queue!");
       exit(1);
    }
    printf("Please enter a user name: ");
    scanf("%s", usrname);
    trim(usrname);
    len = sizeof(msg.msg_text);
    rfd = fileno(stdin);
    fflush(stdin);
    printf(LINE);
    fflush(stdout);
    while(1)
    {
```

```
if(msgrcv(qid, &msg, len, SERVER_MSG, IPC_NOWAIT) > 0)
{
 printf("%s : %s\n%s\n", msg.msg_user, msg.msg_time, msg.msg_text);
 printf(LINE);
 fflush(stdout);
}
FD_ZERO(&read_set);
FD_SET(rfd, &read_set);
timeout.tv_sec = 0;
timeout.tv_usec = 500000;
if(select(rfd + 1, &read_set, NULL, NULL, &timeout) <= 0)
{
 continue;
}
if(FD_ISSET(rfd, &read_set))
{
 fgets(msg.msg_text, len, stdin);
 msg.msg_text[strlen(msg.msg_text) - 1] = '\0';
 if(strlen(msg.msg_text) == 0)
 {
  continue;
 }
 if(strcmp(QUIT, msg.msg_text) == 0)
 {
  msgctl(qid,IPC_RMID,NULL);
  break;
 }
 msg.msg_type = CLIENT_MSG;
 time(&t);
 strcpy(msg.msg_time, ctime(&t));
 strcpy(msg.msg_user, usrname);
 msgsnd(qid, &msg, len, IPC_NOWAIT);
 printf(LINE);
 fflush(stdout);
 }
 }
 return 0;
}
```

7.5　共享内存

　　共享内存允许两个或多个进程共享一个给定的存储区，这一段存储区可以被两个或两个以上的进程映射至自身的地址空间中。一个进程写入共享内存中的信息，可以被其他使用这个共享内存的进程，通过一个简单的内存读操作读出，从而实现了进程间的通信。

采用共享内存通信的一个主要好处是效率高，因为进程可以直接读写内存，而不需要任何数据的拷贝。对于像管道和消息队列等通信方式，则需要在内核和用户空间进行四次数据拷贝，而共享内存则只拷贝两次数据：一次从输入文件到共享内存区，另一次从共享内存区到输出文件。

共享内存原理如图 7.5 所示。

图 7.5 共享内存原理

一般而言，进程之间在共享内存时，并不总是读写少量数据后就解除映射，有新的通信时再重新建立共享内存区域；而是保持共享区域，直到通信完毕为止，这样，数据内容一直保存在共享内存中，并没有写回文件。共享内存中的内容往往是在解除映射时才写回文件的，因此，采用共享内存的通信方式效率非常高。

共享内存可以通过内存映射机制实现，也可以通过 UNIX System V 共享内存机制实现。应用接口和原理很简单，内部机制复杂。为了实现更安全通信，往往还与信号量等同步机制共同使用。共享内存的常用函数如表 7.5 所示。

表 7.5 共享内存的常用函数

函　数	功　能
mmap	建立共享内存映射
munmap	解除共享内存映射
shmget	获取共享内存区域的 ID
shmat	建立映射共享内存
shmdt	解除共享内存映射

7.5.1 内存映射

内存映射（memory map）机制使进程之间通过映射同一个普通文件实现共享内存，通过 mmap( )系统调用实现。普通文件被映射到进程地址空间后，进程可以像访问普通内存一样对文件进行访问，不必再调用 read 和 write 等文件操作函数。

例 7.12 设计一个程序，要求创建一个进程，父、子进程通过匿名映射实现共享内存。**具体要求**：定义一个结构体变量，调用 mmap 函数创建 10 个结构体变量的匿名内存映射，在父进程中输入结构体变量的值并存入此共共内存，在子进程中从共享内存中读出这些结构体变量的值并输出。

分析 在主程序中先调用 mmap 映射内存，然后调用 fork 函数创建进程。那么在调用 fork 函数之后，子进程继承父进程匿名映射后的地址空间，同样也继承 mmap 函数的返回地址，这样，父、子进程就可以通过映射区域进行通信了。

☞ 操作步骤

步骤 1 编辑源程序代码。

在 vi 中编辑源程序，在终端中输入如下：

```
[root@localhost root]# vi 7-12.c
```
程序代码如下：

```
/*7-12.c 程序：匿名内存映射*/
#include<sys/types.h>    /*文件预处理，包含 waitpid、kill、raise 等函数库*/
#include<unistd.h>        /*文件预处理，包含进程控制函数库*/
#include <sys/mman.h>
#include <fcntl.h>
typedef struct        /*结构体，定义一个 people 数据结构*/
{
    char name[4];
    int  age;
}people;

int main(int argc, char** argv)        /*C 程序的主函数，开始入口*/
{
    pid_t result;
    int i;
    people *p_map;
    char temp;
    p_map=(people*)mmap(NULL,sizeof(people)*10,PROT_READ|PROT_WRITE,
        MAP_SHARED|MAP_ANONYMOUS,-1,0);        /*调用 mmap 函数，匿名内存映射*/
    result=fork();        /*调用 fork 函数，复制进程，返回值存在变量 result 中*/
    if(result<0) /*通过 result 的值来判断 fork 函数的返回情况，这儿进行出错处理*/
    {
        perror("创建子进程失败");
        exit(0);
    }
    else if (result==0) /*返回值为 0 代表子进程*/
    {
        sleep(2);
        for(i = 0;i<5;i++)
            printf("子进程读取：第 %d 个人的年龄是： %d\n",i+1,(*(p_map+i)).age);
        (*p_map).age = 110;
        munmap(p_map,sizeof(people)*10);  /*解除内存映射关系*/
        exit(0);
    }
    else                /*返回值大于 0 代表父进程*/
    {
        temp = 'a';
        for(i = 0;i<5;i++)
        {
            temp += 1;
            memcpy((*(p_map+i)).name, &temp,2);
            (*(p_map+i)).age=20+i;
        }
        sleep(5);
        printf("父进程读取：五个人的年龄和是： %d\n",(*p_map).age);
        printf("解除内存映射……\n");
        munmap(p_map,sizeof(people)*10);
        printf("解除内存映射成功！\n");
    }
        Veturn 0;
}
```

步骤 2　用 gcc 编译程序。

接着用 gcc 的 "-o" 选项，将 7-12.c 程序编译成可执行文件 7-12。输入如下：

`[root@localhost root]# gcc 7-12.c -o 7-12`

步骤3 运行程序。

编译成功后，运行可执行文件 7-12。输入 "./7-12"，此时系统会出现运行结果，显示子进程中的值传递给了父进程，父进程的运算也被子进程读取输出。终端中的显示如下：

`[root@localhost root]# ./7-12`
子进程读取：第 1 个人的年龄是： 20
子进程读取：第 2 个人的年龄是： 21
子进程读取：第 3 个人的年龄是： 22
子进程读取：第 4 个人的年龄是： 23
子进程读取：第 5 个人的年龄是： 24
父进程读取：五个人的年龄和是： 110
解除内存映射……
解除内存映射成功！

使用特殊文件提供匿名内存映射，适用于具有亲缘关系的进程之间。一般而言，子进程单独维护从父进程继承下来的一些变量。而 mmap 函数的返回地址，由父子进程共同维护。

对于具有亲缘关系的进程实现共享内存，最好的方式应该是采用匿名内存映射的方式。此时，不必指定具体的文件，只要设置相应的参数即可。

思考：修改程序，在父进程中的人员年龄通过键盘输入，再赋于共享内存中，子进程读取共享内容的数据进行统计，统计的结果除了输出再存入共享内存中，在父进程中读出并打印。

📖 **相关知识介绍**

mmap 函数说明如下：

所需头文件	#include <unistd.h> #include <sys/mman.h>
函数功能	建立内存映射
函数原型	void *mmap(void *start, size_t length, int prot, int flags, int fd, off_t offsize);
函数传入值	参数 prot 代表映射区域的保护方式，有下列组合： ● PROT_EXEC：映射区域可被执行 ● PROT_READ：映射区域可被读取 ● PROT_WRITE：映射区域可被写入 ● PROT_NONE：映射区域不能存取 参数 flags 会影响映射区域的各种特性： ● MAP_FIXED：如果参数 start 所指的地址无法成功建立映射时，则放弃映射，不对地址做修正，通常不鼓励用此旗标 ● MAP_SHARED：对映射区域的写入数据会复制回文件内，而且允许其他映射该文件的进程共享
函数返回值	若映射成功则返回映射区的内存起始地址，否则返回 MAP_FAILED(-1)，错误原因存于 errno 中
备注	更详细的函数说明查见第 3 章的相关内容

munmap 函数说明如下：

所需头文件	#include <unistd.h> #include <sys/mman.h>
函数功能	解除内存映射
函数原型	int munmap(void *start, size_t length);
函数传入值	参数 length 是欲取消的内存大小
函数返回值	如果解除映射成功则返回 0，否则返回-1，错误原因存于 errno 中，错误代码 EINVAL
备注	当进程结束或利用 exec 相关函数来执行其他程序时，映射内存会自动解除，但关闭对应的文件描述词时不会解除映射

思考：设计两个程序，要求用 **mmap** 系统调用，通过映射共享内存，实现简单的字符交换。

7.5.2　UNIX System V 共享内存

UNIX System V IPC 的共享内存指的是把所有共享数据放在共享内存区域（IPC shared memory region），任何想要访问该数据的进程都必须在本进程的地址空间新增一块内存区域，用来映射存放共享数据的物理内存页面。

和前面的 mmap 系统调用通过映射一个普通文件实现共享内存不同，UNIX System V 共享内存是通过映射特殊文件系统 shm 中的文件实现进程间的共享内存通信。也就是说，这是通过 shmid_kernel 结构联系起来的。对于系统 V 共享内存区来说，shmid_kernel 是用来描述一个共享内存区域的，这样内核就能够控制系统中所有的共享区域。同时，在 shmid_kernel 结构中的 file 类型指针 shm_file 指向文件系统 shm 中相应的文件，这样，共享内存区域就与 shm 文件系统中的文件对应起来。

在创建了一个共享内存区域后，还要将它映射到进程地址空间，系统调用 shmat() 完成此项功能。由于在调用 shmget() 时，已经创建了文件系统 shm 中的一个同名文件与共享内存区域相对应，因此，调用 shmat() 的过程相当于映射文件系统 shm 中的同名文件过程，原理与 mmap() 大同小异。

例 7.13　设计两个程序，要求通过 **UNIX System V** 共享内存通信机制，一个程序写入共享区域，另一个程序从共享区域读取数据。具体要求：定义一个结构体变量，调用 shmget 函数，获取 10 个结构体变量的共享内存区域，在某个程序中写入结构体变量的值，在另一个程序中读取共享内存区域中这些结构体变量的值。

分析：一个程序调用 fotk 函数产生标准 key，接着调用 shmget 函数，获取共享内存区域的 ID，调用 shmat 函数，映射共享内存，循环计算年龄；另一个程序读取共享区域。

☞ 操作步骤

步骤 1　编辑源程序代码。

在 vi 中编辑源程序，在终端中输入如下：

```
[root@localhost root]# vi 7-13write.c
```

7-13write.c 程序代码如下：

```c
/*7-13write.c 程序：UNIX System V 共享内存写入端*/
#include <sys/ipc.h>
#include <sys/shm.h>
#include <sys/types.h>
#include <unistd.h>
typedef struct
{
  char name[40];
  int age;
} people;

int main(int argc, char** argv)
{
    int shm_id,i;
    key_t key;
    char temp;
    people *p_map;
    char* name = "/dev/shm/myshm2";
    key = ftok(name,0);                    /*调用 ftok 函数，产生标准的 key*/
    shm_id=shmget(key,4096,IPC_CREAT);/*调用 shmget 函数，获取共享内存区域的 ID*/
    if(shm_id==-1)
    {
        perror("获取共享内存区域的 ID 出错");
        return;
    }
    p_map=(people*)shmat(shm_id,NULL,0);/*调用 shmat 函数，映射共享内存*/
    temp='a';
    for(i = 0;i<10;i++)
    {
        temp+=1;
        memcpy((*(p_map+i)).name,&temp,1);
        (*(p_map+i)).age=20+i;
    }
    if(shmdt(p_map)==-1)          /*调用 shmdt 函数，解除进程对共享内存区域的映射*/
        perror("解除映射出错");
    return 0;
}
```

7-13read.c 程序代码如下：

```
[root@localhost root]# vi 7-13read.c
/*7-13read.c 程序：UNIX System V 共享内存读取端*/
#include <sys/ipc.h>
#include <sys/shm.h>
#include <sys/types.h>
```

```
#include <unistd.h>
typedef struct
{
    char name[40];
    int age;
} people;

int main(int argc, char** argv)
{
    int shm_id,i;
    key_t key;
    people *p_map;
    char* name = "/dev/shm/myshm2";
    key = ftok(name,0); /*调用 ftok 函数，产生标准的 key*/
    shm_id=shmget(key,4096,IPC_CREAT);/*调用 shmget 函数，获取共享内存区域的 ID*/
    if(shm_id == -1)
    {
        perror("获取共享内存区域的 ID 出错");
        return;
    }
    p_map = (people*)shmat(shm_id,NULL,0);
    for(i = 0;i<10;i++)
    {
        printf( "姓名:%s\t",(*(p_map+i)).name );
        printf( "年龄: %d\n",(*(p_map+i)).age );
    }
    if(shmdt(p_map) == -1) /*调用 shmdt 函数，解除进程对共享内存区域的映射*/
        perror("解除映射出错");
    return 0;
}
```

步骤 2　用 gcc 编译程序。

接着用 gcc 的 "-o" 选项，将 7-13write.c 程序和 7-13read.c 程序编译成可执行文件 7-13write 和 7-13read。输入如下：

```
[root@localhost root]# gcc  7-13write.c  -o  7-13write
[root@localhost root]# gcc  7-13read.c  -o  7-13read
```

步骤 3　运行程序。

编译成功后，在终端先运行可执行文件 7-13write，接着执行 7-13read。输入 "./7-13write" 和 "./7-13read"，此时系统会出现运行结果。在一个程序中进行的运算结果，另一个程序 通过共享内存获取并输出。终端中的显示如下：

```
[root@localhost root]# ./7-13write
[root@localhost root]# ./7-13read
姓名:b   年龄: 20
姓名:c   年龄: 21
姓名:d   年龄: 22
姓名:e   年龄: 23
```

姓名:f　年龄：24
姓名:g　年龄：25
姓名:h　年龄：26
姓名:i　年龄：27
姓名:j　年龄：28
姓名:k　年龄：29

　　从程序运行结果可见，7-13read.c 程序显示输出 7-13write.c 程序中的运算结果，交换数据是利用 UNIX System V 共享内存机制。

　　思考：在文件 7-13write.c、7-13read.c 中用函数 shmget 获取内存是同一内存（首地址 shm_id）吗？请验证，并思考为什么。

📖 相关知识介绍

　　shmget 函数说明如下：

所需头文件	#include<sys/ipc.h> #include<sys/shm.h>
函数功能	获取共享内存区域的 ID
函数原型	int shmget(key_t key, int size, int shmflg);
函数传入值	参数 key：为 IPC_PRIVATE 则建立新的共享内存，其大小由参数 size 决定 参数 shmflg 有三个取值： • 0：取共享内存标识符，若不存在则函数会报错 • IPC_CREAT：当 shmflg&IPC_CREAT 为真时，如果内核中不存在键值与 key 相等的共享内存，则新建一个共享内存；如果存在这样的共享内存，返回此共享内存的标识符 • IPC_CREAT | IPC_EXCL：如果内核中不存在键值与 key 相等的共享内存，则新建一个消息队列；如果存在这样的共享内存则报错
函数返回值	执行成功则返回共享内存识别号，否则返回-1，错误原因存于 errno 中
备注	

　　shmat 函数说明如下：

所需头文件	#include<sys/ipc.h> #include<sys/shm.h>
函数功能	映射共享内存
函数原型	void *shmat(int shmid, const void *shmaddr, int shmflg);
函数传入值	参数 shmid 为 shmget 返回共享内存对象的引用标识符 参数 shmaddr：指定共共内存出现在进程内存地址的什么位置。直接指定为 NULL 让内核自己决定一个合适的地位位置，不为 0 时，如参数 shmflg 也无指定 SHM_RND 旗标，则以参数 shmaddr 为连接地址；如参数 shmflg 指定了 SHM_RND 旗标，则参数 shmaddr 会自动调整为 SHMLBA 的整数倍 参数 shmflg 设为 SHM_RDONLY 时为只读模式，其他为读写模式
函数返回值	执行成功则返回已连接好的地址，否则返回-1，错误原因存于 errno 中
备注	

shmdt 函数说明如下：

所需头文件	#include<sys/ipc.h> #include<sys/shm.h>
函数功能	解除共享内存映射
函数原型	int shmdt(const void *shmaddr);
函数传入值	参数 shmaddr 为前面 shmat 函数返回的共享内存地址
函数返回值	执行成功则返回 0，否则返回-1，错误原因存于 errno 中
备注	shmget，shmctl，shmat

程序扩展阅读：

```c
#include<sys/shm.h>
#include<string.h>
#include <stdio.h>
#include <stdlib.h>
#include <sys/types.h>
#include <sys/stat.h>
#include <errno.h>
#include <unistd.h>
#define SIZE 1024
extern int errno;

int main()
{
    int shmid;
    char *shmptr;
    key_t key;
    pid_t pid;
    if((pid = fork()) < 0)
    {
        printf("fork error:%s\n", strerror(errno));
        return -1;
    }
    else if(pid == 0)
    {
        sleep(2);
        if((key = ftok("/dev/null", 1)) < 0)
        {
            printf("ftok error:%s\n", strerror(errno));
            return -1;
        }
    if((shmid = shmget(key, SIZE, 0600)) < 0)
    {
        printf("shmget error:%s\n", strerror(errno));
        exit(-1);
    }
```

```
        if((shmptr = (char*)shmat(shmid, 0, 0)) == (void*)-1)
        {
            printf("shmat error:%s\n", strerror(errno));
            exit(-1);
        }
        printf("child:pid is %d,share memory from %lx to %lx, content:%s\n",
        getpid(),
                    (unsigned long)shmptr, (unsigned long)(shmptr + SIZE),
        shmptr);
        printf("child process sleep 2 seconds\n");
        sleep(2);
        if((shmctl(shmid, IPC_RMID, 0) < 0))
        {
            printf("shmctl error:%s\n", strerror(errno));
            exit(-1);
        }
          exit(0);
        }
    else
    {
          if((key = ftok("/dev/null", 1)) < 0)
          {
            printf("ftok error:%s\n", strerror(errno));
            return -1;
          }
        if((shmid = shmget(key, SIZE, 0600|IPC_CREAT|IPC_EXCL)) < 0)
        {
            printf("shmget error:%s\n", strerror(errno));
            exit(-1);
          }
        if((shmptr = (char*)shmat(shmid, 0, 0)) == (void*)-1)
        {
            printf("shmat error:%s\n", strerror(errno));
            exit(-1);
        }
        memcpy(shmptr, "hello world", sizeof("hello world"));
        printf("parent:pid is %d,share memory from %lx to %lx, content:%s\n",
                getpid(),(unsignedlong)shmptr, (unsigned long)(shmptr +
SIZE), shmptr);
        printf("parent process sleep 2 seconds\n");
        sleep(2);
        if((shmctl(shmid, IPC_RMID, 0) < 0))
        {
            printf("shmctl error:%s\n", strerror(errno));
            exit(-1);
        }
    }
    waitpid(pid,NULL,0);
```

```
        exit(0);
}
```

例 7.14   设计两个程序 **7-14-1.c** 及 **7-14-2.c**，要求通过 UNIX System V 共享内存通信机制，进行相互通信的程序。

☞ 操作步骤

步骤 1   编辑源程序代码。

在 vi 中编辑源程序，在终端中输入如下：

[root@localhost root]# **vi   7-14-1.c**

7-14-1.c 程序代码如下：

```
#include <sys/ipc.h>
#include <sys/shm.h>
#include <sys/types.h>
#include <unistd.h>
#include <stdio.h>
#include <time.h>
typedef struct
{
    char str1[50];
    char str2[50];
    int no1,no2;
} str;

int main(int argc, char** argv)
{
    int shm_id,i;
    key_t key;
    str *p_map;
    time_t timep;
    struct tm *p;
    char* name = "/dev/shm/myshm2";
    key = ftok(name,0);                    /*调用 ftok 函数，产生标准的 key*/
    shm_id=shmget(key,4096,IPC_CREAT);  /*调用 shmget 函数，获取共享内存区域的
    ID*/
    if(shm_id==-1)
    {
perror("获取共享内存区域的 ID 出错");
return 0;
    }
 p_map=(str*)shmat(shm_id,NULL,0);     /* 调用 shmat 函数，映射共享内存*/
 (*p_map).no1=0;(*p_map).no2=0;
 printf("This is A.\n");
 fgets((*p_map).str2,sizeof((*p_map).str2),stdin);
 (*p_map).no1=1;
 while(1)
 {
```

```
        if ((*p_map).no2==1)
        {
           time(&timep);
           gmtime(&timep);
           p=localtime(&timep);
           printf("B: %s%d:%d:%d\n",(*p_map).str1,p->tm_hour,p->tm_min,p->tm_sec);
           (*p_map).str1[0]='\0';
           (*p_map).no2=0;
        }
        else
          continue;
      if ((*p_map).no1==0)
      {
          fgets((*p_map).str2,sizeof((*p_map).str2),stdin);
          (*p_map).no1=1;
      }
      }
      if(shmdt(p_map)==-1)          /*调用 shmdt 函数，解除进程对共享内存区域的映射*/
          perror("解除映射出错");
      return  0;
}
```

7-14-2.c 程序代码如下：

```
[root@localhost root]# vi  7-14-2.c
#include <sys/ipc.h>
#include <sys/shm.h>
#include <sys/types.h>
#include <unistd.h>
#include <stdio.h>
#include <time.h>
typedef struct
{
  char str1[50];
  char str2[50];
  int no1,no2;
} str;

int main(int argc, char** argv)
{
    int shm_id,i;
    key_t key;
    str *p_map;
     time_t timep;
    struct tm *p;
    char* name = "/dev/shm/myshm2";
    key = ftok(name,0); /*调用 ftok 函数，产生标准的 key*/
    shm_id = shmget(key,4096,IPC_CREAT); /*调用 shmget 函数，获取共享内存区域
    的 ID*/
```

```
     if(shm_id == -1)
     {
        perror("获取共享内存区域的 ID 出错");
        return 0;
     }
     p_map = (str*)shmat(shm_id,NULL,0);
     (*p_map).no1=0;
     (*p_map).no2=0;
     printf("This is B.\n");
     while(1)
     {
      if ((*p_map).no1==1)
       {
         time(&timep);
        gmtime(&timep);
        p=localtime(&timep);
        printf("A: %s%d:%d:%d\n",
          (*p_map).str2,p->tm_hour,p->tm_min,p->tm_sec);
          (*p_map).str2[0]='\0';
          (*p_map).no1=0;
       }
      else continue;
      if ((*p_map).no2==0)
      {
         fgets((*p_map).str1,sizeof((*p_map).str1),stdin);
         (*p_map).no2=1;
      }
     }
     if(shmdt(p_map) == -1)  /*调用 shmdt 函数，解除进程对共享内存区域的映射*/
     perror("解除映射出错");
     return 0;
}
```

步骤 2　用 gcc 编译程序。

接着用 gcc 的"-o"选项，将 7-14-1.c 程序和 7-14-2.c 编译成可执行文件 7-14-1 和 7-14-2。输入如下：

```
[root@localhost root]# gcc  7-14-1.c  -o  7-14-1
[root@localhost root]# gcc  7-14-2.c  -o  7-14-2
```

步骤 3　运行程序。在一个终端运行 7-14-1，同时在另一个终端运行 7-14-2。

```
[root@localhost root]# ./7-14-1
This is A.
您好
B: 好
11:15:37
吃饭了吗
B: 吃了,您呢
11:15:56
嗯,下次有空来我们家吃饭
```

B: 好的,回头见
11:16:20
88
B: 8
11:16:30

[root@localhost root]# ./7-14-2
This is B.
A: 您好
11:15:33
好
A: 吃饭了吗
11:15:48
吃了,您呢
A: 嗯,下次有空来我们家吃饭
11:16:12
好的,回头见
A: 88
11:16:25
8

思考: 设计两个程序,要求用 UNIX System V 共享内存通信机制,实现简单的聊天程序。

思考与实验

1. 设计一个程序,要求程序运行后进入一个无限循环,当用户按下中断键(<Ctrl>+Z)时,进入程序的自定义信号处理函数,当用户再次按下中断键(<Ctrl>+Z)后,结束程序运行。

2. 设计一个程序,要求程序主体运行时,即使用户按下中断键(<Ctrl>+C),也不能影响正在运行的程序,等程序主体运行完毕后才进入自定义信号处理函数。

3. 设计一个程序,要求创建一个管道 pipe,复制进程,父进程运行命令"ls -l",把运行结果写入管道,子进程从管道中读取"ls -l"的结果,把读出的作为输入接着运行"grep 7-5"。

4. 程序阅读与程序调试。

```
#include <stdio.h>
#include <string.h>
#include <unistd.h>
#define MAXSIZE 200

void err_sys(const char *str);

int main()
```

```
{
    FILE    *fpin;
    FILE    *fpout;
    char    line[MAXSIZE+1];
    memset(line, '\0', sizeof(line));
    fpin = popen("ls -l", "r");
    if (fpin == NULL)
    {
        err_sys("popen fpin error\n");
        return -1;
    }

    fpout = popen("grep .c", "w");
    if (fpout == NULL)
    {
        err_sys("popen fpout error\n");
        pclose(fpin);
        return -1;
    }
    //fgets 失败或者读到文件未返回 NULL
    while (fgets(line, MAXSIZE, fpin) != NULL)//从第一次中取出数据
    {    //fputs 成功返回非负，失败返回 EOF
        if (fputs(line, fpout) == EOF)//将取出的数据作为第二次命令的输入
        {
            err_sys("fputs error\n");
        }
    }

    pclose(fpin);
    pclose(fpout);
    return 0;
}

void err_sys(const char *str)
{
    printf("%s", str);
}
```

5. 设计两个程序，要求用命名管道 FIFO 实现简单的文本文件或图片文件的传输功能。

6. 设计两个程序，要求用消息队列实现聊天程序，每次发言后自动在发言内容后面增加当前系统时间。程序结束时增加结束字符，比如最后输入"88"后结束进程。

7. 设计两个程序，要求用 mmap 系统，实现简单的聊天程序。

8. 调试下列程序，程序实现信息传送功能。其中信息传递通过系统 V 共享内存实现。一端输入，另外一端输出。

程序代码分为发送端 send.c 与接收端 receive.c，分别如下：

发送端 send.c 程序代码如下：

```c
#include<stdio.h>
#include<stdlib.h>
#include<string.h>
#include<unistd.h>
#include<sys/types.h>
#include<linux/shm.h>
int main()
{
    int shm_id;                          /*定义共享内存内部标识 shm_id*/
    char *viraddr;                       /*定义附接共享内存的虚拟地址*/
    char buffer[BUFSIZ];                 /*定义存放信息的字符型数组*/
    shm_id=shmget(1234,BUFSIZ,0666|IPC_CREAT);    /*创建共享内存*/
    viraddr=(char*)shmat(shm_id, 0,0);    /*附接到进程的虚拟地址空间*/
    while(1)                             /*循环输入信息*/
    {
        puts("Please input your text:");
        fgets(buffer,BUFSIZ,stdin);
        strcat(viraddr,buffer);          /*采用"追加"方式写到共享内存*/
        if(strncmp(buffer,"end",3)==0)   /*输入为"end"时结束*/
            break;
    }
    if(shmdt(viraddr) == -1)
        perror("Shmdt error!");          /*断开附接*/
    exit(0);
}
```

接收端 receive.c 程序代码如下：

```c
#include<stdio.h>
#include<stdlib.h>
#include<string.h>
#include<unistd.h>
#include<sys/types.h>
#include<linux/shm.h>
int main()
{
    int shm_id;                          /*定义共享内存内部标识 shm_id*/
    char *viraddr;                       /*定义附接共享内存的虚拟地址*/
```

```
shm_id=shmget(1234,BUFSIZ,0666|IPC_CREAT);    /*获取共享内存*/
viraddr=(char *)shmat(shm_id,0,0);        /*附接到进程的虚拟地址空间*/
printf("Your text is :\n%s",viraddr);   /*输出信息内容*/
if(shmdt(viraddr) == -1)
    perror("Shmdt error!");               /*断开附接*/
shmctl(shm_id,IPC_RMID,0);                  /*撤销共享内存*/
exit(0);                                    /*正常退出程序*/
}
```

第 **8** 章

线 程

本章重点

1. 线程的基本概念。
2. 线程的创建、调度与管理。
3. 线程相关函数的应用。
4. 线程同步互斥。

本章导读

    线程是现代操作系统中的重要机制，Linux 实现了 POSIX 标准线程 API。本章让读者初步认识线程的基本概念，学习在 Linux 环境下利用 pthread 线程库编写多线程程序、线程同步与互斥程序中互斥锁、条件变量、信号量的应用。

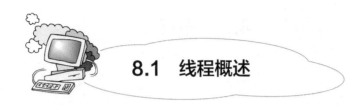

8.1　线程概述

线程定义为进程内的一个执行单元或一个可调度实体；而进程既是一个拥有资源的独立单位，它可独立分配虚地址空间、主存和其他，并且是一个可独立调度和分派的基本单位。在有了线程以后，资源拥有单位称为进程（或任务），调度的单位称为线程，又称轻进程（Light Weight Process，LWP）。

多线程的进程在同一地址空间内包括多个不同的控制流，即属于同一进程下的线程，它们共享进程拥有的资源，如代码、数据、文件等。线程也独占一些资源，如堆栈、程序计数器等。多线程系统的优点包括对用户响应的改进，进程内的资源共享，以及利用多处理器体系结构的便利。

从实现的角度看，可把线程分为用户级线程和内核级线程。用户级线程对程序员来说是可见的，而对内核来说是未知的。用户空间的线程库通常用以管理用户级线程，提供对线程创建、调度和管理的支持。内核级线程由操作系统支持和管理，在内核空间实现线程创建、调度和管理。与内核级线程相比，用户级线程的优点是创建和管理要更快；缺点是得到 CPU 的时间更少，当一个线程阻塞时，连累其他线程全部阻塞。有三种不同模型将用户级线程和内核级线程关联起来：多对一模型，将多个用户线程映射到一个内核线程；一对一模型，将每个用户线程映射到一个相应的内核线程；多对多模型，将多个用户线程在同样（或更少）数量的内核线程之间切换。

Linux 对线程和进程一视同仁，每个线程拥有属于自己的 task_struct 结构，不过线程本身拥有的资源少，它们共享进程的资源，如：共享地址空间、文件系统资源、文件描述符和信号处理程序。Linux 提供了系统调用 clone( )创建线程。

在 Linux 环境下的实际应用中，一般使用 Pthread 提供的 API 来编写多线程应用程序。编写 Linux 下的多线程程序，需要使用头文件 pthread.h。在 Linux 上线程函数位于 libpthread 共享库中，在编译时要加上-lpthread 选项。

进程与线程之间是有区别的，不过 Linux 内核只提供了轻量进程的支持，未实现线程模型。Linux 是一种"多进程单线程"的操作系统。Linux 本身只有进程的概念，而其所谓的"线程"本质上在内核里仍然是进程。

大家知道，进程是资源分配的单位，同一进程中的多个线程共享该进程的资源（如作为共享内存的全局变量）。Linux 中所谓的"线程"只是在被创建时 clone 了父进程的资源，因此 clone 出来的进程表现为"线程"，这一点一定要弄清楚。因此，Linux 的"线程"这个概念只有在打冒号的情况下才是最准确的。

8.2 线程创建

线程创建的常用函数如表8.1所示。

表 8.1 线程创建的常用函数

函数名	功　能
phread_attr_init	创建一个缺省的属性对象
pthread_create	创建一个线程
pthread_self	获得线程 ID
pthread_exit	终止一个线程
pthread_join	等待线程结束
pthread_detach	将非分离线程设置为分离线程
pthread_key_create	为线程数据创建一个键
pthread_key_delete	删除线程数据的键

函数 pthread_create( )用于创建线程。原线程在调用pthread_create( )后立刻返回，继续执行之后的指令，同时，新线程开始执行线程函数。Linux调度各个线程，它们并发执行，因此程序不能依赖两个线程得到执行的特定先后顺序。

pthread_create 函数说明如下：

所需头文件	#include< pthread.h >
函数功能	创建一个线程
函数原型	int pthread_create(pthread_t * thread, const pthread_attr_t * attr, void *(*start_routine)(void*), void * arg);
函数参数	第 1 个参数：产生线程的标识符
	第 2 个参数：所产生线程的属性，通常设为 NULL
	第 3 个参数：新的线程所执行的函数代码
	第 4 个参数：新的线程函数的参数
函数返回值	执行成功则返回 0，失败返回–1，而错误号保存在全局变量 errno 中

pthread_create 成功返回后，新创建的线程的 ID 被填写到 thread 参数所指向的内存单元。对进程而言，进程 ID 的类型是 pid_t，每个进程的 ID 在整个系统中是唯一的，调用 getpid 可以获得当前进程的 ID，是一个正整数值。而线程 ID 的类型是 thread_t，它只在当前进程中保证是唯一的。在 Linux 中 thread_t 类型是一个地址值，是调用 pthread_self 得到的线程 ID。

pthread_self 函数说明如下：

所需头文件	#include< pthread.h >
函数功能	获得线程自身的 ID。pthread_t 的类型为 unsigned long int，所以在打印的时候要使用%lu 方式
函数原型	pthread_t pthread_self(void);
函数参数	无
函数返回值	执行成功返回长整型无符号数

例 8.1　设计使用 **pthread** 线程库创建一个新线程，在父进程（也可以称为主线程）和新线程中分别显示进程 **ID** 和线程 **ID**，并观察线程 **ID** 数值。

分析　当 main 函数中执行到创建线程函数 pthread_create 时，线程程序调度执行指向 thread_fun 的自定义函数，此函数调用各线程共享的自定义 printids 函数，在 printids 函数中应用函数 getpid()获得进程号，应用函数 pthread_self( )获得线程号并输出。

☞ 操作步骤

步骤 1　编辑源程序代码。

在 vim 中编辑源程序，在终端中输入如下：

```
[root@localhost root]# vi 8-1.c
```

程序代码如下：

```
#include <stdio.h>
#include <string.h>
#include <stdlib.h>
#include <pthread.h>  /*pthread_create()函数的头文件*/
#include <unistd.h>

pthread_t ntid;  /* 创建线程时用于存放线程的 ID */
void printids(const char *s) /*各线程共享的函数*/
{
    pid_t     pid;
    pthread_t  tid;
    pid = getpid();
    tid = pthread_self();     /*获得线程 ID */
    printf("%s  pid=%u  tid= %u (0x%x)\n",
            s, (unsigned int)pid,(unsigned int)tid,(unsigned int)tid);
}

void *thread_fun(void *arg) /*新线程执行代码*/
{
    printids(arg);
    return NULL;
}

int main(void)
```

```
{
    int err;
    /*下列函数创建线程，线程属性用 NULL 表示 */
    err = pthread_create(&ntid, NULL, thread_fun, "我是新线程: ");
    if (err != 0) {
        fprintf(stderr, "创建线程失败: %s\n", strerror(err));
        exit(1);
    }
    printids("我是父进程:");
    sleep(2);/*挂起 2 秒，等待新线程运行结束*/
    return 0;
}
```

步骤 2 用 gcc 编译程序。

接着用 gcc 的 "-o" 选项，将 8-1.c 程序编译成可执行文件 8-1，用 "-lpthread" 选项来链接线程库。输入如下：

`[root@localhost root]# `**`gcc -o 8-1 -lpthread 8-1.c`**

步骤 3 运行程序。

编译成功后，运行可执行文件 8-1。输入 "./8-1"，此时系统运行结果如下：

`[root@localhost root]# `**`./8-1`**

我是父进程:pid =3400 tid =3086882480(0xb7fe16b0)

我是新线程: pid =3400 tid =3086879648(0xb7fe0ba0)

思考:

（1）进程在一个全局变量 ntid 中保存了新创建的线程的 ID。如果新创建的线程不调用 pthread_self 而是直接打印这个 ntid，能不能达到同样的效果？

（2）在例 8.1 中，如果没有 sleep 函数，会出现什么结果？

线程的退出方式有以下三种，前两种为主动退出。

（1）执行完成后隐式退出。

（2）由线程本身显示调用 pthread_exit 函数退出。

  pthread_exit (void * retval);

（3）被其他线程用 pthread_cance 函数终止。

  pthread_cance (pthread_t thread);

如果一个线程要等待另一个线程的终止，可以使用 pthread_join 函数。该函数的作用是调用 pthread_join 的线程将被挂起直到线程 ID 为参数 thread 的线程终止。

线程创建完毕后，创建线程的线程可以使用pthread_join( )函数等待被创建的线程的结束。pthread_join( )函数会挂起自身线程的执行，直到指定的线程thread结束。pthread_join( )函数类似wait的函数，但是等待的是线程而不是进程。pthread_join( )接受两个参数：线程ID和一个指向void*类型变量的指针，用于接收线程的返回值。如果对线程的返回值不感兴趣，则可将NULL作为第二个参数。

📖 相关知识介绍

pthread_join 函数说明如下：

所需头文件	#include< pthread.h >
函数功能	等待线程结束
函数原型	int pthread_join(pthread_t thread, void **value_ptr);
函数传入值	thread：等待线程的标识符
	value_ptr：用户定义的指针，用来存储被等待线程的返回值
函数返回值	执行成功则返回 0，失败则返回错误号
备注	

在一般状况下，一个线程有两种主动退出方式。一种方式，当线程执行的函数（严格来说应称线程的代码）返回时，线程也结束，线程函数的返回值被作为线程的返回值。另一种方式则是线程显式调用 pthread_exit。这个函数可以直接在线程函数中调用，也可以在其他直接、间接被线程函数调用的函数中调用。void pthread_exit(void *value_ptr), value_ptr 是一个无类型指针，相当于线程的退出码，它通过 pthread_join( )被访问到。

pthread_exit 函数说明如下：

所需头文件	#include< pthread.h >
函数功能	终止一个线程
函数原型	void　pthread_exit(void *value_ptr);
函数传入值	value_ptr：用户定义的指针，用来存储被等待线程的返回值
函数返回值	执行成功则返回 0，失败则返回-1，而错误号保存在全局变量 errno 中
备注	主线程中使用 pthread_exit 只会使主线程自身退出，产生的子线程继续执行；用 return 则所有线程退出。子线程或主线程使用 exit，则整个线程全部终止

例 8.2　编写启动两个线程，等线线程，终止线程的程序。

☞ 操作步骤

步骤 1　编辑源程序代码。

在 vim 中编辑源程序，在终端中输入如下：

[root@localhost root]# **vi 8-2.c**

程序代码如下：

```
#include <stdio.h>
#include <string.h>
#include <stdlib.h>
#include <pthread.h>  /*pthread_create 函数的头文件*/
#include <unistd.h>
void * thread_fun1(void *arg)
{
```

```
    printf("thread 1 returning\n");
    return((void *)1);
}

void * thread_fun2(void *arg)
{
    printf("thread 2 exiting\n");
    pthread_exit((void *)2);
}

int main(void)
{
    Int err;
    pthread_t   tid1, tid2;
    void *tret;
    err = pthread_create(&tid1, NULL, thread_fun1, NULL); /*创建第 1 个线程*/
    if (err != 0)    /*线程成功创建返回值为 0 */
        fprintf(stderr,"can't create thread 1: %s\n", strerror(err));
    err = pthread_create(&tid2, NULL, thread_fun2, NULL); /*创建第 2 个线程*/
    if (err != 0)
        fprintf(stderr,"can't create thread 2: %s\n", strerror(err));
    err = pthread_join(tid1, &tret);   /*等待第 1 个线程结束*/
    if (err != 0)
        fprintf(stderr,"can't join with thread 1: %s\n", strerror(err));
    printf("thread 1 exit code %d\n", (int)tret);
    err = pthread_join(tid2, &tret); /*等待第 2 个线程结束*/
    if (err != 0)
        fprintf(stderr,"can't join with thread 2: %s\n", strerror(err));
    printf("thread 2 exit code %d\n", (int)tret);
    exit(0);  /* 现在可以安全地返回了 */
}
```

步骤 2 用 gcc 编译程序。

用 gcc 的"-o"选项，将 8-2.c 程序编译成可执行文件 8-2，用"-lpthread"选项来链接 pthread 线程库。输入如下：

```
[root@localhost root]# gcc -o 8-2  -lpthread  8-2.c
```

步骤 3 运行程序。

编译成功后，运行可执行文件 8-2。输入"./8-2"，此时系统运行结果如下：

```
[root@localhost root]# ./8-2
thread 1 returning
thread 2 exiting
thread 1 exit code 1
thread 2 exit code 2
```

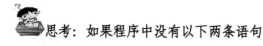**思考：如果程序中没有以下两条语句**

```
err = pthread_join(tid1, &tret);
err = pthread_join(tid2, &tret);
```

程序运行的结果是什么？并上机调试。

　　一般情况下，一个线程在它正常结束（通过从线程函数返回或者调用 pthread_exit 退出）的时候终止。但是，一个线程可以请求另外一个线程中止，这被称为取消一个线程。要取消一个线程，以被取消的线程 ID 作为参数调用 pthread_cancel( )函数。一个被取消的线程可以稍后被其他线程等待；实际上，应该对一个被取消的线程执行 pthread_wait 以释放它占用的资源，除非这个线程是脱离线程。一个取消线程的返回值由特殊值 PTHREAD_CANCELED 指定。可见在 Linux 的 pthread 库中常数 PTHREAD_CANCELED 的值是−1。可以在头文件 pthread.h 中找到它的定义：

```
#define PTHREAD_CANCELED ((void *) -1)
```

思考：下面的例子，请读者分析程序的含义并上机实践（例子中省略了出错处理）。

```c
#include <stdio.h>
#include <stdlib.h>
#include <pthread.h>
#include <unistd.h>

void *thread_fun1(void *arg)
{
    printf("thread 1 returning\n");
    return (void *)1;
}

void *thread_fun2(void *arg)
{
    printf("thread 2 exiting\n");
    pthread_exit((void *)2);
}

void *thread_fun3(void *arg)
{
    while(1)
    {
      printf("thread 3 writing\n");
      sleep(1);
    }
}

int main(void)
```

```
{
    pthread_t    tid;
    void *tret;

    pthread_create(&tid, NULL, thread_fun1, NULL);
    pthread_join(tid, &tret);
    printf("thread 1 exit code %d\n", (int)tret);

    pthread_create(&tid, NULL, thread_fun2, NULL);
    pthread_join(tid, &tret);
    printf("thread 2 exit code %d\n", (int)tret);

    pthread_create(&tid, NULL, thread_fun3, NULL);
    sleep(3);
    pthread_cancel(tid);
    pthread_join(tid, &tret);
    printf("thread 3 exit code %d\n", (int)tret);

    return 0;
}
```

运行结果是：

```
thread 1 returning
thread 1 exit code 1
thread 2 exiting
thread 2 exit code 2
thread 3 writing
thread 3 writing
thread 3 writing
thread 3 exit code -1
```

思考：定义一个外部变量，程序中产生两个线程，各线程通过一定次数的循环，对这个外部变量进行＋＋与输出操作，观察程序的运行结果并分析原因。

8.3 线程同步与互斥

当并发执行的线程共享数据时，各线程会改写共享的数据，由于 CPU 调度顺序的不确定性，造成线程运行结果的不确定性。所以，必须为共享数据的一组相互协作的线程提供互斥。这种思想是确保在任何时刻最多只能有一个线程执行这些访问共享数据的代码。这就是临界区互斥问题。

线程在并发执行时为了保证结果的可再现性，各线程执行的序列必须加以限制以保证它们互斥地使用临界资源并相互合作完成任务。多个相关线程在执行次序上的协调称为线程同步。用于保证多个线程在执行次序上的协调关系的相应机制称为线程同步机制。

例如：多个线程对一组数据同时进行赋值和加减，得出的结果并不会等于它们依次操作得出的结果，所以会造成混乱。同步互斥机制提供了三种方式解决这个问题：

● 互斥锁；
● 条件变量；
● 信号量。

（1）互斥锁（mutex，全称 mutual exclusion locks）通过锁机制实现线程间的互斥。同一时刻只有一个线程可以锁定它。当一个锁被某个线程锁定的时候，如果有另外一个线程尝试锁定这个临界区（互斥体），则这第二个线程会被阻塞，或者说被置于等待状态。只有当第一个线程释放了对临界区的锁定，第二个线程才能从阻塞状态恢复运行。

（2）条件变量（cond）是利用线程间共享的全局变量进行同步的一种机制。同步就是线程等待某个事件的发生。只有当等待的事件发生，线程才继续执行，否则线程挂起并放弃处理器。当多个线程协作时，相互作用的任务必须在一定的条件下同步。 Linux 下的 C 语言编程有多种线程同步机制，最典型的是条件变量。

（3）信号量，如同进程一样，线程也可以通过信号量来实现通信。用信号量可以实现操作系统中的P，V操作。Linux信号量机制不属于Pthread API，而属于POSIX SEM的扩展。

8.3.1　互斥锁

互斥意味着"排它"，即两个线程不能同时进入被互斥保护的代码。Linux 下可以通过 pthread_mutex_t 定义互斥体机制完成多线程的互斥操作。该机制的作用是对某个需要互斥的部分，在进入时先得到监界区（互斥体），如果没有得到互斥体，表明互斥部分被其他线程拥有，此时欲获取互斥体的线程被阻塞，直到拥有该互斥体的线程完成互斥部分的操作为止。互斥锁用来保证一段时间内只有一个线程在执行某一段代码。程序设计中多个线程对"共享内存变量"进行操作时是通过设计临界区来实现的。

通过线程同步与互斥设置临界区的方法是：

（1）应用函数 pthread_mutex_lock(&cat) 给线程加锁，锁定临界区。

（2）临界区的操作。

（3）释放互斥锁"pthread_mutex_unlockl(&cat);"。

对共享内存变量设置临界区是用线程加锁与解锁的方法来实现,顾名思义,加锁(lock)后，别人就无法打开，只有当锁没有关闭(unlock)的时候才能访问资源。互斥锁用来保证共享数据操作的完整性。每个对象都对应于一个可称为"互斥锁"的标记，这个标记用来保证在任一时刻，只能有一个线程访问该对象。

例如：下面的代码实现了对共享全局变量 x 用互斥体 mutex 进行保护的目的。

```
int x; // 进程中的全局变量
```

```
pthread_mutex_t mutex;
pthread_mutex_init(&mutex, NULL); //按缺省的属性初始化互斥体变量 mutex
pthread_mutex_lock(&mutex); // 给互斥体变量加锁
… //对变量 x 的操作
phtread_mutex_unlock(&mutex); // 给互斥体变量解除锁
```

使用互斥锁（互斥）可以使线程按顺序执行。通常，互斥锁通过确保一次只有一个线程执行代码的临界段来同步多个线程。互斥锁还可以保护单线程代码。要更改缺省的互斥锁属性，可以对属性对象进行声明和初始化。通常，互斥锁属性会设置在应用程序开头的某个位置，以便可以快速查找和轻松修改。通过线程同步与互斥的常用函数如表 8.2 所示。

表 8.2　线程同步与互斥的常用函数

函数名	功　能
pthread_mutex_init	互斥锁初始化
pthread_mutex_lock	线程加锁，获得 mutex
pthread_mutex_trylock	试图获得 mutex
pthread_mutex_unlock	释放 mutex 锁
pthread_mutex_destroy	释放 mutex 资源

具体分析如下：

（1）函数 pthread_mutex_init( )用来初始化 mutex，并且使用 mutexattr 参数来传递初始化 mutex 需要定义的属性。如果属性指针为 NULL，则默认属性将被赋予新建的临界区。

（2）函数 pthread_mutex_lock( )用来获得 mutex，如果当前线程想要获取的 mutex 已经被其他线程锁定，那么调用 pthread_mutex_lock( )将使得当前线程处于等待状态。

（3）函数 pthread_mutex_trylock( )和 pthread_mutex_lock( )函数功能基本一致，只不过此函数是"尝试"获得 mutex，如果不能获得，其将立刻返回，并继续线程的执行。

（4）函数 pthread_mutex_unlock( )用来释放 mutex 锁，以便供其他线程使用。

（5）在使用完毕 mutex 后，应该使用 pthread_mutex_destroy( )函数来释放 mutex 资源。

先来看一个访问共享变量冲突的例子，在共享内存变量访问的循环重复操作中，就会观察到访问冲突的现象。

例 8.3　下列程序说明在共享内存变量访问中冲突的现象。程序中创建两个线程，counter 的初值为 0，每个线程均对 counter 执行 10 次+1 操作，试图在最后 counter 应该等于 20，但事实上运行该程序的结果并非如此，因为两个线程对共享内存产生冲突。程序代码如下：

```
#include <stdio.h>
#include <stdlib.h>
#include <pthread.h>

#define nLOOP 10
int counter=0;                    /* 共享变量*/
void *pthread(void *vptr)
```

```
{
    int    i, val;
    for (i = 0; i < nLOOP; i++)
    {
        val = counter;
        sleep(vptr);
        printf("%x: %d\n", (unsigned int)pthread_self(), counter);
        counter=val+1;
    }
    return NULL;
}

int main(int argc, char **argv)
{
    pthread_t tid1, tid1;
    pthread_create(&tid1, NULL, pthread, (void *)1);
    pthread_create(&tid2, NULL, pthread, (void *)2);
    pthread_join(tid1, NULL);
    pthread_join(tid2, NULL);
    return 0;
}
```

编译并运行程序。

./8-3

b7f5fba0: 0

b755eba0: 1

b7f5fba0: 1

b7f5fba0: 2

b755eba0: 3

b7f5fba0: 2

b7f5fba0: 4

b755eba0: 5

b7f5fba0: 3

b7f5fba0: 6

b755eba0: 7

b7f5fba0: 4

b7f5fba0: 8

b755eba0: 9

b7f5fba0: 5

b755eba0: 10

b755eba0: 6

b755eba0: 7

b755eba0: 8

```
b755eba0: 9
counter=10
```

　　程序中创建两个线程，counter 的初值为 0，程序中令各线程均对 counter 执行 10 次+1 操作，正常情况下最后 counter 应该等于 20，但事实上运行该程序的结果是 10。

　　对于多线程的程序，访问冲突的问题是很普遍的，解决的办法是使用互斥锁，获得锁的线程可以完成"读/修改/写"的操作，然后释放锁给其他线程，没有获得锁的线程只能等待而不能访问共享数据，这样"读/修改/写"操作组成一个原子操作，即要么都执行，要么都不执行，不会执行到中间被打断，也不会在其他处理器上并行做这个操作。

　　互斥对象的工作可以理解为：如果线程 a 试图锁定一个互斥对象，而此时线程 b 已锁定了同一个互斥对象时，线程 a 就将进入睡眠状态。一旦线程 b 通过 pthread_mutex_unlock( ) 调用释放了互斥对象，线程 a 就能够锁定这个互斥对象。换句话说，线程 a 就将从 pthread_mutex_lock( ) 函数调用中返回，同时互斥对象被锁定。同样地，当线程 a 锁定互斥对象时，如果线程 c 试图锁定互斥对象的话，线程 c 也将临时进入睡眠状态。对已锁定的互斥对象上调用 pthread_mutex_lock( ) 的所有其他线程都将进入睡眠状态，这些睡眠的线程将遵从"排队"原则访问这个互斥对象。互斥锁在多线程中若要保证共享内容不冲突，按下列流程进行：

　　（1）首先定义一个 pthread_mutex_t 型的共享变量，用来做锁定标记的；

　　（2）任何一个线程调用前使用函数 pthread_mutex_lock( )标记建立一个临界区；

　　（3）该线程使用此共享变量，而其他想使用 pthread_mutex_lock( )函数标记此共享变量的线程就会暂停下来；

　　（4）直到调用共享变量标记的线程调用 pthread_mutex_unlock( )函数对此共享变量解锁后，其他要标记此共享变量的线程才会继续运行。

　　例如：

```
pthread_mutex_t cat;
int dog=0;

void * pthread1(void * argu)
{
    pthread_mutex_lock(&cat);
    for (;dog<10; dog++)
        printf("pthread1: dog=%d\n", dog);
    pthread_mutex_unlockl(&cat);
}

void * pthread2(void * argu)
{
    pthread_mutex_lock(&cat);
    for (;dog<20; dog++)
        printf("pthread2: dog=%d\n", dog);
    pthread_mutex_unlockl(&cat);
}

int main()
```

```
{
    pthread_t tid1, tid2;
    pthread_mutex_init(&cat, NULL);
    pthread_create(&tid1, NULL, (void *)pthread1, NULL);
    pthread_create(&tid2, NULL, (void *)pthread2, NULL);
    pthread_join(tid1, NULL);
    pthread_join(tid2, NULL);
    pthread_mutex_destroy(&cat);
    return 0;
}
```

这样就可以保证线程 pthread1 和 pthread2 不会同时访问共享变量 dog 了。

📖 相关知识介绍

pthread_mutex_lock 函数说明如下：

所需头文件	#include< pthread.h >
函数功能	锁定互斥锁
函数原型	int pthread_mutex_lock(pthread_mutex_t *mutex);
函数传入值	pthread_mutex_t *mutex，互斥锁对象
函数返回值	执行成功则返回 0，其他任何返回值都表示出现了错误
备注	

pthread_mutex_unlock 函数说明如下：

所需头文件	#include< pthread.h >
函数功能	解除锁定互斥锁，互斥锁的释放方式取决于互斥锁的类型属性
函数原型	int pthread_mutex_unlock(pxthread_mute_t *mutex);
函数传入值	pthread_mutex_t *mutex，互斥锁对象
函数返回值	执行成功则返回 0，其他任何返回值都表示出现了错误
备注	

pthread_mutex_destroy 函数说明如下：

所需头文件	#include< pthread.h >
函数功能	销毁的互斥锁
函数原型	int pthread_mutex_destroy(pthread_mutex_t *mutex)
函数传入值	mutex，指向要销毁的互斥锁的指针
函数返回值	互斥锁销毁函数在执行成功后返回 0，否则返回错误码
备注	

pthread_mutex_init 函数说明如下：

所需头文件	#include< pthread.h >
函数功能	初始化互斥锁
函数原型	int pthread_mutex_init(pthread_mutex_t *restrict mutex,const pthread_mutexattr_t *restrict attr);
函数传入值	其中 mutexattr 用于指定互斥锁属性，如果为 NULL 则使用缺省属性。如果参数 attr 为空，则使用默认的互斥锁属性，默认属性为快速互斥锁
函数返回值	函数成功完成之后会返回零，其他任何返回值都表示出现了错误。函数成功执行后，互斥锁被初始化为未锁住态
备注	

例 8.4 互斥锁程序举例。通过设置临界区的概念，实现两个线程对共享变量的访问。

☞ 操作步骤

步骤 1 编辑源程序代码。

在 vim 中编辑源程序，在终端中输入如下：

```
[root@localhost root]# vi  8-4.c
```
程序代码如下：

```
#include <stdio.h>
#include <stdlib.h>
#include <unistd.h>
#include <pthread.h>

pthread_mutex_t mutex;  /*定义互斥锁*/
int lock_var;  /*两个线程都能修改的共享变量，访问变量必须互斥*/

void pthread1(void *arg);
void pthread2(void *arg);

void pthread1(void *arg)  /*第1个线程执行代码*/
{
    int i;
    for(i=0;i<2;i++){
        pthread_mutex_lock(&mutex);  /*锁定临界区*/
        /*临界区*/
        lock_var++;
        printf("pthread1：第%d 次循环，第1 次打印 lock_var=%d\n",i,lock_var);
        sleep(1);
        printf("pthread1：第%d 次循环，第2 次打印 lock_var=%d\n",i,lock_var);
        /* 已经完成了临界区的处理，解除对临界区的锁定*/
        pthread_mutex_unlock(&mutex);  /*解锁 */
        sleep(1);
    }
}
```

```
void pthread2(void *arg)  /*第2个线程执行代码*/
{
    int i;
    for(i=0;i<5;i++){
      pthread_mutex_lock(&mutex);  /*锁定临界区*/
      /*临界区*/
      sleep(1);
      lock_var++;
      printf("pthread2：第%d次循环 lock_var=%d\n",i,lock_var);
      /* 已经完成了临界区的处理，解除对临界区的锁定*/
      pthread_mutex_unlock(&mutex);  /*解锁 */
      sleep(1);
    }
}

int main(int argc, char *argv[])
{
    pthread_t id1,id2;
    int ret;
    pthread_mutex_init(&mutex,NULL);  /*互斥锁初始化*/
    ret=pthread_create(&id1,NULL,(void *)pthread1, NULL);/*创建第1个线程*/
    if(ret!=0)
        printf("pthread cread1\n");
    ret=pthread_create(&id2,NULL,(void *)pthread2, NULL);/*创建第2个线程*/
    if(ret!=0)
        printf ("pthread cread2\n");
    pthread_join(id1,NULL); /*等待第1个线程结束*/
    pthread_join(id2,NULL); /*等待第2个线程结束*/
    pthread_mutex_destroy(&mutex); /*释放mutex资源*/
    exit(0);
}
```

步骤 2　用 gcc 编译程序。

用gcc的"-o"选项，将8-4.c程序编译成可执行文件8-4，用"-lpthread"选项来链接pthread线程库。输入如下：

```
[root@localhost root]# gcc -o 8-4  -lpthread  8-4.c
```

步骤 3　运行程序。

编译成功后，运行可执行文件8-4。输入"./8-4"，此时系统运行结果如下：

pthread1：第0次循环，第1次打印 lock_var=1

pthread1：第0次循环，第2次打印 lock_var=1

pthread2：第0次循环 lock_var=2

pthread1：第1次循环，第1次打印 lock_var=3

pthread1：第1次循环，第2次打印 lock_var=3

```
pthread2：第1次循环 lock_var=4
pthread2：第2次循环 lock_var=5
pthread2：第3次循环 lock_var=6
pthread2：第4次循环 lock_var=7
```

思考：在例 8.4 中，把所有的 `pthread_mutex_lock(&mutex)` 和 `pthread_mutex_unlock(&mutex)`代码删除，也就是不对访问共享变量 `lock_var` 进行互斥。编译并运行程序，观察 pthread1 同一次循环的第 1 次打印和第 2 次打印的结果是否相同？如果在应用程序中产生这样的情况，会发生什么后果？

例 8.5　通过创建两个线程来实现对一个共享数据递加的程序。

☞ 操作步骤

步骤 1　编辑源程序代码。

在 vim 中编辑源程序，在终端中输入如下：

`[root@localhost root]# vi 8-5.c`

程序代码如下：

```c
#include <pthread.h>
#include <stdio.h>
#include <sys/time.h>
#include <string.h>
#define MAX 10
pthread_t thread[2];
pthread_mutex_t mut;
int number=0, i;

void *thread1()
{
        printf ("thread1 : I'm thread 1\n");
        for (i = 0; i < MAX; i++)
        {
                printf("thread1 : number = %d\n",number);
                pthread_mutex_lock(&mut);
                        number++;
                pthread_mutex_unlock(&mut);
                sleep(2);
        }
        printf("thread1 :主函数在等我完成任务吗？\n");
        pthread_exit(NULL);
}

void *thread2()
{
        printf("thread2 : I'm thread 2\n");
```

```
        for (i = 0; i < MAX; i++)
        {
                printf("thread2 : number = %d\n",number);
                pthread_mutex_lock(&mut);
                        number++;
                pthread_mutex_unlock(&mut);
                sleep(3);
        }
        printf("thread2 :主函数在等我完成任务吗？\n");
        pthread_exit(NULL);
}


void thread_create(void)
{
        int temp;
        /*创建线程*/
        memset(&thread, 0, sizeof(thread));
         if((temp = pthread_create(&thread[0], NULL, thread1, NULL)) != 0)
                printf("线程1创建失败!\n");
        else
                printf("线程1被创建\n");
        if((temp = pthread_create(&thread[1], NULL, thread2, NULL)) != 0)
                printf("线程2创建失败");
        else
                printf("线程2被创建\n");
}


void thread_wait(void)
{
        /*等待线程结束*/
        if(thread[0] !=0) {
                pthread_join(thread[0],NULL);
                printf("线程1已经结束\n");
        }
        if(thread[1] !=0) {
                pthread_join(thread[1],NULL);
                printf("线程2已经结束\n");
        }
}


int main()
{
        /*用默认属性初始化互斥锁*/
        pthread_mutex_init(&mut,NULL);
        printf("我是主函数哦，我正在创建线程，呵呵\n");
        thread_create();
```

```
        printf("我是主函数哦，我正在等待线程完成任务啊，呵呵\n");
        thread_wait();
        return 0;
    }
```

步骤 2　用 gcc 编译程序。

用gcc的"-o"选项，将8-5.c程序编译成可执行文件8-5，用"-lpthread"选项来链接pthread
线程库。输入如下：

`[root@localhost root]# gcc  -o  8-5  -lpthread  8-5.c`

步骤 3　运行程序。

编译成功后，运行可执行文件8-5。输入"./8-5"，此时系统运行结果如下：

我是主函数哦，我正在创建线程，呵呵
线程1被创建
线程2被创建
我是主函数哦，我正在等待线程完成任务啊，呵呵

```
thread1 : I'm thread 1
thread1 : number = 0
thread2 : I'm thread 2
thread2 : number = 1
thread1 : number = 2
thread2 : number = 3
thread1 : number = 4
thread2 : number = 5
thread1 : number = 6
thread1 : number = 7
thread2 : number = 8
thread1 : number = 9
thread2 : number = 10
```

thread1 :主函数在等我完成任务吗？
线程1已经结束
thread2 :主函数在等我完成任务吗？
线程2已经结束

8.3.2　条件变量

前面介绍了使用互斥锁来实现线程间访问共享数据，互斥锁只有两种状态：锁定和非
锁定。而条件变量通过允许线程阻塞和等待另一个线程发送信号的方法弥补了互斥锁的不
足，它常和互斥锁一起使用。使用时，条件变量被用来阻塞一个线程，当条件不满足时，
线程往往解开相应的互斥锁并等待条件发生变化。一旦其他的某个线程改变了条件变量，

它将通知相应的条件变量唤醒一个或多个正被此条件变量阻塞的线程。这些线程将重新锁定互斥锁并重新测试条件是否满足。一般说来，条件变量可以用来进行线程间的同步。条件变量类似于操作系统原理上介绍的管程（monitor）机制。在条件变量中的常用函数如表 8.3 所示。

表 8.3　条件变量常用函数

函数名	功　能
pthread_cond_init	初始化一个条件变量
pthread_cond_destroy	用于释放一个条件变量的资源
pthread_cond_wait	使线程阻塞在一个条件变量上
pthread_cond_timedwait	使线程阻塞一段指定的时间
pthread_cond_signal	用于解除某一个等待线程的阻塞状态
pthread_cond_broadcast	用于设置条件变量，即使得事件发生，这样等待该事件的线程将不再阻塞

设置条件变量 count 为某一独占的资源。当 count 已为 0 时，再使用它时（看作减一），就得等待；如果 count 为 0 时，您可以释放它（看作加一）。加一、减一的操作都设置为原子操作。多线程中应用条件变量如何保证共享内容不冲突，通常条件变量常和互斥锁一起使用，按下列流程进行：

主程序：

（1）初始化条件变量，初始化互斥锁；

（2）创建线程；

（3）退出线程。

等待线程：

（1）线程加锁；

（2）判断线程是否等待阻塞，是转（3），否转（4）；

（3）等待条件变量激活；

（4）访问共享变量（减一操作，相当于 P 操作）；

（5）线程解锁。

激活线程：

（1）线程加锁；

（2）判断线程是否等待阻塞，是转（3），否转（4）；

（3）唤醒等待的线程；

（4）访问共享变量（加一操作，相当于 V 操作）；

（5）线程解锁。

例 **8.6** 设计一个程序，完成以下功能。初始化两个条件变量 count_lock、
count_nonzero，创建两个线程 **tid1**、**tid2**，这两个线程分别调用各自的线程函数
decrement_count、**increment_count**。在线程函数**decrement_count**中要求先判断共享变量
count是否为 **0**，为 **0** 时线程等待阻塞，否则**count**不能进行减一操作。在线程函数
increment_count中要求先判断共享变量**count**是否为 **0**，如为 **0** 说明有需要唤醒的进程，
然后再进行加一操作。

程序代码如下：

```c
#include <stdio.h>
#include <pthread.h>
#include <unistd.h>

pthread_mutex_t count_lock;//自旋锁
pthread_cond_t count_nonzero;//条件锁
unsigned count = 0;

void *decrement_count(void *arg)
{
    pthread_mutex_lock(&count_lock);//等待线程:1 使用 pthread_cond_wait 前要先加锁
    printf("decrement_count get count_lock\n");
    while(count == 0)   //count 为 0 时，线程等待阻塞
    {
        printf("decrement_count count == 0 \n");
        printf("decrement_count before cond_wait \n");
        //等待条件变量被其他线程激活
        pthread_cond_wait(&count_nonzero, &count_lock);
        printf("decrement_count after cond_wait \n");
    }
    printf("tid1:count--\n");
    count = count - 1;
    printf("tid1:count= %d \n", count);
    pthread_mutex_unlock(&count_lock);
}

void *increment_count(void *arg)
{
    //激活线程：1 加锁（和等待线程用同一个锁）
    pthread_mutex_lock(&count_lock);
    printf("increment_count get count_lock \n");
    if(count == 0)   // count 为 0,唤醒等待的线程
    {
        printf("increment_count before cond_signal \n");
        pthread_cond_signal(&count_nonzero);//发送信号唤醒线程
        printf("increment_count after cond_signal \n");
    }
    printf("tid2:count++\n");
```

```
        count = count + 1;
        printf("tid2:count= %d \n", count);
        //3 解锁，激活线程的上面三个操作在运行时间上都在等待线程的 pthread_cond_wait 函数
            内部
        pthread_mutex_unlock(&count_lock);
    }

int main(void)
{
    pthread_t tid1, tid2;

    pthread_mutex_init(&count_lock, NULL);
    pthread_cond_init(&count_nonzero, NULL);

    pthread_create(&tid1, NULL, decrement_count, NULL);
    printf("tid1 decrement is created,begin sleep 2s \n");
    sleep(2);
    printf("after sleep 2s, start creat tid2 increment \n");
    pthread_create(&tid2, NULL, increment_count, NULL);
    printf("after tid2 increment is created,begin sleep 10s \n");
    sleep(5);
    printf("after sleep 5s,begin exit!\n");
    pthread_exit(0);

    return 0;
}
```

程序运行结果如下：

```
[root@localhost root]# gcc -o 8-6 -lpthread 8-6.c
[root@localhost root]# ./8-6
decrement_count get count_lock
decrement_count count == 0
decrement_count before cond_wait
tid1 decrement is created,begin sleep 2s
after sleep 2s, start creat tid2 increment
increment_count get count_lock
increment_count before cond_signal
increment_count after cond_signal
tid2:count++
tid2:count= 1
after tid2 increment is created,begin sleep 10s
decrement_count after cond_wait
tid1:count--
tid1:count= 0
```

```
after sleep 5s,begin exit!
```

📖 相关知识介绍

（1）条件变量的结构为 pthread_cond_t，函数 pthread_cond_init( )被用来初始化一个条件变量。

pthread_cond_init 函数说明如下：

所需头文件	#include< pthread.h >
函数功能	初始化一个条件变量
函数原型	int pthread_cond_init (pthread_cond_t *cond, const pthread_condattr_t *cond_attr);
函数传入值	当参数 cond_attr 为空指针时，函数创建的是一个缺省的条件变量；否则条件变量的属性将由 cond_attr 中的属性值来决定
函数返回值	函数成功则返回 0；任何其他返回值都表示错误，初始化一个条件变量。函数返回时，条件变量被存放在参数 cond 指向的内存中
备注	

（2）pthread_cond_destroy 函数说明如下：

所需头文件	#include< pthread.h >
函数功能	销毁 cond 指向的条件变量
函数原型	int pthread_cond_destroy (pthread_cond_t *cond);
函数传入值	cond 是指向 pthread_cond_t 结构的指针
函数返回值	函数成功则返回 0；任何其他返回值都表示错误，释放条件变量
备注	条件变量占用的空间并未被释放

（3）函数pthread_cond_wait()使线程阻塞在一个条件变量上。线程解开mutex指向的锁并被条件变量cond阻塞。线程可以被函数pthread_cond_signal和函数pthread_cond_broadcast唤醒。但是要注意的是，条件变量只是起阻塞和唤醒线程的作用，具体的判断条件还需用户给出，例如一个变量是否为零等等。线程被唤醒后，它将重新检查判断条件是否满足，如果还不满足，一般说来线程应该仍阻塞在这里，等待被下一次唤醒。这个过程通常用while语句实现。

pthread_cond_wait 必须放在 pthread_mutex_lock 和 pthread_mutex_unlock 之间，因为它要根据共享变量的状态来决定是否要等待。

pthread_cond_wait 函数说明如下：

所需头文件	#include< pthread.h >
函数功能	使线程阻塞在一个条件变量上
函数原型	int pthread_cond_wait (pthread_cond_t *cond, pthread_mutex_t *mutex);
函数传入值	线程解开 mutex 指向的锁并被条件变量 cond 阻塞
函数返回值	互斥锁销毁函数在执行成功后返回 0，否则返回错误码
备注	线程解开 mutex 指向的锁并被条件变量 cond 阻塞。线程可以被函数 pthread_cond_signal 和函数 pthread_cond_broadcast 唤醒

一个线程等待"条件变量的条件成立"而挂起；另一个线程使"条件成立"（给出条件成立信号）。为了防止竞争，条件变量的使用总是和一个互斥锁结合在一起。

（4）另一个用来阻塞线程的函数是pthread_cond_timedwait( )，它比函数pthread_cond_wait()多了一个时间参数，经历abstime的段时间后，即使条件变量不满足，阻塞也被解除。

pthread_cond_timedwait 函数说明如下：

所需头文件	#include< pthread.h >
函数功能	使线程阻塞一段指定的时间
函数原型	Int pthread_cond_timedwait (pthread_cond_t *cond, pthread_mutex_t *mutex, const struct timespec *abstime);
函数传入值	线程解开 mutex 指向的锁并被条件变量 cond 阻塞，abstime 为等待的时间
函数返回值	互斥锁销毁函数在执行成功后返回 0，否则返回错误码
备注	

5）函数pthread_cond_signal( )用来释放被阻塞在条件变量cond上的一个线程。多个线程被阻塞在此条件变量上时，哪一个线程被唤醒是由线程的调度策略所决定的。要注意的是，必须用保护条件变量的互斥锁来保护这个函数，否则条件满足信号有可能在测试条件和调用pthread_cond_wait函数之间被发出，从而造成无限制的等待。

pthread_cond_signal 函数说明如下：

所需头文件	#include< pthread.h >
函数功能	根据调度策略唤醒线程
函数原型	int pthread_cond_signal(pthread_cond_t *cond);
函数传入值	cond 指向要唤醒的条件变量的指针
函数返回值	函数在执行成功后返回 0，否则返回错误码
备注	

例 8.7 使用线程等待函数 **pthread_cond_wait( )**和线程唤醒函数 **pthread_cond_ signal( )**的一个简单的例子。

```
#include<pthread.h>
#include<unistd.h>
#include<stdio.h>
#include<string.h>
#include<stdlib.h>

static pthread_mutex_t mtx=PTHREAD_MUTEX_INITIALIZER;
static pthread_cond_t cond=PTHREAD_COND_INITIALIZER;

struct node
{
    int n_number;
    struct node *n_next;
} *head=NULL; //[thread_func]

//释放节点内存
static void cleanup_handler(void*arg)
{
```

```
        printf("Clean up handler of second thread.\n");
        free(arg);
        (void)pthread_mutex_unlock(&mtx);
    }

    static void *thread_func(void *arg)
    {
        struct node*p=NULL;
        pthread_cleanup_push(cleanup_handler,p);

        //这个 mutex_lock 主要是用来保护 wait 等待临界时期的情况，
        //当在 wait 为放入队列时，这时，已经存在 Head 条件等待激活
        //的条件，此时可能会漏掉这种处理
          pthread_mutex_lock(&mtx);
      //这个 while 要特别说明一下，单个 pthread_cond_wait 功能很完善，
        //为何这里要有一个 while(head==NULL) 呢？因为 pthread_cond_wait
        //里的线程可能会被意外唤醒，如果这个时候 head==NULL，
        //则不是我们想要的情况。这个时候，
        //应该让线程继续进入 pthread_cond_wait
        while(1)
        {
            while(head==NULL)
            {
                pthread_cond_wait(&cond,&mtx);
            }
            //pthread_cond_wait 会先解除之前的 pthread_mutex_lock 锁定的 mtx，
            //然后阻塞在等待队列里休眠，直到再次被唤醒
            //（大多数情况下是等待的条件成立而被唤醒），唤醒后，
            //该进程会先锁定 pthread_mutex_lock(&mtx)，
            //再读取资源。用这个流程是比较清楚的
            //block-->unlock-->wait()return-->lock
            p=head;
            head=head->n_next;
            printf("Got %d from front of queue\n",p->n_number);
            free(p);
        }
        pthread_mutex_unlock(&mtx);//临界区数据操作完毕，释放互斥锁
        pthread_cleanup_pop(0);
        return 0;
    }

    int main(void)
    {
        pthread_t tid;
        int i;
        struct node *p;
```

```
    pthread_create(&tid,NULL,thread_func,NULL);
    //子线程会一直等待资源，类似生产者和消费者，
    //但是这里的消费者可以是多个消费者，
    //而不仅仅支持普通的单个消费者。这个模型虽然简单，
    //但是很强大
    for(i=0;i<10;i++) {
        p=(struct node*)malloc(sizeof(struct node));
        p->n_number=i;
        pthread_mutex_lock(&mtx);//需要操作 head 这个临界资源，先加锁
        p->n_next=head;
        head=p;
        pthread_cond_signal(&cond);
        pthread_mutex_unlock(&mtx);//解锁
        sleep(1);
    }
    printf("thread1 wannaend the cancel thread2.\n");
    //关于 pthread_cancel 有一点额外的说明，它是从外部终止子线程，
    //子线程会在最近的取消点退出线程。而在我们的代码里，最近的
    //取消点肯定就是 pthread_cond_wait() 了
    pthread_cancel(tid);
    pthread_join(tid,NULL);
    printf("Alldone--exiting\n");
    return 0;
}
```

程序运行结果如下：

```
[root@localhost root]# gcc  -o  8-7 -lpthread 8-7.c
[root@localhost root]#  ./8-7
Got 0 from front of queue
Got 1 from front of queue
Got 2 from front of queue
Got 3 from front of queue
Got 4 from front of queue
Got 5 from front of queue
Got 6 from front of queue
Got 7 from front of queue
Got 8 from front of queue
Got 9 from front of queue
thread1 wannaend the cancel thread2.
Clean up handler of second thread.
Alldone--exiting
```

例 8.8　下面的程序演示了一个生产者-消费者的例子，生产者生产一个结构体串在链表的表头上，消费者从表头取走结构体。以实例说明线程加锁、解锁、唤醒线程的机理。

分析　应用条件变量解决生产者与消费者问题，首先定义及初始化条件变量。

在生产者进程中，程序设计步骤如下：

- 生产 20 次循环开始；
- 线程加锁；
- 生产活动（结点连入表头）；
- 线程解锁；
- 应用函数 pthread_cond_signa 唤醒消费者线程；
- 循环结束。

在消费者进程中，程序设计步骤如下：

- 消费 20 次循环开始；
- 线程加锁；
- 应用函数 pthread_cond_wait 根据条件阻塞消费者线程；
- 消费活动（或从链表读数据等）；
- 线程解锁；
- 循环结束。

操作步骤

步骤 1 编辑源程序代码。

在 vim 中编辑源程序，在终端中输入如下：

```
[root@localhost root]# vi 8-8.c
#include <stdlib.h>
#include <pthread.h>
#include <stdio.h>

struct msg
{
    struct msg *next;
    int num;
};

struct msg *head;
pthread_cond_t has_product = PTHREAD_COND_INITIALIZER; /*条件变量置初值*/
pthread_mutex_t lock = PTHREAD_MUTEX_INITIALIZER;  /*互斥锁置初值*/

void *producer(void *p) /*生产者线程代码*/
{
  struct msg *mp;
  int i;
  for (i=0;i<20;++i)
  {
        mp = malloc(sizeof(struct msg));
        mp->num = rand() % 1000 + 1;
        printf("Produce %d\n", mp->num);
        pthread_mutex_lock(&lock);
        mp->next = head;
        head = mp;
        pthread_mutex_unlock(&lock);
```

```
            pthread_cond_signal(&has_product); /*唤醒消费者线程*/
            sleep(rand() % 5);
    }
}

void *consumer(void *p)  /*消费者线程代码*/
{
    struct msg *mp;
    int i;
    for (i=0;i<20;++i)
    {
        pthread_mutex_lock(&lock);
        while (head == NULL)
        /*没有数据（消息），阻塞消费者线程，解锁*/
        pthread_cond_wait(&has_product, &lock);
        mp = head;
        head = mp->next;
        pthread_mutex_unlock(&lock);
        printf("Consume %d\n", mp->num);
        free(mp);
        sleep(rand() % 5);
    }
}


int main(int argc, char *argv[])
{
    pthread_t pt, ct;
    srand(time(NULL));
    pthread_create(&pt, NULL, producer, NULL);
    pthread_create(&ct, NULL, consumer, NULL);
    pthread_join(pt, NULL);
    pthread_join(ct, NULL);
    return 0;
}
```

步骤 2　用 gcc 编译程序。

用gcc的"-o"选项，将8-8.c程序编译成可执行文件8-8，用"-lpthread"选项来链接pthread线程库。输入如下：

`[root@localhost root]#` **gcc -o 8-8 -lpthread 8-8.c**

步骤 3　运行程序。

编译成功后，运行可执行文件8-8。输入"./8-8"，此时系统运行结果如下：

`[root@localhost root]#` **./8-8**

Produce 574

Consume 574

Produce 320

Consume 320

Produce 887

Consume 887

……

8.3.3 信号量

信号量是操作系统中解决进程或线程同步与互斥的最重要机制之一。Linux内核提供 System V的信号量机制，如图8.1所示。通过P.V操作用于实现进程之间通信，本章只介绍 POSIX的信号量机制。

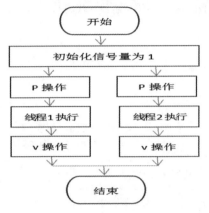

图 8.1   P、V 操作示意图

下面逐个介绍和信号量有关的一些函数，它们都在头文件/usr/include/semaphore.h中定义。信号量的数据类型为结构sem_t，它本质上是一个长整型的数。常用信号量的函数如表 8.4所示。

表 8.4   常用信号量函数

函数名	功　　能
sem_init	初始化一个信号量
sem_wait	阻塞当前线程直到信号量 sem 的值大于 0
sem_post	增加信号量的值
sem_destroy	释放信号量资源

在头文件semaphore.h 中定义的信号量则完成了互斥体和条件变量的封装，按照多线程程序设计中访问控制机制，控制对资源的同步访问，为程序设计人员提供更方便的调用接口。

📖 **相关知识介绍**

（1）sem_init 函数说明如下：

所需头文件	#include<semaphore.h>
函数功能	初始化一个信号量
函数原型	int sem_init(sem_t *sem, int pshared, unsigned int val);
函数传入值	Sem：指向信号量结构的一个指针 Pshared：不为 0 时此信号量在进程间共享，否则只能为当前进程的所有线程共享 Value：给出了信号量的初始值
函数返回值	函数在执行成功后返回 0，否则返回错误码
备注	

（2）　函数sem_wait。函数sem_wait(sem_t *sem)被用来阻塞当前线程直到信号量sem的值大于0，解除阻塞后将sem的值减一，表明公共资源经使用后减少。函数sem_trywait (sem_t *sem)是函数sem_wait( )的非阻塞版本，它直接将信号量sem的值减一，相当于P操作。

sem_wait 函数说明如下：

所需头文件	#include<semaphore.h>
函数功能	阻塞当前线程直到信号量 sem 的值大于 0
函数原型	int sem_wait(sem_t *sem);
函数传入值	Cond：指向要唤醒的条件变量的指针
函数返回值	函数在执行成功后返回 0，否则返回错误码
备注	

（3）sem_post函数。当线程阻塞在这个信号量上时，调用这个函数会使其中的一个线程不再阻塞，选择机制同样是由线程的调度策略决定的，相当于V操作。

sem_post 函数说明如下：

所需头文件	#include<semaphore.h>
函数功能	增加信号量的值
函数原型	int sem_post(sem_t *sem)
函数传入值	Cond：指向要唤醒的条件变量的指针
函数返回值	函数在执行成功后返回 0，否则返回错误码
备注	

（4）sem_destroy函数说明如下：

所需头文件	#include<semaphore.h>
函数功能	用来释放系统中信号量 sem 所占有的资源
函数原型	int sem_destroy(sem_t *sem);
函数传入值	Sem：信号量指针
函数返回值	函数在执行成功后返回 0，否则返回错误码。
备注	

例 8.9　信号量的始化、线程等待、阻塞等函数的应用。

```
#include <stdio.h>
#include <unistd.h>
#include <stdlib.h>
#include <string.h>
#include <pthread.h>
#include <semaphore.h>

sem_t bin_sem;
```

```
void *thread_function1(void *arg)
{
  printf("thread_function1--------------sem_wait\n");
  sem_wait(&bin_sem);
  printf("sem_wait\n");
  while (1)
  {
  }
}

void *thread_function2(void *arg)
{
  printf("thread_function2--------------sem_post\n");
  sem_post(&bin_sem);
  printf("sem_post\n");
  while (1)
  {
  }
}

int main()
{
  int res;
  pthread_t a_thread;
  void *thread_result;

  res = sem_init(&bin_sem, 0, 0);
  if (res != 0)
  {
     perror("Semaphore initialization failed");
  }
  printf("sem_init\n");
  res = pthread_create(&a_thread, NULL, thread_function1, NULL);
  if (res != 0)
  {
     perror("Thread creation failure");
  }
  printf("thread_function1\n");
  sleep (5);
  printf("sleep\n");
  res = pthread_create(&a_thread, NULL, thread_function2, NULL);
  if (res != 0)
  {
     perror("Thread creation failure");
  }
  while (1)
  {
  }
```

}

程序的运行结果如下：

```
[root@localhost root]# ./8-9
sem_init
thread_function1--------------sem_wait
thread_function1
sleep
thread_function2--------------sem_post
sem_post
sem_wait
...
```

例 8.10 编写程序实现操作系统中经典的同步问题：生产者-消费者问题。使用 **Linux** 的 **Pthread** 线程库，创建 **2** 个生产者线程和 **2** 个消费者线程。生产者线程计算当前的时间，把时间和线程 **ID** 作为一个消息，把消息放入缓冲区；消费者线程从缓冲区读出一个消息并显示消息。缓冲区大小为 **5** 个，每个生产者线程生产 **10** 个消息，每个消费者线程消费 **10** 个消息，即生产和消费分别为 **20** 次。

分析：应用信号量解决生产者与消费者问题，首先定义消费者与生产者使用的信号量 fu 与 empty。fu 表示消息的个数（或产品的个数），当 fu <0 时，消费者程序产生阻塞。empty 可表示空间缓冲区的个数，当 empty<0 时生产者进程阻塞。

在生产者进程中，程序设计步骤如下：

- 生产 10 次循环开始；
- 应用函数 sem_wait 设置参数 empty，生产者阻塞的条件；
- 线程加锁；
- 生产活动（写缓冲区资源、输出等）；
- 线程解锁；
- 应用函数 sem_post 设置参数 fu，使 fu 值增 1；
- 循环结束。

在消费者进程中，程序设计步骤如下：

- 消费 10 次循环开始；
- 应用函数 sem_wait 设置参数 fu，消费者阻塞的条件；
- 线程加锁；
- 消费活动（读缓冲区资源、输出等）；
- 线程解锁；
- 应用函数 sem_post 设置参数 fu，使 fu 值增 1；
- 循环结束。

操作步骤

步骤 1 编写代码。

```
#include <pthread.h>
#include <stdio.h>
#include <semaphore.h>
```

```
#include <time.h>
#include <stdlib.h>
sem_t full,empty;  /*信号量, empty 的值表示空缓冲区个数, full 的值表示空缓冲区中消
```
息的个数, 用于生产者和消费者同步, 默认值为 0 */
```
pthread_mutex_t mutex; /*互斥量, 用于访问缓冲区互斥, 缓冲区为临界资源*/
#define BUFFERSIZE 5          /*5 个缓冲区*/
  struct msgbuf{              /*缓冲区结构*/
  pid_t id;                   /*线程 id */
  time_t mytime;              /*时间*/
};
struct msgbuf  msg[BUFFERSIZE];
int in=0,out=0;
```
/*生产者 producer(), 用于生产者计算当前的时间, 把时间、第几次计算时间的序号 (循环次数)
和线程 ID 作为一个消息, 把消息放入缓冲区, 每个线程生产 10 个消息*/
```
void *producer(void *arg)
{
    int i;
    time_t rt;
    for(i=1;i<=10;i++)
    {
        sem_wait(&empty); /*缓冲区个数减 1, 若缓冲区个数小于等于 0, 则阻塞本线程*/
        /*加锁, 申请缓冲区资源, 若有其他线程在读写缓冲区, 则阻塞本线程*/
        pthread_mutex_lock(&mutex);
        msg[in].id=pthread_self(); /*获得线程 ID, 写入缓冲区*/
        time(&(msg[in].mytime)); /*获得时间信息, 写入缓冲区*/
        printf("生产者%d第%d次写消息---, id=%u, time is: %s\n",arg, i,(unsigned)
            (msg[in].id),ctime(&(msg[in].mytime)));
        in=(++in)%5;
        pthread_mutex_unlock(&mutex);
    /*解锁, 释放缓冲区资源, 若有线程在等待使用缓冲区, 则唤醒该线程*/
     sem_post(&full);
        /*消息数加 1, 若有等待读缓冲区消息的消费者线程, 则唤醒该线程*/
     srand( (unsigned)time(&rt));
     sleep(rand()%5);
    }
}
/* 消费者 consumer, 用于消费者从缓冲区读出一个消息并显示消息, 每个线程消费 10 个消息*/
void * consumer (void *arg)
{
  int i;
  time_t rt;
  for(i=1;i<=10;i++)
  {
    sem_wait(&full);  /*消息数减 1, 若消息个数小于等于 0, 则阻塞本线程*/
    pthread_mutex_lock(&mutex);
```

```
    /*加锁，申请缓冲区资源，若有其他线程在读写缓冲区，则阻塞本线程*/
    printf("消费者%d第%d次读取消息---, id=%u, time is: %s\n",arg, i,
            (unsigned)(msg[out].id),ctime(&(msg[out].mytime)));
    out=(++out)%5;
    pthread_mutex_unlock(&mutex);
        /*解锁，释放缓冲区资源，若有线程在等待使用缓冲区，则唤醒该线程*/
    sem_post(&empty);/*空缓冲区数加1，若有写缓冲区消息的生产者线程，则唤醒该线程
    */
    srand( (unsigned)time(&rt));
    sleep(3+rand()%5);
  }
}

int main(int argc, char *argv[])
{
  pthread_t pid1,pid2;
  pthread_t cid1,cid2;
  sem_init(&full,0,0);    /*信号量初始化，初始消息个数为 0 */
  sem_init(&empty,0,5);  /*信号量初始化，初始缓冲区个数为 5 */
  pthread_mutex_init(&mutex,NULL);

  /*创建 2 个生产者线程和 2 个消费者线程*/
  pthread_create(&pid1,NULL, producer,1);
  pthread_create(&pid2,NULL, producer,2);
  pthread_create(&cid1,NULL, consumer,1);
  pthread_create(&cid2,NULL, consumer,2);

  pthread_join(pid1,NULL); /*等待第 1 个生产者线程结束*/
  pthread_join(pid2,NULL); /*等待第 2 个生产者线程结束*/
  pthread_join(cid1,NULL); /*等待第 1 个消费者线程结束*/
  pthread_join(cid2,NULL); /*等待第 2 个消费者线程结束*/

  pthread_mutex_destroy(&mutex); /*释放互斥量*/
  sem_destroy(&full);            /*释放信号量*/
  sem_destroy(&empty) ;          /*释放信号量*/

  return 0;
}
```

步骤 2　用 gcc 编译程序。

用gcc的"-o"选项，将8-10.c程序编译成可执行文件8-10，用"-lpthread"选项来链接pthread线程库。输入如下：

```
[root@localhost root]# gcc -o 8-10  -lpthread  8-10.c
```

步骤 3　运行程序。

编译成功后，运行可执行文件8-10。输入"./8-10"，此时系统运行结果如下：

```
[root@localhost root]# ./8-10
```

生产者 1 第 1 次写消息---, id=3086724000,time is: Sun Apr 2 12:30:45 2017

生产者 2 第 1 次写消息---, id=3076234144,time is: Sun Apr 2 12:30:45 2017

消费者 1 第 1 次读消息---, id=3086724000,time is: Sun Apr 2 12:30:45 2017

消费者 2 第 1 次读消息---, id=3076234144,time is: Sun Apr 2 12:30:45 2017

生产者 1 第 2 次写消息---, id=3086724000, time is: Sun Apr 2 12:30:45 2017

生产者 1 第 3 次写消息---, id=3086724000, time is: Sun Apr 2 12:30:45 2017

生产者 1 第 4 次写消息---, id=3086724000, time is: Sun Apr 2 12:30:45 2017

生产者 1 第 5 次写消息---, id=3086724000, time is: Sun Apr 2 12:30:45 2017

生产者 2 第 2 次写消息---, id=3076234144, time is: Sun Apr 2 12:30:45 2017

消费者 1 第 2 次读消息---, id=3086724000, time is: Sun Apr 2 12:30:45 2017

消费者 2 第 2 次读消息---, id=3086724000, time is: Sun Apr 2 12:30:45 2017

生产者 1 第 6 次写消息---, id=3086724000, time is: Sun Apr 2 12:30:45 2017

生产者 2 第 3 次写消息---, id=3076234144, time is: Sun Apr 2 12:30:45 2017

消费者 1 第 3 次读消息---, id=3086724000, time is: Sun Apr 2 12:30:45 2017

消费者 2 第 3 次读消息---, id=3086724000, time is: Sun Apr 2 12:30:45 2017

生产者 1 第 7 次写消息---, id=3086724000, time is: Sun Apr 2 12:30:45 2017

生产者 2 第 4 次写消息---, id=3076234144, time is: Sun Apr 2 12:30:45 2017

消费者 1 第 4 次读消息---, id=3076234144, time is: Sun Apr 2 12:30:45 2017

消费者 2 第 4 次读消息---, id=3086724000, time is: Sun Apr 2 12:30:45 2017

生产者 1 第 8 次写消息---, id=3086724000, time is: Sun Apr 2 12:30:45 2017

生产者 2 第 5 次写消息---, id=3076234144, time is: Sun Apr 2 12:30:45 2017

消费者 1 第 5 次读消息---, id=3076234144, time is: Sun Apr 2 12:30:45 2017

消费者 2 第 5 次读消息---, id=3086724000, time is: Sun Apr 2 12:30:45 2017

生产者 1 第 9 次写消息---, id=3086724000, time is: Sun Apr 2 12:30:45 2017

生产者 2 第 6 次写消息---, id=3076234144, time is: Sun Apr 2 12:30:45 2017

消费者 1 第 6 次读消息---, id=3076234144, time is: Sun Apr 2 12:30:45 2017

消费者 2 第 6 次读消息---, id=3086724000, time is: Sun Apr 2 12:30:45 2017

生产者 1 第 10 次写消息---, id=3086724000, time is: Sun Apr   2 12:30:45 2017

生产者 2 第 7 次写消息---, id=3076234144, time is: Sun Apr 2 12:30:45 2017

消费者 1 第 7 次读消息---, id=3076234144, time is: Sun Apr 2 12:30:45 2017

消费者 2 第 7 次读消息---, id=3086724000, time is: Sun Apr 2 12:30:45 2017

生产者 2 第 8 次写消息---, id=3076234144, time is: Sun Apr 2 12:30:45 2017

......

例 8.11 另一个使用信号量的例子。这个例子比例 **8.10** 简单，一共有四个线程，其中两个线程负责从文件读取数据到公共的缓冲区，另两个线程从缓冲区读取数据做不同的算术加、乘运算。

☞ 操作步骤

步骤 1　编辑源程序代码。

在 vim 中编辑源程序，在终端中输入如下：

[root@localhost root]# **vi　8-11.c**

```c
#include <stdio.h>
#include <pthread.h>
#include <semaphore.h>
#define MAXSTACK 100
int stack[MAXSTACK][2];
int size=0;
sem_t S;            /*定义信号量*/

/* 从文件 file1.dat 中读取数据，每读一次，信号量加一*/
void RData1(void)
{
  FILE *fp=fopen("file1.dat","r");
  while(!feof(fp))
  {
    fscanf(fp,"%d %d",&stack[size][0],&stack[size][1]);
    sem_post(&S);
    ++size;
  }
  fclose(fp);
}


/*从文件 file2.dat 读取数据*/
void RData2(void)
{
    FILE *fp=fopen("file2.dat","r");
    while(!feof(fp))
    {
      fscanf(fp,"%d %d",&stack[size][0],&stack[size][1]);
      sem_post(&S);
      ++size;
    }
    fclose(fp);
}

/*阻塞等待缓冲区有数据，读取数据后，释放空间，继续等待*/
void CData1(void)
{
  while(1)
  {
    sem_wait(&S);
    printf("Plus:%d+%d=%d\n",stack[size][0],stack[size][1],
            stack[size][0]+stack[size][1]);
    --size;
    sleep(1);
```

```
        }
    }

    void CData2(void)
    {
        while(1)
        {
            sem_wait(&S);
            printf("Multiply:%d*%d=%d\n",stack[size][0],stack[size][1],
                    stack[size][0]*stack[size][1]);
            --size;
            sleep(1);
        }
    }

    int main(void)
    {
        pthread_t tid1,tid2,tid3,tid4;
        sem_init(&S,0,0);   /*信号量初始化*/
        /*创建 4 个线程*/
        pthread_create(&tid1,NULL,(void *)RData1,NULL);
        pthread_create(&tid2,NULL,(void *)RData2,NULL);
        pthread_create(&tid3,NULL,(void *)CData1,NULL);
        pthread_create(&tid4,NULL,(void *)CData2,NULL);

        /*等待线程结束*/
        pthread_join(tid1,NULL);
        pthread_join(tid2,NULL);
        pthread_join(tid3,NULL);
        pthread_join(tid4,NULL);

        return 0;
    }
```

步骤 2　用 gcc 编译程序。

用 gcc 的 "-o" 选项，将 8-11.c 程序编译成可执行文件 8-11，用 "-lpthread" 选项来链接 pthread 线程库。输入如下：

```
[root@localhost root]# gcc -o 8-11  -lpthread  8-11.c
```

步骤 3　运行程序。

先编辑好数据文件 file1.dat 和 file2.dat，假设它们的内容分别为 "1 2 3 4 5 6 7 8 9 10" 和 "-1 -2 -3 -4 -5 -6 -7 -8 -9 -10"。

编译成功后，运行可执行文件 8-11。输入 "./8-11"，此时系统运行结果如下：

```
[root@localhost root]# ./8-11
Plus:0+0=0
Multiply:0*0=0
Plus:0+0=0
Multiply:0*0=0
```

```
Plus:-9+-10=-19
Multiply:-9*-10=90
Plus:-5+-6=-11
Multiply:-5*-6=30
Plus:-1+-2=-3
Multiply:-1*-2=2
Plus:5+6=11
Multiply:3*4=12
```

调整 sleep 函数的值，再一次编译并运行 8-11 程序，可以看到输出的结果不一样。由于各个线程间的竞争关系，数值并未按我们原先的顺序显示出来，这是因为共享变量 size 可以被各个线程任意修改。这也是多线程编程往往要注意的问题。

思考与实验

1. Fibonacci 序列为0 ,1,1,2,3,5,8,……，通常，这可表达为

$fib_0 = 0$

$fib_1 = 1$

$fib_n = fib_{n-1} + fib_{n-2}$

编写一个多线程程序来生成Fibonacci序列。程序应该这样工作：用户运行程序时在命令行输入要产生Fibonacci序列的数，然后程序创建一个新的线程来产生Fibonacci数，把这个序列放到线程共享的数据中（数组可能是一种最方便的数据结构）。当线程执行完成后，父线程将输出由子线程产生的序列。由于在子线程结束前，父线程不能开始输出Fibonacci序列，因此父线程必须等待子线程的结束。

2. 使用多线程编写矩阵乘法程序。给定两个矩阵A和B，其中A是具有m行、k列的矩阵，B为k行、n列的矩阵，A×B为矩阵C，C为m行、n列。矩阵C中第i行、第j列的元素$C_{i,j}$就是矩阵A第i行每个元素和矩阵B第j列每个元素乘积的和。

例如，如果A是3×2的矩阵，B是2×3的矩阵，则元素$C_{3,1}$将是$A_{3,1} \times B_{1,1}$和$A_{3,2} \times B_{2,1}$的和。

对于该程序，计算每个$C_{i,j}$是一个独立的工作线程，因此它将会涉及生成m×n个工作线程。主线程（或称为父线程）将初始化矩阵A和B，并分配足够的内存给矩阵C，它将容纳A×B。这些矩阵将声明为全局数据，以使每个工作线程都能访问矩阵A，B和C。

矩阵A和B可以静态初始化，如：

```
#define m 3
#define k 2
#define n 3
int A [m] [k] = { {1 , 4} , {2 , 5} , {3 , 6} };
int B [k] [n] = { {8 , 7 , 6}, {5 , 4 , 3} };
int C [m] [n];
```

它们也可以从一个文件中读入，建议采用较大矩阵（如矩阵C为100×100）进行测试。

3. 兄弟俩共同使用一个账号，每次限存或取10元，存钱与取钱的线程分别如下所示：

```
int amount:=0;
Thread  SAVE(){
   int m1;
   m1=amount;
   m1=m1+10;
    amount=m1;
}

Thread TAKE(){
    int m2;
    m2=amount;
    m2=m2-10;
    amount=m2;
}
```

由于兄弟俩可能同时存钱和取钱，因此两个线程是并发的。若哥哥先存了两次钱，但在第三次存钱时，弟弟在取钱。请问最后账号amount上面可能出现的值？编写程序，用互斥锁或信号量机制实现兄弟俩存钱和取钱操作。

4. 现有4个线程R1，R2，W1和W2，它们共享可以存放一个数的缓冲器B。线程R1每次把从键盘上读入的一个数存放到缓冲器B中，供线程W1打印输出；线程R2每次从磁盘上读一个数放到缓冲器B中，供线程W2打印输出。当一个线程把数据存放到缓冲器后，在该数还没有被打印输出之前不准任何线程再向缓冲器中存数。在缓冲器中还没有存入一个新的数之前不允许任何线程加快从缓冲区中取出打印。编写程序，采用互斥锁或信号量机制使这4个线程并发执行协调工作。

提示，互斥锁和信号量定义如下：

互斥锁S：表示能否把数存入缓冲器B，初始值为1。

信号量S1：表示R1是否已向缓冲器存入从键盘上读入的一个数，初始值为0。

信号量S2：表示R2是否已向缓冲器存入从磁盘上读入的一个数，初始值为0。

5.阅读下列程序。程序仍以生产者-消费者问题为例来阐述 Linux 线程的控制和通信。一组生产者线程与一组消费者线程通过缓冲区发生联系。生产者线程将生产的产品送入缓冲区，消费者线程则从中取出产品。有 N 个缓冲区，是一个环形的缓冲池。

```
#include <stdio.h>
#include <pthread.h>
#define BUFFER_SIZE 16 /*缓冲区数量*/
struct prodcons
{
    /*缓冲区相关数据结构*/
    int buffer[BUFFER_SIZE]; /* 实际数据存放的数组*/
    pthread_mutex_t lock; /* 互斥体 lock，用于对缓冲区的互斥操作 */
    int readpos, writepos; /* 读写指针*/
    pthread_cond_t notempty; /* 缓冲区非空的条件变量 */
```

```
    pthread_cond_t notfull; /* 缓冲区未满的条件变量 */
};
/* 初始化缓冲区结构 */
void init(struct prodcons *b)
{
    pthread_mutex_init(&b->lock, NULL);
    pthread_cond_init(&b->notempty, NULL);
    pthread_cond_init(&b->notfull, NULL);
    b->readpos = 0;
    b->writepos = 0;
}
/* 将产品放入缓冲区,这里是存入一个整数*/
void put(struct prodcons *b, int data)
{
    pthread_mutex_lock(&b->lock);
    /* 等待缓冲区未满*/
    if ((b->writepos + 1) % BUFFER_SIZE == b->readpos)
    {
        pthread_cond_wait(&b->notfull, &b->lock);
    }
    /* 写数据，并移动指针 */
    b->buffer[b->writepos] = data;
    b->writepos++;
    if (b->writepos >= BUFFER_SIZE)
        b->writepos = 0;
    /* 设置缓冲区非空的条件变量*/
    pthread_cond_signal(&b->notempty);
    pthread_mutex_unlock(&b->lock);
}
/* 从缓冲区中取出整数*/
int get(struct prodcons *b)
{
    int data;
    pthread_mutex_lock(&b->lock);
    /* 等待缓冲区非空*/
    if (b->writepos == b->readpos)
    {
        pthread_cond_wait(&b->notempty, &b->lock);
    }
    /* 读数据，移动读指针*/
    data = b->buffer[b->readpos];
    b->readpos++;
    if (b->readpos >= BUFFER_SIZE)
        b->readpos = 0;
    /* 设置缓冲区未满的条件变量*/
    pthread_cond_signal(&b->notfull);
```

```
    pthread_mutex_unlock(&b->lock);
    return data;
}
```

/* 测试:生产者线程将 1 到 10000 的整数送入缓冲区,消费者线
   程从缓冲区中获取整数,两者都打印信息*/

```
#define OVER ( - 1)
struct prodcons buffer;
void *producer(void *data)
{
    int n;
    for (n = 0; n < 10000; n++)
    {
        printf("%d --->\n", n);
        put(&buffer, n);
    } put(&buffer, OVER);
    return NULL;
}


void *consumer(void *data)
{
    int d;
    while (1)
    {
        d = get(&buffer);
        if (d == OVER)
            break;
        printf("--->%d \n", d);
    }
    return NULL;
}


int main(void)
{
    pthread_t th_a, th_b;
    void *retval;
    init(&buffer);
    /* 创建生产者和消费者线程*/
    pthread_create(&th_a, NULL, producer, 0);
    pthread_create(&th_b, NULL, consumer, 0);
    /* 等待两个线程结束*/
    pthread_join(th_a, &retval);
    pthread_join(th_b, &retval);
    return 0;
}
```

6. 有两个线程 T1 和 T2 动作描述如下，x，y，z 为两个线程共享变量，信号量 S1 和 S2 的初值均为 0，编写程序完成下面两个线程 T1，T2 并发执行。不断调整 sleep(n) 的值，多次运行程序后，观察 x，y，z 输出的值各为多少？

线程 T1：	线程 T2：
y=1;	x=1;
y=y+2;	x=x+1;
sem_post(&S1);	sem_wait(&S1);
z=y+1;	x=x+y;
sleep(n)	sleep(n)
sem_wait(&S2);	sem_post(&S2);
y=z+y;	z=x+z;

第**9**章

网络程序设计

 本章重点

1. 端口及 socket 的基本概念。
2. 面向连接的 TCP 编程。
3. 面向非连接的 UDP 编程。
4. I/O 多路复用的控制。
5. 复杂网络程序的实现。

 本章导读

　　本章详细地介绍了在 Linux 操作系统下实现网络编程所需的各种知识,对网络程序设计的原理与流程、各种函数的使用方法都进行了全面的讲解。文中通过 TCP、UDP 及复杂网络聊天程序设计,应用 select 函数处理阻塞问题的分析,使读者能更简单地理解和学习。

9.1　TCP/IP 简介

9.1.1　TCP/IP 概述

TCP/IP 协议（Transmission Control Protocol/Internet Protocol）叫作传输控制/网际协议，又叫网络通信协议。

TCP/IP 是 20 世纪 70 年代中期美国国防部为其 ARPANET 广域网开发的网络体系结构和协议标准，以它为基础组建的 Internet 是目前国际上规模最大的计算机网络。正因为 Internet 的广泛使用，使得 TCP/IP 成了事实上的标准。

TCP/IP 虽然叫传输控制协议（TCP）和网际协议（IP），但它实际上是一组协议，包含了上百个功能的协议，如 ICMP、RIP、TELNET、FTP、SMTP、ARP、TFTP 等，这些协议一起被称为 TCP/IP 协议。表 9.1 所示为协议族中一些常用协议的英文名称及含义。

表 9.1　各种协议的说明

协议名称	说　明
TCP（Transmission Control Protocol）	传输控制协议
IP（Internet Protocol）	网际协议
UDP（User Datagram Protocol）	用户数据报协议
ICMP（Internet Control Message Protocol）	互联网控制信息协议
SMTP（Simple Mail Transfer Protocol）	简单邮件传输协议
SNMP（Simple Network Manage Protocol）	简单网络管理协议
FTP（File Transfer Protocol）	文件传输协议
ARP（Address Resolation Protocol）	地址解析协议

9.1.2　TCP/IP 模块结构

TCP/IP 从协议分层模型方面来看，由四个层次组成，即网络接口层、网络层、传输层和应用层，具体结构如图 9.1 所示。

第4层，应用层	FTP、HTTP、ICQ等	
第3层，传输层	TCP	UDP
第2层，网络层	IP	
第1层，网络接口层	网络帧	

图 9.1　TCP/IP 四层参考层

图 9.1 所描述的信息是为了让读者大致了解 TCP/IP 的结构。但为了更好地掌握此结构，下面将对 TCP/IP 的各层加以详细说明，具体如表 9.2 所示。

表 9.2　各阶层的说明

阶 层	说 明
应用层	包括网络应用程序和网络进程，是与用户交互的界面，它为用户提供所需要的各种服务，包括文件传输、远程登录和电子邮件等
传输层	负责相邻计算机之间的通信
网络层	用来处理计算机之间的通信问题，它接收传输层请求，传输某个具有目的地址信息的分组
网络接口层	这是 TCP/IP 协议的最底层，负责接收 IP 数据报和把数据报通过选定的网络发送出去

9.1.3　TCP/UDP 传输方式

TCP 与 UDP 是两种不同的网络传输方式。两个不同计算机中的程序，使用 IP 地址和端口，要使用一种约定的方法进行数据传输。TCP 与 UDP 就是网络中的两种数据传输约定，主要的区别是进行数据传输时是否进行连接。

TCP：是一种面向连接的网络传输方式，这种方式可以理解为"打电话"。计算机 A 先呼叫计算机 B，计算机 B 接受连接后发出确认信息，计算机 A 收到确认信息以后发送信息，计算机 B 完成数据接收以后发送完毕信息，这时再关闭数据连接。所以 TCP 是面向连接的可靠的信息传输方式。这种方式的缺点是传输过程复杂，需要占用较多的网络资源。

UDP：是一种不面向连接的传输方式，可以简单理解成"邮寄信件"。将信件封装放入邮筒以后，不再参与邮件的传送过程。使用 UDP 传送信息时，不建立连接，直接把信息发送到网络上，由网络完成信息的传送。信息传递完成以后也不发送确认信息。这种传输方式是不可靠的，但是有很好的传输效率。对传输可靠性要求不高时，可以选择使用这种传输方式。

9.2　网络编程

9.2.1　端 口

所谓端口，是指计算机中为了标识在计算机中访问网络的不同程序而设的编号。每一个程序在访问网络时都会分配一个标识符，程序在访问网络或接受访问时，会用这个标识符表示这一网络数据属于这个程序。这里的端口并非网卡接线的端口，而是不同程序的逻辑编号，并不是实际存在的。

端口号是一个 16 位的无符号整数，对应的十进制取值范围是 0~65535。不同编号范围的端口有不同的作用。小于 256 的端口是系统保留端口号，主要用于系统进程通信。例如网站的 WWW 服务使用的是 80 号端口，FTP 服务使用的是 21 号端口。不在这一范围的端口号是自由端口号，在编程时可以调用这些端口号。

9.2.2　socket 端口

socket 是网络编程的一种接口，是一种特殊的 I/O。在 TCP/IP 协议中，"IP 地址+TCP 或 UDP 端口号"可以唯一标识网络通信中的一个进程，可以简单地认为"IP 地址+端口号"就称为 socket。在 TCP 协议中，建立连接的两个进程各自有一个 socket 来标识，这两个 socket 组成的 socket 对就唯一标识一个连接。用 socket 函数建立一个 socket 连接，此函数返回一个整型的 socket 描述符，随后进行数据传输。

通常，socket 分为三种类型：流式 socket、数据报 socket 和原始 socket。

注意：

一个完整的 socket 有一个本地唯一的 socket 号，由操作系统分配。最重要的是，socket 是面向客户/服务器模型而设计的。

9.2.3　socket 套接口

区分不同应用程序进程间的网络通信和连接，主要使用三个参数：通信的目的 IP 地址、使用的传输层协议（TCP 或 UDP）和使用的端口号。在编程时，就是使用这三个参数来构成一个套接字。这个套接字相当于一个接口，可以进行不同计算机程序的信息传输。

在 TCP/IP 中，socket 接口是访问 Internet 最广泛的方法。在网络中如果有一台地址是 192.168.0.5 的 FTP 服务器，在另一台主机上运行一个 FTP 服务软件，执行命令 ftp 192.168.0.5，将在这台主机上打开一个 socket，并将其绑定 21 号端口，与其建立连接并对话。

因此，一个 IP 地址，一个通信端口，就能确定一个通信程序的位置。为此，开发人员专门设计了一个套接结构，就是把网络程序中所用到的网络地址和端口信息放在一个结构体中。

一般，套接口地址结构都以"sockaddr"开头。socket 根据所使用的协议的不同，可分为 TCP 套接口和 UDP 套接口，有些书上将其称为流式套接口和数据套接口。

注意：

UDP 是一个无连接协议，TCP 是个可靠的端对端协议。传输 UDP 数据包时，Linux 不知道也不关心它们是否已经安全到达目的地；而传输 TCP 数据包时，则应先建立连接，以保证传输的数据被正确接收。

9.2.4　socket 套接口的数据结构

在设计网络程序之前，应该了解两个重要的数据类型，即 sockaddr 和 sockaddr_in，如图 9.2 所示。这两个结构类型都是用来保存 socket 信息的，如 IP 地址、通信端口等。它们的具体说明如下：

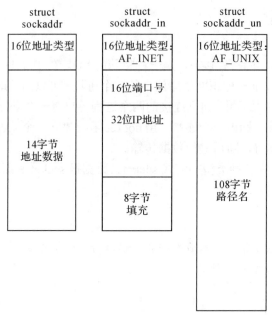

图 9.2　sockaddr 数据结构

sockaddr 用来保存一个套接字，定义方法如下所示。

```
struct sockaddr
{
    unsigned short int sa_family;
    char sa_data[14];
};
```

在这个结构体中，成员的含义如下所示。

（1）sa_family：指定通信的地址类型。如果是 TCP/IP 通信，则该值为 AF_INET。

（2）sa_data：最多使用 14 个字符长度，用来保存 IP 地址和端口信息。

sockaddr_in 的功能与 soockaddr 相同，也是用来保存一个套接字的信息。不同的是，它将 IP 地址与端口分开为不同的成员。这个结构体的定义方法如下所示。

```
struct socketaddr_in
{
    unsigned short int sin_family;
    uint16_t sin_port;
    struct in_addr sin_addr;
    unsigned char sin_zero[8];
};
```

这个结构体的成员与作用如下所示。

（1）sin_family：与 sockaddr 结构体中的 sa_family 相同。

（2）sin_port：套接字使用的端口号。

（3）sin_addr：需要访问的 IP 地址。

（4）sin_zero：未使用的字段，填充为 0。

在这一结构体中，in_addr 也是一个结构体，作用是保存一个 IP 地址。其中，sockaddr_in 这个结构使用更方便，它可以轻松处理套接字地址的基本元素。

注意：

sin_zero 用来将 sockaddr_in 结构填充到与 struct sockaddr 同样的长度，可以用 bzero( ) 函数将其置为零。这样，即使 socket( )想要使用 struct sockaddr 结构，仍然可以使用 struct sockaddr_in 进行定义，只要用 bzero( )将 sockaddr_in.sin_zero 置为零就可以转换了。

9.2.5　基于 TCP 协议的客户端/服务器程序的常用函数

网络上绝大多数的通信服务采用客户端服务器机制（Client/Server）。TCP 提供的是一种可靠的、面向连接的服务。下面介绍基于 TCP 协议的编程，其最主要的特点是建立完连接后才进行通信。常用的基于 TCP 网络编程的函数及功能如表 9.3 所示。

表 9.3　基于 TCP 网络编程常用函数及功能

函数名	功　　能
socket	用于建立一个 socket 连接
bind	将 socket 与本机上的一个端口绑定，随后就可以在该端口监听服务请求
connect	面向连接的客户程序使用 connect 函数来配置 socket，并与远端服务器建立一个 TCP 连接
listen	listen 函数使 socket 处于被动的监听模式，并为该 socket 建立一个输入数据队列，将到达的服务请求保存在此队列中，直到程序处理它们
accept	accept 函数让服务器接收客户的连接请求
close	停止在该 socket 上的任何数据操作
send	数据发送函数
recv	数据接收函数

9.2.6　TCP 编程

基于 TCP 编程分为服务器端程序设计与客户端程序设计。

服务器调用 socket( )、bind( )、listen( )完成初始化后，调用 accept( )阻塞等待，处于监听端口的状态；客户端调用 socket( )初始化后，调用 connect( )发出同步信号 SYN，并阻塞等待服务器应答。服务器应答一个同步-应答信号 SYN-ACK，客户端收到后从 connect( )返回，同时应答一个 ACK，服务器收到后从 accept( )返回。

　　建立连接后，TCP 协议提供全双工的通信服务，但是一般的客户端/服务器程序的流程是由客户端主动发起请求，服务器被动处理请求，一问一答的方式。因此，服务器从 accept( )返回后立刻调用 read( )，读 socket 就像读管道一样，如果没有数据到达就阻塞等待，这时客户端调用 write( )发送请求给服务器，服务器收到后从 read( )返回，对客户端的请求进行处理。在此期间，客户端调用 read( )阻塞等待服务器的应答，服务器调用 write( )将处理结果发回给客户端，再次调用 read( )阻塞等待下一条请求，客户端收到后从 read( )返回，发送下一条请求，如此循环下去。

　　如果客户端没有更多的请求了，就调用 close( )关闭连接，就像写入端关闭的管道一样，服务器的 read( )返回 0，这样服务器就知道客户端关闭了连接，也调用 close( )关闭连接。当任何一方调用 close( )后，连接的两个传输方向都关闭，不能再发送数据了。如果一方调用 shutdown( )，则连接处于半关闭状态，仍可接收对方发来的数据。

　　例 9.1　　**分别编写服务器端、客户端程序，服务器通过 socket 连接后，在服务器上显示客户端的 IP 地址或域名，服务器端可以从客户端读字符。在服务器端发送字符串"连接上了"，客户端把接收到的字符串显示在屏幕上。**

　　分析　　首先调用 socket 函数创建一个 socket，接着调用 bind 函数将其与本机地址以及一个本地端口号绑定，然后调用函数 listen 在相应的 socket 端口上监听，当 accept 接收到一个连接服务请求时，将生成一个新的 socket 套接口描述符。利用此套接口服务器接收并显示该客户机的 IP 地址或域名，并通过新的 socket 向客户端发送字符串"连接上了"，最后关闭该 socket。

　　流程图如图 9.3 所示。

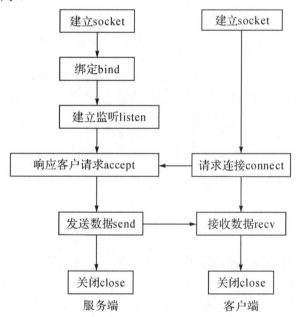

图 9.3　基于 TCP 协议流程图

注意：

在 TCP 编程中，客户端需要用 connect 请求连接。

程序中的主要语句说明如下：

1. 服务端

1）建立 socket。建立 socket，程序可以调用 socket 函数，该函数返回一个类似于文件描述符的句柄，同时也意味着为一个 socket 数据结构分配存储空间。

函数原型：　　int socket(int domain, int type, int protocol);

用语句实现：

```
socket(AF_INET, SOCK_STREAM, 0);
```

其中，参数 domain 用 AF_INET 表示采用 IPv4 协议进行通信；参数 protocol 用 SOCK_STREAM 表示采用流式 socket，即 TCP 协议。

（2）初始化端口。struct sockaddr *是一个通用指针类型，myaddr 参数实际上是可以接受多种协议的 sockaddr 结构体，而它们的长度各不相同，所以需要第三个参数 addrlen 指定结构体的长度。在程序中对 myaddr 参数进行初始化：

```
bzero(&(my_addr.sin_zero),8);
my_addr.sin_family=AF_INET;
my_addr.sin_port=htons(SERVPORT);
my_addr.sin_addr.s_addr = INADDR_ANY;
```

首先将整个结构体清零，在 bzero(&(my_addr.sin_zero),8);语句中&(my_addr.sin_zero) 为要置零的数据的起始地址，8 表示要置零的数据字节个数。

通过语句 my_addr.sin_family=AF_INET;设置 sin_family 表示协议族，设置为 AF_INET。

语句 my_addr.sin_port=htons(SERVPORT); 将主机的无符号短整型数转换成网络字节顺序。端口号为 SERVPORT，在程序中定义为 3333。

语句 my_addr.sin_addr.s_addr = INADDR_ANY;表示网络地址为 INADDR_ANY，这个宏表示本地的任意 IP 地址，因为服务器可能有多个网卡，每个网卡也可能绑定多个 IP 地址，这样设置可以在所有的 IP 地址上监听，直到与某个客户端建立了连接时才确定下来到底用哪个 IP 地址。

（3）绑定 bind。服务器需要调用 bind 绑定一个网络 IP 地址和端口号，下列语句的作用是将参数 sockfd 和 myaddr 绑定在一起，使 sockfd 这个用于网络通信的文件描述符监听 myaddr 所描述的地址和端口号。bind( )绑定成功返回 0，失败返回−1。随后就可以在该端口监听服务请求。

函数原型： int bind(int sockfd, struct sockaddr *my_addr, int addrlen);

用语句实现：

bind(sockfd,(struct sockaddr *)&my_addr,sizeof(struct sockaddr);

其中，参数 my_addr 表示包含有本机 IP 地址及端口号等信息。

（4）建立监听 listen。使 socket 处于被动的监听模式，并为该 socket 建立一个输入数据队列，将到达的服务请求保存在此队列中，直到程序处理它们。

函数原型：int listen(int sockfd, int backlog);
用语句实现：
```
listen(sockfd, BACKLOG);
```
其中，参数 BACKLOG 表示最大连接数。

（5）响应客户请求 accept。响应客户请求，用函数 accept 生成一个新的套接口描述符，让服务器接收客户的连接请求。

函数原型：int accept(int sockfd, void *addr, int *addrlen);
用语句实现：
```
accept(sockfd,(struct sockaddr *)&remote_addr, &sin_size);
```
其中，参数 remote_addr 用于接收客户端地址信息；参数 sin_size 用于存放地址的长度。

服务器调用 accept( )接受服务器与客户端的连接，如果服务器调用 accept( )时还没有客户端的连接请求，就阻塞等待直到有客户端连接上来。remote_addr 是一个传入参数，accept( )同时接收客户端的地址和端口号。sin_size 传入参数是调用者提供的缓冲区，sin_size 的长度以避免缓冲区溢出问题。如果给 sin_size 参数传 NULL，表示不关心客户端的地址。

（6）发送数据 send。该函数用于面向连接的 socket 上进行数据发送。
函数原型：int send(int sockfd, const void *msg, int len, int flags);
用语句实现：
```
send(client_fd, buf,len, 0);
```
其中，buf 为发送字符串的内存地址；len 表示发送字符串的长度。

（7）关闭 close。停止在该 socket 上的任何数据操作。
函数原型：int close(sockfd);
用语句实现：
```
close(client_fd);
```

2. 客户端

（1）建立 socket。建立 socket，程序可以调用 socket 函数，该函数返回一个类似于文件描述符的句柄，同时也意味着为一个 socket 数据结构分配存储空间。用语句实现：
```
socket(AF_INET, SOCK_STREAM, 0);
```

（2）请求连接 connect。启动和远端主机的直接连接。
函数原型：int connect(int sockfd, struct sockaddr *serv_addr, int addrlen);
用语句实现：
```
connect(sockfd, (struct sockaddr *)&serv_addr, sizeof(struct sockaddr));
```

（3）接收数据 recv。该函数用于在面向连接的 socket 上进行数据接收。用语句实现：
```
recv(sockfd, buf, MAXDATASIZE, 0);
```

（4）关闭 close。停止在该 socket 上的任何数据操作。用语句实现：

```
close(sockfd);
```

☞ 操作步骤

步骤1　分别建立文件夹 9-1-s、9-1-c，在文件夹 9-1-s 中编辑服务器端源程序代码 9-1-s.c
及 make 工程文件 makefile。

```
[root@localhost 9-1-s]# vi 9-1-s.c
```
程序代码如下：
```
#include<stdio.h>
#include<stdlib.h>
#include<errno.h>
#include<string.h>
#include<sys/types.h>
#include<netinet/in.h>
#include<sys/socket.h>
#include<sys/wait.h>
#define SERVPORT 3333 /*服务器监听端口号 */
#define BACKLOG 10 /* 最大同时连接请求数 */
int main()
{
  int sockfd,client_fd; /*sock_fd，监听 socket；client_fd，数据传输 socket */
  struct sockaddr_in my_addr; /* 本机地址信息 */
  struct sockaddr_in remote_addr; /* 客户端地址信息 */
  int sin_size;
  if ((sockfd = socket(AF_INET, SOCK_STREAM, 0)) == -1) /*创建 socket */
  {
    perror("socket 创建失败！"); exit(1);
  }
  my_addr.sin_family=AF_INET;
  my_addr.sin_port=htons(SERVPORT);/* htons()函数把主机字节序转换成网络字节序*/
  my_addr.sin_addr.s_addr = INADDR_ANY;
  bzero(&(my_addr.sin_zero),8); /*保持与 struct sockaddr 同样大小 */
  if(bind(sockfd,(struct sockaddr*)&my_addr, sizeof(struct sockaddr)) == -1)
  {
    perror("bind 出错！");
    exit(1);
  }
  if (listen(sockfd, BACKLOG) == -1)
  {
    perror("listen 出错！");
    exit(1);
  }
  while(1)
  {
   sin_size = sizeof(struct sockaddr_in);
   if((client_fd=accept(sockfd,struct sockaddr*)&remote_addr,&sin_size))==-1)
   {
     perror("accept error");
     continue;
   }
  printf("收到一个连接来自：%s\n", inet_ntoa(remote_addr.sin_addr));
  if (!fork())
  { /* 子进程代码段 */
    if (send(client_fd, "连接上了 \n", 26, 0) == -1)
```

```
        perror("send 出错! ");
        close(client_fd);
        exit(0);
    }
    close(client_fd);
    }
}
```

 注意：

代码实例中的 fork( )函数生成一个子进程来处理数据传输部分，fork( )语句对于子进程返回的值为 0。所以，包含 fork 函数的 if 语句是子进程代码部分，它与 if 语句后面的父进程代码部分是并发执行的。

步骤 2　编写服务器端 makefile 工程文件。

`[root@localhost 9-1-s]#` **vi　makefile**

```
CC = gcc
AR = $(CC)ar
EXEC = 9-1-s
OBJS = 9-1-s.o
all: $(EXEC)
$(EXEC): $(OBJS)
        $(CC) -o $@ $(OBJS) -lm
clean:
        -rm -f $(EXEC) *.elf *.gdb *.o
```

步骤 3　执行 make 命令。

`[root@localhost 9-1-s]#` **make**

gcc　　-c -o 9-1-s.o 9-1-s.c

gcc -o 9-1-s 9-1-s.o –lm

步骤 4　在 9-1-c 文件夹下编辑客户端源程序代码 g-1-1.c 及客户端的 makefile 工程文件。

`[root@localhost 9-1-c]#` **vi　9-1-c.c**

程序代码如下：

```
#include<stdio.h>
#include<stdlib.h>
#include<errno.h>
#include<string.h>
#include<netdb.h>
#include<sys/types.h>
#include<netinet/in.h>
#include<sys/socket.h>
#define SERVPORT 3333
#define MAXDATASIZE 100 /*每次最大数据传输量*/
int main(int argc, char *argv[]){
    int sockfd, recvbytes;
    char buf[MAXDATASIZE];
    struct hostent *host;
```

```
    struct sockaddr_in serv_addr;
    if (argc < 2) {
        fprintf(stderr,"Please enter the server's hostname!\n");
        exit(1);
    }
    if((host=gethostbyname(argv[1]))==NULL) {
        herror("gethostbyname error! ");
        exit(1);
    }
    if ((sockfd = socket(AF_INET, SOCK_STREAM, 0)) == -1){
        perror("socket create error! ");
        exit(1);
    }
    serv_addr.sin_family=AF_INET;
    serv_addr.sin_port=htons(SERVPORT);
    serv_addr.sin_addr = *((struct in_addr *)host->h_addr);
    bzero(&(serv_addr.sin_zero),8);
    if (connect(sockfd, (struct sockaddr *)&serv_addr,
    sizeof(struct sockaddr)) == -1) {
    perror("connect error! ");
    exit(1);
    }
    if ((recvbytes=recv(sockfd, buf, MAXDATASIZE, 0)) ==-1) {
        perror("connect 出错! ");
        exit(1);
    }
    buf[recvbytes] = '\0';
    printf("收到: %s",buf);
    close(sockfd);
}
```

注意:

   客户端程序首先通过服务器域名获得服务器的 IP 地址,然后创建一个 socket,调用
connect 函数与服务器建立连接,连接成功之后接收从服务器发送过来的数据,最后关闭
socket。函数 gethostbyname( )是用以完成域名转换的,因为 IP 地址难以记忆和读写。

步骤 5 编写客户端 makefile 工程文件。

```
[root@localhost 9-1-c]# vi makefile
CC = gcc
AR = $(CC)ar
EXEC = 9-1-c
OBJS = 9-1-c.o
all: $(EXEC)
$(EXEC): $(OBJS)
        $(CC) -o $@ $(OBJS) -lm
```

```
clean:
        -rm -f $(EXEC) *.elf *.gdb *.o
```

步骤 6　执行 make 命令。

```
[root@localhost 9-1-c]# make
gcc    -c -o 9-1-c.o 9-1-c.c
gcc -o 9-1-c 9-1-c.o -lm
```

步骤 7　测试结果。

（1）打开一个终端，运行发送端程序，具体如下：

```
[root@localhost root]# ./9-1-s
```

（2）打开另一个终端，运行客户端程序，运行时需输入服务器的 IP 地址，具体如下：

```
[root@localhost root]# ./9-1-c  172.16.50.19
```
收到：连接上了

（3）接着会在服务器端看到传来的数据，具体如下：

```
[root@localhost root]# ./9-1-s
```
收到一个连接来自：172.16.50.19

注意：

172.16.50.19 是服务器的 IP 地址。

结果分析：在客户端，运行"./ 9-1-c 172.16.50.19"，也就意味着去连接 IP 地址为 172.16.50.19 的服务器，客户端显示"收到：连接上了"，表示客户端和服务器端已连上。但服务器端显示"收到一个连接来自：172.16.50.19"，其实这里收到的只是客户机的 IP 地址，主要是因为客户机和服务器为同一台机器。

思考： 仿照例 9.1，分别编写服务器端、客户端程序。服务器通过 socket 连接后，在服务器上显示客户端的 IP 地址或域名，服务器端从键盘输入的字符串不断发送到客户端，然后客户端将接收到的大写字符回送给服务器端。

注意：

在本章的所有例题仍直接采用 gcc 编译，但只要把本例的变量 EXEC 中的可执行文件及 OBJS 中的目标文件改为相应程序的可执行文件与目标文件。例 9.1 的 makefile 文件都可应用在其他程序中。

思考： 假设有多个客户端与此服务器连接，是否都能连通？

📖 **相关知识介绍**

socket 建立的函数说明如下：

所需头文件	#include<sys/types.h> #include<sys/socket.h>	
函数功能	socket 的建立	
函数原型	int socket(int domain, int type, int protocol);	
函数传入值	domain	AF_INET：IPv4 协议
		AF_INET6：IPv6 协议
		AF_LOCAL：UNIX 域协议
		AF_ROUTE：路由套接字
		AF_KEY：密钥套接字
	type	SOCK_STREAM：字节数据流套接字
		SOCK_DGRAM：数据报套接字
		SOCK_RAW：原始套接字
	protocol	设为 0，表示自动选择
函数返回值	若成功，返回 socket 描述符；若失败，则返回–1	
备注	socket 描述符是一个指向内部数据结构的指针，它指向描述符表入口。调用 socket 函数时，socket 执行体将建立一个 socket，实际上"建立一个 socket"意味着为一个 socket 数据结构分配存储空间	

bind 函数说明如下：

所需头文件	#include<sys/socket.h>
函数功能	将 socket 与本机上的一个端口绑定，随后就可以在该端口监听服务请求
函数原型	int bind(int sockfd, struct sockaddr *my_addr, int addrlen);
函数传入值	sockfd：调用 socket 函数返回的 socket 描述符 my_addr：指向包含有本机 IP 地址及端口号等信息的 sockaddr 类型的指针 addrlen：结构体长度 sizeof(struct sockaddr)
函数返回值	若成功，返回 0；若失败，则返回–1
备注	通过 socket 调用返回一个 socket 描述符后，在使用 socket 进行网络传输以前，必须配置该 socket。面向连接的 socket 客户端通过调用 connect 函数，在 socket 数据结构中保存本地和远端信息。无连接 socket 的客户端和服务端以及面向连接 socket 的服务端通过调用 bind 函数来配置本地信息

connect 函数说明如下：

所需头文件	#include<sys/socket.h>
函数功能	面向连接的客户程序使用 connect 函数来配置 socket 并与远端服务器建立一个 TCP 连接
函数原型	int connect(int sockfd, struct sockaddr *serv_addr, int addrlen);
函数传入值	sockfd：调用 socket 函数返回的 socket 描述符
	serv_addr：包含远端主机 IP 地址和端口号的指针
	addrlen：远端地址结构的长度

续表

所需头文件	#include<sys/socket.h>
函数返回值	若成功，返回 0；若失败，则返回-1
备注	connect 函数启动和远端主机的直接连接。只有面向连接的客户程序使用 socket 时，才需要将此 socket 与远端主机相连。无连接协议从不建立直接连接，面向连接的服务器也从不启动一个连接，它只是被动地在协议端口监听客户的请求

listen 函数说明如下：

所需头文件	#include<sys/socket.h>
函数功能	使 socket 处于被动的监听模式，并为该 socket 建立一个输入数据队列，将到达的服务请求保存在此队列中，直到程序处理它们
函数原型	int listen(int sockfd, int backlog);
函数传入值	sockfd：socket 描述符
	backlog：最大主机连接数
函数返回值	若成功，返回 0；若失败，则返回-1

accept 函数说明如下：

所需头文件	#include<sys/socket.h>
函数功能	让服务器接收客户的连接请求
函数原型	int accept(int sockfd, void *addr, int *addrlen);
函数传入值	被监听的 socket 描述符,该变量用来存放提出连接请求服务的主机的信息（某台主机从某个端口发出该请求），通常为一个指向值为 sizeof(struct sockaddr_in)的整型指针变量
函数返回值	若成功，返回 0；若失败，则返回-1
备注	在建立好输入队列后，服务器就调用 accept 函数，然后睡眠并等待客户的连接请求

close 函数说明如下：

所需头文件	#include<sys/socket.h>
函数功能	停止在该 socket 上的任何数据操作
函数原型	int close(sockfd);
函数传入值	socket 描述符
函数返回值	若成功，返回 0；若失败，则返回-1

send 函数说明如下：

所需头文件	#include<sys/socket.h> #include<sys/types.h>
函数功能	数据发送
函数原型	int send(int sockfd, const void *msg, int len, int flags);
函数传入值	sockfd 用来传输数据的 socket 描述符；msg 是一个指向要发送数据的指针；len 是以字节为单位的数据的长度；flags 一般情况下置为 0
函数返回值	send( )函数返回实际上发送出的字节数，失败返回–1

recv 函数说明如下：

所需头文件	#include<sys/socket.h> #include<sys/types.h>
函数功能	数据接收
函数原型	int recv(int sockfd, void *buf, int len, unsigned int flags);
函数传入值	sockfd 是接收数据的 socket 描述符；buf 是存放接收数据的缓冲区；len 是缓冲的长度；flags 也被置为 0
函数返回值	recv( )返回实际上接收的字节数；当出现错误时，返回–1

例 9.2 分别编写服务器端、客户端程序。服务器端程序 **9-2-s.c** 的作用是从客户端读字符，然后将每个字符转换为大写并回送给客户端。客户端程序 **9-2-c.c** 的作用是从命令行参数中获得一个字符串发给服务器，然后接收服务器返回的字符串并打印。

☞ 操作步骤

步骤 1 分别建立文件夹 9-2-s、9-2-c。在文件夹 9-2-s 中编辑服务器端源程序代码 9-2-s.c 及 make 工程文件 makefile。

```
[root@localhost 9-2-s]# vi 9-2-s.c
```
程序代码如下：
```c
/* 9-2-s.c */
#include <stdio.h>
#include <stdlib.h>
#include <string.h>
#include <unistd.h>
#include <sys/socket.h>
#include <netinet/in.h>
#define MAXLINE 80
#define SERV_PORT 8000
int main(void)
{
    struct sockaddr_in servaddr, cliaddr;
    socklen_t cliaddr_len;
    int listenfd, connfd;
    char buf[MAXLINE];
    char str[INET_ADDRSTRLEN];
```

```
    int i, n;

    listenfd = socket(AF_INET, SOCK_STREAM, 0);
    bzero(&servaddr, sizeof(servaddr));
    servaddr.sin_family = AF_INET;
    servaddr.sin_addr.s_addr = htonl(INADDR_ANY);
    servaddr.sin_port = htons(SERV_PORT);
    bind(listenfd, (struct sockaddr *)&servaddr, sizeof(servaddr));
    listen(listenfd, 20);
    printf("Accepting connections ...\n");
    while (1)
    {
        cliaddr_len = sizeof(cliaddr);
        connfd = accept(listenfd,
                (struct sockaddr *)&cliaddr, &cliaddr_len);
        n = read(connfd, buf, MAXLINE);
        printf("received from %s at PORT %d\n",inet_ntop(AF_INET, &cliaddr.sin_addr, str,
                                    sizeof(str)),ntohs(cliaddr.sin_port));
        for (i = 0; i < n; i++)
            buf[i] = toupper(buf[i]);
         write(connfd, buf, n);
         close(connfd);
     }
 }
```

步骤 2 编写服务器端 makefile 工程文件。

```
[root@localhost 9-2-s]# vi  makefile
CC = gcc
AR = $(CC)ar
EXEC = 9-2-s
OBJS = 9-2-s.o
all: $(EXEC)
$(EXEC): $(OBJS)
       $(CC) -o $@ $(OBJS) -lm
clean:
       -rm -f $(EXEC) *.elf *.gdb *.o
```

步骤 3 执行 make 命令。

```
[root@localhost 9-2-s]#make
gcc     -c -o 9-2-s.o 9-2-s.c
gcc -o 9-2-s 9-2-s.o –lm
```

步骤 4 在文件夹 9-2-c 中编辑客户端源程序代码 9-2-c.c 及 make 工程文件 makefile。

```
[root@localhost 9-2-c]# vi  9-2-c.c
```

程序代码如下：

```
/* 9-2-c.c */
#include <stdio.h>
#include <stdlib.h>
#include <string.h>
#include <unistd.h>
```

```
#include <sys/socket.h>
#include <netinet/in.h>
#define MAXLINE 80
#define SERV_PORT 8000
int main(int argc, char *argv[])
{
    struct sockaddr_in servaddr;
    char buf[MAXLINE];
    int sockfd, n;
    char *str;
    if (argc != 2)
    {
        fputs("usage: ./client message\n", stderr);
        exit(1);
    }
    str = argv[1];
    sockfd = socket(AF_INET, SOCK_STREAM, 0);
    bzero(&servaddr, sizeof(servaddr));
    servaddr.sin_family = AF_INET;
    inet_pton(AF_INET, "127.0.0.1", &servaddr.sin_addr);
    servaddr.sin_port = htons(SERV_PORT);
    connect(sockfd, (struct sockaddr *)&servaddr, sizeof(servaddr));
    write(sockfd, str, strlen(str));
    n = read(sockfd, buf, MAXLINE);
    printf("Response from server:\n");
    write(STDOUT_FILENO, buf, n);
    close(sockfd);
    return 0;
}
```

步骤 5　编写客户端 makefile 工程文件。

```
[root@localhost 9-2-c]# vi makefile
CC = gcc
AR = $(CC)ar
EXEC = 9-2-c
OBJS = 9-2-c.o
all: $(EXEC)
$(EXEC): $(OBJS)
        $(CC) -o $@ $(OBJS) -lm
clean:
        -rm -f $(EXEC) *.elf *.gdb *.o
```

步骤 6　执行 make 命令。

```
[root@localhost 9-2-c]# make
```

gcc   -c -o 9-2-c.o 9-1-c.c

gcc -o 9-2-c 9-2-c.o –lm

步骤 7　测试结果。

思考：函数 htons 、hton1 具有什么功能？在应用上有什么不同？

程序扩展阅读：

阅读下列程序并调试此程序。此程序的特点有：

（1）这个程序既集成了客户端，也集成了服务器端：当没有参数时，程序是服务器端；当有作为 IP 地址的参数时，程序是客户端。

（2）程序的服务端运行一开始就会有提示，显示自己服务器端主机的 IP 地址，以方便客户端连接。

（3）程序每次聊天信息的发出都会附加上时间，并且退出后会有聊天的记录和退出的记录。

（4）程序中使用了多线程的方法，解决了程序阻塞的问题，使得聊天程序不用等待。

```c
#include<stdio.h>
#include<stdlib.h>
#include<string.h>
#include<time.h>
#include<unistd.h>
#include<pthread.h>
#include<sys/types.h>
#include<netinet/in.h>
#include<netdb.h>
#include<sys/socket.h>
#include<sys/wait.h>
#include<errno.h>
#include<arpa/inet.h>
#include<fcntl.h>

#define EXITTOSIG "exit###"
#define SERVPORT 3333
#define BACKLOG 10
#define MAXDATASIZE 256

int sockfd;
int oppofd;
struct hostent *host;
struct sockaddr_in serv_addr;
struct sockaddr_in my_addr;
struct sockaddr_in remote_addr;
FILE *fp;
pthread_t ntid;

int sendexit();

void *pthread_recv(void *arg)
{
    int recvbytes;
    char rstr[MAXDATASIZE];
```

```
    char timestr[20];

    while (1) {
        recvbytes = recv(oppofd, rstr, MAXDATASIZE, 0);
        if (recvbytes == -1) {
            perror("recv failed!\n");
            exit(1);
        }
        else if (strcmp(rstr, EXITTOSIG) == 0) {
            printf("The opposite has exited.\n");
            fclose(fp);
            exit(0);
        }
        rstr[recvbytes] = '\0';
        fprintf(fp, "%s", rstr);
        fprintf(fp," \n");
        printf("\n%s", rstr);
    }
    pthread_exit((void *) 1);
}

int main(int argc, char *argv[])
{
    int sin_size;
    int pth_err;
    int recvbytes;
    char buf[MAXDATASIZE];
    char sstr[MAXDATASIZE];
    char writing[MAXDATASIZE];
    char chatname[16];
    time_t timep;
/*----------------------------------------------------------------*/

if (argc >= 2) {
    printf("\nWhat's your name?\n");
    gets(chatname);

    if ( (fp = fopen("./record_cus.txt", "a+")) == NULL ) {
        perror("creating fp failed!\n");
    exit(1);
}

if ( (host = gethostbyname(argv[1])) == NULL ) {
    perror("gethost error!\n");
    exit(1);
}

if ((oppofd = socket(AF_INET, SOCK_STREAM, 0)) == -1) {
```

```
        perror("socket error!\n");
        exit(1);
    }

    bzero(&serv_addr, sizeof(struct sockaddr_in));
    serv_addr.sin_family=AF_INET;
    serv_addr.sin_port=htons(SERVPORT);
    serv_addr.sin_addr = *((struct in_addr *)host->h_addr);

    if (connect(oppofd, (struct sockaddr *)&serv_addr, sizeof(struct sockaddr)) == -1)
    {
        perror("connect error!\n");
        exit(1);
    }

    if ( (recvbytes = recv(oppofd, buf, MAXDATASIZE, 0)) == -1 ) {
        perror("received error!\n");
        exit(1);
    }

    buf[recvbytes] = '\0';
    printf("the first received information is :%s\n", buf);
    pth_err = pthread_create(&ntid, NULL, pthread_recv, NULL);

    while (1) {
        gets(writing);

        if (strcmp(writing, "exit") == 0) {
            sendexit();
            exit(0);
        }

        strcpy(sstr, chatname);
        strcat(sstr, writing);
        strcat(sstr, "\n");
        strcat(sstr, " at ");
        time(&timep);
        strcat(sstr, asctime(gmtime(&timep)));
        strcat(sstr, "\n");
            fprintf(fp, "%s", sstr);
            fprintf(fp, " \n");
            printf("%s", sstr);
            if ( send(oppofd, sstr, strlen(sstr), 0) == -1 ) {
                perror("send sstr failed!\n");
                exit(1);
            }

            memset(sstr, 0, MAXDATASIZE);
```

```
            memset(writing, 0, MAXDATASIZE);
        }

        close(oppofd);
        fclose(fp);
    }
    /*------------------------------------------------------------*/
    else {
    if ( (fp = fopen("./record_ser.txt", "a+")) == NULL ) {
        perror("creating fp failed!\n");
        exit(1);
    }

    if ( (sockfd = socket(AF_INET, SOCK_STREAM, 0)) == -1 ) {
        perror("socket failed!\n");
        exit(1);
    }

    bzero(&my_addr, sizeof(struct sockaddr_in));
    my_addr.sin_family=AF_INET; /*地址族*/
    my_addr.sin_port=htons(SERVPORT);
    my_addr.sin_addr.s_addr = INADDR_ANY;

    if ( bind(sockfd, (struct sockaddr *)&my_addr, sizeof(struct sockaddr)) == -1 )
    {
        perror("bind failed!\n");
        exit(1);
    }

    printf("Server's IP:\n");
    system("ifconfig | grep inet\\ addr:");
    printf("\n");
    printf("\nWhat's your name?\n");
    gets(chatname);

    if ( listen(sockfd, BACKLOG) == -1 ) {
        perror("listen failed!\n");
        exit(1);
    }

sin_size = sizeof(struct sockaddr_in);
while(1) {
    oppofd = accept(sockfd, (struct sockaddr *)&remote_addr, &sin_size);
    if ( oppofd == -1 ) {
        perror("accept failed!\n");
        continue;
    }
    else break;
```

```
    }

    printf("received a connection of %s\n", inet_ntoa(remote_addr.sin_addr));
    if ( send(oppofd, "sucessfully connceted!\n", 26, 0) == -1 )
    {
        perror("first sending failed!\n");
        exit(1);
    }

    pth_err = pthread_create(&ntid, NULL, pthread_recv, NULL);
    if (pth_err != 0) {
        perror("pthread failed!\n");
        exit(1);
    }

    while (1) {      /*读取输入并发送*/
        gets(writing);

        if (strcmp(writing, "exit") == 0) {
            sendexit();
            exit(0);
        }

        strcpy(sstr, chatname);
        strcat(sstr, writing);
        strcat(sstr, "\n");
        strcat(sstr, " at ");
        time(&timep);
        strcat(sstr, asctime(gmtime(&timep)));
        strcat(sstr, "\n");

        fprintf(fp, "%s", sstr);
        fprintf(fp, " \n");
        printf("\n%s", sstr);
        if ( send(oppofd, sstr, strlen(sstr), 0) == -1 ) {
            perror("send sstr failed!\n");
            exit(1);
        }

        memset(sstr, 0, MAXDATASIZE);
        memset(writing, 0, MAXDATASIZE);
    }

    close(oppofd);
    close(sockfd);
    fclose(fp);
    }
    /*-------------------------------------------------------------*/
```

```
        return 0;
    }

    int sendexit()
    {
        send(oppofd, EXITTOSIG, strlen(EXITTOSIG), 0);
        return 0;
    }
```

思考:

（1）分析以上程序，画出程序的流程图，并上机调试。

（2）函数 memset 具有什么功能？如何应用？

（3）线程函数 pthread-recv 完成了什么功能？函数 sendexit 的功能是什么？

9.2.7 UDP 编程

由于 UDP 不需要维护连接，程序逻辑简单了很多，但是 UDP 协议是不可靠的，实际上有很多保证通信可靠性的机制需要在应用层实现。下面介绍的是一个基于 UDP 协议的编程。其最主要的特点是在客户端不需要用函数 bind 把本地 IP 地址与端口号进行绑定也能进行通信。

常用的基于 UDP 网络编程的函数及功能如表 9.4 所示。

表 9.4　基于 UDP 网络编程常用函数及功能

函数名	功　　能
bind	将 socket 与本机上的一个端口绑定，随后就可以在该端口监听服务请求
close	停止在该 socket 上的任何数据操作
sendto	数据发送函数
recvfrom	数据接收函数

　注意:

TCP 和 UDP 的区别:

TCP 即传输控制协议，是基于连接的协议，在它正式收发数据前，必须和对方建立可靠的连接，能传输大量数据但速度慢。它采用"三次握手机制"，这一机制既保证校验了数据，也保证了它的可靠性。

UDP 即用户数据报协议，是与 TCP 相对应的协议。它是面向非连接的协议。它不与对方建立连接，而是直接就把数据包发送过去。UDP 适用于一次只传送少量数据且对可靠性要求不高的应用环境。

TCP 和 UDP 的联系: 虽然 TCP 和 UDP 的机制不尽相同，但是它们都是网络传输方式，处于 TCP/IP 协议分层模型的第三层——传输层。

例 9.3 服务器端接收客户端发送的字符串。客户端将打开 **liu** 文件，读取文件中的 **3** 个字符串，传送给服务器端，当传送给服务器端的字符串为"**stop**"时，终止数据传送并断开连接。

分析 首先调用 socket 函数创建一个 socket，然后调用 bind 函数将其与本机地址以及一个本地端口号绑定，来接收客户端发送来的数据，此过程不要通过服务端监听，建立连接后才能读取客户端传来的内容。

流程图如图 9.4 所示。

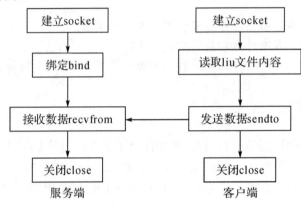

图 9.4 基于 UDP 协议流程图

程序中的主要语句说明如下：

1. 服务端

（1）建立 socket。建立 socket，程序可以调用 socket 函数，该函数返回一个类似于文件描述符的句柄，同时也意味着为一个 socket 数据结构分配存储空间。用语句实现：
```
socket(AF_INET,SOCK_DGRAM,0);
```

（2）绑定 bind。将 socket 与本机上的一个端口绑定，随后就可以在该端口监听服务请求。用语句实现：
```
bind(sockfd,(struct sockaddr *)&adr_inet,sizeof(adr_inet));
```

（3）接收数据 recvfrom。该函数用于进行数据接收。用语句实现：
```
recvfrom(sockfd,buf,sizeof(buf),0,(struct sockaddr *)&adr_clnt,&len);
```

（4）关闭 close。停止在该 socket 上的任何数据操作。用语句实现：
```
close(sockfd);
```

2. 客户端

（1）建立 socket。建立 socket，程序可以调用 socket 函数，该函数返回一个类似于文件描述符的句柄，同时也意味着为一个 socket 数据结构分配存储空间。用语句实现：
```
socket(AF_INET, SOCK_DGRAM, 0);
```

（2）读取 liu 文件。读取 liu 文件里的内容。用语句实现：

```
fopen("liu","r");
```

（3）发送数据 sendto。该函数用于面向连接的 socket 上进行数据传输。用语句实现：

```
sendto(sockfd,buf,sizeof(buf),0,(struct sockaddr *)&adr_server,
      sizeof(adr_server));
```

（4）关闭 close。停止在该 socket 上的任何数据操作。用语句实现：

```
close(sockfd);
```

操作步骤

步骤1　编辑服务端源程序代码。

```
[root@localhost root]# vi 9-3-s.c
```

程序代码如下：

```c
#include<stdio.h>
#include<stdlib.h>
#include<string.h>
#include<sys/socket.h>
#include<netinet/in.h>
#include<arpa/inet.h>
#include<netdb.h>
#include<errno.h>
#include<sys/types.h>
int port=8888;
int main()
{
    int sockfd;
    int len;
    int z;
    char buf[256];
    struct sockaddr_in adr_inet;
    struct sockaddr_in adr_clnt;
    printf("等待客户端....\n");
    /* 建立 IP 地址 */
    adr_inet.sin_family=AF_INET;
    adr_inet.sin_port=htons(port);
    adr_inet.sin_addr.s_addr =htonl(INADDR_ANY);
    bzero(&(adr_inet.sin_zero),8);
    len=sizeof(adr_clnt);
    /* 建立 socket */
    sockfd=socket(AF_INET,SOCK_DGRAM,0);
    if(sockfd==-1)
    {
     perror("socket 出错");
     exit(1);
    }
    /* 绑定 socket */
    z=bind(sockfd,(struct sockaddr *)&adr_inet,sizeof(adr_inet));
    if(z==-1)
```

```
    {
        perror("bind 出错");
        exit(1);
    }
    while(1)
    {
        /* 接收传来的信息 */
        z=recvfrom(sockfd,buf,sizeof(buf),0,(struct sockaddr
            *)&adr_clnt,&len);
        if(z<0)
        {
         perror("recvfrom 出错");
         exit(1);
        }
        buf[z]='\0';
        printf("接收:%s",buf);
        /* 收到 stop 字符串,终止连接*/
        if(strncmp(buf,"stop",4)==0)
        {
           printf("结束....\n");
           break;
        }
    }
    close(sockfd);
    exit(0);
}
```

步骤 2　用 gcc 编译程序。

接着用 gcc 的 "-o" 参数,将 9-3-s.c 程序编译成可执行文件 9-3-s。输入如下:

`[root@localhost root]# gcc 9-3-s.c -o 9-3-s`

步骤 3　编辑客户端源程序代码。

`[root@localhost root]# vi 9-3-c.c`

程序代码如下:

```
#include<stdio.h>
#include<stdlib.h>
#include<string.h>
#include<sys/socket.h>
#include<netinet/in.h>
#include<arpa/inet.h>
#include<netdb.h>
#include<errno.h>
#include<sys/types.h>
int port=8888;
int main()
{
    int sockfd;
    int i=0;
```

```c
    int z;
    char buf[80],str1[80];
    struct sockaddr_in adr_server;
    FILE *fp;
    printf("打开文件......\n");
    /*以只读的方式打开liu文件*/
    fp=fopen("liu","r");
    if(fp==NULL)
    {
      perror("打开文件失败");
      exit(1);
    }
    printf("连接服务端...\n");
    /* 建立IP地址 */
    adr_server.sin_family=AF_INET;
    adr_server.sin_port=htons(port);
    adr_server.sin_addr.s_addr = htonl(INADDR_ANY);
    bzero(&(adr_server.sin_zero),8);
    sockfd=socket(AF_INET,SOCK_DGRAM,0);
    if(sockfd==-1)
    {
      perror("socket 出错");
      exit(1);
    }
    printf("发送文件 ....\n");
    /* 读取三行数据，传给udpserver*/
    for(i=0;i<3;i++)
    {
    fgets(str1,80,fp);
    printf("%d:%s",i,str1);
    sprintf(buf,"%d:%s",i,str1);
    z=sendto(sockfd,buf,sizeof(buf),0,(struct sockaddr *)&adr_server,
sizeof(adr_server));
    if(z<0)
    {
      perror("recvfrom 出错");
      exit(1);
     }
    }
    printf("发送.....\n");
    sprintf(buf,"stop\n");
    z=sendto(sockfd,buf,sizeof(buf),0,(struct sockaddr *)&adr_server,
sizeof(adr_server));
    if(z<0)
    {
     perror("sendto 出错");
```

```
    exit(1);
    }
    fclose(fp);
    close(sockfd);
    exit(0);
}
```

步骤 4　用 gcc 编译程序。

接着用 gcc 的 "-o" 参数，将 9-3-c.c 程序编译成可执行文件 9-3-c。输入如下：

`[root@localhost root]# gcc  9-3-c.c  -o  9-3-c`

步骤 5　创建一个 liu 文件。

`[root@localhost root]# vi  liu`

```
hello liujh!
hello hangzhou!
how do you do!
```

保存，退出。

步骤 6　测试结果。

（1）打开一个终端，运行发送端程序，具体如下：

`[root@localhost root]# ./9-3-s`

等待客户端....

（2）打开另一个终端，运行客户端程序，具体如下：

`[root@localhost root]# ./9-3-c`

```
打开文件......
连接服务端......
发送文件......
0:hello liujh!
1:hello hangzhou!
2:how do you do!
发送......
```

（3）接着在服务器端可以看到传来的数据，具体如下：

`[root@localhost root]# ./9-3-s`

```
接收:0:hello liujh!
接收:1:hello hangzhou!
接收:2:how do you do!
接收:stop
结束…
```

结果分析：跟在"接收"后面的数据正是写在 liu 文件的内容，说明传输成功。

思考：将上述程序中发送的字符串改为从键盘读取，传输到服务器端。

📖 **相关知识介绍**

sendto 函数说明如下：

所需头文件	#include<sys/socket.h> #include<sys/types.h>
函数功能	数据发送
函数原型	int sendto(int s, const void *buf, int len, unsigned flags, const struct sockaddr *to, int tolen);
函数传入值	s：传送数据的 socket buf：缓冲器指针，用来存放要传送的信息 len：sizeof(buf) flags：一般为 "0" to：接收端网络地址 tolen：sizeof(to)
函数返回值	若成功，返回传送的位数；若失败，返回–1

recvfrom 函数说明如下：

所需头文件	#include<sys/socket.h> #include<sys/types.h>
函数功能	数据接收
函数原型	int sendto(int s, const void *buf, int len, unsigned flags, const struct sockaddr *from, socklen_t fromlen);
函数传入值	s：传送数据的 socket buf：缓冲器指针，用来存放要传送的信息 len：sizeof(buf) flags：一般为 "0" from：服务器的网络地址 fromlen：sizeof(from)
函数返回值	若成功，返回接收的位数；若失败，返回–1

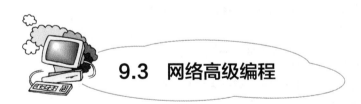

9.3　网络高级编程

前面介绍了在 socket 通信中常用的函数，利用这些函数可以基本满足 socket 通信需要；同时，也介绍了利用这些函数来编写面向连接的网络通信程序和面向无连接的网络程序设计。但在 socket 应用中，还有一个很重要的特性，就是如何处理阻塞，解决 I/O 多路利用问题。

在数据通信中，当服务器运行函数 accept( )时，如果没有客户机连接请求到来，那么服务器就一直会停止在 accept( )语句上，等待客户机连接请求到来，出现这样的情况就称为阻塞。下面将具体介绍处理阻塞的方法，先分析以下例子。

例 9.4 下列程序应用函数 **select** 处理阻塞问题。程序在运行时，如果在设置的 **10.5** 秒内没有输入，程序会显示"超时"，如果在 **10.5** 秒内，有输入并按 **Enter** 键，则给出提示"输入了"。此程序表明，虽然设置计算机暂停 **10.5** 秒，当有输入时也能够及时处理阻塞问题。

☞ **操作步骤**

步骤 1 编辑源程序代码。

`[root@localhost root]#` **vi 9-4.c**

程序代码如下：

```
#include <sys/time.h>
#include <sys/types.h>
#include <unistd.h>
#define STDIN 0   /*标准输入设备的描述字为0*/
int main()
{
    struct timeval tv;
    fd_set readfds;
    tv.tv_sec = 10;
    tv.tv_usec = 500000; /* tv_use 设置成需要等待的微秒数,1 秒中包括100000 微秒 */
    FD_ZERO (&readfds) ;
    FD_SET(STDIN, &readfds);
    /* don't care about writefds and exceptfds: */
    select(STDIN+1, &readfds, NULL, NULL, &tv);
    if (FD_ISSET(STDIN, &readfds))
      printf("输入了\n");
    else
      printf ("超时\n");
}
```

步骤 2 用 gcc 编译程序。

接着用 gcc 的"-o"参数，将 9-4.c 程序编译成可执行文件 9-4。输入如下：

`[root@localhost root]#` **gcc 9-4.c -o 9-4**

步骤 3 运行程序。

编译成功后，运行可执行文件 select。

`[root@localhost root]#` **./ 9-4**
超时   /*没有在 10.5 秒内按 Enter 键*/
`[root@localhost root]#` **./ 9-4**
              /*按 Enter 键*/
输入了

结果分析 第一次在超过 10.5 秒时，没有按 Enter 键，结果输出"超时"。第二次在指定的时间 10.5 秒内按下 Enter 键，结果显示"输入了"。程序通过 select 函数在指定的时间内唤醒或结束进程，是处理阻塞的一种好方法。

思考： 在10.5 秒内按任意键，就返回字符串"您已输入了"，否则返回字符串"您已超时"。

select 在 socket 编程中是十分重要的一个函数。在程序设计中往往进程或是线程执行到某些阻塞函数时必须等待某个事件的发生，如果事件没有发生，进程或线程就被阻塞，函数不能立即返回。当使用 select 函数时就可以实现阻塞情况的发生，不必非要等待事件的发生。该函数一旦执行肯定返回，以返回值的不同来反映函数的执行情况。如果事件发生则与阻塞方式相同，若事件没有发生则返回一个代码来告知事件未发生，而进程或线程继续执行，所以效率较高。它能够监视需要监视的文件描述符的变化情况——读写或是异常。

 注意：

对 select 参数的具体说明详见课本例 7.8 中的解释。

select( ) 用来等待文件描述词状态的改变。参数 n 代表最大的文件描述词加 1，参数 readfds、writefds 和 exceptfds 称为描述词组，是用来回传该描述词的读、写或例外的状况。下面的宏提供了处理这三种描述词组的方式。

FD_CLR(int fd,fd_set* set);　　　用来清除描述词组 set 中相关 fd 的位。

FD_ISSET(int fd,fd_set *set);　　　用来测试描述词组 set 中相关 fd 的位是否为真。

FD_SET（int fd,fd_set*set）;　　　用来设置描述词组 set 中相关 fd 的位。

FD_ZERO（fd_set *set）;　　　用来清除描述词组 set 的全部位。

参数 timeout 为结构 timeval，用来设置 select( ) 的等待时间，其结构定义如下：

```
struct timeval
{
    int tv_sec;      /* 单位秒 */
    int tv_usec;  /* 单位微秒*/
};
```

📖 相关知识介绍

fcntl 函数说明如下：

所需头文件	#include <fcntl.h>
函数功能	该函数可以改变已打开的文件的性质
函数原型	int fcntl(int fields, int cmd, .../* int arg */);
函数返回值	调用成功将返回准备好的文件描述字个数，错误则返回–1
备注	获得 / 设置文件状态标记(cmd=F_GETFL 或 F_SETFL)

程序扩展阅读：

```
#include <stdio.h>
#include <sys/types.h>
#include <sys/stat.h>
#include <fcntl.h>
#include <assert.h>
int main ( )
```

```
{
    int keyboard;
    int ret,i;
    char c;
    fd_set readfd;
    struct timeval timeout;
    keyboard = open("/dev/tty",O_RDONLY | O_NONBLOCK);
    assert(keyboard>0);
    while(1)
    {
      timeout.tv_sec=5;
      timeout.tv_usec=0;
      FD_ZERO(&readfd);
      FD_SET(keyboard,&readfd);
      ret=select(keyboard+1,&readfd,NULL,NULL,&timeout);
      /*select error when ret = -1   */
      if (ret == -1)
          perror("select error");
      /*data coming when ret>0   */
      else if (ret)
      {
          if(FD_ISSET(keyboard,&readfd))
          {
              i=read(keyboard,&c,1);
              if('\n'==c)
                  continue;
              printf("hehethe input is %c\n",c);
              if ('q'==c)
              break;
          }
      }
      /*time out when ret = 0   */
      else if (ret == 0)
          printf("time out\n");
  }
}
```

如果希望套接口不阻塞，就可以使用系统调用 fcntl( )函数：
```
#include <unistd.h>
#include <fcntl.h>
… …
… …
sockfd = socket(AF_INET, SOCK_STREAM, 0);
fcntl(sockfd, F_SETFL, O_NONBLOCK);   /*设置成非阻塞*/
… …
… …
```

如果用此函数设置系统为非阻塞模式，缺点就是频繁地询问套接口，以便检查有无信息到来，这样会降低系统效率。

注意：

对于 fcntl( )函数里面的参数，在调用此函数作为不阻塞处理时，都用其固定参数（sockfd, F_SETFL, O_NONBLOCK）。

思考：

（1）在 select 语句中为什么只给出 readfd 文件描述符？
（2）阅读程序，写出程序的主要思想，在什么情况下退出 while 循环？

下面的例子是 fcntl( )和 select( )函数在网络编程中的具体应用。

例 9.5　编写一个网络聊天程序。服务器端与客户端实现非阻塞网络通信，非阻塞限定时间设为 **10s**。在服务器端把客户端传送过来的信息存入文件并显示在屏幕上。在客户端先需要输入聊天者的姓名，当输入字符串**"quit"**时双方通信结束。

分析　首先调用 socket 函数创建一个 socket，接着调用 bind 函数将其与本机地址以及一个本地端口号绑定，然后调用 listen 函数在相应的 socket 上监听，当 accpet 接收到一个连接请求后，各自通过函数 recv( )和 send( )收发数据，最后关闭该 socket。

流程图如图 9.5 所示。

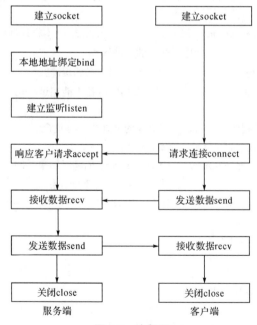

图 9.5　流程图

操作步骤
步骤 1　编辑服务端源程序代码。
`[root@localhost root]# vi 9-5-s.c`

程序代码如下：

```c
#include <stdlib.h>
#include <stdio.h>
#include <netdb.h>
#include <sys/types.h>
#include <sys/socket.h>
#include <string.h>
#include <netinet/in.h>
#include <arpa/inet.h>
#include <unistd.h>
#include <fcntl.h>

#define MAXDATASIZE 256

#define SERVPORT 4444      /*服务器监听端口号*/
#define BACKLOG 10         /*最大同时连接请求数*/
#define STDIN 0            /*标准输入文件描述符*/

int main(void)
{
    FILE *fp;              /*定义文件类型指针 fp*/
    int sockfd,client_fd;    /*监听 socket.sock_fd，数据传输 socket.new_fd*/
    int sin_size;
    struct sockaddr_in my_addr, remote_addr;/*本机地址信息，客户地址信息*/
    char buf[256];          /*用于聊天的缓冲区*/
    char buff[256];             /*用于输入用户名的缓冲区*/
    char send_str[256];        /*最多发出的字符不能超过 256*/
    int recvbytes;
    /*被 select()监视的读、写、异常处理的文件描述符集合*/
    fd_set rfd_set, wfd_set, efd_set;
    struct timeval timeout; /*本次 select 的超时结束时间*/
    int ret;                /*与 client 连接的结果*/
    if ((sockfd = socket(AF_INET, SOCK_STREAM, 0)) == -1)
    {   /*错误检测*/
        perror("socket");
        exit(1);
    }
    /* 端填充 sockaddr 结构  */
    bzero(&my_addr, sizeof(struct sockaddr_in));
    my_addr.sin_family=AF_INET; /*地址族*/
    my_addr.sin_port=htons(SERVPORT);    /*端口号为 4444*/
    inet_aton("127.0.0.1", &my_addr.sin_addr);

    if (bind(sockfd, (struct sockaddr *)&my_addr, sizeof(struct sockaddr)) == -1)
    { /*错误检测*/
```

```
    perror("bind");
    exit(1);
}
if (listen(sockfd, BACKLOG) == -1) {        /*错误检测*/
    perror("listen");
    exit(1);
}

sin_size = sizeof(struct sockaddr_in);
if ((client_fd = accept(sockfd, (struct sockaddr *)&remote_addr, &sin_size)) == -1)
{
    /*错误检测*/
    perror("accept");
    exit(1);
}

fcntl(client_fd, F_SETFD, O_NONBLOCK);/* 服务器设为非阻塞*/
/*接收从客户端传来的用户名*/
recvbytes=recv(client_fd, buff, MAXDATASIZE, 0);
buff[recvbytes] = '\0';
/*强制立即内容*/
fflush(stdout);
if((fp=fopen("name.txt","a+"))==NULL)
{
    printf("can not open file,exit...\n");
    return -1;
}
/*将用户名写入 name.txt 中*/
fprintf(fp,"%s\n",buff);
while (1)
{
    FD_ZERO(&rfd_set);/*将 select()监视的读的文件描述符集合清除*/
    FD_ZERO(&wfd_set);/*将 select()监视的写的文件描述符集合清除*/
    FD_ZERO(&efd_set);/*将 select()监视的异常的文件描述符集合清除*/
    /*将标准输入文件描述符加到 selectct()监视的读的文件描述符集合中*/
    FD_SET(STDIN, &rfd_set);
     /*将新建的描述符加到 selectct()监视的读的文件描述符集合中*/
    FD_SET(client_fd, &rfd_set);
    /*将新建的描述符加到 selectct()监视的写的文件描述符集合中*/
    FD_SET(client_fd, &wfd_set);
    /*将新建的描述符加到 selectct()监视的异常的文件描述符集合中*/
    FD_SET(client_fd, &efd_set);
    timeout.tv_sec = 10;/*select 在被监视窗口等待的秒数*/
    timeout.tv_usec = 0;/*select 在被监视窗口等待的微秒数*/
    ret = select(client_fd + 1, &rfd_set, &wfd_set, &efd_set, &timeout);
```

```
            if (ret == 0)
            {
                continue;
            }
            if (ret < 0)
            {
                perror("select error: ");
                exit(-1);
            }
```

/*判断是否已将标准输入文件描述符加到 seletct()监视的读的文件描述符集合中*/

```
            if(FD_ISSET(STDIN, &rfd_set))
            {
                fgets(send_str, 256, stdin);
                send_str[strlen(send_str)-1] = '\0';
                if (strncmp("quit", send_str, 4) == 0) { /*退出程序*/
                    close(client_fd);
                    close(sockfd);          /*关闭套接字*/
                    exit(0);
                }
                send(client_fd, send_str, strlen(send_str), 0);
            }
```

/*判断是否已将新建的描述符加到 seletct()监视的读的文件描述符集合中*/

```
            if (FD_ISSET(client_fd, &rfd_set))
            {
                recvbytes=recv(client_fd, buf, MAXDATASIZE, 0);
                /*接收从客户端传来的聊天内容*/
                if (recvbytes == 0) {
                    close(client_fd);
                    close(sockfd);          /*关闭套接字*/
                    exit(0);
                }
                buf[recvbytes] = '\0';
                printf("%s:%s\n",buff,buf);
                printf("Server: ");
                fflush(stdout);
            }
```

/*判断是否已将新建的描述符加到 seletct()监视的异常的文件描述符集合中*/

```
            if (FD_ISSET(client_fd, &efd_set)) {
                close(client_fd); /*关闭套接字*/
                exit(0);
            }
        }
    }
}
```

步骤 2　用 gcc 编译程序。

接着用 gcc 的 "-o" 参数，将 9-5-s.c 程序编译成可执行文件 9-5-s。输入如下：

[root@localhost root]# **gcc 9-5-s.c -o 9-5-s**

步骤3　编辑客户端源程序代码。

`[root@localhost root]#` **vi 9-5-c.c**

程序代码如下：

```c
#include <stdlib.h>
#include <stdio.h>
#include <netdb.h>
#include <sys/types.h>
#include <sys/socket.h>
#include <string.h>
#include <netinet/in.h>
#include <arpa/inet.h>
#include <unistd.h>
#include <fcntl.h>
#define SERVPORT 4444        /*服务器监听端口号*/
#define MAXDATASIZE 256      /*最大同时连接请求数*/
#define STDIN 0              /*标准输入文件描述符*/

int main(void)
{
    int sockfd;                  /*套接字描述符*/
    int recvbytes;
    char buf[MAXDATASIZE];        /*用于处理输入的缓冲区*/
    char *str;

    char name[MAXDATASIZE];       /*定义用户名*/
    char send_str[MAXDATASIZE]; /*最多发出的字符不能超过MAXDATASIZE*/
    struct sockaddr_in serv_addr;         /*Internet套接字地址结构*/
      /*被select()监视的读、写、异常处理的文件描述符集合*/
    fd_set rfd_set, wfd_set, efd_set;
    struct timeval timeout;/*本次select的超时结束时间*/
    int ret;               /*与server连接的结果*/
    if ((sockfd = socket(AF_INET, SOCK_STREAM, 0)) == -1) { /*错误检测*/
        perror("socket");
        exit(1);
    }
    /* 填充 sockaddr 结构 */
    bzero(&serv_addr, sizeof(struct sockaddr_in));
    serv_addr.sin_family=AF_INET;
    serv_addr.sin_port=htons(SERVPORT);
    inet_aton("127.0.0.1", &serv_addr.sin_addr);
    /*serv_addr.sin_addr.s_addr=inet_addr("192.168.0.101");*/

    if (connect(sockfd, (struct sockaddr *)&serv_addr, sizeof(struct sockaddr)) == -1)
    {
        /*错误检测*/
```

```
        perror("connect");
        exit(1);
    }
    fcntl(sockfd, F_SETFD, O_NONBLOCK);
    printf("要聊天首先输入你的名字:");
    scanf("%s",name);
    name[strlen(name)] = '\0';
    printf("%s: ",name);
    fflush(stdout);
    send(sockfd, name, strlen(name), 0);
    /*发送用户名到sockfd*/
    while (1)
    {
        FD_ZERO(&rfd_set);/*将select()监视的读的文件描述符集合清除*/
        FD_ZERO(&wfd_set);/*将select()监视的写的文件描述符集合清除*/
        FD_ZERO(&efd_set);/*将select()监视的异常的文件描述符集合清除*/
        /*将标准输入文件描述符加到seletct()监视的读的文件描述符集合中*/
        FD_SET(STDIN, &rfd_set);
        /*将新建的描述符加到seletct()监视的读的文件描述符集合中*/
        FD_SET(sockfd, &rfd_set);
        /*将新建的描述符加到seletct()监视的异常的文件描述符集合中*/
        FD_SET(sockfd, &efd_set);
        timeout.tv_sec = 10;/*select在被监视窗口等待的秒数*/
        timeout.tv_usec = 0;/*select在被监视窗口等待的微秒数*/
        ret = select(sockfd + 1, &rfd_set, &wfd_set, &efd_set, &timeout);
        if (ret == 0) {
            continue;
        }
        if (ret < 0) {
            perror("select error: ");
            exit(-1);
        }
        /*判断是否已将标准输入文件描述符加到seletct()监视的读的文件描述符集合中*/
        if (FD_ISSET(STDIN, &rfd_set))
        {
            fgets(send_str, 256, stdin);
            send_str[strlen(send_str)-1] = '\0';
            if (strncmp("quit", send_str, 4) == 0) { /*退出程序*/
                close(sockfd);
                exit(0);
            }
            send(sockfd, send_str, strlen(send_str), 0);
        }
        /*判断是否已将新建的描述符加到seletct()监视的读的文件描述符集合中*/
        if (FD_ISSET(sockfd, &rfd_set))
        {
```

```
        recvbytes=recv(sockfd, buf, MAXDATASIZE, 0);
        if (recvbytes == 0)
        {
            close(sockfd);
            exit(0);
        }
        buf[recvbytes] = '\0';
        printf("Server: %s\n", buf);

        printf("%s: ",name);
        fflush(stdout);
    }
    /*判断是否已将新建的描述符加到 seletct()监视的异常的文件描述符集合中*/
    if (FD_ISSET(sockfd, &efd_set))
    {
        close(sockfd);
        exit(0);
    }
    }
}
```

步骤 4　用 gcc 编译程序。

接着用 gcc 的 "-o" 参数，将 9-5c.c 程序编译成可执行文件 9-5-c。输入如下：

`[root@localhost root]#` **gcc 9-5-c.c -o 9-5-c**

步骤 5　测试结果，如图 9.6 所示。

图 9.6　测试结果

　　结果分析　当同时运行客户端和服务器端程序后，只要在客户端建立一个账户，双方就可以收发数据了。

　　思考：设计一个程序，要求服务器端能同时能跟多个客户端聊天，并思考不同的客户端之间能不能聊天？

程序扩展阅读：

　　网络聊天程序中利用多线程处理阻塞。若要编写一个基于 TCP/IP 的聊天程序，那阻塞问题就是必须被解决的一个问题。如果不解决，那聊天程序就会变为一方发一句之后另一方才能发一句的模式。通常可以应用 fcntl( )和 select( )来进行非阻塞的设置，也可以采用多线程的方法来解决阻塞的问题。比如，对于服务器端来说，连接成功后，主线程负责读取输入并发送信息到客户端，子线程负责接收从客户端发来的信息并显示到屏幕上。同理，对于客户端来说也可以这样安排。部分代码如下：

```
int sockfd, clientfd;
pthread_recv(void * argu)
{
  char recvstr[200];
  int len;
  while(1){
    len=recv(clientfd, recvstr, 200, 0);
    recvdtr[len] = '\0';
    printf("customer: %s",recv);
  }
}

int main()
{
  pthread_t ntid;
  char sendstr[200];
  ……
  pthread_create(&ntid, NULL, pthread_recv, NULL);
  while (1)
  {
    gets(sendstr);
    send(clientfd, sendstr, 200, 0);
  }
  ……
}
```

思考与实验

1. 在 Linux 系统下编写一个 socket 程序。要求服务端等待客户端的连接请求，一旦有客户端连接，服务器端打印出客户端的 IP 地址和端口，并且向客户端发送欢迎信息和时间。

2. 编写一个基于 TCP 协议的网络通信程序。要求服务器通过 socket 连接后，并要求输入用户判断为 liu 时，才向客户端发送字符串"Hello，you are connected!"，并在服务器上显示客户端的 IP 地址或域名。

3. 编写一个以客户机/服务器模式工作的程序，要求在客户端读取系统文件/etc/passwd内容，传送到服务器端，服务器端接收字符串，并在显示器显示出来。

4. 简单的聊天工具。结合网络功能，实现多人版的简单聊天程序。阅读下列程序并进行调试。

（1）服务器代码 sever.c：

```c
#include <sys/types.h>
#include <sys/socket.h>
#include <sys/wait.h>
#include <stdio.h>
#include <stdlib.h>
#include <errno.h>
#include <string.h>
#include <sys/un.h>
#include <sys/time.h>
#include <sys/ioctl.h>
#include <unistd.h>
#include <netinet/in.h>
#include <pthread.h>

/*定义同时聊天的人数*/
#define COUNT 5
/*保存socket*/
int socket_fd[COUNT];
/*线程的入口函数*/
void pthread_function(int client_fd){
    char message[1500];
    char buf[1024];
    int i,recvbytes;
    char name[20];
    /*首次连接时，接收并保存客户端名字*/
    recvbytes = recv(client_fd, name, 20, 0);
    name[recvbytes]=':';
    name[recvbytes+1]='\0';
    while(1){
        if((recvbytes = recv(client_fd, buf, 1024, 0))==-1){
            perror("recv error");
            exit(1);
        }

        if(recvbytes==0){
            printf("%sbye!\n",name);
            break;
        }

        buf[recvbytes]='\0';
        for(i=0;i<COUNT;i++){
            if(socket_fd[i]==-1){
                continue;
            }
            else
            {
                message[0]='\0';
```

```
                strcat(message,name);
                strcat(message,buf);
                if(send(socket_fd[i],message,strlen(message),0)==-1){
                    perror("send error");
                    exit(1);
                }
            }
        }

    /*断开时关闭socket，并将描述符的值置为-1*/
    close(client_fd);
    for(i=0;i<COUNT;i++){
        if(socket_fd[i]==client_fd){
            socket_fd[i]=-1;
        }
    }
    /*退出线程*/
    pthread_exit(NULL);
}

int main(){

    /*初始化socket数组*/
    int i;
    for(i=0;i<COUNT;i++){
        socket_fd[i]=-1;
    }
    pthread_t id;
    int sockfd,client_fd;
    socklen_t sin_size;
    struct sockaddr_in my_addr;
    struct sockaddr_in remote_addr;
    if((sockfd = socket(AF_INET,SOCK_STREAM,0))==-1){
        perror("socket");
        exit(1);
    }
    /*配置信息*/
    my_addr.sin_family=AF_INET;
    my_addr.sin_port=htons(12345);
    my_addr.sin_addr.s_addr=INADDR_ANY;
    bzero(&(my_addr.sin_zero),8);
    /*绑定*/
    if(bind(sockfd,(struct sockaddr *)&my_addr,sizeof(struct sockaddr))==-1)
    {
        perror("bind");
        exit(1);
    }
```

```
            /*监听*/
            if(listen(sockfd,10)==-1)
            {
                perror("listen");
                exit(1);
            }
            i=0;
            while(1)
            {
                sin_size=sizeof(struct sockaddr_in);
                if((client_fd=accept(sockfd,(struct sockaddr *)&remote_addr,&sin_size))==-1)
                {
                    perror("accept");
                    exit(1);
                }
                /*找到一个可用的 socket 位置*/
                while(socket_fd[i]!=-1)
                    i=(i+1)%COUNT;
                /*保存 socket 并启动线程处理*/
                socket_fd[i]=client_fd;
                pthread_create(&id,NULL,(void *)pthread_function,(int *)client_fd);
            }
        }
    }
```

（2）客户端代码 client.c：

```
#include <sys/types.h>
#include <sys/socket.h>
#include <sys/wait.h>
#include <stdio.h>
#include <stdlib.h>
#include <errno.h>
#include <string.h>
#include <sys/un.h>
#include <sys/time.h>
#include <sys/ioctl.h>
#include <unistd.h>
#include <netinet/in.h>
#include <arpa/inet.h>
#include <pthread.h>

char recv_buf[1500],send_buf[1024];

/*线程入口函数，负责显示接收到的信息*/
void pthread_function(int sockfd)
{
    int recvbytes;
    while(1)
```

```
    {
        if((recvbytes = recv(sockfd, recv_buf, 1500, 0))==-1){
            perror("recv error");
            exit(1);
            }
        Else
        {
        recv_buf[recvbytes]='\0';
        printf("%s\n", recv_buf);
        }
    }
}

int main(void)
{
    pthread_t id;
    int sockfd;
    struct sockaddr_in server_addr;
    /*参数设置*/
    server_addr.sin_family = AF_INET;
    server_addr.sin_port = htons(12345);
    server_addr.sin_addr.s_addr = inet_addr("127.0.0.1");
    if((sockfd = socket(AF_INET, SOCK_STREAM, 0))==-1)
    {
        perror("socket error");
        exit(1);
    }
    /*连接*/
    if(connect(sockfd, (struct sockaddr*)&server_addr,sizeof(server_addr))==-1)
    {
        perror("connect error");
        exit(1);
    }
    /*输入客户端名字*/
    char name[20];
    printf("input your name:");
    scanf("%s",name);
    send(sockfd,name,strlen(name),0);
    pthread_create(&id,NULL,(void *)pthread_function,(int *)sockfd);
    while(1)
    {
        gets(send_buf);
        if(send(sockfd,send_buf,strlen(send_buf),0)==-1){
            perror("send error");
            exit(1);
        }
        sleep(1);
```

```
}
/*关闭 socket 并取消线程*/
close(sockfd);
pthread_cancel(id);
return 0;
}
```

（3）用 GCC 编译，编译需要带参数。

```
gcc -Wall -o server -lpthread server.c
gcc -Wall -o client -lpthread client.c
```

5. 调试下列程序。结合网络功能，实现基于虚拟机环境下 Linux 操作系统向 Windows 操作系统发送文件功能的程序。设 Linux 操作终端程序为 sendfile.c，Windows 操作系统端程序为 recvfile.c，请阅读程序并进行调度。

注意： 在发送端程序 Linux 终端以 gcc -o sendfile sendfile.c 编译，在 Windows 端以 gcc -o recvfile.exe recvfile.c -lwsock32 编译。

（1）发送端程序 **sendfile.c：**

```
#include <stdio.h>
#include <netinet/in.h>
#include <sys/socket.h>
#include <string.h>
#include <netdb.h>
#include <sys/types.h>

#define MAX_LEN 1024 /* 包长 */
#define SIGNATURE 0xAABBCCDD /* 标签,用于验证数据包是否合法 */

int main(int argc, char* argv[])
{
    typedef struct {
        long sig;
        int nSize;
        char szFileName[256];
    } SEND_FILE_HEADER; /* 文件头格式 */
    SEND_FILE_HEADER header;
    int sockfd, recvbytes;
    static char buf[MAX_LEN]; /* 4KB */
    struct hostent* host;
    struct sockaddr_in serv_addr;
    FILE* fp;
    int nSize;

    if(argc != 4)
    {
        printf("Format: sendfile xxx.xxx.xxx.xxx #### filename");
```

```
        return -1;
    }
    fp = fopen(argv[3], "rb");
    if(fp == NULL)
    {
        printf("Error: OpenFile ERROR!\n");
    }

    if((host = gethostbyname(argv[1])) == NULL)
    {
        printf("Error: gethostbyname error!\n");
        return -1;
    }

    if((sockfd = socket(AF_INET, SOCK_STREAM, 0)) == -1)
    {
        printf("Error: create socket error!\n");
        return -1;
    }
    serv_addr.sin_family = AF_INET;
    serv_addr.sin_port = htons(atoi(argv[2]));
    serv_addr.sin_addr = *((struct in_addr*) host->h_addr);
    memset(&(serv_addr.sin_zero), 0, 8);
    if(connect(sockfd, (struct sockaddr*) & serv_addr, sizeof(struct sockaddr)) == -1)
    {
        printf("Error: Connect error!\n");
        close(sockfd);
        return -1;
    }

    fseek(fp, 0, SEEK_END);
    header.sig = SIGNATURE;
    header.nSize = ftell(fp);
    printf("FileSize: %d\n", header.nSize);
    strcpy(header.szFileName, argv[3]);
    fseek(fp, 0, SEEK_SET);
    memset(buf, 0, MAX_LEN);
    memcpy(buf, &header, sizeof(header));
    send(sockfd, buf, MAX_LEN, 0);

    while(!feof(fp))  /* 循环发送文件 */
    {
        nSize = fread(buf, 1, MAX_LEN, fp);
        if(send(sockfd, buf, nSize, 0) == -1)
        {
            printf("Error: Send Error!\n");
            break;
        }
    }
```

```
    }

    close(sockfd);
    fclose(fp);
    return 0;
}
```

（2）接收端程序 **recvfile.c：**

```c
#include <stdio.h>
#include <winsock2.h>
#define MAX_LEN 1024
#define SIGNATURE 0xAABBCCDD

int main(int argc, char* argv[])
{
    typedef struct {
        long sig;
        int nSize;
        char szFileName[256];
    } SEND_FILE_HEADER;

    SEND_FILE_HEADER header;
    static char buf[MAX_LEN];
    WSADATA wsa;
    char szHost[256];
    HOSTENT* pHost;
    struct in_addr* pAddr;
    FILE* fp;
    SOCKET s, sfd;
    int nSize = sizeof(struct sockaddr_in);
    int i;
    struct sockaddr_in sin;
    struct sockaddr_in remote_addr;
    if(argc != 2)
    {
        printf("Format: recvfile portnumber\n");
        return -1;
    }

    sin.sin_family = AF_INET;
    sin.sin_port = htons((unsigned short)atoi(argv[1]));
    sin.sin_addr.s_addr = INADDR_ANY;

    WSAStartup(MAKEWORD(2, 2), &wsa); /* 在 Windows 下，需要先初始化 */
    gethostname(szHost, 256);
    pHost = gethostbyname(szHost);
    if(pHost != NULL)
```

```
    {
        pAddr = (struct in_addr*)*(pHost->h_addr_list);
        printf("Local IP: %s\n", inet_ntoa(*pAddr));

        s = socket(AF_INET, SOCK_STREAM, IPPROTO_TCP);
        if(s == INVALID_SOCKET)
        {
            printf("Error: Invalid socket\n");
            WSACleanup();
            return -1;
        }
            if(bind(s, (struct sockaddr*)&sin, sizeof(sin)) ==
             SOCKET_ERROR)
        {
            printf("Error: Bind error\n");
            closesocket(s);
            WSACleanup();
            return -1;
        }

        if(listen(s, 5) == SOCKET_ERROR)
        {
            printf("Error: Listen error\n");
            closesocket(s);
            WSACleanup();
            return -1;
        }

        while(1)
        {
            printf("Waiting ...\n");
            if((sfd = accept(s, (struct sockaddr*)&remote_addr, &nSize)) ==
             SOCKET_ERROR)
            {
                printf("Error: Accept error\n");
                closesocket(s);
                WSACleanup();
                return -1;
            }

            printf("Accept a link from %s\n",
              inet_ntoa(remote_addr.sin_addr));

            recv(sfd, buf, MAX_LEN, 0);
            memcpy(&header, buf, sizeof(header));
            i = 0;
            if(header.sig != SIGNATURE)  /* 验证合法性 */
            {
```

```
            printf("Signature ERROR! Skip this file\n");
        }
        else
        {
            printf("Receive file: %s SIZE: %d\n", header.szFileName,
             header.nSize);
            fp = fopen(header.szFileName, "wb");
            if(header.nSize != 0)
            {
        /* 用循环接收文件 */
                while(i < header.nSize)
                {
                if(recv(sfd, buf, MAX_LEN, 0) == SOCKET_ERROR) break;
                if(i + MAX_LEN >= header.nSize)
                {
                    fwrite(buf, 1, header.nSize % MAX_LEN, fp);
                    i += header.nSize % MAX_LEN;
                }
                else
                {
                    fwrite(buf, 1, MAX_LEN, fp);
                    i += MAX_LEN;
                }
                 printf("\rFinished: %0.2f%%", (double)100.0f * i / eader.nSize);
                }
            }

            printf("\rFinished: 100.0%% i = %d\n", i);
            fclose(fp);
        }
    }
}
    WSACleanup(); /* 在 WINDOWS 下，需要清除 WSA */
    return 0;
}
```

运行结果：以将本次Linux实验所有源码从Linux发送到Windows中为例。

（1）将本次Linux实验所有源码打包成Experiments.zip。

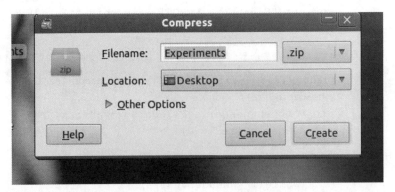

（2）在另一台Windows虚拟机（或实体机）中编译并运行recvfile.exe，端口为1234，得到本机IP为192.168.128.128（局域网IP）。

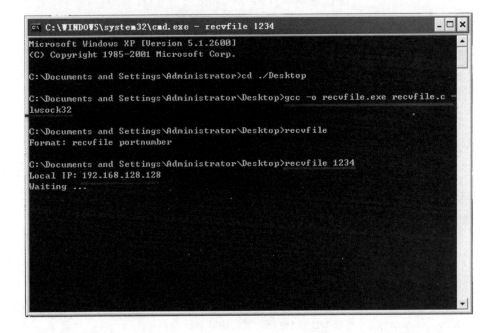

（3）在Linux中，编译并运行sendfile，按命令行"./sendfile 192.168.128.128 1234 Experiments.zip"发送文件。

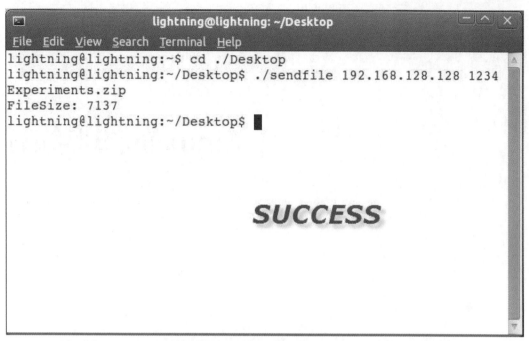

（4）这时在Windows系统中即可看到接收到的文件。

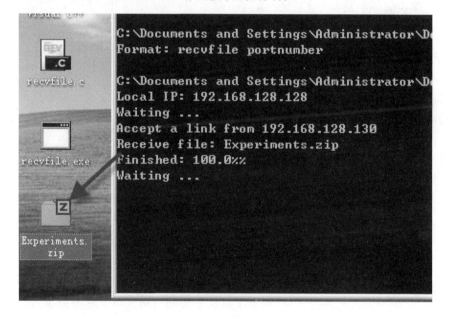

第 **10** 章

Linux 的图形编程

 **本章重点**

1. 使用 SDL 图形开发库进行图形模式的初始化。
2. 基本绘图函数的应用。
3. 图片与文字的显示。
4. 动画设计。
5. 三维绘图。
6. 用 SDL 实现简单游戏设计。

 本章导读

  在 Linux 环境下图形程序设计中，初步了解基于控制台的几个主要图形库，掌握在 Linux 中使用 SDL 库进行图形编程。本章主要从以下几个方面进行阐述：初始化图形模式；应用 SDL_draw 函数库来绘制点、线、圆等基本图形；在 Linux 环境下利用 C 语言提供的函数设计图片与文字显示、动画、三维绘图以及游戏程序。

10.1 Linux 的图形编程简介

很多人会问 Linux 下有没有 Turbo C 2.0 那样的画点、线、圆的图形函数库，有没有 grapihcs.h，或者与之相对应或相似的函数库是什么？有没有 DirectX 这样的游戏开发库？在 Linux 环境下，不仅有以上所提到的图形函数库，还有可视化的图形编程方法。本章主要讲述如何应用基于控制台的图形函数库设计图形程序。

在 Linux 图形编程中，基于控制台的主要有以下几个图形库：

（1）SVGALib：是最早基于 Linux 的非 X 的图形支持库，但由于部分图形效果和兼容性不佳，已经较少人采用。

（2）FrameBuffer：出现在 Linux 2.2.x 内核当中的一种驱动程序接口。这种接口将显示设备抽象为帧缓冲区。将屏幕通过设备文件映射到屏幕像素，余下的操作就类似于对内存块操作。许多游戏、中文显示都可通过 FrameBuffer 来实现。但由于其缺乏一些基本图形的封装，图形编程工作比较繁重。

（3）GGI（General Graphics Interface）：是新一代的图形支持库。它的主要功能特性是可在 FrameBuffer、SVGALib 等设备上运行，在这些设备上是兼容二进制的，在所有平台上提供了一致的输入设备接口，比如鼠标和键盘，采用共享库机制，实现底层支持库的动态装载等。

（4）OpenGL：是个专业的 3D 程序接口，是一个功能强大、调用方便的底层 3D 图形库。

（5）SDL（Simple DirectMedia Layer）：是一个跨平台的多媒体游戏支持库，其中包含了对图形、声音、游戏杆、线程等的支持。目前可以运行在许多平台上，其中包括 Linux 的 FrameBuffer 控制台、X Window with DGA、svgalib、X Window 环境以及 Windows DirectX、BeOS 等。SDL 是编写跨平台游戏和多媒体应用的优秀平台。在 SDL 的官方网站上，也有许多基于 SDL 的二次开放的库文件，例如 SDL_draw 1.2.1，该库提供了许多图形库函数，比如圆、椭圆、曲线等。SDL 专门为游戏和多媒体应用而设计开发，所以它对图形的支持非常优秀，尤其是高级图形能力，比如 Alpha 混合、透明处理、YUV 覆盖、Gamma 校正等。而且它在 SDL 环境中能够非常方便地加载支持 OpenGL 的 Mesa 库，从而提供对二维图形和三维图形的支持。可以说，SDL 是编写跨平台游戏和多媒体应用的最佳平台，也的确得到了广泛应用。

本章主要介绍在 Linux 环境下如何使用 SDL 库进行图形编程。

10.2 安装和使用 SDL 图形开发库

SDL 图形库已经成为目前最为流行的 Linux 标准配置的多媒体库，系统安装时一般都已经默认安装了它们。如果没有安装，请见附录的 SDL 库的安装。

SDL 的基本库与附加库的库名与含义如表 10.1 所示。

表 10.1 SDL 的基本库与附加库的库名及含义

库　名	含　义
SDL	基本库
SDL_image	图像支持库
SDL_mixer	混音支持库
SDL_ttf	TrueType 字体支持库
SDL_net	网络支持库
SDL_draw	基本绘图函数库

使用 SDL 库需要包含头文件：
```
#include "SDL.h"
```
编译命令如下：
```
gcc -I/usr/include/SDL -lSDL 源程序名 -o 目标文件名 -lpthread
```
如果程序中使用了图像支持库和混音支持库，在编译的时候还需要加上相应的编译参数，分别是-lSDL_image 和-lSDL_mixer。

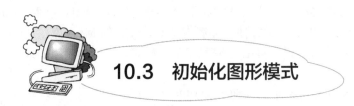

10.3 初始化图形模式

在初始化图形模式中常用函数及功能如表 10.2 所示。

要加载和初始化 SDL 库，需要调用 SDL_Init( )函数，该函数以一个参数来传递要激活的子系统的标记。

表 10.2　初始化图形模式中常用函数及功能

函数名	功　　能
SDL_Init	加载和初始化 SDL 库
SDL_SetVideoMode	设置屏幕的视频模式
SDL_Quit	退出图形模式
SDL_MapRGB	用像素格式绘制一个 RGB 颜色值
SDL_FillRect	填充矩形区域
SDL_UpdateRect	更新指定的区域
SDL_Delay	延迟一个指定的时间

📖 相关知识介绍

SDL_Init( )函数说明如下：

所需头文件	#include<SDL.h>
函数功能	加载和初始化 SDL 库
函数原型	int SDL_Init(Uint32 flags)
函数传入值	flags 参数表示需要初始化的子系统对象
函数返回值	返回值为 0 时，表示初始化成功；返回值为-1 时，表示初始化失败
备注	

初始化工作应该在使用其他 SDL 函数之前调用。其中，flags 参数表示需要初始化的子系统对象。子系统对象有多个的，可单独初始化，也可以同时初始化。子系统对象如表 10.3 所示。

表 10.3　flags 参数取值所对应的子系统对象

子系统对象名（flags 参数取值）	含　　义
SDL_INIT_TIMER	初始化计时器子系统
SDL_INIT_AUDIO	初始化音频子系统
SDL_INIT_VIDEO	初始化视频子系统
SDL_INIT_CDROM	初始化光驱子系统
SDL_INIT_JOYSTICK	初始化游戏杆子系统
SDL_INIT_EVERYTHING	初始化全部子系统

例 10.1　初始化视频子系统，设置显示模式为 640×480。设置初始颜色为红色并对颜色值进行改变，使程序执行过程中背景色渐变。编写程序 10-1.c，放在/home/cx/10-1 目录下。

分析　用 SDL_Init（SDL_INIT_VIDEO）初始化视频子系统，并用 SDL_SetVideoMode( )函数设置显示模式，最后用 SDL_MapRGB( )设置背景颜色。

流程图如图 10.1 所示。

👉 操作步骤

步骤 1　设计编辑源程序代码。

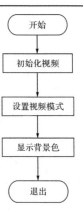

图 10.1　流程图

建立文件夹 10-1，并进入此文件夹。

```
[root@localhost root]# mkdir /home/cx/10-1
[root@localhost root]# cd /home/cx/10-1
```

编辑程序 10-1.c 程序代码。

```
[root@localhost 10-1]# gedit 10-1.c
```

程序代码如下：

```
/*10-1.c 程序：初始化视频子系统，设置其显示模式，背景色渐变*/
#include<SDL.h>                    /*使用 SDL 库，加载该库的头文件*/
#include<stdlib.h>

int main()
{
    SDL_Surface *screen;            /*屏幕指针*/
    Uint32 color;                   /*定义一个颜色值*/
    int x;
    if(SDL_Init(SDL_INIT_VIDEO)<0)
    {
        /*初始化视频子系统失败*/
        fprintf(stderr,"无法初始化 SDL: %s\n",SDL_GetError());
        exit(1);
    }

    screen=SDL_SetVideoMode(640,480,16,SDL_SWSURFACE);   /*设置视频模式*/
    if(screen==NULL)
    {
        fprintf(stderr,"无法设置 640×480,16 位色的视频模式:%s",SDL_GetError());
        exit(1);
    }
    atexit(SDL_Quit);               /*退出*/
    for(x=0;x<=255;x+=1)            /*用循环来实现背景色渐变*/
    {
        /*SDL_MapRGB 函数用来设置颜色*/
        color=SDL_MapRGB(screen->format,255,x,x);
        SDL_FillRect(screen,NULL,color);            /*填充整个屏幕*/
        SDL_UpdateRect(screen,0,0,0,0);             /*更新整个屏幕*/
        SDL_Delay(5);
    }
    SDL_Delay(3000);                /*停留 3 秒钟的时间*/
    return 0;
}
```

步骤 2 编写 makefile 工程文件。

```
[root@localhost 10-1]# vi makefile
CC = gcc
AR = $(CC)ar
CFLAGS= -I/usr/include/SDL  -lSDL -lpthread
10-1:10-1.c
        $(CC) $(CFLAGS)  $^  -o $@
clean:
        -rm -f $(EXEC) *.elf *.gdb *.o
```

 注意：

（1）gcc 编译的时候要切换到文件所在目录下。如程序运行在 Fedora Core 4 环境下，则不需要添加参数 -lpthread。

（2）atexit 的参数是一个函数地址，当调用此函数时无须传递任何参数，该函数也不能返回值，atexit 函数称为终止处理程序注册程序。

步骤 3　执行 make 文件。

```
[root@localhost 10-1]# make
gcc -I/usr/include/SDL  -lSDL -lpthread   10-1.c  -o 10-1
```

步骤 4　编译成功后，执行可执行文件 10-1。输入如下：

```
[root@localhost root]# ./10-1
```

此时系统会出现运行结果，如图 10.2 所示。

图 10.2　程序运行结果的变化瞬间

思考： 上例中屏幕的分辨率为 640×480，16 位色，请您编写程序使得此图形系统支持分辨率 768×1024、24 位色的屏幕模式。

注意：

程序运行的时候会出现一个分辨率 640×480、16 位色的屏幕，出于实验需要和方便观察，使用 SDL_Delay( )函数使屏幕保持 3 秒。在这个时间内，颜色在#ffff00 到#ffffff 之间逐渐变化，图 10.2 是变化瞬间的截图。

思考： 设计一个程序，产生 0～255 的三个不相同的随机数 R、G、B，应用语句 color=SDL_MapRGB(screen->format, R, G, B) ，填充与更新整个屏幕。

📖 **相关知识介绍**

SDL_SetVideoMode 函数说明如下：

所需头文件	#include<SDL.h>
函数功能	按照 width、height、bpp、flags 设置一个屏幕的视频模式
函数原型	SDL_Surface *SDL_SetVideoMode(int width, int height, int bpp, Uint32 flags);
函数传入值	width：画面的宽度
	height：画面的高度
	bpp：画面的色深（即 8 位、16 位、24 位、32 位）
	flags：画面的标识，有以下几个参数。 SDL_SWSURFACE：创建一个画面在系统内存 SDL_HWSURFACE：创建一个画面在显卡内存 SDL_DOUBLEBUF：使用双缓冲区 SDL_FULLSCREEN：全屏模式显示 SDL_OPENGL：创建一个 OpenGL 画面 SDL_RESIZABLE：创建一个尺寸可变的窗口
函数返回值	返回所要设置的平面指针
备注	

SDL_Quit( )函数说明如下：

所需头文件	#include<SDL.h>
函数功能	退出图形模式
函数原型	void *SDL_Quit(void)
函数传入值	无
函数返回值	无
备注	

SDL_MapRGB 函数说明如下：

所需头文件	#include<SDL.h>
函数功能	用像素格式绘制一个 RGB 颜色值
函数原型	Uint32 SDL_MapRGB(SDL_PixelFormat *fmt, Uint8 r, Uint8 g, Uint8 b);
函数传入值	fmt：指向所设定模式的屏幕指针
	r：红色，取值 0～255
	g：绿色，取值 0～255
	b：蓝色，取值 0～255
函数返回值	返回的是 32 位的颜色值
备注	

SDL_FillRect 函数说明如下：

所需头文件	#include<SDL.h>
函数功能	使用指定的颜色，以指定的区域填充指定的画面
函数原型	int SDL_FillRect(SDL_Surface *dst, SDL_Rect *dstrect, Uint32 color);
函数传入值	dst 表示指定的画面
	color 表示指定的颜色
	dstrect 表示指定的区域
函数返回值	执行成功则返回 0，有错误发生则返回−1
备注	

SDL_UpdateRect 函数说明如下：

所需头文件	#include<SDL.h>
函数功能	更新 srceen 指定的画面区域
函数原型	void SDL_UpdateRect(SDL_Surface *screen, Sint32 x, Sint32 y, Sint32 w, Sint32 h);
函数传入值	screen 表示要更新的画面
	x 表示 x 坐标
	y 表示 y 坐标
	w 表示宽度
	h 表示高度
函数返回值	无
备注	（1）x，y，w，h 构成了一个区域，如果 x，y，w，h 均为 0 的话，将更新整个屏幕 （2）屏幕如果被锁定（locked），将不会被更新

SDL_Delay 函数说明如下：

所需头文件	#include<SDL.h>
函数功能	等待一个具体的时间之后再返回
函数原型	void SDL_Delay(Uint32 ms);
函数传入值	ms 表示传入的时间
函数返回值	无
备注	单位是毫秒

注意：

SDL 使用中的一些数据类型：
Uint8——相当于 unsigned char。
Uint16——16 位（2 字节）unsigned integer。
Uint32——32 位（4 字节）unsigned integer。
Uint64——64 位（8 字节）unsigned integer。

思考：

（1） 编写一个简单的 SDL 初始化程序：要求背景色为红色，让屏幕停留 5 秒。
（2） 编写一个简单的 SDL 初始化程序：要求背景色的红、绿、蓝为随机显示值，让屏幕停留 10 秒。

10.4　基本绘图函数的应用

本节主要应用 SDL_draw 函数库绘制点、线、圆等基本图形。SDL_draw 函数库的安装系统不自带，并且安装光盘里也没有此文件，请自行从网上下载并安装，步骤见附件。

常用的基本绘图函数及功能如表 10.4 所示。

表 10.4　基本绘图函数

函数名	功　能
Draw_Pixel	画一个点
Draw_Line	绘制直线
Draw_Circle	绘制圆
Draw_Rect	绘制矩形
Draw_Ellipse	绘制椭圆
Draw_HLine	绘制水平直线
Draw_VLine	绘制垂直直线
Draw_Round	绘制圆角矩形

例　**10.2**　使用 **SDL_draw** 库设计一个程序，初始化视频子系统，设置显示模式为 **640×480**，画面的色深为 **16** 位，用 **Draw_Line** 函数画两条交叉的直线，一条直线起始点的坐标为（**240**，**180**），终止点的坐标为（**400**，**300**），另一条直线起始点的坐标为（**400**，**180**），终止点的坐标为（**240**，**300**）。再用 **Draw_Pixel** 函数绘制一条正弦曲线，程序名为 **10-2.c**，存放在**/home/cx/SDL_draw-1.2.11** 下。

☞ 操作步骤

步骤 1　设计编辑源程序代码。

`[root@localhost SDL_draw-1.2.11]# ` **`gedit 10-2.c`**

程序代码如下：

```
#include <SDL.h>
#include <stdlib.h>
#include <string.h>
#include <math.h>
#include "SDL_draw.h"                        /*包含 SDL_draw 库的头文件*/
int main()
{
    int i;
    double y;
    SDL_Surface *screen;                      /*屏幕指针*/
    if ( SDL_Init( SDL_INIT_VIDEO) < 0 )
    {
        /*初始化视频子系统失败*/
        fprintf(stderr, "无法初始化: %s\n", SDL_GetError());
        exit(1);
    }
    /*设置视频模式*/
    screen = SDL_SetVideoMode(640, 480, 16, SDL_SWSURFACE);
    if ( screen == NULL ) {
        fprintf(stderr, "无法设置640×480，16位色的视频模式: %s\n", SDL_GetError());
        exit(1);
    }
    atexit(SDL_Quit);        /*退出*/
    /*画直线，从点（240，180）到点（400，300），颜色为白色*/
    Draw_Line(screen,240,180,400,300,SDL_MapRGB(screen->format,255,255,255)
);
    /*画直线，从点（400，180）到点（240，300），颜色为红色*/
    Draw_Line(screen,400,180,240,300,SDL_MapRGB(screen->format,255,0,0));
    for(i=0;i<=640;i+=2)
    {
      y=240-120*sin(3.14*i/180);
      Draw_Pixel(screen,i,y,SDL_MapRGB(screen->format,0,255,0));
    }
    SDL_UpdateRect(screen, 0, 0, 0, 0);                  /*更新整个屏幕*/
    SDL_Delay(5000);                              /*停留 5 秒*/
    return 0;
}
```

步骤 2　编写 makefile 工程文件。

`[root@localhost 10-2]# ` **`vi makefile`**

```
CC = gcc
CCFLAGS = -Wall -I/usr/include/SDL -D_REENTRANT -I/home/cx/SDL_draw-1.2.
11/include -L/usr/lib -Wl,-rpath,/usr/lib -lSDL -lpthread /home/cx/SDL_draw-
1.2.11/src/.libs/libSDL_draw.a
10-2: 10-2.c
        $(CC) -o 10-2 10-2.c $(CCFLAGS)
```

步骤3 执行 make 文件。

`[root@localhost 10-2]# `**`make`**

```
gcc -o 10-2 10-2.c -Wall -I/usr/include/SDL -D_REENTRANT -I/home/cx/SDL_
draw-1.2.11/include -L/usr/lib -Wl,-rpath,/usr/lib -lSDL -lpthread /home/cx/
SDL_draw-1.2.11/src/.libs/libSDL_draw.a
```

 注意:

本章程序所用的图形库文件是安装在目录/home/cx/SDL_draw-1.2.11/下, 在 makefile 工程文件中指出了相应的路径, 如果读者安装的是其他路径, 在 makefile 文件中需要做相应的修改。

步骤4 编译成功后, 执行可执行文件 10-2。输入如下:

`[root@localhost 10-2]# `**`./10-2`**

此时系统会出现运行结果, 如图 10.3 所示。

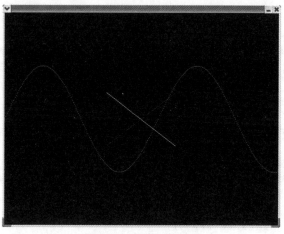

图 10.3 程序运行结果

 注意:

左上角是坐标的原点 (0, 0), x 轴是从左到右, y 轴是从上到下。

思考：编写一个简单的画线程序。要求设置背景色为红色，线条颜色为绿色，绘制一个正三角形，同时让屏幕停留 8 秒。

📖 相关知识介绍

Draw_Line 函数说明如下：

所需头文件	#include "SDL_draw.h"
函数功能	绘制直线
函数原型	void Draw_Line(SDL_Surface *super, Sint16 x1, Sint16 y1, Sint16 x2.Sint16 y2, Uint32 color);
函数传入值	super 为所要绘制的平面
	（x1，y1）和（x2，y2）为直线的起点和终点
	color 为画面的色深（就是 8 位、16 位、24 位、32 位）
函数返回值	无
备注	

Draw_Pixel 函数说明如下：

所需头文件	#include "SDL_draw.h"
函数功能	绘制一个像素
函数原型	void Draw_Pixel(SDL_Surface *super, Sint16 x, Sint16 y, Uint32 color);
函数传入值	super 为所要绘制的平面
	（x0，y0）为所绘制像素的点
	color 为画像素的颜色
函数返回值	无
备注	

思考：

（1）线段长度无限短后就成为点，请用画线的方法画出正弦曲线。
（2）能否用画线的方法实现动画？

程序扩展阅读：

阅读以下程序的设计，程序功能是绘制在一定区域内随机落下的一滴雨滴与其产生的涟漪，并上机调试。

```
#include<SDL/SDL.h>
#include<stdlib.h>
#include"SDL/SDL_draw.h"
#include<math.h>
#include<stdio.h>
int main()
{
```

```
        int x,y;
        int y1,y2;
        int c[3],rx[3],ry[3];
        int i;
        SDL_Surface *screen;
        if(SDL_Init(SDL_INIT_VIDEO)<0)exit(1);
        if((screen=SDL_SetVideoMode(640,480,16,SDL_SWSURFACE))==NULL)exit(1);
        atexit(SDL_Quit);
        srand((unsigned)time(NULL));
        i=rand();                    /*选定下落位置*/
        x=(int)(120+400.0*rand()/RAND_MAX);
        y=(int)(240+180.0*rand()/RAND_MAX);
        y1=0;y2=0;
        while(y1<=y){                        /*画出下落雨滴*/
            Draw_Line(screen,x,y1,x,0,SDL_MapRGB(screen->format,255,255,255));
            Draw_Line(screen,x,y2,x,0,SDL_MapRGB(screen->format,0,0,0));
            SDL_Delay(10);
            SDL_UpdateRect(screen,0,0,0,0);
             y1+=10;
             if(y1>=50)y2=y1-50;
        }
        for(i=0;i<3;i++){c[i]=255;rx[i]=6;ry[i]=3;}
        while(c[2]!=0){                      /*画出涟漪并消除剩余雨滴*/
            for(i=0;i<3;i++){
             if(i!=0&&c[0]>255-i*50)continue;
             if(c[i]!=0)
             {
              Draw_Ellipse(screen,x,y,rx[i],ry[i],SDL_MapRGB(screen->format,c[i],c[i],c[i]));
              SDL_Delay(20);
             }
            }
            SDL_UpdateRect(screen,0,0,0,0);
            for(i=0;i<3;i++){
             if(i!=0&&c[0]>255-i*50)continue;
             if(c[i]!=0){
             Draw_Ellipse(screen,x,y,rx[i],ry[i],SDL_MapRGB(screen->format,0,0,0));
              c[i]-=5;rx[i]+=2;ry[i]+=1;
             }
            }
            y2+=10;
            Draw_Line(screen,x,y2,x,0,SDL_MapRGB(screen->format,0,0,0));
        }
        SDL_Delay(2000);
        return 0;
    }
```

程序运行效果图如图 10.4 所示。

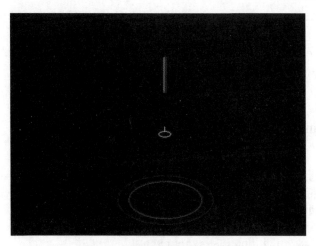

图 10.4　程序实现的雨滴与涟漪

例 10.3　使用 **SDL_draw** 库设计一个程序，初始化视频子系统，设置显示模式为 **640×480**，画面的色深为 **16** 位，画 **5** 个黄色的同心圆，圆心坐标为（**320，240**），最小的圆半径为 **5**，其他圆的半径以 **15** 的大小递增，程序名为 **10-3.c**，存放在 **/home/cx/SDL_draw-1.2.11** 下。

☞ 操作步骤

　　步骤 1　设计编辑源程序代码。

```
[root@localhost SDL_draw-1.2.11]# gedit 10-3.c
```

程序代码如下：

```
#include <SDL.h>
#include <stdlib.h>
#include <string.h>
#include "SDL_draw.h"                    /*把 SDL_draw 库的头文件包含进来*/
int main()
{
    SDL_Surface *screen;                 /*屏幕指针*/
    int r;
    if ( SDL_Init( SDL_INIT_VIDEO) < 0 ) {  /*初始化视频子系统*/
        fprintf(stderr, "无法初始化 SDL: %s\n", SDL_GetError());
        exit(1);
    }
    /*设置视频模式*/
    screen = SDL_SetVideoMode(640, 480, 16, SDL_SWSURFACE);
    if ( screen == NULL ) {
        fprintf(stderr, "无法设置 640×480，16 位色的视频模式: %s\n", SDL_GetError());
        exit(1);
    }
    atexit(SDL_Quit);    /*退出*/
    /*画圆，点（320，240）为圆心，半径分别是 65、50、35、20、5 的 5 个同心圆，颜色为黄色*/
    for(r=5;r<=65;r+=15)
    {
```

```
        Draw_Circle(screen, 320,240, r, SDL_MapRGB(screen->format, 255,255,0));
    }
    SDL_UpdateRect(screen, 0, 0, 0, 0);        /*更新整个屏幕*/
    SDL_Delay(5000);                           /*停留 5 秒*/
    return 0;
}
```

步骤 2 编写 makefile 工程文件。

```
[root@localhost 10-3]# vi makefile
CC = gcc
CCFLAGS = -Wall -I/usr/include/SDL -D_REENTRANT -I/home/cx/SDL_draw-1.2.
11/include -L/usr/lib -Wl,-rpath,/usr/lib -lSDL -lpthread /home/cx/SDL_draw-
1.2.11/src/.libs/libSDL_draw.a
    10-3: 10-3.c
        $(CC) -o 10-3 10-3.c $(CCFLAGS)
```

步骤 3 执行 make 文件。

```
[root@localhost 10-3]# make

 gcc -o 10-3 10-3.c -Wall -I/usr/include/SDL -D_REENTRANT -I/home/cx/SDL_
draw-1.2.11/include -L/usr/lib -Wl,-rpath,/usr/lib -lSDL -lpthread /home/cx/
SDL_draw-1.2.11/src/.libs/libSDL_draw.a
```

步骤 4 编译成功后，执行可执行文件 10-3。输入如下：

```
[root@localhost 10-3]#./10-3
```

此时系统会出现运行结果，如图 10.5 所示。

图 10.5 例 10.3 运行结果

📖 **相关知识介绍**

Draw_Circle 函数说明如下：

所需头文件	#include"SDL_draw.h"
函数功能	绘制圆
函数原型	void Draw_Circle(SDL_Surface *super, Sint16 x0, Sint16 y0, Uint16 r, Uint32 color);
函数传入值	super 为所要绘制的平面
	(x0，y0)为所绘制圆的圆心
	r 为圆的半径
	color 为圆的颜色
函数返回值	无
备注	

思考：

（1）编写一个画圆的程序。要求设置背景色为黄色，线条颜色为蓝色，以正三角形的三个顶点为圆心，半径为 60 画三个圆，同时让屏幕停留 8 秒。
（2）画一个半径渐渐增大、颜色随机变化的圆。
（3）画一个圆，此圆沿着正弦曲线运动。

提示：请参考下列代码

```
for(i=0;i<120;i++,x=x+3,y=y+sin(x-80))
{
    Draw_Circle(screen,x,y, r, SDL_MapRGB(screen->format, 255,0,0));
    SDL_Delay(100);
    Draw_Circle(screen,x,y, r, SDL_MapRGB(screen->format, 255,255,255));
    Draw_Line(screen, x,y, x+3,y=y+sin(x-80),SDL_MapRGB(screen->format, 255,0,0));
    SDL_UpdateRect(screen, 0, 0, 0, 0);        /*更新整个屏幕*/
}
```

例 10.4　使用 **SDL_draw** 库设计一个程序。初始化视频子系统，设置显示模式为 **640×480**，画面的色深为 **16** 位。用 **Draw_Rect** 函数画两个矩形，一个矩形的左上角坐标是（**80，180**），宽和高分别是 **160** 和 **120**，颜色为白色；另一个矩形的左上角坐标是（**319，179**），宽和高分别是 **242** 和 **122**，颜色为黄色。用 **Draw_FillRect** 函数画一个矩形，其左上角坐标是（**320，180**），宽和高分别是 **240** 和 **120**，颜色为红色。程序名为 **10-4.c**，存放在**/home/cx/SDL_draw-1.2.11** 下。

☞ **操作步骤**

步骤 1　设计编辑源程序代码。

```
[root@localhost SDL_draw-1.2.11]# gedit 10-4.c
```

程序代码如下：

```
#include <SDL.h>
```

```
#include <stdlib.h>
#include <string.h>
#include "SDL_draw.h"                              /*把SDL_draw库的头文件包含进来*/
int main()
{
    SDL_Surface *screen;                          /*屏幕指针*/
    if ( SDL_Init( SDL_INIT_VIDEO) < 0 ) {  /*初始化视频子系统*/
        fprintf(stderr, "无法初始化SDL: %s\n", SDL_GetError());
        exit(1);
    }
    /*设置视频模式*/
    screen = SDL_SetVideoMode(640, 480, 16, SDL_SWSURFACE);
    if ( screen == NULL ) {
        fprintf(stderr,"无法设置640×480，16位色的视频模式: %s\n", SDL_GetError());
        exit(1);
    }
    atexit(SDL_Quit);     /*退出*/
    /*画矩形，左上角顶点（80，180），宽和高分别是160和120，颜色为白色*/
    Draw_Rect(screen,80,180,160,120,SDL_MapRGB(screen->format,255,255,255));
    /*画两个矩形，重叠，黄边红色填充效果*/
    Draw_Rect(screen,319,179,242,122,SDL_MapRGB(screen->format,255,255,0));
    Draw_FillRect(screen,320,180,240,120,SDL_MapRGB(screen->format,255,0,0));
    SDL_UpdateRect(screen, 0, 0, 0, 0); /*更新整个屏幕*/
    SDL_Delay(5000);                              /*停留5秒*/
    return 0;
}
```

步骤2 编写makefile工程文件。

```
[root@localhost 10-4]# vi makefile
CC = gcc
CCFLAGS = -Wall -I/usr/include/SDL -D_REENTRANT -I/home/cx/SDL_draw-1.2.
11/include -L/usr/lib -Wl,-rpath,/usr/lib -lSDL -lpthread /home/cx/SDL_draw-
1.2.11/src/.libs/libSDL_draw.a
    10-4: 10-4.c
        $(CC) -o 10-4 10-4.c $(CCFLAGS)
```

步骤3 执行make文件。

```
[root@localhost 10-4]# make
 gcc -o 10-4 10-4.c -Wall -I/usr/include/SDL -D_REENTRANT -I/home/cx/SDL_
draw-1.2.11/include -L/usr/lib -Wl,-rpath,/usr/lib -lSDL -lpthread /home/cx/
SDL_draw-1.2.11/src/.libs/libSDL_draw.a
```

步骤4 编译成功后，运行可执行文件10-4，输入如下：

```
[root@localhost 10-4]# ./10-4
```

此时系统会出现运行结果，如图 10.6 所示。

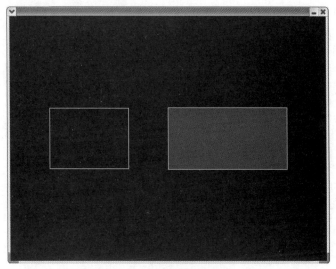

图 10.6　例 10.4 运行结果

📖 **相关知识介绍**

Draw_Rect 函数说明如下：

所需头文件	#include "SDL_draw.h"
函数功能	绘制矩形
函数原型	void Draw_Rect(SDL_Surface *super, Sint16 x, Sint16 y, Uint16 w, Uint16 h, Uint32 color);
函数传入值	super 为所要绘制的平面
	(x，y)为所绘矩形的左上角坐标
	w、h 为所绘矩形的宽和高
	color 为画面的色深（就是 8 位、16 位、24 位、32 位）
函数返回值	无
备注	

思考： 编写一个画矩形的程序，实现五个矩形从大到小向屏幕中心依次缩小，每个矩形间隔 20 个单位，要求最里面即最小的矩形宽和高分别为 80 和 60，同时让屏幕停留 5 秒。

例 10.5　使用 **SDL_draw** 库设计一个程序。初始化视频子系统，设置显示模式为 **640×480**，表面的色深为 16 位，用 **Draw_HLine** 函数画一水平直线，起始点为（**240，240**），长度为 **160**，颜色为白色；用 **Draw_VLine** 函数画一垂直直线，起始点为（**320，180**），长度为 **120**，颜色为红色；用 **Draw_Ellipse** 函数画一椭圆，圆心（**240，180**），x 轴径 **76**，y 轴径 **56**，颜色为蓝色，用 **Draw_FillEllipse** 填充此椭圆；用 **Draw_Round** 画一圆角矩形，左上角坐标为（**322，122**），宽为 **156**，高为 **116**，圆角的半径为 **10**，颜色为绿色，用 **Draw_FillRound** 填充此圆角矩形。

操作步骤

步骤 1　设计编辑源程序代码。

[root@localhost SDL_draw-1.2.11]# **gedit 10-5.c**

程序代码如下：

```
#include <SDL.h>
#include <stdlib.h>
#include <string.h>
#include "SDL_draw.h"
int main()
{
    SDL_Surface *screen;
    if ( SDL_Init( SDL_INIT_VIDEO) < 0 ) {
        fprintf(stderr, "无法初始化 SDL: %s\n ", SDL_GetError());
        exit(1);
    }
    screen = SDL_SetVideoMode(640, 480, 16, SDL_SWSURFACE);
    if ( screen == NULL ) {
        fprintf(stderr, "无法设置 640×480，16 位色的视频模式: %s\n ", SDL_GetError());
        exit(1);
    }
    atexit(SDL_Quit);
    /*画水平直线，起点（240，240），x 方向上偏移到 400，颜色为白色*/
    Draw_HLine(screen, 240,240, 400,SDL_MapRGB(screen->format, 255,255,255));
    /*画垂直直线，起点（320，180），y 方向上偏移到 300，颜色为红色*/
    Draw_VLine(screen, 320,180, 300,SDL_MapRGB(screen->format, 255,0,0));
    /*画椭圆，圆心（240，180），x 轴径 76，y 轴径 56，颜色为蓝色*/
    Draw_Ellipse(screen,240,180,76,56,SDL_MapRGB(screen->format, 0,0,255));
    /*填充椭圆，规格和以上相同*/
    Draw_FillEllipse(screen,400,300,76,56,SDL_MapRGB(screen->format, 0,0,255));
    /*画圆角矩形，左上角坐标为（322，122），宽为 156，高为 116，圆角的半径为 10，颜色
      为绿色*/
    Draw_Round(screen,322,122,156,116,10,SDL_MapRGB(screen->format, 0,255,0));
    /*填充以上规格的圆角矩形*/
    Draw_FillRound(screen,162,242,156,116,10,SDL_MapRGB(screen->format, 0,255,0));
    SDL_UpdateRect(screen, 0, 0, 0, 0);
    SDL_Delay(5000);
    return 0;
}
```

步骤 2　编写 makefile 工程文件。

[root@localhost 10-5]# **vi makefile**

```
CC = gcc
CCFLAGS = -Wall -I/usr/include/SDL -D_REENTRANT -I/home/cx/SDL_draw-1.2.11/include -L/usr/lib -Wl,-rpath,/usr/lib -lSDL -lpthread /home/cx/SDL_draw-1.2.11/src/.libs/libSDL_draw.a
```

```
10-5: 10-5.c
        $(CC) -o 10-5 10-5.c $(CCFLAGS)
```

步骤 3　执行 make 文件。

`[root@localhost 10-5]#` **make**

```
gcc    -o    10-5    10-5.c    -Wall    -I/usr/include/SDL    -D_REENTRANT
-I/home/cx/SDL_draw-1.2.11/include   -L/usr/lib    -Wl,-rpath,/usr/lib  -lSDL
-lpthread /home/cx/SDL_draw-1.2.11/src/.libs/libSDL_draw.a
```

步骤 4　编译成功后，执行可执行文件 10-5。输入如下：

`[root@localhost 10-5]#` **./10-5**

此时系统会出现运行结果，如图 10.7 所示。

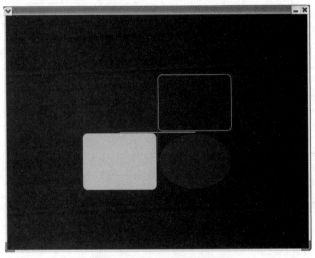

图 10.7　例 10.5 运行结果

📖 **相关知识介绍**

Draw_HLine 函数说明如下：

所需头文件	#include "SDL_draw.h"
函数功能	绘制水平直线
函数原型	void Draw_HLine(SDL_Surface *super, Sint16 x0, Sint16 y0, Sint16 x1, Uint32 color);
函数传入值	super 为所要绘制的平面
	(x0，y0)为所绘矩形的左上角坐标
	x1 为终点 x 坐标
	color 为画面的色深（就是 8 位、16 位、24 位、32 位）
函数返回值	无
备注	

Draw_VLine 函数说明如下：

所需头文件	#include "SDL_draw.h"
函数功能	绘制垂直直线
函数原型	void Draw_VLine(SDL_Surface *super, Sint16 x0, Sint16 y0, Sint16 y1, Uint32 color);
函数传入值	super 为所要绘制的平面
	(x0，y0)为所绘矩形的左上角坐标
	y1 为终点 y 坐标
	color 为画面的色深（就是 8 位、16 位、24 位、32 位）
函数返回值	无
备注	

Draw_Ellipse 函数说明如下：

所需头文件	#include "SDL_draw.h"
函数功能	绘制椭圆
函数原型	void Draw_Ellipse(SDL_Surface *super, Sint16 x0, Sint16 y0, Uint16 Xradius，Uint16 Yradius, Uint32 color);
函数传入值	super 为所要绘制的平面
	(x0，y0)为所绘制圆的圆心
	r 为圆的半径
	color 为所画椭圆的颜色
函数返回值	无
备注	

Draw_Round 函数说明如下：

所需头文件	#include "SDL_draw.h"
函数功能	绘制圆角矩形
函数原型	void Draw_Round(SDL_Surface *super, Sint16 x0, Sint16 y0, Uint16 w, Uint16 h,Uint16 corner,Uint32 color);
函数传入值	super 为所要绘制的平面
	(x0，y0)为所绘圆角矩形左上角坐标
	w 为矩形的宽
	h 为矩形的高
	corner 为圆角的半径
	color 为画面的色深（就是 8 位、16 位、24 位、32 位）
函数返回值	无
备注	

注意：

（1）Draw_FillEllipse( )的参数和 Draw_Ellipse( )相同，请参考 Draw_Ellipse( )的用法。

（2）Draw_FillRound( )的参数和 Draw_Round( )相同，请参考 Draw_Round( )的用法。

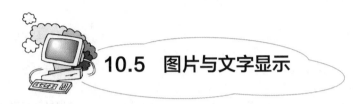

10.5 图片与文字显示

在程序设计过程中，常常需要加载图片及文字的显示。本节主要探讨与图片及文字显示相关函数的应用，常用的函数及功能如表 10.5 所示。

表 10.5 常用图片与文字显示函数

函数名	功　　能
SDL_LoadBMP	装载 BMP 位图文件
SDL_BlitSurface	将图像按设定的方式显示在屏幕上
TTF_OpenFont	打开字体库，设置字体大小
TTF_SetFontStyle	设置字体样式
TTF_RenderUTF8_Blended	渲染文字生成新的 surface
TTF_Init	初始化 TrueType 字体库
TTF_CloseFont	释放字体所用的内存空间
TTF_Quit	关闭 TrueType 字体

例 10.6　设计一个程序，初始化视频子系统，设置显示模式为 **640×480**，画面的色深为 **16** 位，加载位图 **b.bmp**，并按照一定的顺序把位图排列显示。设程序名为 **10-6.c**，存放在 **/home/cx/** 下，位图 **b.bmp** 也存放在该目录下。

分析　在程序中编写一个 showBMP( )函数，用来显示位图，在主函数中调用它。showBMP( )函数中给位图分配一个 surface，得到位图的大小。在主函数中先初始化视频系统，设置视频模式，指定第一张图片的位置，然后利用 for 循环显示图片。

☞ **操作步骤**

步骤 1　设计编辑源程序代码。

`[root@localhost cx]#` **gedit 10-6.c**

程序代码如下：

```
/*10-6.c程序：加载位图，并进行排列*/
#include<SDL.h>                     /*使用 SDL 库，需要包含 SDL 库的头文件*/
#include<stdlib.h>
void ShowBMP(char *pn,SDL_Surface * screen,int x,int y)  /*显示位图*/
{
```

```
    SDL_Surface *image;                              /*指向图片的指针*/
    SDL_Rect dest;                                   /*目标矩形*/
    image=SDL_LoadBMP(pn);                           /*加载位图*/
    if(image==NULL)                                  /*加载位图失败*/
    {
        fprintf(stderr,"无法加载 %s:%s\n",pn,SDL_GetError());
        return;
    }
    dest.x=x;                                        /*目标对象的位置坐标*/
    dest.y=y;
    dest.w=image->w;                                 /*目标对象的大小*/
    dest.h=image->h;
    SDL_BlitSurface(image,NULL,screen,&dest);        /*把目标对象快速转化*/
    SDL_UpdateRects(screen,1,&dest);                 /*更新目标*/
}


int main()
{
    SDL_Surface *screen;                    /*屏幕指针*/
    int x,y;                                /*用来计算目标对象的坐标位置*/
    if(SDL_Init(SDL_INIT_VIDEO)<0){         /*初始化视频子系统*/
        fprintf(stderr,"无法初始化 SDL: %s\n",SDL_GetError());
        exit(1);
    }
    screen=SDL_SetVideoMode(640,480,16,SDL_SWSURFACE);  /*设置视频模式*/
    if(screen==NULL){
        fprintf(stderr,"无法设置 640×480，16 位色的视频模式 %s\n",SDL_GetError());
    }
    atexit(SDL_Quit);                /*在任何需要退出的时候退出，一般放在初始化之后*/
    for(x=80;x<=480;x+=80)                   /*用两个 for 循环把图片排列起来*/
      for(y=60;y<360;y+=60)
        {
            ShowBMP("b.bmp",screen,x,y);
        }
    SDL_Delay(5000);                         /*让屏幕停留 5 秒的时间*/
    return 0;
}
```

步骤 2 编译程序。

切换到源程序所在目录下，用 gcc 进行编译，编译的时候加上-lSDL 和-lpthread 选项。

[root@localhost cx]# gcc -I/usr/include/SDL -lSDL -lpthread
10-6.c -o 10-6

或写成 makefile 文件，然后执行 make 命令。makefile 文件代码如下：

```
CC = gcc
AR = $(CC)ar
CFLAGS= -I/usr/include/SDL  -lSDL -lpthread
```

```
10-6:10-6.c
        $(CC) $(CFLAGS)   $^  -o $@
clean:
        -rm -f $(EXEC) *.elf *.gdb *.o
```

步骤 3　编译成功后，执行可执行文件 10-6，输入如下：

`[root@localhost cx]# ./10-6`

此时系统会出现运行结果，如图 10.8 所示。

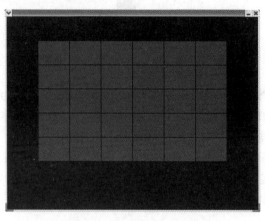

图 10.8　例 10.6 运行结果

📖 **相关知识介绍**

SDL_LoadBMP 函数说明如下：

所需头文件	#include<SDL.h>
函数功能	读取以 filename 指定的位图文件，并返回该位图文件的画面
函数原型	SDL_Surface *SDL_LoadBMP(const char *filename)
函数传入值	filename 表示位图的文件名
函数返回值	返回图像指针
备注	

SDL_BlitSurface 函数说明如下：

所需头文件	#include<SDL.h>
函数功能	将 source 图像按照 Offset 规定的坐标贴在 destination 屏幕上
函数原型	int SDL_BlitSurface(SDL_Surface *source, SDL_Rect *srcrect, SDL_Surface *destination, SDL_Rect *Offset);
函数传入值	source 表示要加载的图像
	srcrect 表示源画面的尺寸
	destination 表示屏幕
	Offset 表示贴在屏幕的哪个位置
函数返回值	执行成功则返回 0，错误发生则返回-1
备注	

思考：要求自行制作一张矩形位图，用位图实现屏幕左上角到屏幕右下角对角线连接（模拟图如下所示），图片按照阶梯的形式在程序运行的时候显示出来，同时让屏幕停留5秒。请在 Linux 下编辑、编译、运行。

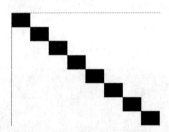

例 10.7　设计一个程序，初始化视频子系统，设置显示模式为 **640×480**，画面的色深为 **16** 位，使用 **SDL_ttf** 库在屏幕上显示"**Linux 下 TrueType 字体显示示例**"，字体大小为 **38**，颜色为红色。程序名为 **10-7.c**，存放在 **/home/cx/** 下。

分析　显示中文字体首先要打开字库文件，字库用的是 simsun.ttc 文件，视频子系统的初始化和设置都和之前一样，然后分配一个专门用来显示字体的 surface，使用 SDL_BlitSurface( ) 对象快速转换。

☞ **操作步骤**

步骤 1　准备工作。

把 Windows 下 C:\WINDOWS\Fonts 中的 simsun.ttc 文件拷贝到 Linux 下的 /usr/share/fonts/ 下，用于显示中文。

步骤 2　设计编辑源程序代码。

`[root@localhost cx]# ` **`gedit 10-7.c`**

程序代码如下：

```
#include <SDL.h>
#include <SDL_ttf.h>              /*添加用于显示中文字体的库的头文件*/
int main()
{   /*除了屏幕指针外，把文字也看作是一个 surface，指针 text 指向文字屏幕*/
    SDL_Surface *text,*screen;
    SDL_Rect drect;              /*目标矩形*/
    TTF_Font *Nfont;             /*文字样式对象*/
    if ( SDL_Init( SDL_INIT_VIDEO) < 0 ) {   /*初始化视频子系统*/
        fprintf(stderr, "无法初始化 SDL: %s\n", SDL_GetError());
        exit(1);
    }
    /*设置视频模式*/
    screen = SDL_SetVideoMode(640, 480, 16, SDL_SWSURFACE);
    if ( screen == NULL ) {
        fprintf(stderr, "无法设置 640×480，16 位色的视频模式：%s\n",
                SDL_GetError());
```

```
        exit(1);
    }
    atexit(SDL_Quit);        /*退出*/
    SDL_Color red={ 255, 0, 0, 0 }; /* 设置字体颜色 */
    int fontsize=38;                    /* 设置字体大小为 38 */
    if(TTF_Init()!=0){              /* 初始化字体 */
        fprintf(stderr, "Can't init ttf font!\n");
        exit(1);
    }
/* 打开字体库*/
    Nfont=TTF_OpenFont("/usr/share/fonts/simsun.ttc",fontsize);
    TTF_SetFontStyle(Nfont,TTF_STYLE_NORMAL);            /* 设置字体样式 */
    text=TTF_RenderUTF8_Blended(Nfont,"Linux 下 TrueType 字体显示示例", red);
    TTF_CloseFont(Nfont);  /*关闭字体库*/
    TTF_Quit();                      /* 退出 */
    drect.x=240;                    /* 在点（240，160）处开始写 */
    drect.y=160;
    drect.w=text->w;                /*目标矩形的宽和高分别是所写字的宽和高*/
    drect.h=text->h;
    SDL_BlitSurface(text, NULL, screen, &drect);/*把目标对象快速转化*/
    SDL_UpdateRect(screen,0,0,0,0);                  /*更新整个屏幕*/
    SDL_FreeSurface(text);                          /*释放写有文字的 surface*/
    SDL_Delay(5000);                                /*让屏幕停留 5 秒的时间*/
    return 0;
}
```

步骤 3　编译程序。

切换到源程序所在目录，用 gcc 进行编译，在编译时需要添加-lSDL_ttf 参数选项。

```
[root@localhost cx]# gcc -I/usr/include/SDL -lSDL -lpthread 10-7.c -o 10-7
-lSDL_ttf
```

注意：

如果没装 SDL_ttf 库，安装步骤见本书附录。

步骤 4　编译成功后，执行可执行文件 10-7，输入如下：

```
[root@localhost cx]# ./10-7
```

此时系统会出现运行结果，如图 10.9 所示。

图 10.9　例 10.7 运行结果

 注意：

保存文件的时候请使用 UTF8 格式，这样才能正常显示中文字体。

📖 相关知识介绍

TTF_OpenFont 函数说明如下：

所需头文件	#include <SDL_ttf.h>
函数功能	打开字体库，设置字体大小
函数原型	TTF_Font *TTF_OpenFont(const char *file, int ptsize);
函数传入值	file 指向字体库所在位置
	ptsize 设置字体大小
函数返回值	返回字体指针
备注	

TTF_SetFontStyle 函数说明如下：

所需头文件	#include <SDL_ttf.h>
函数功能	设置字体样式
函数原型	void TTF_SetFontStyle(TTF_Font *font, int style);
函数传入值	font 文字对象
	style 文字样式，共有四个可选项：TTF_STYLE_NORMAL、TTF_STYLE_BOLD、TTF_STYLE_ITALIC 和 TTF_STYLE_UNDERLINE
函数返回值	无
备注	

TTF_RenderUTF8_Blended 函数说明如下：

所需头文件	#include <SDL_ttf.h>
函数功能	渲染文字生成新的 surface
函数原型	SDL_Surface * SDLCALL TTF_RenderUTF8_Blended(TTF_Font *font, const char *text, SDL_Color fg);
函数传入值	font 为文字对象
	text 指向所要输出的文字
	fg 为字体的颜色
函数返回值	返回 SDL_Surface 的指针
备注	

TTF_Init 函数说明如下：

所需头文件	#include <SDL_ttf.h>
函数功能	初始化 TrueType 字体库
函数原型	int TTF_Init( );
函数传入值	无
函数返回值	初始化不成功返回 0，成功返回非 0
备注	

TTF_CloseFont 函数说明如下：

所需头文件	#include <SDL_ttf.h>
函数功能	释放字体所用的内存空间
函数原型	void TTF_CloseFont(TTF_Font *font);
函数传入值	font 指向所要释放的字体
函数返回值	无
备注	

TTF_Quit 函数说明如下：

所需头文件	#include <SDL_ttf.h>
函数功能	关闭 TrueType 字体
函数原型	void TTF_Quit( );
函数传入值	无
函数返回值	无
备注	

程序扩展阅读：

　　程序中创建一个守护进程，每隔两小时弹出窗口提示用户已连续使用电脑两小时，提醒用户注意休息。该程序用到 SDL 库，由守护进程弹窗时窗口每隔两小时会更新一次。程序代码如下：

```
#include<stdlib.h>
#include<stdio.h>
#include<fcntl.h>
#include<SDL.h>
#include<SDL_ttf.h>
void init_daemon()
{
  pid_t pid;
  int i;

  if ((pid = fork()) < 0){
    perror("创建子进程失败");
    exit(1);
  }
  if (pid > 0) exit(0);
  setsid();
  chdir("/tmp");
  umask(0);
  for (i = 0; i < 1048576; i++) close(i);
}

main(){
  SDL_Surface *screen, *text;
  SDL_Color White = {255, 255, 255, 0};
  TTF_Font *Nfont;
  SDL_Rect drect;
  pid_t pid;
  int stat;

  init_daemon();
  while(1){
    sleep(2*60*60);

    if ((pid = fork()) == 0){
      if (SDL_Init(SDL_INIT_VIDEO) < 0){
        fprintf(stderr, "无法初始化:%s\n", SDL_GetError());
        exit(1);
      }
      screen = SDL_SetVideoMode(640, 480, 16, SDL_SWSURFACE);
      if (screen == NULL){
        fprintf(stderr, "无法设置640×480，16位色的视频模式:%s\n",
                SDL_GetError());
        exit(1);
      }
```

```
    atexit(SDL_Quit);
    if (TTF_Init() != 0){
      fprintf(stderr, "无法初始化字体\n");
      exit(1);
    }

    Nfont = TTF_OpenFont("/usr/share/fonts/msyhbd.ttf", 40);
    TTF_SetFontStyle(Nfont, TTF_STYLE_NORMAL);
    text=TTF_RenderUTF8_Blended(Nfont, "YOU have worked for 2 hours.", White);
    TTF_CloseFont(Nfont);
    TTF_Quit();
    drect.x = 15;
    drect.y = 200;
    drect.w = text -> w;
    drect.h = text -> h;
    SDL_BlitSurface(text, NULL, screen, &drect);
    SDL_UpdateRect(screen, 0, 0, 0, 0);
    SDL_FreeSurface(text);
    sleep(5);
    exit(0);
    }
    else{
      waitpid(pid, &stat, 0);
    }
  }
}
```

思考：编写一个程序，主要实现粗体、斜体、下划线等字体效果，同时让屏幕停留 5 秒。

10.6　动画程序设计

动画的制作原理类似于电影,它是利用了人的视觉效应，使一幅图像在不同时间和位置多次出现，从而产生动画效果。在 Linux 环境下利用 C 语言提供的图形处理函数设计动画程序，可以用于游戏娱乐、辅助教学、实验模拟和仿真等计算机辅助设计，具有较强的实用性。

动画的常用函数如表 10.6 所示。

表 10.6　常用功能函数

函数名	功　能
SDL_GetTicks	得到从 SDL 库被初始化到现在的时间
SDL_Flip	交换屏幕缓冲

例 10.8　设计一个程序实现矩形的运动。矩形是通过位图显示，当矩形碰到四边时，会自动反弹，按任意键退出。程序名为 **10-8.c**，存放在/**home/cx**/下，位图素材 **b.bmp** 也需存放在该目录下。

分析　加载位图直接使用 SDL_LoadBMP( )函数。位图在 x、y 方向上的坐标都以 3 个单位的移动量在一定的时间差内起规律性变化，直至键盘激发退出事件。

流程图如图 10.10 所示。

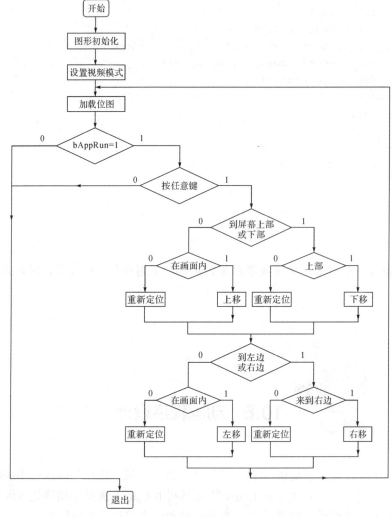

图 10.10　流程图

👉 操作步骤

步骤 1　设计编辑源程序代码。

[root@localhost cx]# **gedit 10-8.c**
程序代码如下:

```c
#include <SDL.h>
#include <stdio.h>
#include <stdlib.h>
int main(int argc, char ** argv)
{
  SDL_Surface *screen;                      /*屏幕指针*/
  SDL_Surface *image;                       /*图像指针*/
  SDL_Event event;                          /*事件对象*/
  int bAppRun = 1;          /*一个内部标志参数*/
  int bTopBottom = 1;       /*屏幕上部*/
  int bLeftRight = 1;       /*左右两边*/
  Uint32 Tstart, Tstop;     /*时间开始和结束*/
  SDL_Rect dRect;/*目标矩形*/
  /*初始化视频子系统和计时子系统*/
  if (SDL_Init(SDL_INIT_VIDEO | SDL_INIT_TIMER) == -1) {
    fprintf(stderr, "不能初始化 %s\n", SDL_GetError());
    exit(1);
  }
  atexit(SDL_Quit);              /*退出*/
  screen = SDL_SetVideoMode(640, 480, 16, SDL_SWSURFACE); /*设置视频模式*/
  if (screen == NULL) {
    fprintf(stderr, "不能初始化 640×480，16 位色的视频模式： %s\n",
            SDL_GetError());
    exit(1);
  }
  image = SDL_LoadBMP("./b.bmp");   /*加载位图*/
  if (image == NULL) {
    fprintf(stderr, "Couldn't load BMP, %s\n", SDL_GetError());
    exit(1);
  }
  dRect.x = 0;/*目标矩形的左上角坐标*/
  dRect.y = 0;
  dRect.w = image->w;/*目标矩形的宽、高是位图的宽、高*/
  dRect.h = image->h;
  if (SDL_BlitSurface(image, NULL, screen, &dRect) < 0) {
    fprintf(stderr, "BlitSurface error: %s\n", SDL_GetError());
    SDL_FreeSurface(image);
    exit(1);
  }
  SDL_UpdateRect(screen, 0, 0, image->w, image->h);/*更新目标矩形*/
  Tstart = SDL_GetTicks();/*时间开始*/
  while (bAppRun==1) {/*标志参数是 1 的时候，图像开始运动，其中包含了鼠标事件*/
      if (SDL_PollEvent(&event)) {
```

```
            switch (event.type) {
                case SDL_KEYDOWN:/*判断是否按下某键*/
                bAppRun = 0;
                break;
            }
        }
    Tstop = SDL_GetTicks();
    if ((Tstop - Tstart) > 15) {
        Tstart = Tstop;
        SDL_FillRect(screen, &dRect, 0);
        if (bTopBottom==1) {      /*如果碰到屏幕上部或下部*/
            if ((dRect.y + dRect.h + 3) < screen->h) {
                dRect.y += 3;
            }
            else {
                bTopBottom = 0;
                dRect.y = screen->h - dRect.h;
            }
        }
        else {
            if ((dRect.y - 3) > 0) {
                dRect.y -= 3;
            }
            else {
                bTopBottom = 1;
                dRect.y = 0;
            }
        }
        if (bLeftRight==1) {          /*如果碰到右边或是左边，x坐标向左或向右*/
            if ((dRect.x + dRect.w + 3) < screen->w) {
                dRect.x += 3;
            }
            else {
                bLeftRight = 0;
                dRect.x = screen->w - dRect.w;
            }
        }
        else {
            if ((dRect.x - 3) > 0) {
                dRect.x -=3;
            }
            else {
                bLeftRight = 1;
                dRect.x = 0;
            }
        }   /*把目标对象快速转化*/
        if (SDL_BlitSurface(image, NULL, screen, &dRect) < 0) {
```

```
          fprintf(stderr, "BlitSurface error: %s\n", SDL_GetError());
          SDL_FreeSurface(image);
          exit(1);
        }
        SDL_Flip(screen);            /*屏幕缓冲*/
      }
    }
    SDL_FreeSurface(image);    /*释放图像 surface*/
    exit(1);
}
```

步骤 2　编译程序。

切换到源程序所在目录下，用 gcc 进行编译，编译的时候加上-lSDL 和-lpthread 选项。

[root@localhost cx]# **gcc –I/usr/include/SDL –lSDL 10-8.c –o 10-8 –lpthread**

注意：

也可以像例 10.1 那样写出 makefile 工程文件。

步骤 3　编译成功后，运行可执行文件 10-8。输入如下：

[root@localhost cx]# **./10-8**

此时系统会出现运行结果，如图 10.11 所示。

图 **10.11**　在屏幕上以反射形式运动的方块

📖 **相关知识介绍**

SDL_GetTicks 函数说明如下：

所需头文件	#include<SDL.h>
函数功能	得到从 SDL 库被初始化到现在的时间
函数原型	Uint32 SDL_GetTicks (void);
函数传入值	无
函数返回值	返回 32 位的值
备注	

SDL_Flip 函数说明如下:

所需头文件	#include<SDL.h>
函数功能	交换屏幕缓冲
函数原型	int SDL_Flip(SDL_Surface *screen);
函数传入值	screen 指向需要处理的屏幕
函数返回值	
备注	

思考: 编写一个程序,主要实现圆球运动效果,使用键盘事件,按下 Esc 键退出程序。

程序扩展阅读:

本程序是对例10.8的改编。程序的功能是创建一个游戏,屏幕上会显示怪物和人物,怪物会自动移动,碰墙会自动反弹,玩家用方向键控制人物不被抓到,一旦被怪物碰到就结束游戏。

```
#include<SDL.h>
#include<stdio.h>
#include<stdlib.h>
#include<SDL_ttf.h>
int main(int argc,char ** argv)
{
    SDL_Surface *screen,*text; /*指针 text 指向文字屏幕*/
    /*图像指针,image2 代表人物,image 代表怪物*/
    SDL_Surface *image2,*image;
    SDL_Event event; /*事件对象*/
    TTF_Font *Nfont; /*文字样式对象*/
    Uint32 color; /*定义一个颜色值*/
    int bAppRun =1,right,left,up,down; /*程序运行和人物运动方向标志*/
    int bTopBottom =1;  /*屏幕上下*/
    int bLeftRight =1; /*屏幕左右*/
    Uint32 Tstart,Tstop; /*时间开始和结束*/
    SDL_Rect dRect,dRect2,dRect3; /*目标矩形,分别代表怪物、人物、文字*/
    if(SDL_Init(SDL_INIT_VIDEO | SDL_INIT_TIMER)==-1) {
        /*初始化视频子系统和计时器子系统*/
        fprintf(stderr,"不能初始化 %s\n",SDL_GetError());
        exit(1);
    }
    atexit(SDL_Quit); /*退出*/
    screen=SDL_SetVideoMode(960,720,16,SDL_SWSURFACE); /*设置视频模式*/
    if(screen == NULL) {
        fprintf(stderr,"不能初始化 960*720, 16 位色的视频模式: %s\n",
                SDL_GetError());
```

```
        exit(1);
    }
    image2=SDL_LoadBMP("./1.bmp");  /*加载人物图片*/
    image=SDL_LoadBMP("./2.bmp");  /*加载怪物图片*/
    if(image == NULL||image2 ==NULL) {
        fprintf(stderr,"Couldn't load BMP, %s\n",SDL_GetError());
        exit(1);
    }
    dRect.x=0;/*怪物目标矩形的左上角坐标*/
    dRect.y=0;
    dRect.w=image->w;/*目标矩形的宽和高是位图的宽和高*/
    dRect.h=image->h;
    if(SDL_BlitSurface(image,NULL,screen,&dRect)<0) {
        fprintf(stderr,"BlitSurface error: %s\n",SDL_GetError());
        SDL_FreeSurface(image);
        exit(1);
    }
    dRect2.x=0;  /*人物目标矩形的左上角坐标*/
    dRect2.y=480;
    dRect2.w=image2->w;
    dRect2.h=image2->h;
    if(SDL_BlitSurface(image2,NULL,screen,&dRect2)<0) {
        fprintf(stderr,"BlitSurface error: %s\n",SDL_GetError());
        SDL_FreeSurface(image2);
        exit(1);
    }
    SDL_UpdateRect(screen,0,0,0,0);  /*更新屏幕*/
    Tstart=SDL_GetTicks();  /*计时开始*/
    while(bAppRun ==1) {
        while(SDL_PollEvent(&event)) {
            if(event.type==SDL_KEYDOWN)  /*判断是否有按键*/
                switch(event.key.keysym.sym) {  /*判断按键类型*/
                case SDLK_ESCAPE: /*按下 ESC 键直接退出*/
                    bAppRun=0;
                    break;
                case SDLK_RIGHT:  /*按下右键，右运动标志参数为真，其余为假*/
                    right=1;
                    left=0;
                    up=0;
                    down=0;
                    break;
                case SDLK_LEFT:/*按下左键，左运动标志参数为真，其余为假*/
                    left=1;
                    right=0;
                    up=0;
                    down=0;
```

```
                    break;
            case SDLK_UP:/*按下上键，上运动标志参数为真，其余为假*/
                up=1;
                right=0;
                left=0;
                down=0;
                break;
            case SDLK_DOWN:/*按下下键，下运动标志参数为真，其余为假*/
                down=1;
                right=0;
                left=0;
                up=0;;
                break;
            }
    }
    Tstop=SDL_GetTicks();
    if((Tstop-Tstart)>5) {
        SDL_FillRect(screen,&dRect,0);
        if(bTopBottom == 1) {   /*如果碰到屏幕上部或下部*/
            if((dRect.y + dRect.h +3)< screen->h) {
                dRect.y+=3;
            }
            else {
                bTopBottom=0;
                dRect.y=screen->h -dRect.h;
            }
        }
        else {
            if((dRect.y-3)>0) {
                dRect.y-=3;
            }
            else {
                bTopBottom=1;
                dRect.y=0;
            }
        }
        if(bLeftRight == 1) { /*如果碰到右边或是左边*/
            if((dRect.x+dRect.w+3) < screen->w) {
                dRect.x+=3;
            }
            else {
                bLeftRight=0;
                dRect.x=screen->w-dRect.w;
            }
        }
        else {
            if((dRect.x-3)>0) {
```

```
                dRect.x-=3;
            }
            else {
                bLeftRight=1;
                dRect.x=0;
            }
        }
        if(SDL_BlitSurface(image,NULL,screen,&dRect)<0) {
            /*把目标快速转化*/
            fprintf(stderr,"BlitSurface error: %s\n",SDL_GetError());
            SDL_FreeSurface(image);
        }
        SDL_Flip(screen);/*屏幕缓冲*/
    }
    if((Tstop-Tstart)>15) {
        Tstart=Tstop;
        SDL_FillRect(screen,&dRect2,0);
        if(right==1)
        {
            /*判断是否已经碰到屏幕右边沿*/
            if((dRect2.x+dRect2.w+3)<screen->w)
                dRect2.x+=3;
        }
        if(left==1)
        {
            if((dRect2.x-3)>0)  /*判断是否已经碰到屏幕左边沿*/
                dRect2.x-=3;
        }
        if(up==1)
        {
            if((dRect2.y-3)>0)  /*判断是否已经碰到屏幕上边沿*/
                dRect2.y-=3;
        }
        if(down==1)
        {
            /*判断是否已经碰到屏幕下边沿*/
            if((dRect2.y+dRect2.h+3)<screen->h)
                dRect2.y+=3;
        }
        if(SDL_BlitSurface(image2,NULL,screen,&dRect2)<0)
        {
            /*把目标快速转化*/
            fprintf(stderr,"BlitSurface error:%s\n",SDL_GetError());
            SDL_FreeSurface(image2);
            exit(1);
        }
        SDL_Flip(screen);
```

```
            }
            if((dRect2.x>=dRect.x-image2->w)&&(dRect2.x<=dRect.x+image->w))
                /*判断怪物是否和人物接触*/
                if((dRect2.y>=dRect.y-image2->h)&&(dRect2.y<=dRect.y+image->
                    h))break;
        }
        SDL_FreeSurface(image);
        SDL_FreeSurface(image2);  /*释放图像*/
        int x;
        for(x=0; x<=255; x++)  /*用循环来实现背景色渐变*/
        {
            color=SDL_MapRGB(screen->format,255,x,x);  /*设置颜色*/
            SDL_FillRect(screen,NULL,color);  /*填充整个屏幕*/
            SDL_UpdateRect(screen,0,0,0,0);  /*更新整个屏幕*/
            SDL_Delay(5);
        }
        SDL_Color red= {255,0,0,0};  /*设置字体颜色*/
        int fontsize=50;/*设置字体大小*/
        if(TTF_Init()!=0) {  /*初始化字体*/
            fprintf(stderr,"Can't init ttf font!\n");
            exit(1);
        }
        /*打开字体库*/
        Nfont=TTF_OpenFont("/usr/share/fonts/truetype/droid/DroidSans.ttf",
        fontsize);
        TTF_SetFontStyle(Nfont,TTF_STYLE_NORMAL);  /*设置字体样式*/
        text=TTF_RenderUTF8_Blended(Nfont,"GAME OVER",red);
        TTF_CloseFont(Nfont);  /*关闭字体库*/
        TTF_Quit();  /*退出*/
        dRect3.x=200;  /*在点(200,300)处开始写*/
        dRect3.y=300;
        dRect3.w=text->w;  /*目标矩形的宽和高分别的是所写字的宽和高*/
        dRect3.h=text->h;
        SDL_BlitSurface(text,NULL,screen,&dRect3);  /*把目标快速转化*/
        SDL_UpdateRect(screen,0,0,0,0);
        SDL_FreeSurface(text);
        SDL_Delay(3000);  /*停留 3 秒*/
        return 0;
    }
```

10.7　三维绘图

用于三维绘图的常用函数如表 10.7 所示。

表 10.7　常用三维绘图函数

函数名	功　　能
glViewport	视觉角度
glClearColor	清除屏幕时所用的颜色
glClearDepth	深度缓存
glDepthFunc	为深度测试设置比较函数
glShadeModel	阴影模式
glMatrixMode	选择投影矩阵
glLoadIdentity	重置当前的模型观察矩阵
gluPerspective	建立透视投影矩阵
glTranslatef	指定具体的 x，y，z 值来多元化当前矩阵
glRotatef	让对象按照某个轴旋转
glBegin	绘制某个图形
glColor3f	设置颜色

例 10.9　设计一个程序，在屏幕上绘制一个立体矩形，并按照一定的角度和方向旋转。程序名为 **10-9.c**，存放在**/home/cx/**下。

分析　创建三维立体图形要先做一系列的初始化设置，要设置视觉角度、背景色、深度缓存、选择投影矩阵等，三维绘图中比较重要的就是矩阵的运用。具体到绘制的时候，是画一个个平面，同时要注意角度的选择和设置。其中，glTranslatef 函数是用来指定具体的值来多元化矩阵，glRotatef 函数让对象按照某个轴旋转，两者综合运用使得三维图形有不同的效果。

☞ **操作步骤**

步骤 1　设计编辑源程序代码。

```
[root@localhost cx]# gedit 10-9.c
```

程序代码如下：

```
/*10-9.c程序：3D 效果*/
#ifdef WIN32
#define WIN32_LEAN_AND_MEAN
#include <windows.h>
#endif
#if defined(__APPLE__) && defined(__MACH__)
#include <OpenGL/gl.h>                          /*OpenGL32 库头文件*/
```

```
    #include <OpenGL/glu.h>                              /* GLu32 库头文件*/
    #else
    #include <GL/gl.h>                                   /*OpenGL32 库头文件*/
    #include <GL/glu.h>                                  /* GLu32 库头文件*/
    #endif
    #include "SDL.h"
    float rquad = 0.0f;                                  /* 设置正方体旋转角度 */
    void InitGL(int Width, int Height)                   /*初始化 GL 界面*/
    {
      glViewport(0, 0, Width, Height);           /*视觉角度*/
      glClearColor(0.0f, 0.0f, 0.0f, 0.0f);          /*背景色设置*/
      glClearDepth(1.0);                     /*清除深度缓存*/
      glDepthFunc(GL_LESS);                      /*为深度测试选择不同的比较函数*/
      glEnable(GL_DEPTH_TEST);                   /*激活深度测试*/
      glShadeModel(GL_SMOOTH);                   /*启用阴影平滑*/
      glMatrixMode(GL_PROJECTION);               /*选择投影矩阵*/
      glLoadIdentity();                          /*重置投影矩阵 */
      /*指明任何新的变换将会影响 modelview matrix（模型观察矩阵）*/
      gluPerspective(45.0f,(GLfloat)Width/(GLfloat)Height,1.0f,100.0f);
      /* 计算观察窗口的比例和角度等的设置，重置投影矩阵*/
      glMatrixMode(GL_MODELVIEW);
    }
    void DrawGLScene(){/*绘制*/
      glClear(GL_DEPTH_BUFFER_BIT | GL_COLOR_BUFFER_BIT);/*清除屏幕颜色和深度缓存
      glLoadIdentity();                /*使用当前坐标矩阵方式*/
      glTranslatef(0.0f,0.0f,-10.0f);  /*沿着（0.0，0.0，-10.0）移动*/
      glRotatef(rquad,-1.0f,-1.0f,-1.0f);/*正方体在 x，y，z 方向上反方向旋转*/
      glBegin(GL_QUADS);                   /* 开始绘制正方体*/
      /*绘制顶面*/
      glColor3f(0.0f,1.0f,0.0f);               /* 颜色为蓝色*/
      glVertex3f( 1.0f, 1.0f,-1.0f);           /* 右上顶点*/
      glVertex3f(-1.0f, 1.0f,-1.0f);           /* 左上顶点*/
      glVertex3f(-1.0f, 1.0f, 1.0f);           /* 左下顶点*/
      glVertex3f( 1.0f, 1.0f, 1.0f);           /* 右下顶点*/
      /* 绘制底面*/
      glColor3f(1.0f,0.5f,0.0f);               /*橘红色*/
      glVertex3f( 1.0f,-1.0f, 1.0f);           /* 右上顶点*/
      glVertex3f(-1.0f,-1.0f, 1.0f);           /* 左上顶点*/
      glVertex3f(-1.0f,-1.0f,-1.0f);           /* 左下顶点*/
      glVertex3f( 1.0f,-1.0f,-1.0f);           /* 右下顶点*/
      /* 绘制前面*/
      glColor3f(1.0f,0.0f,0.0f);               /* 红色*/
```

```
glVertex3f( 1.0f, 1.0f, 1.0f);          /* 右上顶点*/
glVertex3f(-1.0f, 1.0f, 1.0f);          /* 左上顶点*/
glVertex3f(-1.0f,-1.0f, 1.0f);          /* 左下顶点*/
glVertex3f( 1.0f,-1.0f, 1.0f);          /* 右下顶点*/
/* 绘制背面*/
glColor3f(1.0f,1.0f,0.0f);              /* 黄色*/
glVertex3f( 1.0f,-1.0f,-1.0f);          /* 右上顶点*/
glVertex3f(-1.0f,-1.0f,-1.0f);          /* 左上顶点*/
glVertex3f(-1.0f, 1.0f,-1.0f);          /* 左下顶点*/
glVertex3f( 1.0f, 1.0f,-1.0f);          /* 右下顶点*/
/* 绘制左面 */
glColor3f(0.0f,0.0f,1.0f);              /* 蓝色*/
glVertex3f(-1.0f, 1.0f, 1.0f);          /* 右上顶点*/
glVertex3f(-1.0f, 1.0f,-1.0f);          /* 左上顶点*/
glVertex3f(-1.0f,-1.0f,-1.0f);          /* 左下顶点*/
glVertex3f(-1.0f,-1.0f, 1.0f);          /* 右下顶点*/
/* 绘制右面 */
glColor3f(1.0f,0.0f,1.0f);              /* 紫色*/
glVertex3f( 1.0f, 1.0f,-1.0f);          /* 右上顶点*/
glVertex3f( 1.0f, 1.0f, 1.0f);          /* 左上顶点*/
glVertex3f( 1.0f,-1.0f, 1.0f);          /* 左下顶点*/
glVertex3f( 1.0f,-1.0f,-1.0f);          /* 右下顶点*/
glEnd();                     /* 绘制完毕*/
rquad-=1.0f;                 /* 旋转的角度逆时针方向一个单位一个单位减少*/
SDL_GL_SwapBuffers();
}
int main(int argc, char **argv)
{
  int done;
  if ( SDL_Init(SDL_INIT_VIDEO) < 0 ) {            /*初始化视频子系统*/
    fprintf(stderr, "Unable to initialize SDL: %s\n", SDL_GetError());
    exit(1);
  }
 /*设置视频模式*/
  if ( SDL_SetVideoMode(640, 480, 0, SDL_OPENGL) == NULL ) {
    fprintf(stderr, "Unable to create OpenGL screen: %s\n", SDL_GetError());
    SDL_Quit();
    exit(2);
  }
  /* Loop, drawing and checking events */
  InitGL(640, 480);                               /*初始化 GL 界面，640*480 大小*/
  done = 0;                                       /*事件标志*/
  while ( ! done ) {
```

```
    DrawGLScene();                          /*调用绘制函数*/
    { SDL_Event event;                      /*鼠标事件，当用户按下 Esc 键后退出*/
      while ( SDL_PollEvent(&event) ) {
        if ( event.type == SDL_KEYDOWN ) {
          if ( event.key.keysym.sym == SDLK_ESCAPE ) {
            done = 1;
          }
        }
      }
    }
  }
  atexit(SDL_Quit);                 /*退出*/
  SDL_Delay(5000);                  /*停留 5 秒钟*/
  return 0;
}
```

步骤 2 程序调试。

切换到源程序所在目录下，用 gcc 进行编译，编译的时候除了-lSDL 和-lpthread 选项，还需加上-lGL 和-lGLU 参数，因为在此这程序中需用到三维库的支持。

[root@localhost cx]# **gcc -I/usr/include/SDL -lSDL 10-9.c -o 10-9 -lpthread -lGL -lGLU**

步骤 3 编译成功后，运行可执行文件 10-9。输入如下：

[root@localhost cx]# **./10-9**

此时系统会出现运行结果，如图 10.12 所示。

图 10.12 例 10.9 运行结果

📖 **相关知识介绍**

glViewport 函数说明如下：

所需头文件	#include <OpenGL/gl.h>
函数功能	设置视口角度
函数原型	void glViewport(GLint x, GLint y, GLsizei width, GLsizei height)
函数传入值	x，y 具体指定了从左下角角度观察矩形的坐标
	width：从视口角度设置矩形的宽
	height：从视口角度设置矩形的高
函数返回值	无
备注	

glClearColor 函数说明如下：

所需头文件	#include <OpenGL/gl.h>
函数功能	设置清除屏幕时所用的颜色
函数原型	void glClearColor(GLclampf red, GLclampf green, GLclampf blue, GLclampf alpha)
函数传入值	red：设置红色值，范围 0.0～1.0
	green：设置绿色值，范围 0.0～1.0
	blue：设置蓝色值，范围 0.0～1.0
函数返回值	无
备注	0.0 代表最暗的情况，1.0 就是最亮的情况

glClearDepth 函数说明如下：

所需头文件	#include <OpenGL/gl.h>
函数功能	设置深度缓存
函数原型	void glClearDepth(GLclampd depth)
函数传入值	具体的深度值，默认是 1
函数返回值	无
备注	

glDepthFunc 函数说明如下：

所需头文件	#include <OpenGL/gl.h>
函数功能	为深度测试设置比较函数
函数原型	void glDepthFunc(GLenum func);
函数传入值	func 的值必须为 GL_NEVER、GL_ALWAYS、GL_LESS、GL_LEQUAL、GL_EQUAL、GL_GEQUAL、GL_GREATER 或 GL_NOTEQUAL。如果 z 值与深度缓存中的值满足确定的关系，则输入片元通过深度测试
函数返回值	无
备注	

glShadeModel 函数说明如下：

所需头文件	#include <OpenGL/gl.h>
函数功能	设置阴影模式
函数原型	void glShadeModel(GLenum mode)
函数传入值	mode 表示阴影模式，可选项为 GL_FLAT 和 GL_SMOOTH
函数返回值	无
备注	

glMatrixMode 函数说明如下：

所需头文件	#include <OpenGL/gl.h>
函数功能	选择投影矩阵
函数原型	void glMatrixMode(GLenum mode)
函数传入值	mode 表示矩阵模式，可选项为 GL_MODELVIEW，GL_PROJECTION 和 GL_TEXTURE，初始化值为 GL_MODELVIEW
函数返回值	无
备注	

glLoadIdentity 函数说明如下：

所需头文件	#include <OpenGL/gl.h>
函数功能	重置当前的模型观察矩阵
函数原型	void glLoadIdentity()
函数传入值	无
函数返回值	无
备注	

gluPerspective 函数说明如下：

所需头文件	#include <OpenGL/gl.h>	
函数功能	建立透视投影矩阵	
函数原型	void gluPerspective(GLdouble fovy, GLdouble aspect, GLdouble zNear, GLdouble zFar)	
函数传入值	fovy：设置 y 方向上的视觉角度	
	aspect：设置宽纵比例	
	zNear：设置距离观察者最近的那个片面的距离	
	zFar：设置距离观察者最远的那个片面的距离	
函数返回值	无	
备注		

glTranslatef 函数说明如下：

所需头文件	#include <OpenGL/gl.h>
函数功能	指定具体的 x，y，z 值来多元化当前矩阵
函数原型	void glTranslatef(GLfloat x, GLfloat y, GLfloat z)
函数传入值	x，y，z：设置相对 x，y，z 轴的坐标
函数返回值	无
备注	

glRotatef 函数说明如下：

所需头文件	#include <OpenGL/gl.h>
函数功能	让对象按照某个轴旋转
函数原型	void glRotatef(GLfloat angle, GLfloat x, GLfloat y, GLfloat z)
函数传入值	angle：代表对象转过的角度 x，y，z：三个参数共同决定旋转轴的方向
函数返回值	无
备注	

glBegin 函数说明如下：

所需头文件	#include <OpenGL/gl.h>
函数功能	绘制某个图形
函数原型	void glBegin(GLenum mode)
函数传入值	mode：图形样式，可选项有 GL_POINTS、GL_LINES、GL_LINE_STRIP、GL_LINE_LOOP、GL_TRIANGLES、GL_TRIANGLE_STRIP、GL_TRIANGLE_FAN、GL_QUADS、GL_QUAD_STRIP 和 GL_POLYGON
函数返回值	无
备注	

glColor3f 函数说明如下：

所需头文件	#include <OpenGL/gl.h>
函数功能	设置颜色
函数原型	void glColor3f(GLfloat red, GLfloat green, GLfloat blue)
函数传入值	red, green, blue：分别是红、绿、蓝三色分量，取值范围可以从 0.0 到 1.0
函数返回值	无
备注	

思考：

（1）编写一个程序，实现正方体的旋转方向为顺时针，并且使得旋转的速度加快，正方体的上、下面颜色为红色，左、右面颜色为绿色，前、后面颜色为蓝色。（小提示：旋转的速度可以根据旋转的角度值改变量来实现。）

（2）把例 10.9 中的正方体改成三棱锥。

10.8 游戏程序设计初步

在 SDL 的官方网站 http://www.libsdl.org/上有许多的游戏素材和 DEMO 版本，读者可自行下载调试。本节选择简单的大炮射击飞机游戏实例进行讲解。本例在官方网上也有相关下载，在此为了说明问题和总结以上各节所学，对程序进行了部分改动。

例 10.10 利用 **SDL** 库，综合运用前面所学的函数及方法，实现大炮射击飞机的游戏。游戏初始化的时候大炮在屏幕底部正中间，从屏幕的上方不断出现飞机。可以使用键盘左右方向键控制大炮的左右移动，使用空格键发射炮弹。飞机水平运行，并逐渐往下移动。炮弹若是击中飞机，飞机爆炸。系统会立即再产生飞机，保证飞机数量为两架。假设飞机下降到大炮的位置，那么大炮就被炸毁，游戏结束。程序名为 **10-10.c**，存放在/**home/cx** 文件下。本题中用到的素材大炮、飞机、背景图片等放在 **data** 文件夹里，**data** 文件夹也存放在/**home/cx** 文件下。

分析 游戏实现一架大炮发射炮弹去射击飞机的游戏。LoadImage( )函数把位图添加进来，RunGame( )中，调用 DrawObject( )把大炮、飞机等初始化，collide( )函数处理炮弹击中飞机的情况，根据实际情况用 CreateAir( )创建新的飞机，最后用 collicle( )处理飞机击中大炮，游戏结束。

流程图如图 10.13 所示。

☞ 操作步骤

步骤1 设计编辑源程序代码。

```
[root@localhost cx]# gedit 10-10.c
```

程序代码如下：

```
/*10.10 程序：火炮射击飞机游戏*/
#include <stdlib.h>
```

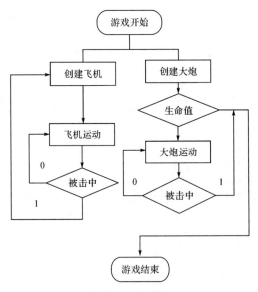

图 10.13　流程图

```
#include <stdio.h>
#include <time.h>                          /*需要产生随机数，加载时间头文件*/
#include "SDL.h"
#ifdef macintosh                           /*对导入数据时分隔符的控制*/
#define DIR_SEP ":"
#define DIR_CUR ":"
#else
#define DIR_SEP "/"
#define DIR_CUR ""
#endif
#define DATAFILE(X) DIR_CUR "data" DIR_SEP X
#define FRAMES_PER_SEC  10                 /*每秒的帧数*/
#define cannon_SPEED    5                  /*大炮运动速度*/
#define MAX_SHOTS   1                      /*最多可以发射多少发炮弹*/
#define SHOT_SPEED  10                     /*炮弹的速度*/
#define MAX_airs    2                      /*最多出现多少架飞机*/
#define AIR_SPEED   5                      /*飞机的速度*/
#define AIR_ODDS    (1*FRAMES_PER_SEC)     /*剩下的飞机数*/
#define EXPLODE_TIME    4                  /*爆炸时间*/

typedef struct {                           /*对象结构体*/
    int alive;                             /*是否存活标志*/
    int facing;                            /*运动方向*/
    int x, y;                              /*坐标*/
    SDL_Surface *image;                    /*图像指针*/
} object;
SDL_Surface *screen;                       /*屏幕指针*/
SDL_Surface *background;                    /*背景指针*/
object cannon;                             /*大炮对象*/
int reloading;                             /*重新加载标志*/
object shots[MAX_SHOTS];                   /*炮弹对象*/
```

```
    object airs[MAX_airs];                                   /*飞机对象*/
    object explosions[MAX_airs+1];                           /*爆炸对象*/
    #define MAX_UPDATES 3*(1+MAX_SHOTS+MAX_airs)    /*最大更新次数*/
    int numupdates;                                          /*更新次数的变量*/
    SDL_Rect srcupdate[MAX_UPDATES];                         /*源目标更新*/
    SDL_Rect dstupdate[MAX_UPDATES];                         /*目标更新*/
    struct blit {                                            /*定义快速重绘对象结构体*/
        SDL_Surface *src;
        SDL_Rect *srcrect;
        SDL_Rect *dstrect;
    } blits[MAX_UPDATES];
    SDL_Surface *LoadImage(char *datafile)    /*加载图片函数*/
    {
        SDL_Surface *image, *surface;
        image = SDL_LoadBMP(datafile);           /*用SDL_LoadBMP()函数加载图片*/
        if ( image == NULL ) {
            fprintf(stderr, "Couldn't load image %s: %s\n",
                    datafile,SDL_GetError());
            return(NULL);
        }
        surface = SDL_DisplayFormat(image);              /*用图片的形式显示*/
        SDL_FreeSurface(image);                          /*释放图片*/
        return(surface);
    }
    int LoadData(void)                              /*加载数据*/
    {
        int i;
        cannon.image = LoadImage(DATAFILE("cannon.bmp"));   /*加载大炮图片*/
        if ( cannon.image == NULL ) {
            return(0);
        }
        shots[0].image = LoadImage(DATAFILE("shot.bmp"));   /*加载炮弹图片*/
        if ( shots[0].image == NULL ) {
            return(0);
        }
        for ( i=1; i<MAX_SHOTS; ++i ) {
            shots[i].image = shots[0].image;
        }
        airs[0].image = LoadImage(DATAFILE("air.bmp"));     /*加载飞机图片*/
        if ( airs[0].image == NULL ) {
            return(0);
        }
        for ( i=1; i<MAX_airs; ++i ) {
            airs[i].image = airs[0].image;
        }
        explosions[0].image = LoadImage(DATAFILE("explosion.bmp"));/*加载爆炸图片*/
        for ( i=1; i<MAX_airs+1; ++i ) {
            explosions[i].image = explosions[0].image;
        }
        background = LoadImage(DATAFILE("background.bmp"));/*加载背景图片*/
        /*设置更新目标矩形的指针*/
```

```
    for ( i=0; i<MAX_UPDATES; ++i ) {
        blits[i].srcrect = &srcupdate[i];
        blits[i].dstrect = &dstupdate[i];
    }
    return(1);
}
void FreeData(void)              /*释放数据*/
{
    int i;
    SDL_FreeSurface(cannon.image);              /*释放大炮图片*/
    SDL_FreeSurface(shots[0].image);            /*释放炮弹图片*/
    SDL_FreeSurface(airs[0].image);             /*释放飞机图片*/
    SDL_FreeSurface(explosions[0].image);       /*释放爆炸图片*/
    SDL_FreeSurface(background);                /*最后释放背景图片*/
}
void CreateAir(void)                            /*产生一架新的飞机*/
{
    int i;
    for ( i=0; i<MAX_airs; ++i ) {
        /*当飞机数没有达到最大值，并且存活值为 1 时，产生一架新的飞机*/
        if ( ! airs[i].alive )
            break;
    }
    if ( i == MAX_airs ) {
        return;
    }
    do {                            /*用随机函数产生三个数，分别用来标记运动方向*/
        airs[i].facing = (rand()%3)-1;
    } while ( airs[i].facing == 0 );
    airs[i].y = 0;/*确定飞机初始时 y 方向上的位置，0 即表示屏幕的上部*/
    if ( airs[i].facing < 0 ) {/*如果飞机方向小于 0，即反方向，飞机往左边移动*/
        airs[i].x = screen->w-airs[i].image->w-1;
    } else {
        airs[i].x = 0;
    }
    airs[i].alive = 1;
}
void DrawObject(object *sprite)         /*画对象*/
{
    struct blit *update;

    update = &blits[numupdates++];
    update->src = sprite->image;
    update->srcrect->x = 0;                /*根据源目标的大小和位置坐标来画*/
    update->srcrect->y = 0;
    update->srcrect->w = sprite->image->w;
    update->srcrect->h = sprite->image->h;
    update->dstrect->x = sprite->x;
    update->dstrect->y = sprite->y;
    update->dstrect->w = sprite->image->w;
    update->dstrect->h = sprite->image->h;
```

```
}
void EraseObject(object *sprite)              /*消除目标*/
{
    struct blit *update;
    int wrap;
    /*背景水平重叠达到清除画面效果*/
    update = &blits[numupdates++];
    update->src = background;
    update->srcrect->x = sprite->x%background->w;
    update->srcrect->y = sprite->y;
    update->srcrect->w = sprite->image->w;
    update->srcrect->h = sprite->image->h;
    wrap = (update->srcrect->x+update->srcrect->w)-(background->w);
    if ( wrap > 0 ) {
        update->srcrect->w -= wrap;
    }
    update->dstrect->x = sprite->x;
    update->dstrect->y = sprite->y;
    update->dstrect->w = update->srcrect->w;
    update->dstrect->h = update->srcrect->h;
    /*一个背景一个背景地把屏幕重绘*/
    if ( wrap > 0 ) {
        update = &blits[numupdates++];
        update->src = background;
        update->srcrect->x = 0;
        update->srcrect->y = sprite->y;
        update->srcrect->w = wrap;
        update->srcrect->h = sprite->image->h;
        update->dstrect->x =((sprite->x/background->w)+1)*background->w;
        update->dstrect->y = sprite->y;
        update->dstrect->w = update->srcrect->w;
        update->dstrect->h = update->srcrect->h;
    }
}
void UpdateScreen(void)               /*更新屏幕*/
{
    int i;
    for ( i=0; i<numupdates; ++i ) {
        SDL_LowerBlit(blits[i].src, blits[i].srcrect,
                        screen, blits[i].dstrect);
    }
    SDL_UpdateRects(screen, numupdates, dstupdate);
    numupdates = 0;
}
int Collide(object *sprite1, object *sprite2)   /*两个物体碰撞的情况*/
{
    if ( (sprite1->y >= (sprite2->y+sprite2->image->h)) ||
        (sprite1->x >= (sprite2->x+sprite2->image->w)) ||
        (sprite2->y >= (sprite1->y+sprite1->image->h)) ||
        (sprite2->x >= (sprite1->x+sprite1->image->w)) ) {
        return(0);
```

```
    }
    return(1);
}
void WaitFrame(void)
{
    static Uint32 next_tick = 0;
    Uint32 this_tick;
    this_tick = SDL_GetTicks(); /*得到当前时间值*/
    if ( this_tick < next_tick ) {
        SDL_Delay(next_tick-this_tick);/*延时时间*/
    }
    next_tick = this_tick + (1000/FRAMES_PER_SEC);/*下一帧*/
}
void RunGame(void)              /*开始游戏*/
{
    int i, j;
    SDL_Event event;            /*SDL 事件*/
    Uint8 *keys;
    numupdates = 0;
    SDL_Rect dst;               /*开始把背景画上去*/
    dst.x = 0;
    dst.y = 0;
    dst.w = background->w;
    dst.h = background->h;
    SDL_BlitSurface(background, NULL, screen, &dst);
    SDL_UpdateRect(screen, 0, 0, 0, 0);              /*更新屏幕*/
    cannon.alive = 1;   /*初始化大炮参数，存活、位置和运动方向*/
    cannon.x = (screen->w - cannon.image->w)/2;
    cannon.y = (screen->h - cannon.image->h) -1;
    cannon.facing = 0;
    DrawObject(&cannon);    /*画大炮*/
    for ( i=0; i<MAX_SHOTS; ++i ) {     /*初始化炮弹的存活参数*/
        shots[i].alive = 0;
    }
    for ( i=0; i<MAX_airs; ++i ) {      /*初始化飞机的存活参数
        airs[i].alive = 0;
    }
    CreateAir();                /*产生飞机*/
    DrawObject(&airs[0]);       /*画飞机*/
    UpdateScreen();
    while ( cannon.alive ) {    /*当大炮没有被炸毁的时候，游戏正常进行*/
        WaitFrame();
        while ( SDL_PollEvent(&event) ) {       /*循环接收键盘事件，直到退出*/
            if ( event.type == SDL_QUIT )
                return;
        }
        keys = SDL_GetKeyState(NULL);           /*得到键盘键的状态*/
        for ( i=0; i<MAX_SHOTS; ++i ) {   /*清除炮弹*/
            if ( shots[i].alive ) {
                EraseObject(&shots[i]);
            }
```

```
    }
    for ( i=0; i<MAX_airs; ++i ) {  /*清除飞机*/
        if ( airs[i].alive ) {
            EraseObject(&airs[i]);
        }
    }
    EraseObject(&cannon);
    for ( i=0; i<MAX_airs+1; ++i ) {      /*清除爆炸*/
        if ( explosions[i].alive ) {
            EraseObject(&explosions[i]);
        }
    }
    for ( i=0; i<MAX_airs+1; ++i ) {
        if ( explosions[i].alive ) {
            --explosions[i].alive;
        }
    }
    if ( (rand()%AIR_ODDS) == 0 ) {      /*产生新的飞机*/
        CreateAir();
    }
    if ( ! reloading ) {                  /*产生新的炮弹*/
        if ( keys[SDLK_SPACE] == SDL_PRESSED ) {/*按下空格键，发射*/
            for ( i=0; i<MAX_SHOTS; ++i ) {
                if ( ! shots[i].alive ) {
                    break;
                }
            }
            if ( i != MAX_SHOTS ) {          /*炮弹移动轨迹*/
                shots[i].x = cannon.x +
                            (cannon.image->w-shots[i].image->w)/2;
                shots[i].y = cannon.y -
                            shots[i].image->h;
                shots[i].alive = 1;
            }
        }
    }
    reloading = (keys[SDLK_SPACE] == SDL_PRESSED);
    cannon.facing = 0;            /*移动大炮*/
    if ( keys[SDLK_RIGHT] ) {   /*右方向键向右运动*/
        ++cannon.facing;
    }
    if ( keys[SDLK_LEFT] ) {    /*左方向键向左运动*/
        --cannon.facing;
    }
    cannon.x += cannon.facing*cannon_SPEED;        /*计算移动的位移*/
    if ( cannon.x < 0 ) {
        cannon.x = 0;
    } else
    if ( cannon.x >= (screen->w-cannon.image->w) ) {/*两边碰头的处理*/
        cannon.x = (screen->w-cannon.image->w)-1;
    }
```

```
for ( i=0; i<MAX_airs; ++i ) {/*移动飞机*/
    if ( airs[i].alive ) {
        airs[i].x += airs[i].facing*AIR_SPEED; /*计算飞机位移*/
        if ( airs[i].x < 0 ) {            /*飞机两边碰头的计算*/
            airs[i].x = 0;
            airs[i].y += airs[i].image->h;
            airs[i].facing = 1;
        } else
        if  (airs[i].x >=
            (screen->w-airs[i].image->w) ) {
            airs[i].x =
                (screen->w-airs[i].image->w)-1;
            airs[i].y += airs[i].image->h;
            airs[i].facing = -1;
        }
    }
}
for ( i=0; i<MAX_SHOTS; ++i ) {     /*炮弹的移动*/
    if ( shots[i].alive ) {
        shots[i].y -= SHOT_SPEED;   /*计算炮弹位移*/
        if ( shots[i].y < 0 ) {
            shots[i].alive = 0;
        }
    }
}
for ( j=0; j<MAX_SHOTS; ++j ) {     /*处理碰撞*/
    for ( i=0; i<MAX_airs; ++i ) {
        if ( shots[j].alive && airs[i].alive &&
              Collide(&shots[j], &airs[i]) ) {
            airs[i].alive = 0;
            explosions[i].x = airs[i].x;  /*如果碰撞了，出现爆炸*/
            explosions[i].y = airs[i].y;
            explosions[i].alive = EXPLODE_TIME;
            shots[j].alive = 0;
            break;
        }
    }
}
for ( i=0; i<MAX_airs; ++i ) { /*飞机和大炮碰撞的处理*/
    if ( airs[i].alive && Collide(&cannon, &airs[i]) ) {
        airs[i].alive = 0;
        explosions[i].x = airs[i].x;          /*出现爆炸*/
        explosions[i].y = airs[i].y;
        explosions[i].alive = EXPLODE_TIME;
        cannon.alive = 0;
        explosions[MAX_airs].x = cannon.x; /*大炮爆炸*/
        explosions[MAX_airs].y = cannon.y;
        explosions[MAX_airs].alive = EXPLODE_TIME;
    }
}
for ( i=0; i<MAX_airs; ++i ) {        /*画飞机*/
```

```
                    if ( airs[i].alive ) {
                        DrawObject(&airs[i]);
                    }
                }
                for ( i=0; i<MAX_SHOTS; ++i ) {        /*画炮弹*/
                    if ( shots[i].alive ) {
                        DrawObject(&shots[i]);
                    }
                }
                if ( cannon.alive ) {    /*画大炮*/
                    DrawObject(&cannon);
                }
                for ( i=0; i<MAX_airs+1; ++i ) {    /*画爆炸*/
                    if ( explosions[i].alive ) {
                        DrawObject(&explosions[i]);
                    }
                }
                UpdateScreen();
                if ( keys[SDLK_ESCAPE] == SDL_PRESSED ) {/*按下 Esc 键退出*/
                    cannon.alive = 0;
                }
            }
        return;
    }
    int main(int argc, char *argv[])
    {
        /*初始化视频子系统*/
        if ( SDL_Init(SDL_INIT_VIDEO) < 0 ) {
            fprintf(stderr, "Couldn't initialize SDL: %s\n",SDL_GetError());
            exit(2);
        }
        atexit(SDL_Quit);
        /*设置视频模式*/
        screen = SDL_SetVideoMode(640, 480, 0, SDL_SWSURFACE);
        if ( screen == NULL ) {
            fprintf(stderr, "Couldn't set 640x480 video mode: %s\n",
                    SDL_GetError());
            exit(2);
        }
        srand(time(NULL));/*随机时间产生器*/
        if ( LoadData() ) {                /*加载数据*/
            RunGame();                     /*运行游戏*/
            FreeData();                    /*释放数据*/
        }
        exit(0);                           /*退出*/
    }
```

步骤 2 程序调试。

切换到源程序所在目录下，用 gcc 进行编译，编译的时候加上-lSDL 和-lpthread 选项。

`[root@localhost cx]`# **gcc -I/usr/include/SDL -lSDL 10-10.c -o 10-10 -lpthread**
或写成如下的 makefile 文件，然后执行 make 命令。

```
CC = gcc
AR = $(CC)ar
CFLAGS= -I/usr/include/SDL  -lSDL -lpthread
10-10:10-10.c
        $(CC) $(CFLAGS)  $^  -o $@
clean:
        -rm -f $(EXEC) *.elf *.gdb *.o
```

步骤 3　程序结果运行。

程序运行结果如图 10.14 所示。

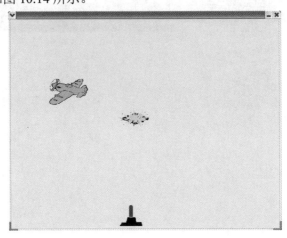

图 **10.14**　按左、右方向键移动大炮，按空格键发射炮弹

思考:

（1）改写程序 10-8.c，画一块挡板，用左右键移动挡板，挡住下落方块，使得方块不会与底边相碰。当方块与挡板相碰时，方块反弹，游戏继续，积分加 1；当方块与左、上、右边相碰时反弹，积分不变；当方块与底边相碰时，游戏结束，显示积分值。

（2）改写程序 10-10.c，改变飞机、大炮的形状与数量，其余与例 10.10 类似。

（3）参考 SDL_draw 库中关于椭圆的函数介绍，绘制一个椭圆。

思考与实验

1. 休息提示小程序。该程序创建一个守护进程，每隔两小时弹出窗口提示用户已连续使用电脑两小时，提醒用户注意休息。该程序用到 SDL 库，编程中发现当守护进程弹窗时窗口不会消失，但是每隔两小时会更新一次，守护进程也无法被 kill，因此改成每隔两小时由守护进程创建一个新的进程弹窗后再结束该进程。程序运行界面如下图所示。

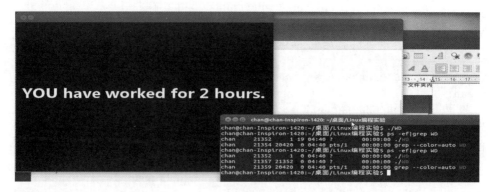

程序代码如下:

```c
#include<stdlib.h>
#include<stdio.h>
#include<fcntl.h>
#include<SDL.h>
#include<SDL_ttf.h>

void init_daemon(){
  pid_t pid;
  int i;

  if ((pid = fork()) < 0){
    perror("创建子进程失败");
    exit(1);
  }
  if (pid > 0) exit(0);
  setsid();
  chdir("/tmp");
  umask(0);
  for (i = 0; i < 1048576; i++) close(i);
}

main(){
  SDL_Surface *screen, *text;
  SDL_Color White = {255, 255, 255, 0};
  TTF_Font *Nfont;
  SDL_Rect drect;
  pid_t pid;
  int stat;

  init_daemon();
  while(1){
    sleep(2*60*60);

    if ((pid = fork()) == 0){
      if (SDL_Init(SDL_INIT_VIDEO) < 0){
        fprintf(stderr, "无法初始化:%s\n", SDL_GetError());
        exit(1);
      }
```

```
    screen = SDL_SetVideoMode(640, 480, 16, SDL_SWSURFACE);
    if (screen == NULL){
      fprintf(stderr, "无法设置 640×480，16 位色的视频模式:%s\n", SDL_GetError());
      exit(1);
    }

    atexit(SDL_Quit);
    if (TTF_Init() != 0){
      fprintf(stderr, "无法初始化字体\n");
      exit(1);
    }

    Nfont = TTF_OpenFont("/usr/share/fonts/msyhbd.ttf", 40);
    TTF_SetFontStyle(Nfont, TTF_STYLE_NORMAL);
    text=TTF_RenderUTF8_Blended(Nfont, "YOU have worked for 2 hours.", White);
    TTF_CloseFont(Nfont);
    TTF_Quit();
    drect.x = 15;
    drect.y = 200;
    drect.w = text -> w;
    drect.h = text -> h;
    SDL_BlitSurface(text, NULL, screen, &drect);
    SDL_UpdateRect(screen, 0, 0, 0, 0);
    SDL_FreeSurface(text);
    sleep(5);
    exit(0);
  }

  else{
    waitpid(pid, &stat, 0);
  }
 }
}
```

请同学们上机运行、调试该程序。

2. 利用画线、画圆和画矩形函数，自行创意设计三者结合的图形，参考图形如下图所示。

3. 编写一个程序，运用绘图、位图与文字显示的知识，实现看图识字的效果。即画一

个圆，用文字标志"圆"，用位图形式导入一些图片，例如苹果位图，文字标志"苹果"，程序运行结果如下图所示。

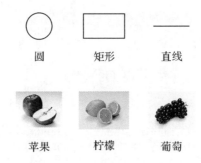

4. 参考例 10.10，模仿大炮射击飞机的原理，实现一个军舰发射鱼雷打怪物的游戏。要求军舰在屏幕上方，向下发射鱼雷，打击不断从屏幕下方出现的怪物，如果怪物上升到和军舰相碰的时候，游戏结束。相关的素材图片请自行准备。

5. 调试下列程序，根据需要制作相关素材。

```
#include<stdio.h>
#include<sys/time.h>
#include<unistd.h>
#include<stdlib.h>
#include<SDL.h>
#include <SDL_ttf.h>
int wr=0,tm=0,rt=0;
int random1()
{
    int j;
    srand((int)time (0));
    j=1+(int)(9.0*rand()/(RAND_MAX+1.0));
    return j;
}
int randomx()
{
    int x;
    srand((int)time (0));
    x=1+(int)(579.0*rand()/(RAND_MAX+1.0));
    return x;
}
int randomy()
{
    int y;
    srand((int)time (0));
    y=1+(int)(419.0*rand()/(RAND_MAX+1.0));
    return y;
}
int charge(int key1)
{
    int i=0;
```

```
    struct timeval tv1,tv2;
    struct timezone tz;
    Uint8 *keys;
    gettimeofday(&tv1,&tz);
    keys = SDL_GetKeyState(NULL);              /*得到键盘键的状态*/
    gettimeofday(&tv2,&tz);
    if ( keys[SDLK_1]||key1==1)
    {
        tm=tm+tv2.tv_usec-tv1.tv_usec;
        rt++;
        i=1;
    }
    else if ( keys[SDLK_2]||key1==2)
    {
        tm=tm+tv2.tv_usec-tv1.tv_usec;
        rt++;
        i=1;
    }
    else if ( keys[SDLK_3]||key1==3)
    {
        tm=tm+tv2.tv_usec-tv1.tv_usec;
        rt++;
        i=1;
    }
    else
    {
        wr++;
        i=1;
    }
    return i;
}
void wrapBMP(SDL_Surface *screen)
{
    Uint32 color;                    /*颜色*/
    color=SDL_MapRGB(screen->format,255,255,255);
    SDL_FillRect(screen,NULL,color);         /*填充整个屏幕*/
    SDL_UpdateRect(screen,0,0,0,0);        /*更新整个屏幕*/
}

void ShowBMP(char *pn,SDL_Surface *screen,int x,int y)
{
    SDL_Surface *image;
    SDL_Rect dest;
    image=SDL_LoadBMP(pn);
    dest.x=x;
    dest.y=y;
    dest.w=image->w;            /*目标对象的大小*/
    dest.h=image->h;
    SDL_BlitSurface(image,NULL,screen,&dest);    /*把目标对象快速转化*/
    SDL_UpdateRects(screen,1,&dest);             /*更新目标*/
}
```

```
void showword(SDL_Surface *screen)
{
    ShowBMP("word.bmp",screen,0,0);
    SDL_Delay(5000);
    wrapBMP(screen);
}
int givebmp(SDL_Surface *screen)
{
    int i=0,j,k,m;
    for(m=1;m<=100;m++)
    {
        j=random1();
        switch(j)
        {
            case 1:
            {
                ShowBMP("11.bmp",screen,randomx(),randomy());
                k=1;
            }
            case 2:
            {
                ShowBMP("12.bmp",screen,randomx(),randomy());
                k=1;
            }
            case 3:
            {
                ShowBMP("13.bmp",screen,randomx(),randomy());
                k=1;
            }
            case 4:
            {
                ShowBMP("21.bmp",screen,randomx(),randomy());
                k=2;
            }
            case 5:
            {
                ShowBMP("22.bmp",screen,randomx(),randomy());
                k=2;
            }
            case 6:
            {
                ShowBMP("23.bmp",screen,randomx(),randomy());
                k=2;
            }
            case 7:
            {
                ShowBMP("31.bmp",screen,randomx(),randomy());
                k=3;
            }
            case 8:
            {
```

```
                ShowBMP("32.bmp",screen,randomx(),randomy());
                k=3;
            }
            case 9:
            {
                ShowBMP("33.bmp",screen,randomx(),randomy());
                k=3;
            }
        }
        while(i!=1)
            i=charge(k);
        SDL_Delay(2000);
        wrapBMP(screen);
    }
}
int main()
{
    SDL_Surface *screen;
    int i,j,k,m=0;
    Uint32 color;
    if ( SDL_Init(SDL_INIT_VIDEO) < 0 )
    {
        fprintf(stderr, "Couldn't initialize SDL: %s\n",SDL_GetError());
        exit(2);
    }
    atexit(SDL_Quit);
    /*设置视频模式*/
    screen = SDL_SetVideoMode(640, 480, 16, SDL_SWSURFACE);
    if ( screen == NULL )
    {
        fprintf(stderr, "Couldn't set 640x480 video mode: %s\n",SDL_GetError());
        exit(2);
    }
    /*SDL_MapRGB 函数用来设置颜色*/
    color=SDL_MapRGB(screen->format,255,255,255);
    SDL_FillRect(screen,NULL,color);                    /*填充整个屏幕*/
    SDL_UpdateRect(screen,0,0,0,0);                      /*更新整个屏幕*/
    showword(screen);
    givebmp(screen);
    fprintf(stderr,"总计用时%d,平均每次反应速度%d,错误个数%d,正确率为%0.2f\n",
            tm,tm/rt,wr,rt/100.0);
}
```

6. 调试下列程序。该程序使用 SDL 库绘出用户输入的方程式的图像。源代码如下：

```
#include<stdio.h>
#include<stdlib.h>
#include<string.h>
#include<math.h>
#include<SDL.h>
#include"SDL_draw.h"
```

```
double cal(int x, char *expr)
{
  int len = strlen(expr);
  int i = 0, j, last = 0, sym = 0;
  double res = 0, temp = 0;

  while(i <= len - 1){
    for (i = last; i <= len - 1; i++)
      if ((expr[i] < '0' || expr[i] > '9') && expr[i] != 'x') break;

    if (expr[i-1] == 'x') temp = x;
    else
      for (j = last; j < i; j++) temp = temp * 10 + (expr[j] - '0');

    switch(sym){
      case 0:res=temp;temp = 0;break;
      case 1:res+=temp;temp = 0;break;
      case 2:res-=temp;temp = 0;break;
      case 3:res*=temp;temp = 0;break;
      case 4:res/=temp;temp = 0;break;
      case 5:res=pow(res,temp);temp = 0;break;
    }

    if (i <= len - 1)
    switch(expr[i]){
      case '+':sym = 1;break;
      case '-':sym = 2;break;
      case '*':sym = 3;break;
      case '/':sym = 4;break;
      case '^':sym = 5;break;
    }
    last = i + 1;
  }

  return res;
}

main(){
  SDL_Surface *screen;
  SDL_Event event;
  Uint8 *keys;
  int done = 0;
  int x;
  double y;
  char expr[1000];

  printf("===========================================\n");
  printf("            欢迎使用函数画板\n");
  printf("===========================================\n");
  printf("  使用说明：本程序支持整数四则运算和幂运算，\n");
```

```
printf("              运算规则为从左到右，无优先级，无\n");
printf("              括号。函数输入不必带有空格。自变\n");
printf("              量 x 取值范围为-300～300\n");
printf("    如：y = 2 + x * 3 ^ 5\n");
printf("    表示 y = ((2 + x) * 3)^5\n");
printf("\n");
printf("请输入函数：y = ");
scanf("%s", &expr);

if (SDL_Init(SDL_INIT_VIDEO) < 0){
  fprintf(stderr, "无法初始化:%s\n", SDL_GetError());
  exit(1);
}
screen = SDL_SetVideoMode(640, 480, 16, SDL_SWSURFACE);
if (screen == NULL){
  fprintf(stderr, "无法设置 640×480,16 位色的视频模式:%s\n", SDL_GetError());
  exit(1);
}
atexit(SDL_Quit);
Draw_Line(screen, 0, 240, 640, 240, SDL_MapRGB(screen->format, 255, 255,
          255));
Draw_Line(screen, 320, 0, 320, 480, SDL_MapRGB(screen->format, 255, 255,
          255));

for (x = -300; x <= 300; x++){
  y = cal(x, expr);
  if (y >= -240 && y <= 240)
    Draw_Pixel(screen, x + 320, 240 - (int)y, SDL_MapRGB(screen->format,
               255, 255, 255));
}

SDL_UpdateRect(screen, 0, 0, 0, 0);
/*SDL_Delay(5000);*/
printf("请按[Esc]或[Space]退出...\n");
done = 1;
while(done){
  while(SDL_PollEvent(&event)){
    switch(event.type){
      case SDL_QUIT:
        done = 0;
        break;
      case SDL_KEYDOWN:
        if (event.key.keysym.sym == SDLK_SPACE || event.key.keysym.sym ==
            SDLK_ESCAPE)
          done = 0;
        break;
    }
  }
}

return 0;
```

```
    }
```

7. 调试下列程序，根据需要建立相关素材。这是一款游戏程序，玩家需要操控飞船不断躲避四周飞来的太空垃圾，成功躲避时间越长，分值越高。

```
#include<SDL.h>
#include<stdlib.h>
#include<time.h>
#include<stdio.h>
#define MAX_targets 50

typedef struct            /*定义对象结构体*/
{
  int alive;
  int x,y;
  int direction;
  int speed;
  SDL_Surface *image;
} object;

object plane;
object target[MAX_targets];              /*障碍物*/
int score=-100*MAX_targets;
SDL_Surface *bkground;

SDL_Surface *LoadImage(char *datafile)           /*装载图像*/
{
    SDL_Surface *image,*surface;
    image=SDL_LoadBMP(datafile);
    surface=SDL_DisplayFormat(image);
    SDL_FreeSurface(image);
    return(surface);
}

void LoadData(void)                      /*装载数据*/
{
  int i;
  plane.image=LoadImage("plane.bmp");
  bkground=SDL_LoadBMP("background.bmp");
  for(i=0;i<MAX_targets;i++)
  target[i].image=LoadImage("target.bmp");
}

/*显示 BMP 图像*/
void ShowBMP(char *location,SDL_Surface *screen,int x, int y)
{
  SDL_Surface *image;
  SDL_Rect dest;
  image=SDL_LoadBMP(location);
  if(image==NULL)
  {
```

```
    fprintf(stderr,"无法加载, %s:%s\n",location,SDL_GetError());
    return;
  }
  dest.x=x;
  dest.y=y;
  dest.w=image->w;
  dest.h=image->h;
  SDL_BlitSurface(image,NULL,screen,&dest);
  SDL_UpdateRects(screen,1,&dest);
}

/*背景水平重叠以清除目标物件*/
void EraseObject(object *obj,SDL_Surface *screen)
{
  SDL_Rect erase;
  erase.x=obj->x;
  erase.y=obj->y;
  erase.w=obj->image->w;
  erase.h=obj->image->h;
  SDL_BlitSurface(bkground,&erase,screen,&erase);
  SDL_UpdateRects(screen,1,&erase);
}

void DrawObject(object *obj,SDL_Surface *screen)          /*绘制目标物件*/
{
  SDL_Rect draw;
  SDL_Surface *ObjImage;
  draw.x=obj->x;
  draw.y=obj->y;
  draw.w=obj->image->w;
  draw.h=obj->image->h;
  ObjImage=obj->image;
  SDL_BlitSurface(ObjImage,NULL,screen,&draw);
  SDL_UpdateRects(screen,1,&draw);
}

int myrand()                              /*随机函数*/
{
  int i;
  int res;
  double x;
  x=(double)rand()/RAND_MAX;
  for(i=0;i<100;i++)
      x=4*x*(1-x);
  x=x*RAND_MAX;
  res=(int)x;
  return res;
}

void CreateTargets()
{
```

```
      int i;
      for(i=0;i<MAX_targets;i++)
      {
        if(!target[i].alive)
        {
          score=score+100;
          target[i].direction=(myrand()%8);        /*随机获得障碍物的移动方向*/
          if(target[i].direction==0)
          {target[i].x=myrand()%1024;target[i].y=768;}
          else if(target[i].direction==2)
          {target[i].x=myrand()%1024;target[i].y=0;}
          else if(target[i].direction==1)
          {target[i].y=myrand()%768;target[i].x=0;}
          else if(target[i].direction==3)
          {target[i].y=myrand()%768;target[i].x=1024;}
          else if(target[i].direction==4)
          {if((myrand()%2)==0)  {target[i].x=0;target[i].y=myrand()%768;}
          else {target[i].x=myrand()%1024;target[i].y=768;}}
          else if(target[i].direction==5)
          {if((myrand()%2)==0)  {target[i].x=0;target[i].y=myrand()%768;}
          else {target[i].x=myrand()%1024;target[i].y=0;}}
          else if(target[i].direction==6)
          {if((myrand()%2)==0){target[i].x=1024;target[i].y=myrand()%768;}
          else {target[i].x=myrand()%1024;target[i].y=0;}}
          else if(target[i].direction==7)
          {if((myrand()%2)==0){target[i].x=1024;target[i].y=myrand()%768;}
          else {target[i].x=myrand()%1024;target[i].y=768;}}
          target[i].alive=1;
        }
      }
}

int Collide(object *obj1,object *obj2)                   /*判断碰撞*/
{
  if((obj1->y>=(obj2->y+obj2->image->h))||
     (obj1->x>=(obj2->x+obj2->image->w))||
     (obj2->y>=(obj1->y+obj1->image->h))||
     (obj2->x>=(obj1->x+obj1->image->w)))
     return(0);
  else      return(1);
}

int TouchBotton(object *obj)
{
  if((obj->x<=0)||(obj->x>=1024)||(obj->y<=0)||(obj->y>=768))
    return (1);
  else
    return (0);
}

int main()                         /*主干程序*/
```

```
{
    Uint8 *keys;
    SDL_Surface *screen;
    SDL_Surface *background;
    SDL_Event event;
    int i;
    SDL_Init(SDL_INIT_VIDEO);
    screen=SDL_SetVideoMode(1024,768,32,SDL_SWSURFACE);
    LoadData();
    atexit(SDL_Quit);
    srand((int)time(0));
    plane.alive=1;                          /*初始化飞船参数*/
    plane.direction=0;
    plane.speed=4;
    plane.x=768;
    plane.y=350;
    for(i=0;i<MAX_targets;i++)
    {
        target[i].alive=0;
        target[i].speed=2;
    }
    ShowBMP("background.bmp",screen,0,0);            /*画上背景*/
        while(plane.alive)                 /*循环接收键盘事件，直到退出*/
        {
          while(SDL_PollEvent(&event))
          {
            if(event.type==SDL_QUIT)
              return;
        }
        CreateTargets();
        keys=SDL_GetKeyState(NULL);
        if(keys[SDLK_UP]) plane.direction=0;        /*改变方向*/
        else if(keys[SDLK_RIGHT])    plane.direction=1;
        else if(keys[SDLK_DOWN]) plane.direction=2;
        else if(keys[SDLK_LEFT]) plane.direction=3;
        else if(keys[SDLK_ESCAPE])           return 0;    /*按下 Esc 键退出*/
        if(plane.direction==0)       plane.y -= plane.speed;
        else if(plane.direction==1)  plane.x += plane.speed;
        else if(plane.direction==2)  plane.y += plane.speed;
        else if(plane.direction==3)  plane.x -= plane.speed;
        for(i=0;i<MAX_targets;i++)
        {
            if(target[i].direction==0)    target[i].y -= target[i].speed;
            else if(target[i].direction==1)target[i].x += target[i].speed;
            else if(target[i].direction==2)target[i].y += target[i].speed;
            else if(target[i].direction==3)target[i].x -= target[i].speed;
            else if(target[i].direction==4)
            {target[i].x += target[i].speed; target[i].y -= target[i].speed;}
            else if(target[i].direction==5)
            {target[i].x += target[i].speed; target[i].y += target[i].speed;}
            else if(target[i].direction==6)
```

```
            {target[i].x -= target[i].speed; target[i].y += target[i].speed;}
            else if(target[i].direction==7)
            {target[i].x -= target[i].speed; target[i].y -= target[i].speed;}
        }
        DrawObject(&plane,screen);
        for(i=0;i<MAX_targets;i++)
        {
            DrawObject(&target[i],screen);
        }
        SDL_Delay(15);                          /*大约为 60FPS*/
        for(i=0;i<MAX_targets;i++)
        {
            if((Collide(&plane,&target[i]))||(TouchBotton(&plane)))
                {plane.alive=0;
                SDL_Delay(500);
                break;}
        }
        EraseObject(&plane,screen);
        for(i=0;i<MAX_targets;i++)
        {
            EraseObject(&target[i],screen);
        }
        for(i=0;i<MAX_targets;i++)
        {
            if((target[i].x<=0)||(target[i].x>=1024)||(target[i].y<=0)||(target[i].y>=768))
             target[i].alive=0;
        }
    }

    printf("游戏结束! 您的分数是%d\n",score);
    return 0;
}
```

8. 调试下列程序。

```
#include<curses.h>
#include<stdlib.h>
int main()
{
  int i;
  initscr();
  clear();
  for(i=0;i<LINES;i++)
  {
    move(i,i+i);
    if(i%2==1)
       standout();
    addstr("Hello Linux C");
    if(i%2==1)
       standend();
```

```
        refresh();
        sleep(2);
        move(i,i+i);
        addstr("              ");
    }
    getch();
    endwin();
}
```

9. 调试程序。该程序实现的功能是能够用鼠标在显示器上画图，并且可以保存和打开图像。

```
#include <stdio.h>
#include <stdlib.h>
#include <math.h>
#include <SDL.h>
#include <malloc.h>
#include "SDL_draw.h"

#define START 0
#define END 1
#define NORM 0
#define CLICKED 1
#define CHOSEN 2
#define SENSIBLE 2

typedef struct node
{
  int x,y;
  int type;
  int chosen;
  struct node *next;
} *NODE;
NODE head,tail,editing;
SDL_Surface *screen;
Uint32 white,black;
int but=0;

int runn(void);
int init(void);
int openfile(const char*);
int savefile(const char*);
int draw(void);
NODE choose(int,int);
int createnode(int,int);

int main(void)
{
  init();
  int running=1;
  while(running)
```

```
    {
      draw();
      runn();
    }
    exit(0);
}


int runn(void)
{
    SDL_Event event;
    while(SDL_PollEvent(&event))
    {
      switch(event.type)
      {
        case SDL_QUIT: exit(0);
        case SDL_MOUSEBUTTONDOWN:
          if(event.button.button==SDL_BUTTON_LEFT)
          {
            but=1;
            createnode(event.motion.x,event.motion.y);
          }
          return 0;
        case SDL_MOUSEBUTTONUP:
          if(event.button.button==SDL_BUTTON_LEFT)
          {
            but=0;
            if(tail!=NULL) tail->type=END;
          }
          return 0;
        case SDL_MOUSEMOTION:
          if(but==1)
          {
            createnode(event.motion.x,event.motion.y);
          }
          return 0;
        case SDL_KEYDOWN:
          if(event.key.keysym.sym==SDLK_s && (event.key.keysym.mod&KMOD_CTRL))
          {
            char savename[255];
            printf("Save as:\n");
            scanf("%s",savename);
            savefile(savename);
            printf("%s saved!\n",savename);
            return 0;
          }
          if(event.key.keysym.sym==SDLK_o && (event.key.keysym.mod&KMOD_CTRL))
          {
            char openname[255];
            printf("Open:\n");
            scanf("%s",openname);
            openfile(openname);
```

```
          printf("%s opened!\n",openname);
          return 0;
        }
      if(event.key.keysym.sym==SDLK_c&&(event.key.keysym.mod&KMOD_CTRL))
      {
        exit(0);
      }
      return 0;
    default: continue;
    }
  }
  return 0;
}

int init(void)
{
  if(SDL_Init(SDL_INIT_VIDEO)<0)
  {
    fprintf(stderr,"Fail to init video: %s\n",SDL_GetError());
    return 1;
  }
  screen=SDL_SetVideoMode(640,480,16,SDL_SWSURFACE);
  if(screen==NULL)
  {
    fprintf(stderr,"Fail to set 640×480,16bit video mode: %s\n",SDL_GetError());
    return 1;
  }
  atexit(SDL_Quit);
  head=NULL;
  tail=NULL;
  editing=NULL;
  white=SDL_MapRGB(screen->format,255,255,255);
  black=SDL_MapRGB(screen->format,0,0,0);
  return 0;
}
int openfile(const char *filename)
{
  FILE *fp;
  fp=fopen(filename,"r");
  if(fp==NULL)
  {
    fprintf(stderr,"Fail to open %s\n",filename);
    return 1;
  }
  NODE temp=head;
  while(temp!=NULL)
  {
    int x=temp->x,y=temp->y;
    free(temp);
    temp=temp->next;
  }
```

```
        tail=NULL;
        head=NULL;
        while(!(feof(fp)))
        {
          temp=(NODE)malloc(sizeof(struct node));
          if(temp==NULL)
          {
            fprintf(stderr,"Fail to malloc\n");
            fclose(fp);
            return 1;
          }
          int n=fscanf(fp,"%d%d%d",&temp->type,&temp->x,&temp->y);
          if(n<3)
             if(feof(fp)) break;
          if(head==NULL) {head=temp; tail=temp;}
          else {tail->next=temp; tail=temp; tail->next=NULL;}
        }
        Draw_FillRect(screen,0,0,640,480,black);
        fclose(fp);
        return 0;
    }

    int savefile(const char *filename)
    {
      FILE *fp;
      NODE temp;
      fp=fopen(filename,"w");
      temp=head;
      while(temp!=NULL)
      {
        fprintf(fp,"%d %d %d\n",temp->type,temp->x,temp->y);
        temp=temp->next;
      }
      fclose(fp);
      return 0;
    }

    int draw(void)
    {
      NODE nowp;
      nowp=head;
      while(nowp!=NULL)
      {
        Draw_Pixel(screen,nowp->x,nowp->y,white);
        if(nowp->type!=END && nowp->next!=NULL)
          Draw_Line(screen,nowp->x,nowp->y,nowp->next->x,nowp->next->y,white);
        nowp=nowp->next;
      }
      SDL_UpdateRect(screen,0,0,0,0);
      return 1;
    }
```

```
NODE choose(int x,int y)
{
  NODE temp;
  temp=head;
  while(temp!=NULL)
  {
    if(abs(x-temp->x)<=SENSIBLE && abs(y-temp->y)<=SENSIBLE)
      break;
  }
  return temp;
}

int createnode(int x,int y)
{
  NODE temp;
  temp=(NODE)malloc(sizeof(struct node));
  temp->x=x;
  temp->y=y;
  temp->type=START;
  temp->next=NULL;
  if(head==NULL) {head=temp; tail=head;}
  else {tail->next=temp; tail=temp;}
  return 1;
}
```

第 **11** 章

设备驱动程序设计基础

本章重点

1. 在 Linux 环境下查看设备文件。
2. 主设备号与次设备号。
3. 设备驱动程序设计流程。
4. 设备的分类及相关的数据结构。
5. 简单字符设备驱动程序的设计。
6. GPIO 驱动程序的设计。

本章导读

在本章的学习过程中要求学会如何查看设备类型、主设备号与次设备号。理解主设备号与次设备号的含义、设备的分类及不同设备所对应的数据结构。掌握字符设备驱动程序的设计方法、设备驱动程序的编译、模块加载与卸载的方法；掌握简单字符设备驱动、GPIO 驱动程序的设计与测试方法。

11.1　设备驱动程序的概念

驱动程序，英文名为 Device Driver，全称为"设备驱动程序"，它是一种特殊的程序。首先，驱动程序运行在内核态，是和内核连接在一起的程序。如果运行在用户态的应用程序想控制硬件设备，必须通过驱动程序来控制。当操作系统需要使用某个硬件时，例如让声卡播放音乐，先发送相应指令到声卡驱动程序，声卡驱动程序接收到指令后，马上将其翻译成声卡才能听懂的电子信号命令，从而让声卡播放音乐。可以说驱动程序是"硬件和系统之间的桥梁"。

Linux 系统的设备文件分为 3 类：字符设备文件、块设备文件和网络设备文件。

（1）字符设备：能一个字节一个字节地读取数据的设备，如 LED、鼠标、键盘、并口、虚拟控制台等。一般需要在驱动层面实现 open( )、close( )、read( )、write( )、ioctl( ) 等函数，这些函数最终将被文件系统中的相关函数调用。内核为字符设备对应的一个文件，与普通文件唯一差别是一般不支持寻址。

（2）块设备：与字符设备类似，一般是像磁盘一样的设备，如 U 盘、SD 卡、IDE 硬盘、SCSI 硬盘、光驱。在块设备中可以容纳文件系统，并存储大量的信息。在 Linux 系统中，进行块设备读写时，每次既能传输一个或多个块，也可以一次只读取一个字节，所以块设备从本质上更像一个字符设备的扩展，能完成更多的工作。

（3）网络设备：主要负责主机之间的数据交换，如网卡等。与以上两种设备完全不同，主要是面向数据包的接收和发送而设计的。没有实现类似以上两种设备的 read( )、write( )、ioctl( )等函数，任何网络数据的传输都可以通过套接字来完成。

1. 设备文件的查看

在 Linux 系统的/dev 目录下，使用命令 ls –al | more 可以查看到设备文件的一些相关信息，如图 11.1 所示。

```
crw-rw-rw-      1   root    root    1, 3    2003-01-30   null
crw-------      1   root    root    10, 1   2003-01-30   psaux
crw-------      1   root    root    4,  1   2003-01-30   tty1
crw-rw-rw-      1   root    tty     4,  64  2003-01-30   ttys0
brw-rw----      1   root    disk    15, 0   2003-01-30   cdu31a
brw-rw----      1   root    disk    24, 0   2003-01-30   cdu535
brw-rw----      1   root    disk    30, 0   2003-01-30   cm205cd
brw-rw----      1   root    disk    32, 0   2003-01-30   cm206cd
crw-rw-rw---    1   root    root    1,  5   2003-01-30   zero
```

图 11.1　用命令 ls 查看设备

在图 11.1 中，读者可以看出首字母 c 表示字符(char)设备文件，而 b 则表示块(block)设备文件。第 5 列数字表示主设备号，如第 1 行中的 1 表示主设备号；第 6 列表示次设备号，如第 1 行中的 ③ 表示次设备号。主设备号用来区分不同种类的设备，而次设备号用来区分同一类型的多个设备。

2. 主设备号与次设备号

主设备号标识设备对应的驱动程序，次设备号由内核使用，用于指向设备。在图 11.1 中可以看出，一个主设备号可以驱动多个设备。例如，/dev/null 和/dev/zero 都由驱动 1 来管理，而虚拟控制台 tty1 和串口终端 ttyso 都由驱动 4 管理。

设备号在内核中的定义，体现在<linux/types.h>中一个 dev_t 类型，用来定义设备编号，包含主、次设备号。对于 2.6.0 版本的内核，dev_t 是 32 位的，12 位用于主设备号，20 位用于次设备号。为获得一个 dev_t 的主设备号或者次设备号，可以使用以下函数：

```
major(dev_t dev);
minor (dev_t dev);
```

注意：

2.6 版本内核能容纳大量设备，而以前的内核版本限制在 255 个主设备号和 255 个次设备号以内。

例如：输出主从设备号的程序。

```
# include<unistd.h >
# include<sys/stat.h>
int main()
{
  struct stat *ptr;
  stat("/etc/passwd",ptr);
  printf("The major device no is:%d\n",major(ptr->st_dev));/*主设备号*/
  printf("The minor device no is:%d\n",minor(ptr->st_dev));/*从设备号*/
  return 0;
}
```

3. 设备驱动相关的数据结构

编写字符设备驱动程序会涉及 3 个结构体，即 file_operation（文件操作）、file（文件）、inode（节点），它们定义在 include/linux/fs.h 文件中。

编写块设备驱动程序也要涉及 3 个结构体：结构体 block_device_operation，定义在 include/linux/fs.h 文件中；结构体 gendisk，定义在 include/genhd.h 文件中；结构体 request，定义在 include/linux/blkdev.h 文件中。

与网络设备驱动程序相关的重要数据结构分别是 net_device 和 sk_buff，它们分别定义在 include/linux/netdevice.h 文件和 include/linux/skbuff.h 文件中。

11.2　驱动程序的设计流程

在 Linux 系统里，对用户程序而言，设备驱动程序隐藏了设备的具体细节，对各种不同设备提供了一致的接口。一般来说是把设备映射为一个特殊的设备文件，用户程序可以像对其他文件一样对此设备文件进行操作。例如，在用户的应用程序里可以通过 open、read、write 及 close 等函数来对字符设备文件进行操作。

11.2.1　字符驱动程序设计流程

在 Linux 操作系统中，除了直接修改系统核心的源代码，把设备驱动程序（如 LCD 驱动、SD 驱动）加进内核外，还可以把设备驱动程序作为可加载的模块，由系统管理员动态地加载它，使之成为核心的一部分。加载后的模块也可以被卸载。用 C 语言写成的驱动模块，用 gcc 编译成目标文件时不进行链接，而是作为*.o 文件存在，为此需要在 gcc 命令行里加上-c 的参数；另一方面，还应在 gcc 的命令行里加上参数-D_KERNEL_ -DMODULE，此参数的作用是把驱动编译成模块。由于在不链接时，gcc 只允许一个输入文件，因此一个模块的所有部分都必须在一个文件里实现。编译好的模块*.o 放在/lib/modules/xxxx/misc 下（xxxx 表示核心版本，如在核心版本为 2.0.30 时应该为/lib/modules/2.0.30/misc），然后用 depmod -a 使此模块成为可加载模块。

模块化加载的驱动程序，用执行 insmod 命令加载驱动模块时，调用函数 module_init（设备初始化函数）注册设备；当执行 rmmod 命令进行卸载设备时，调用函数 module_exit（设备卸载函数）释放设备。基本流程如图 11.2 所示。

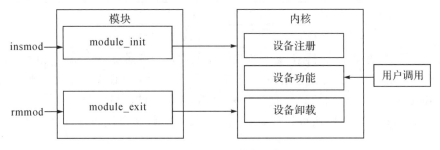

图 11.2　驱动设计的基本流程

字符设备驱动程序流程：

（1）定义设备文件 file_operation 结构体变量。

（2）定义相关设备操作函数。

（3）定义设备初始化函数 module_init；在设备初始化函数中，调用 register_chrdev 函数向系统注册设备。

注意:

内核升级到 2.4 版本后，系统提供了两个新的函数，devfs_register 和 devfs_unregister，用于设备的注册与卸载。

（4）定义设备卸载函数 module_exit。在设备卸载函数中调用 `unregister_chrdev` 函数释放设备。

（5）编译设备。编译成模块时，在 gcc 的命令行里加上参数-D_KERNEL_ -DMODULE –C。

（6）加载模块。当设备驱动程序以模块形式加载时，模块在调用 insmod 命令时被加载，此时的入口地址是 init_module 或 module_init 函数，在该函数中完成设备的注册。接着根据用户的实际需要，对相应设备进行读、写等操作。

模块用 insmod 命令加载，加载模块时调用函数 module_init。

（7）查看设备。用 lsmod 命令来查看所有已加载的模块状态。

（8）申请设备节点。在成功地向系统注册了设备驱动程序后（调用 register_chrdev 成功后），就可以用 mknod 命令来把设备映射为一个特别文件。其他程序使用这个设备的时候，只要对此特别文件进行操作就行了。

（9）卸载设备。同样在执行命令 rmmod 时调用函数 cleanup_module 或 module_exit，完成设备的卸载。

模块用 insmod 命令加载，用 rmmod 命令来卸载，并可以用 lsmod 命令来查看所有已加载的模块状态，与模块相关的命令及功能如表 11.1 所示。

表 11.1　内核模块常用命令

命　令	功　能
lsmod	列出系统中加载的模块
insmod	加载模块
rmmod	卸载模块
mknod	创建相关模块

编写驱动模块程序的时候，必须提供两个函数，一个是 int module_init（设备初始化函数），供 insmod 在加载此模块的时候自动调用，负责进行设备驱动程序的初始化工作。init_module 返回 0 以表示初始化成功，返回负数表示失败。另一个函数是 void module_exit（设备卸载函数），在模块被卸载时调用，负责进行设备驱动程序的清除工作。

11.2.2　驱动程序流程设计举例

下列程序能验证最为基本的驱动程序模块化编译的设计流程，对学习驱动程序有较大的帮助。程序操作过程如下：

（1）在 RedHat Linux 9 的 home 文件夹下，新建文件夹 driver，在文件夹 driver 用 vi 编辑器编辑下面的驱动程序 hello.c。

```
#include <linux/module.h>
MODULE_LICENSE("Dual BSD/GPL");
```

```
#include<linux/init.h>
#include<linux/fs.h>
#define nn 200
struct file_operations gk=
{
};
static int __init hello_init(void)
{
        int k;
        printk("Hello,world!\n");
        k=register_chrdev(nn  ,"drive",&gk);
        return 0;
}

static void __exit hello_exit(void)
{
        printk("Goodbye,cruel world!\n");
}

module_init(hello_init);
module_exit(hello_exit);
```

（2）编译 hello.c。

[root@localhost driver]# **gcc -O2 -DMODULE -D__KERNEL__ -c hello.c**

（3）加载驱动程序 hello.o。

[root@localhost driver]# **insmod hello.o**

 注意：

假如内核出现如下信息：

hello.o: kernel-module version mismatch

hello.o was compiled for kernel version 2.4.20

while this kernel is version 2.4.20-8.

这是由于编译器版本/usr/include/linux/version.h 和内核源代码版本/usr/src/linux-2.4.20-8 /include/linux/version.h 的版本不匹配，此时是无法加载驱动程序的。

解决方法：

[root@localhost root]# **vi /usr/include/linux/version.h**

修改" #define UTS_RELEASE "2.4.20""为" #define UTS_RELEASE "2.4.20-8""，再次编译，再次加载。

（4）使用命令 lsmod 查看。

Linux 系统中，使用命令 lsmod 查看驱动模块加载的情况与它们的关系。

（5）使用命令 cat /proc/modules。

（6）卸载。格式如下：

rmmod 模块名

如 rmmod hello。

注意:

当 insmod 加载或 rmmod 卸载驱动时，无法看到 printk 语句的输出，但是可以从 /var/log/messages 中查看到。

```
[root@localhost hello]# cat /var/log/messages |grep world
Feb 26 09:11:23 localhost kernel: Hello,world!
Feb 26 09:34:38 localhost kernel: Goodbye,cruel world!
```

假如要想当 insmod 加载或 rmmod 卸载驱动时，看到 printk 语句的输出内容。那么，hello.c 文件的修改如下：

把"printk("Hello,world!\n");"语句修改为"printk("<0>Hello,world!\n");"。

把"printk("Goodbye,cruel world!\n");"修改为"printk("<0>Goodbye,cruel world!\n");"。

然后，进行编译。

```
[root@localhost hello]# gcc -O2 -D__KERNEL__ -I /usr/src/linux-2.4.20-8/
include/ -DMODULE -c hello.c
```

加载驱动:

```
[root@localhost hello]# insmod hello.o
```

显示如下:

```
[root@localhost hello]#
Message from syslogd@localhost at Fri Feb 27 10:08:26 2009 ...
localhost kernel: Hello,world!
You have new mail in /var/spool/mail/root
```

卸载驱动:

```
[root@localhost hello]# insmod hello.o
```

显示如下:

```
[root@localhost hello]#
Message from syslogd@localhost at Fri Feb 27 10:10:58 2009 ...
localhost kernel: Goodbye,cruel world!
```

（7）创建设备文件号。

```
[root@localhost hello]# mknod /dev/hello c 200 0
```

（8）应用下述命令查看设备类型、设备属主、主设备号与次设备号。

```
[root@localhost hello]# ls /dev/hello -l
```

（9）编写应用程序进行测试。

```
#include<stdio.h>
#include <sys/types.h>
#include <sys/stat.h>
#include <fcntl.h>
int main()
{
    int testdev;
    char buf[100];
```

```
    testdev=open("/dev/hello",O_RDWR);
    if(testdev==-1)
    {
      printf("Cann't open file\n");
      exit(0);
    }
    printf("device open successe!\n");
}
```

（10）编译 test.c。

（11）执行 test。

```
[root@localhost hello]# ./test
```

11.3 Linux字符设备驱动程序设计

11.3.1 字符设备驱动程序数据结构

在字符设备驱动程序设计中涉及 3 个数据结构，即 struct file_operation、struct file、struct inode 结构。

file_operation 结构体定义在 include/linux/fs.h 中，驱动程序很大一部分工作就是要"填写"结构体中定义的函数，或者根据实际需要实现部分函数或全部函数的定义。file_operation 结构中的成员几乎全部是函数指针，所以实质上就是函数跳转表。每个进程对设备的操作都会根据 major，minor 设备号，转换成对 file_operation 结构的访问。

```c
struct file_operation
{
    struct module *owner;
    loff_t (*llseek) (struct file *, loff_t, int);
    ssize_t (*read) (struct file *, char __user *, size_t, loff_t *);
    ssize_t (*aio_read) (struct kiocb *, char __user *, size_t, loff_t);
    ssize_t (*write) (struct file *, const char __user *,size_t,loff_t *);
    ssize_t (*aio_write) (struct kiocb *, const char __user *,
            size_t,loff_t);
    int (*readdir) (struct file *, void *, filldir_t);
    unsigned int (*poll) (struct file *, struct poll_table_struct *);
    int (*ioctl) (struct inode *, struct file *, unsigned int, unsigned long);
    int (*mmap) (struct file *, struct vm_area_struct *);
    int (*open) (struct inode *, struct file *);
    int (*flush) (struct file *);
```

```
    int (*release) (struct inode *, struct file *);
    int (*fsync) (struct file *, struct dentry *, int datasync);
    int (*aio_fsync) (struct kiocb *, int datasync);
    int (*fasync) (int, struct file *, int);
    int (*lock) (struct file *, int, struct file_lock *);
    ssize_t (*readv) (struct file *, const struct iovec *, unsigned long,
            loff_t *);
    ssize_t (*writev) (struct file *, const struct iovec *, unsigned long,
            loff_t *);
    ssize_t (*sendfile) (struct file *, loff_t *, size_t, read_actor_t, void
            __user *);
    ssize_t (*sendpage) (struct file *, struct page *, int, size_t, loff_t
            *, int);
    unsigned long (*get_unmapped_area)(struct file *, unsigned long, unsigned
                long, unsigned long, unsigned long);
    long (*fcntl)(int fd, unsigned int cmd,unsigned long arg, struct file
            *filp);
};
```

其中，struct inode 提供了关于特别设备文件/dev/driver（假设此设备名为 driver）的信息，它的定义如下：

```
#include <linux/fs.h>
struct inode {
    dev_t i_dev;
    unsigned long i_ino; /* Inode number */
    umode_t i_mode; /* 文件模式 */
    nlink_t i_nlink;
    uid_t i_uid;
    gid_t i_gid;
    dev_t i_rdev; /* Device major and minor numbers*/
    off_t i_size;
    time_t i_atime;
    time_t i_mtime;
    time_t i_ctime;
    unsigned long i_blksize;
    unsigned long i_blocks;
    struct inode_operations * i_op;
    struct super_block * i_sb;
    struct wait_queue * i_wait;
    struct file_lock * i_flock;
    struct vm_area_struct * i_mmap;
    struct inode * i_next, * i_prev;
    struct inode * i_hash_next, * i_hash_prev;
    struct inode * i_bound_to, * i_bound_by;
    unsigned short i_count;
    unsigned short i_flags; /* Mount flags (see fs.h) */
    unsigned char i_lock;
    unsigned char i_dirt;
    unsigned char i_pipe;
    unsigned char i_mount;
    unsigned char i_seek;
```

```
unsigned char i_update;
union {
   struct pipe_inode_info pipe_i;
   struct minix_inode_info minix_i;
   struct ext_inode_info ext_i;
   struct msdos_inode_info msdos_i;
   struct iso_inode_info isofs_i;
   struct nfs_inode_info nfs_i;
} u;
};
```

struct file 主要供与文件系统对应的设备驱动程序使用。当然，其他设备驱动程序也可以使用它。它提供关于被打开的文件的信息，定义如下：

```
#include <linux/fs.h>
struct file {
   mode_t f_mode;
   dev_t f_rdev; /* needed for /dev/tty */
   off_t f_pos; /* Curr. posn in file */
   unsigned short f_flags; /* The flags arg passed to open */
   unsigned short f_count; /* Number of opens on this file */
   unsigned short f_reada;
   struct inode *f_inode; /* pointer to the inode struct */
   struct file_operations *f_op;/* pointer to the fops struct*/
};
```

在结构 file_operation 里，指出了设备驱动程序所提供的 9 个入口点操作函数。

（1）lseek 入口点：移动文件指针的位置，显然只能用于可以随机存取的设备。

（2）read 入口点：进行读操作，参数 buf 为存放读取结果的缓冲区，count 为所要读取的数据长度。返回值为负表示读取操作发生错误，否则返回实际读取的字节数。对于字符型，要求读取的字节数和返回的实际读取字节数都必须是 inode->i_blksize 的倍数。

（3）write 入口点：往设备上写数据。对于有缓冲区的 I/O 操作，一般是把数据写入缓冲区。对字符特别设备文件进行写操作将调用 write 子程序。

（4）readdir 入口点：取得下一个目录入口点，只有与文件系统相关的设备驱动程序才使用。

（5）select 入口点：检查设备，看数据是否可读或设备是否可用于写数据。如果驱动程序没有提供 select 入口，select 操作将会认为设备已经准备好进行任何的 I/O 操作。

（6）ioctl 入口点：进行读、写以外的其他操作，参数 cmd 为自定义的命令。

（7）mmap 入口点：用于把设备的内容映射到地址空间，一般只有块设备驱动程序使用。

（8）open 入口点：打开设备准备进行 I/O 操作。返回 0 表示打开成功，返回负数表示打开失败。如果驱动程序没有提供 open 入口，则只要/dev/driver 文件存在就认为打开成功。

（9）release 入口点：即执行 close 操作，关闭一个设备。当最后一次使用设备终结后，调用 close 子程序。独占设备必须标记设备可再次使用。

设备驱动程序所提供的入口点，在设备驱动程序初始化的时候向系统进行登记，以便系统在适当的时候调用。Linux 系统里，通过调用 register_chrdev 向系统注册字符型设备驱动程序。register_chrdev 定义如下：

```
#include <linux/fs.h>
```

```
#include <linux/errno.h>
int register_chrdev(unsigned int major, /*主设备号*/
const char name, /*设备名*/
struct file_operations fops);/*文件系统调用入口点*/
```

其中，major 是为设备驱动程序向系统申请的主设备号，如果为 0 则系统为此驱动程序动态地分配一个主设备号。name 是设备名。fops 就是前面所说的对各个调用的入口点的说明。此函数返回 0 表示成功；返回-EINVAL 表示申请的主设备号非法，一般来说是主设备号大于系统所允许的最大设备号；返回-EBUSY 表示所申请的主设备号正在被其他设备驱动程序使用。如果是动态分配主设备号成功，此函数将返回所分配的主设备号。如果 register_chrdev 操作成功，设备名就会出现在/proc/devices 文件里。

初始化部分一般还负责给设备驱动程序申请系统资源，包括内存、中断、时钟、I/O 端口等，这些资源也可以在 open 子程序或别的地方申请。在不使用这些资源的时候，应该释放它们，以利于资源的共享。在 UNIX 系统里，对中断的处理属于系统核心的部分，因此如果设备与系统之间以中断方式进行数据交换的话，就必须把该设备的驱动程序作为系统核心的一部分。设备驱动程序通过调用 request_irq 函数来申请中断，通过 free_irq 来释放中断。它们的定义如下：

```
#include <linux/sched.h>
int request_irq(unsigned int irq,
    void (*handler)(int irq,void dev_id,struct pt_regs *regs),
    unsigned long flags,
    const char *device,
    void *dev_id);
void free_irq(unsigned int irq, void *dev_id);
```

其中，参数 irq 表示所要申请的硬件中断号。handler 为向系统登记的中断处理子程序，中断产生时由系统来调用，调用时所带参数 irq 为中断号，dev_id 为申请时告诉系统的设备标识，regs 为中断发生时寄存器内容。device 为设备名，将会出现在/proc/interrupts 文件里。flag 是申请时的选项，它决定中断处理程序的一些特性，如其中的中断处理程序是快速处理程序还是慢速处理程序。

设备驱动程序在申请和释放内存时不是调用 malloc 和 free，而以调用 kmalloc 和 kfree 代之，它们的定义如下：

```
#include <linux/kernel.h>
void * kmalloc(unsigned int len, int priority);
void kfree(void * obj);
```

其中，参数 len 为希望申请的字节数。obj 为要释放的内存指针。priority 为分配内存操作的优先级，即在没有足够空闲内存时如何操作，一般用 GFP_KERNEL。

在用户程序调用 read，write 时，因为进程的运行状态由用户态变为核心态，地址空间也变为核心地址空间。而 read，write 中参数 buf 是指向用户程序的私有地址空间，所以不能直接访问，必须通过上述两个系统函数来访问用户程序的私有地址空间。memcpy_fromfs 从用户程序地址空间往核心地址空间复制，memcpy_tofs 则反之。参数 to 为复制的目的指针，from 为源指针，n 为要复制的字节数。内核空间与用户空间的内存交互也可借助 copy_from_user( )函数、copy_to_user( )函数。

在设备驱动程序里，可以调用 printk 来打印一些调试信息，用法与 printf 类似。printk 打印的信息不仅出现在屏幕上，同时还记录在文件 syslog 里。

11.3.2　字符设备驱动程序的基本框架

设备驱动程序可以分为 3 个主要组成部分。

（1）自动配置和初始化子程序，负责检测所要驱动的硬件设备是否存在和是否能正常工作。如果该设备正常，则对这个设备及其相关的设备驱动程序需要的软件状态进行初始化。这部分驱动程序仅在初始化的时候被调用一次。

（2）服务于 I/O 请求的子程序，又称为驱动程序的上半部分，由系统调用这部分程序。这部分程序在执行的时候，系统仍认为是和进行调用的进程属于同一个进程，只是由用户态变成了核心态，具有进行此系统调用的用户程序的运行环境，因此可以在其中调用 sleep( ) 等与进程运行环境有关的函数。

（3）中断服务子程序，又称为驱动程序的下半部分。在 UNIX 系统中，并不是直接从中断向量表中调用设备驱动程序的中断服务子程序，而是由 UNIX 系统来接收硬件中断，再由系统调用中断服务子程序。中断可以产生于任何一个进程运行的时候，因此在中断服务程序被调用的时候，不能依赖于任何进程的状态，也就不能调用任何与进程运行环境有关的函数。因为设备驱动程序一般支持同一类型的若干设备，所以一般在系统调用中断服务子程序的时候，都带有一个或多个参数，以唯一标识请求服务的设备。

在系统内部，I/O设备的存取通过一组固定的入口点来进行，这组入口点是由每个设备的设备驱动程序提供的。

如果采用模块方式编写设备驱动程序时，通常的模块构成有设备初始化模块、设备打开模块、数据读写与控制模块、中断处理模块、设备释放模块、设备卸载模块等几个部分。下面给出一个典型的设备驱动程序的基本框架。

```
/* 打开设备模块 */
static int xxx_open(struct inode *inode, struct file *file)
{
    /*……*/
}

/* 读设备模块 */
static int xxx_read(struct inode *inode, struct file *file)
{
    /*……*/
}

/* 写设备模块 */
static int xxx_write(struct inode *inode, struct file *file)
{
    /*……*/
}
/* 控制设备模块 */
static int xxx_ioctl(struct inode *inode, struct file *file)
{
    /*……*/
}
```

```
/* 中断处理模块 */
static void xxx_interrupt(int irq, void *dev_id, struct pt_regs *regs)
{
    /*……*/
}

/* 设备文件操作接口 */
static struct file_operations xxx_fops = {
    read: xxx_read, /* 读设备操作*/
    write: xxx_write, /* 写设备操作*/
    ioctl: xxx_ioctl, /* 控制设备操作*/
    open: xxx_open, /* 打开设备操作*/
    release: xxx_release /* 释放设备操作*/
    /*……*/
};
static int __init xxx_init_module (void)
{
    /*……*/
}

static void __exit demo_cleanup_module (void)
{
    pci_unregister_driver(&demo_pci_driver);
}

/* 加载驱动程序模块入口 */
module_init(xxx_init_module);
/* 卸载驱动程序模块入口 */
module_exit(xxx_cleanup_module);
```

11.4 字符设备驱动程序实例
——虚拟字符设备

例 11.1 虚拟字符设备驱动程序设计。此驱动程序的思路是，用一内存空间虚拟为一个设备，把此设备取名为 **globalvar**。通过该设备驱动程序既可把用户空间的数据写入设备，即用户空间向内核空间传送数据；也可以将内核空间的数据传到用户空间。具体设计为：在虚拟字符设备 **globalvar** 中，定义一个具有 **4B** 的全局变量 **int global_var**，通过重写 **file_operations** 结构体中读、写函数，实现当用户从键盘输入字符时，虚拟设备处于写的状态，把键盘输入的字符从用户空间复制到内核空间。当虚拟设备处于读的状态时，把内核空间的字符复制到用户空间。请模拟此虚拟字符设备。

分析 从内核空间复制到用户空间这个设备中只有一个 4B 的全局变量 int global_var，而这个设备的名字叫作 globalvar。对 globalvar 设备的读、写等操作即对其中全局变量 global_var 的操作。随着内核不断增加新的功能，file_operations 结构体已逐渐变得越来越大，但是大多数的驱动程序只是利用了其中的一部分。对于字符设备来说，主要用到的函数有 open( )、release( )、read( )、write( )、ioctl( )、llseek( )、poll( )等。设备驱动程序接口流程如图 11.3 所示。

图 11.3 驱动程序接口流程

字符设备驱动程序设计的主要模块如下：

1. 结构体设计

设备 gobalvar 的驱动程序中的函数大多数调用结构体 file_operation 中的标准函数，只有其中两个函数 read，write 对应于硬件设备的实际函数 gobalvar_read、gobalvar_write。因此，设备 gobalvar 的基本入口点结构变量 gobalvar_fops 设计如下：

```
struct file_operation gobalvar_fops =
{
  read: gobalvar_read,
  write: gobalvar_write,
};
```

注意：

上述代码中对 gobalvar_fops 的初始化方法并不是标准 C 所支持的，属于 GNU 扩展语法。

2. 设备驱动读、写函数的设计

（1）read( )函数。

当对设备特殊文件进行 read( )系统调用时，将调用驱动程序 read( )函数：

```
ssize_t (*read) (struct file *, char *, size_t, loff_t *);
```

read( )函数用来从设备中读取数据，从结构体设计得出，相对应的硬件设备函数为 globalvar_read。当该函数指针被赋值为 NULL 时，将导致 read 系统调用出错并返回 -EINVAL（Invalid argument，非法参数）。函数返回非负值表示成功读取的字节数（返回值为"signed size"数据类型，通常就是目标平台上的固有整数类型）。

globalvar_read 函数中内核空间与用户空间的内存交互需要借助 copy_to_user( )函数：

```
static ssize_t globalvar_read(struct file *filp, char *buf, size_t len,
    loff_t *off)
{
  ...
  copy_to_user(buf, &global_var, sizeof(int));
  ...
}
```

（2）write( )函数。

当设备特殊文件进行 write( )系统调用时，将调用驱动程序的 write( )函数：

```
ssize_t (*write) (struct file *, const char *, size_t, loff_t *);
```

write( )函数向设备发送数据，从结构体设计得出，相对应的硬件设备函数为 globalvar_write。如果没有这个函数，write 系统调用会向调用程序返回一个-EINVAL。如果返回值非负，则表示成功写入的字节数。

globalvar_write 函数中内核空间与用户空间的内存交互需要借助 copy_from_user( )函数：

```
static ssize_t globalvar_write(struct file *filp, const char *buf, size_t
    len, loff_t *off)
{
    ...

    copy_from_user(&global_var, buf, sizeof(int));
    ...
}
```

（3）驱动程序的设备注册。

驱动程序是内核的一部分，需要给其添加模块初始化函数，用来完成对所控设备的初始化工作，并调用 register_chrdev( )函数注册字符设备。

```
static int __init globalvar_init(void)
{
  if (register_chrdev(MAJOR_NUM, " globalvar ", &globalvar_fops))
  {
    /*……注册失败*/
  }
  else
  {
    /*……注册成功*/
  }
}
```

其中，register_chrdev 函数中的参数 MAJOR_NUM 为主设备号；"globalvar"为设备名；globalvar_fops 为包含基本函数入口点的结构体，类型为 file_operations。当 globalvar 模块被加载时，globalvar_init 被执行，它将调用内核函数 register_chrdev，把驱动程序的基本入口点指针存放在内核的字符设备地址表中，在用户进程对该设备执行系统调用时提供入口

地址。模块编译后用如下方法加载:

```
module_init(globalvar_init);
```

（4）设备驱动程序的卸载。

与模块初始化函数对应的就是模块卸载函数，需要调用 register_chrdev( )函数:

```
static void __exit globalvar_exit(void)
{
  if (unregister_chrdev(MAJOR_NUM, " globalvar "))
  {
    /*……卸载失败*/
  }
  else
  {
    /*……卸载成功*/
  }
}
```

已加载的驱动程序模块，可以用以下方法卸载:

```
module_exit(globalvar_exit);
```

3. 字符设备驱动程序设计步骤

☞ **操作步骤**

步骤 1：在某个目录下执行 vi globalvar.c 编写驱动。

`[root@localhost driver]# **vi globalvar.c**`

完整的 globalvar.c 文件源代码如下:

```
#include <linux/module.h>
#include <linux/init.h>
#include <linux/fs.h>
#include <asm/uaccess.h>
MODULE_LICENSE("GPL");
#define MAJOR_NUM 100 /*主设备号*/
static ssize_t globalvar_read(struct file *, char *, size_t, loff_t*);
static ssize_t globalvar_write(struct file *, const char *, size_t, loff_t*);
/*初始化字符设备驱动的 file_operations 结构体*/
struct file_operations globalvar_fops =
{
    read: globalvar_read,        /*数据结构中入口函数的定义*/
    write: globalvar_write,
};
static int global_var = 0;       /*globalvar 设备的全局变量*/
static int-init globalvar_init(void)
{
    int ret;
    /*注册设备驱动*/
    ret = register_chrdev(MAJOR_NUM, "globalvar", &globalvar_fops);
    if (ret)
    {
        printk("globalvar register failure");
    }
    else
```

```
    {
        printk("globalvar register success");
    }
    return ret;
}
static void __exit globalvar_exit(void)
{
    int ret;
    /*注销设备驱动*/
    ret = unregister_chrdev(MAJOR_NUM, "globalvar");
    if (ret)
    {
        printk("globalvar unregister failure");
    }
    else
    {
        printk("globalvar unregister success");
    }
}
static ssize_t globalvar_read(struct file *filp,char *buf, size_t len,
    loff_t *off)
{
    /*将 global_var 从内核空间复制到用户空间 buf*/
    if (copy_to_user(buf, &global_var, sizeof(int)))
    {
        return - EFAULT;
    }
    return sizeof(int);
}
static ssize_t globalvar_write(struct file *filp, const char *buf, size_t
    len, loff_t *off)
{
    /*将用户空间的数据复制到内核空间的 global_var*/
    if (copy_from_user(&global_var, buf, sizeof(int)))
    {
        return-EFAULT;
    }
    return sizeof(int);
}
module_init(globalvar_init);
module_exit(globalvar_exit);
```

注意:

在 "#define MAJOR_NUM 100" 中的设备号，应该先在目标板执行命令 cat /proc/devices 查看设备号 100 是否已经被使用，若已经被使用，则应该修改设备号，改用没被占用的设备号。

步骤 2：编译程序。

```
[root@localhost driver]# gcc -D__KERNEL__ -DMODULE globalvar.o:globalvar.c
```

步骤 3：在终端运行 insmod 命令来加载该驱动。

```
[root@localhost driver]# insmod globalvar.o
```

步骤 4：在终端查看/proc/devices 文件，可以发现多了一行"100 globalvar"。

```
[root@localhost driver]# cat /proc/devices
```

步骤 5：接下来为 globalvar 创建设备节点文件，执行如下命令：

```
[root@localhost driver]# mknod /dev/globalvar c 100 0
```

创建该设备节点文件后，用户进程通过/dev/globalvar 这个路径就可以访问到此全局变量虚拟设备了。

4. 字符设备驱动程序测试

步骤 1：编辑 globalvartest.c 文件用来验证上述设备。

```
[root@localhost driver]# vi globalvartest.c
```

globalvartest.c 文件源代码如下：

```c
#include <sys/types.h>
#include <sys/stat.h>
#include <stdio.h>
#include <fcntl.h>
main()
{
    int fd, num;
    /*打开/dev/globalvar*/
    fd = open("/dev/globalvar", O_RDWR, S_IRUSR | S_IWUSR);
    if (fd != -1 )
    {
        /*初次读globalvar*/
        read(fd, &num, sizeof(int));
        printf("The globalvar is %d\n", num);
        /*写globalvar*/
        printf("Please input the num written to globalvar\n");
        scanf("%d", &num);
        write(fd, &num, sizeof(int));
        /*再次读globalvar*/
        read(fd, &num, sizeof(int));
        printf("The globalvar is %d\n", num);
        /*关闭/dev/globalvar*/
        close(fd);
    }
    else
    {
        printf("Device open failure\n");
    }
}
```

步骤 2：编译 globalvartest.c。

```
[root@localhost driver]# gcc globalvartest.c -o globalvartest
```

步骤 3：在终端运行 globalvartest。

`[root@localhost driver]#` **`./globalvartest`**

The globalvar is 0   #输出默认值 0

Please input the num written to globalvar

5   #输入数字 5

The globalvar is 5   #输出数字 5

输入数字 5 后测试程序退出。

步骤 4：再次运行测试程序。

`[root@localhost driver]#` **`./globalvartest`**

The globalvar is 5

Please input the num written to globalvar

1   #输入数字 1

The globalvar is 1 #输出数字 1

显然，"globalvar" 设备可以正确读、写了。

思考与实验

一、判断题

1. 内核系统函数 copy_from_user(&global_var, buf, sizeof(int))表示数据从内核空间拷贝到用户空间。（   ）

2. 内核系统函数 copy_from_user(&global_var, buf, sizeof(int))表示数据从用户空间拷贝到内核空间。（   ）

3. 内核系统函数 copy_from_user(&global_var, buf, sizeof(int))中参数 global_var 表示内核空间的数据。（   ）

4. 内核系统函数 copy_from_user(&global_var, buf, sizeof(int))中参数 global_var 表示用户空间的数据。（   ）

5. 内核系统函数 copy_from_user(&global_var, buf, sizeof(int))中参数 buf 表示用户空间的地址。（   ）

6. 内核系统函数 copy_from_user(&global_var, buf, sizeof(int))中参数 buf 表示内核空间的地址。（   ）

二、选择题

1. 在驱动程序 hello.c 的设计中，把驱动程序编译成模块，应该使用（   ）命令。

A. gcc -O2 -DMODULE -D__KERNEL__ -c hello.c

B. gcc -O2 -D__KERNEL__ -c hello.c

C. arm-linux-gcc -O2 -DMODULE -D_KERNEL_ -c hello.c

D. arm-linux-gcc -O2 -DMODULE -D_KERNEL_ -c hello.c

2．在驱动程序 hello.c 的设计中，把驱动程序编译成模块，（　　　　）属于模块文件名。

A．hello B．he.ko

C．he D．he.O

3．在驱动程序 hello.c 的设计中，把驱动程序编译成模块，（　　　　）属于模块文件名。

A．hello B．he.KO

C．he.o D．he.O

4．在驱动程序 globalvar.c 的设计中，把驱动程序编译成模块 globalvar.ko，在源程序中有下列语句：

```
module_init(globalvar_init);
module_exit(globalvar_exit);
```

当设备调用命令（　　　），程序应用 module_init 函数完成模块的加载。

A．insmod globalvar B．insmod globalvar.ko

C．insmod globalvar.o D．rmmod globalvar.ko

5．在驱动程序 globalvar.c 的设计中，把驱动程序编译成模块 globalvar.ko，在源程序中有下列语句：

```
module_init(globalvar_init);
module_exit(globalvar_exit);
```

当设备调用命令（　　　），程序应用 module_exit 函数完成模块的卸载。

A．rmmod globalvar B．rmmod globalvar.ko

C．rmmod globalvar.o D．rmmod

6．对设备驱动程序模块的一些操作，列出系统中加载的模块的命令是（　　　　）。

A．lsmod B．insmod C．rmmod D．mknod

7．对设备驱动程序模块的一些操作，创建相关模块的命令是（　　　）。

A．lsmod B．insmod C．rmmod D．mknod

8．在 Linux 系统的/dev 目录下，使用命令 ls –al | more 可以查看到设备文件的一些相关信息：

```
drwxr-xr-x      2 root      root          32768 2007-07-25  cciss
lrwxrwxrwx      1 root      root              8 2007-07-25  cdrom -> /dev/hdc
brw-rw----      1 root      disk        24,   0 2003-01-30  cdu535
crw-rw----      1 root      disk        67,   0 2003-01-30  cfs0
```

其中（　　　）文件为字符设备文件，（　　　）文件为块设备文件。

A．cfs0 B．cdu535 C．cciss D．hdc

三、在嵌入式设备下开发驱动程序，实现LED的控制。在驱动中添加write方法，输入一个4位的二进制数，调用write方法，使得为1的位亮灯，为0的位灭灯。例如，输入1010，实验箱上的四盏灯则"亮灭亮灭"。请阅读以下程序代码。

```
#include <linux/config.h>
#include <linux/module.h>
#include <linux/kernel.h>
#include <linux/fs.h>
#include <linux/init.h>
```

```c
#include <linux/devfs_fs_kernel.h>
#include <linux/miscdevice.h>
#include <linux/delay.h>
#include <asm/irq.h>
#include <asm/io.h>
#include <asm/arch/regs-gpio.h>
#include <asm/hardware.h>
#include <asm/uaccess.h>
#define DEVICE_NAME"led"
#define LED_MAJOR 233
#define LED_BASE(0xE1180000)
unsigned char status = 0xff;
static int eduk4_led_ioctl(struct inode *inode, struct file *file, unsigned
        int cmd, unsigned long arg)
{
  switch(cmd)
  {
    case 0:
    case 1:
    if (arg > 4) {
        return -EINVAL;
    }
    if(0 == cmd)
    {
      status &= ~(0x1 << arg);
    }
    else if(1 == cmd)
    {
      status |= (0x1 << arg);
    }
    outb(status, LED_BASE);
    return 0;
    default:
    return -EINVAL;
  }
}
static ssize_t eduk4_led_read(struct file *file, char __user *buf, size_t
        count, loff_t *ppos){
  printk("\nE201102032 LiDandan \n3090101023 JiangYing\n");
}
static ssize_t eduk4_led_write(struct file *file, char __user *buf, size_t
        count, loff_t *ppos){
  unsigned char status = 0xff;
  printk("into\n");
  int ret,i;
  char from_user_data[4] ;
  ret = copy_from_user(from_user_data, buf, sizeof(from_user_data));
  status = inb(LED_BASE);
  for(i=0;i<4;i++)
  {
    if(from_user_data[i]=='0')
```

```
            status &= ~(0x1 << i);
          else if(from_user_data[i]=='1')
            status |=(0x1 << i);
      }
      outb(status, LED_BASE);
      return 0;
}
static struct file_operations eduk4_led_fops = {
    .owner=THIS_MODULE,
    .ioctl=eduk4_led_ioctl,
    .read =    eduk4_led_read,
    .write=   eduk4_led_write,
};
static int __init eduk4_led_init(void)
{
    int ret;
    unsigned char status;
    ret = register_chrdev(LED_MAJOR, DEVICE_NAME, &eduk4_led_fops);
    if (ret < 0)
    {
        printk(DEVICE_NAME " can't register major number\n");
        return ret;
    }
    devfs_mk_cdev(MKDEV(LED_MAJOR, 0), S_IFCHR | S_IRUSR | S_IWUSR | S_IRGRP,
                  DEVICE_NAME);
      status = inb(LED_BASE);
      outb(status | 0xff,LED_BASE);
      printk(DEVICE_NAME " initialized\n");
      return 0;
}
static void __exit eduk4_led_exit(void)
{
    unsigned char status;
    status = inb(LED_BASE);
    outb(status | 0xff,LED_BASE);
    printk(DEVICE_NAME " remove\n");
    devfs_remove(DEVICE_NAME);
    unregister_chrdev(LED_MAJOR, DEVICE_NAME);
}
module_init(eduk4_led_init);
module_exit(eduk4_led_exit);
MODULE_LICENSE("BSD/GPL");
```

测试程序：

```
#include <stdio.h>
#include <stdlib.h>
#include <unistd.h>
#include <sys/ioctl.h>
#include <sys/types.h>
#include <sys/stat.h>
```

```
#include <fcntl.h>
#include <sys/select.h>
#include <sys/time.h>
static int led_fd;
int ccc,kk,mmm;
int ret[4];
int led[4];
int main(int argc, char **argv)
{
  char t[4];
  int i=0;
  /* open device */
  led_fd = open("/dev/led", O_RDWR);
  if (led_fd < 0)
  {
    perror("open device led");
    exit(1);
  }
  printf("Please look at the leds\n");
  read(led_fd,ret,kk);
  scanf("%s",t);
  printf("%d\n",write(led_fd, t, 4));
  close(led_fd);
  return 0;
}
```

四、阅读下列程序，写出程序的主要设计思路、设计方法。

```
#include <linux/module.h>
#include <linux/kernel.h>
#include <linux/init.h>
#include <linux/fs.h>
#include <asm/uaccess.h>
MODULE_LICENSE("GPL");
#define ID  (*(volatile unsigned * )0x3ff5008)      /*GPIO 数据寄存器*/
#define IM  (*(volatile unsigned * )0x3ff5000)      /*GPIO 模式寄存器*/
static int moto_write(struct file*,char*,int,loff_t*);
static int major = 212;                /*定义设备号为212*/
static char moto_name[] = "moto1"; /*定义设备文件名为moto*/
static void delay_moto(unsigned long counter)       /*延时函数*/
{
    unsigned int a;
    while(counter--)
    {
        a = 400;
        while(a--);
    }
}
static struct file_operations moto1_fops=  /*声明 file_operations 结构*/
{
    write : (void(*)) moto_write,
```

```
};
/*驱动程序初始化函数*/
static int __init moto_init_module(void)
{
    int retv;
    retv = register_chrdev(major, moto_name, &moto1_fops);
    if(retv<0)
    {
        printk("<1>Register fail! \n");
        return retv;
    }
    if (major==0)
        major = retv;
    printk("moto1 regist success\n");
    return 0;
}
/*驱动程序退出函数*/
static void motodrv_cleanup(void)
{
    int retv;
    retv = unregister_chrdev(major, moto_name);
    if(retv<0)
    {
        printk("<1>Unregister fail! \n");
        return;
    }
    printk("<1>MOTODRV: Good-bye!  \n");
}
static int moto_write(struct file*moto_file,char*buf,int len, loff_t* loff)
{
    unsigned long on;
    IM = 0xff;
    if(copy_from_user((char * )&on, buf, len))
        return -EFAULT;
    if(on)/*快转*/
    {
        ID |= 0x10;     /*set A_bit*/
        delay_moto(20);
        ID &= 0xffffffef;   /*clear A_bit*/
        ID |= 0x20;     /*set B_bit*/
        delay_moto(20);
        ID &= 0xffffffdf;   /*clear B_bit*/
        ID |= 0x40;     /*set C_bit*/
        delay_moto(20);
        ID &= 0xffffffbf;   /*clear C_bit*/
        ID |= 0x80;     /*set D_bit*/
        delay_moto(20);
        ID &= 0xffffff7f;   /*clear D_bit*/
    }
    else
    {
```

```
                ID |= 0x10;      /*set A_bit*/
                delay_moto(40);
                ID &= 0xffffffef;   /*clear A_bit*/
                ID |= 0x20;      /*set B_bit*/
                delay_moto(40);
                ID &= 0xffffffdf;   /*clear B_bit*/
                ID |= 0x40;      /*set C_bit*/
                delay_moto(40);
                ID &= 0xffffffbf;   /*clear C_bit*/
                ID |= 0x80;      /*set D_bit*/
                delay_moto(40);
                ID &= 0xffffff7f;   /*clear D_bit*/
            }
        return len;
    }
module_init(moto_init_module);
module_exit(motodrv_cleanup);
/*设备应用程序的设计*/
#include <fcntl.h>
void delay();
int main(void)
{
    int fd;
    unsigned int on,i,j;/*on=0 代表慢, on=1 代表快*/
    fd = open("/dev/moto1", O_RDWR);     /*打开设备 moto1*/
    while(1)
    {
        i=(*(volatile unsigned*)0x03FF5008);/*判断连接到 GPIO 的按钮是否按下*/
        i &= 0x00003000;
        j = i;
        i &= 0x00001000;
        j &= 0x00002000;
        if(i)        /*启停键按下*/
        {
         if(j)       /*快慢键按下*/
         {
            on = 0x01;
            write(fd, (char *)&on, 4);
          }
         else
         {
           on = 0x0;
           write(fd, (char *)&on, 4);
          }
        }
    }
    close(fd);
    return 0;
}
void delay()                  /*延时函数*/
{
```

```
    long int i=1000000;
    while(i--);
}
```

第 **12** 章

串行通信

 **本章重点**

1. 串行通信程序的设计流程。
2. 串行通信端口的设置。
3. 串行通信中相关函数的应用。
4. 串行通信程序的设计。

 **本章导读**

常用的串行通信有两种：RS-232 串行通信、RS-485 串行通信。其实近年来相当盛行的 USB 和 IEEE1394，也属于串行通信的扩展。本章将对 RS-232 串行通信的程序设计及应用进行详细讲解。通过本章的学习，掌握串行通信程序的设计方法。

终端 I/O 的用途很广泛，包括终端、计算机之间的直接连接、调制解调器、打印机等等，所以它就变得非常复杂。终端设备是由一般位于内核中的终端驱动程序所控制的。每个终端设备有一个输入队列、一个输出队列。

12.1　串行通信概述

串行通信（Serial Communication）一直占据着极其重要的地位，随着性能提高，其应用也越来越广泛。现在的串行通信端口（RS-232）是计算机上的标准配置。最为常见的应用是连接调制解调器进行数据传输。

串行通信中使用一条数据线，将数据一位一位地依次传输，每一位数据占据一个固定的时间长度。其只需要少数几条线就可以在系统间交换信息，特别适用于计算机与计算机、计算机与外设之间的远距离通信。

串行通信将计算机主机与外设之间以及主机系统与主机系统之间的数据串行传送。使用串口通信时，发送和接收到的每一个字符实际上都是一次一位地传送的，每一位为 1 或者为 0。串行通信可分为同步通信与异步通信。

12.1.1　同步通信

同步通信是一种连续串行传送数据的通信方式，一次通信只传送一帧信息。这里的信息帧与异步通信中的字符帧不同，通常含有若干个数据字符。它们均由同步字符、数据字符和校验字符（CRC）组成。其中，同步字符位于帧开头，用于确认数据字符的开始；数据字符在同步字符之后，个数没有限制，由所需传输的数据块长度决定；校验字符有 1 到 2 个，用于接收端对接收到的字符序列进行正确性校验。同步通信的缺点是要求发送时钟和接收时钟保持严格的同步。

12.1.2　异步通信

在异步通信中有两个比较重要的指标：字符帧格式和波特率。数据通常以字符或者字节为单位组成字符帧传送。字符帧由发送端逐帧发送，通过传输线被接收设备逐帧接收。发送端和接收端可以由各自的时钟来控制数据的发送和接收，这两个时钟源彼此独立，互不同步。接收端检测到传输线上发送过来的低电平逻辑"0"（即字符帧起始位）时，确定发送端已开始发送数据；每当接收端收到字符帧中的停止位时，就知道一帧字符已经发送完毕。

计算机通常包含 COM1 和 COM2 两个串行通信端口。一般计算机的 COM 端口从外观上看有 9 个针脚，RS-232 型串行通信端口如图 12.1 所示。

[]

图 12.1　RS-232 外观

在 Linux 中，所有的设备文件都位于"/dev"下，其中 COM1，COM2 对应的设备名依次为"/dev/ttyS0""/dev/ttyS1"。Linux 对设备的操作方法和对文件的操作方法相同，因此，对串口的读写就可以使用简单的 read、write 函数来完成，所不同的是要对串口的一些参数进行配置。

注意：

（1）在终端可用命令 ls /dev -al 查找所有设备或用命令 ls /dev ttyS* -al 查找以 ttyS 开头的设备名。

（2）要自制两个串口的连接电缆，必须要把 TxD（传送）及 RxD（接收）两线对调。

12.2　串行通信程序的设计

12.2.1　串行通信程序设计流程

串行通信编程的基本流程如图 12.2 所示。串行通信程序设计过程中，首先应打开该端口，保存原端口的设置，根据用户的实际需要，配置相应的波特率、字符大小等参数，设置串口参数，然后对该串行口进行数据读写操作；当通信结束后，关闭串口。串行通信程序的设计分为发送端程序设计与接收端程序设计。

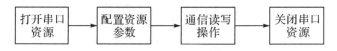

图 12.2　串行通信编程的基本流程

12.2.2　打开通信端口

在 Linux 中把串口设备视为普通文件，可使用 open( )函数来打开串口设备。首先通过一个实例，说明如何在 Linux 平台下打开串口设备的操作。

例 12.1　要求以读写非阻塞的形式打开 PC 的 COM1 串行通信端口。

分析　使用 open( )函数打开 COM1 端口，设备名称为"/dev/ttyS0"。设置 open 的打开方式，要求以读写（O_RDWR）、非阻塞（O_NONBLOCK）的方式打开，打开串口设备时不会成为进程的控制终端，此时使用参数 O_NOCTTY。

☞ **操作步骤**

步骤 1　编辑源程序代码。

先建立一个目录 12-1，在目录 12-1 下编辑源程序 12-1.c 及 make 文件 makefile。

`[root@localhost 12-1]# vi 12-1.c`

程序代码如下：

```
#include<stdio.h>
#include<string.h>
#include<unistd.h>
#include<fcntl.h>
#include<errno.h>
#include<termios.h>
int main()
{
    int fd;
    fd=open("/dev/ttyS0",O_RDWR|O_NOCTTY| O_NONBLOCK);
    if(fd==-1)
      perror("open error\n");
    else
      printf("open success\n");
    return(fd);
}
```

步骤 2　编辑 makefile 文件。

`[root@localhost 12-1]# vi makefile`

```
CC = gcc
AR = $(CC)ar
EXEC = 12-1
OBJS = 12-1.o
all: $(EXEC)
$(EXEC): $(OBJS)
        $(CC) -o $@ $(OBJS) -lm
clean:
        -rm -f $(EXEC) *.elf *.gdb *.o
```

编辑好工程文件后，在目录 12-1 下执行命令 make，即可生成可执行文件。

注意：

（1）在终端可用命令 ls /dev -al 查找所有设备或用命令 ls /dev ttyS* -al 查找以 ttyS 开头的设备名。

（2）要自制两个串口的连接电缆，必须要把 TxD (传送)及 RxD(接收)两线对调。

（3）程序中 O_RDWR 指读写模式。O_NOCTTY 标志告诉 linux 系统，这个程序不会成为对应这个端口的控制终端，如果没有指定这个标志，那么任何一个输入，诸如键盘中止信号等，都将会影响您的进程。O_NONBLOCK 标志告诉 Linux 系统这个程序以非阻塞的方式打开。

思考：要求以只读的模式打开计算机的 COM2。

12.2.3　设置串口属性

在 Linux 中若要对串口进行操作，如改变其波特率、字符大小等，就是对结构体 struct termios 中成员的值进行设置，使用该结构体需要包含 "#include<termios.h>头文件"。结构体如下：

```
#include<termios.h>
struct termios
{
  tcflag_t  c_iflag;   /* 输入模式 */
  tcflag_t  c_oflag;   /* 输出模式 */
  tcflag_t  c_cflag;   /* 控制模式 */
  tcflag_t  c_lflag;   /* 本地模式 */
  cc_t   c_cc[NCCS];   /* 特殊控制模式 */
} ;
```

- 输入模式标志由终端设备驱动程序用来控制输入特性（去除输入字节的第 8 位，允许输入奇偶校验等等）。
- 输出模式标志则控制输出特性（执行输出处理，将新行映照为 CR/LF 等），控制标志影响到 RS-232 串行线（忽略调制解调器的状态线，每个字符的一个或两个停止位等等）。
- 本地模式标志影响驱动程序和用户之间的界面（回送的开或关，虚拟的擦除符，允许终端产生的信号，对后台作业输出的控制停止信号等）。
- 类型 tcflag_t 的长度是用以保持每个标志值，经常被定义为 unsigned long。
- c_cc 数组包含了任何能够更改的特别字符。NCCS 是该数组的长度，其典型值在 11~18 之间。

注意：

这个结构中最为重要的是 c_cflag，通过对它的赋值，用户可以设置波特率、字符大小、数据位、停止位、奇偶校验位和硬件控制等。

下面具体介绍结构体成员 c_iflag、c_oflag、c_cflag、c_lflag 和 c_cc[NCCS]的含义及用法。

c_iflag（输入模式）介绍如下：

c_iflag 值	说　明
BRKINT	影响中断
IGNBRK	屏蔽中断
ICRNL	将回车 CR 转化成换行 NL
IGNCR	忽略收到的回车 CR
INLCR	将换行 NL 转化成回车 CR
IGNPAR	忽略奇偶校验错误
INPCK	对收到的字符进行奇偶校验
PARMRK	标示奇偶校验错误
ISTRIP	除去奇偶校验位
IXOFF	设置软件的输入数据流
IXON	设置软件的输出数据流

 注意：

CR 代表回车，NL 代表换行。

c_oflag（输出模式）介绍如下：

c_oflag 值	说　明
OPOST	打开输出处理
ONLCR	将 NL 转换成 CR 和 NL
OCRNL	将 CR 转换成 NL
ONOCR	不在第 0 列输出回车
ONLRET	不输出 CR
OFILL	传送 fill 字符以提供延迟
OFDEL	使用 del 作为 fill 字符，而非用 NULL
NLDLY	换行延时
CRDLY	Return 键延时
TABDLY	Tab 延时
BSDLY	后退键延时
VTDLY	垂直跳格延时
FFDLY	窗体换页延时

c_cflag（控制模式）介绍如下：

c_cflag 值	说　明
CLOCAL	忽略任何调制解调器状态
CREAD	启动接收器
CS5	5 个数据位
CSTOPB	2 个停止位（不设置则为 1 个停止位）
HUPCL	关闭时挂断调制解调器
PARENB	启用奇偶校验
PARODD	使用奇校验而不使用偶校验
B9600	9600 波特率

c_lflag（局部模式）介绍如下：

c_lflag 值	说　明
ECHO	启动响应输入字符
ECHOE	将 ERASE 字符响应为执行 Backspace，Space，Backspace 的组合
ECHOK	在 KILL 字符处删除当前行
ECHONL	回显字符 NL
ICANON	设置正规模式，在这种模式下，需要设置 c_cc 数组来进行一些终端配置
IEXTEN	启动特殊函数的执行
ISIG	启动 SIGINTR，SIGSUSP，SIGQUIT，SIGSTP 信息
NOFLSH	关闭队列中的 flush
TOSTOP	传送要写入的信息至背景程序

c_cc[NCCS]（特殊控制字符）介绍如下：

c_cc[NCCS]值	说　明
VINTR	中断控制
VQUIT	退出操作
VERASE	删除操作
VKILL	删除行
VEOF	位于文件结尾
VEOL	位于文件行尾
VMIN	指定了最少读取的字符
VTIME	指定了读取每个字符的等待时间

实现串口通信，很重要的一步就是对以上端口的参数进行设置。

例如：打开 COM1 通信端口，并设置串口属性。设置波特率为 38400，启用奇偶校验位，且忽略奇偶校验错误，正规模式，并换行延迟。程序代码如下：

```
#include <string.h>
#include <unistd.h>
#include <fcntl.h>
#include <errno.h>
#include <termios.h>
int main()
{
        int fd;
        struct termios oldtio,newtio;

        fd=open("/dev/ttyS0",O_RDWR|O_NOCTTY|O_NONBLOCK);
        if(fd==-1)
        {
                perror("open error!\n");
        }
        else
        {
                printf("open success!\n");
                tcgetattr(fd,&oldtio);
                bzero(&newtio,sizeof(newtio));
                newtio.c_cflag=B38400 | PARENB;
                newtio.c_iflag=IGNPAR;
                newtio.c_lflag=ICANON;
                newtio.c_oflag=NLDLY;
                printf("COM1 is set successfully!\n");
                printf("Close COM1!\n");
                close(fd);
                tcsetattr(fd,TCSANOW,&oldtio);
        }
        return 0;
}
```

运行结果：

```
open success!

COM1 is set successfully!

Close COM1
```

思考：在设置串口属性时，要求奇偶校验，请写出设置串口的语句。

12.2.4　串口通信程序设计

串口通信一般分为接收端和发送端。接收端主要打开端口，设置接收端串口的参数，接收数据；发送端主要打开发送数据的端口，设置发送端串口的参数，发送数据。最后关闭发送端和接收端。以下对接收端与发送端分别说明。

1. 接收端

（1）打开 PC 的 COM1 端口。

如果以读写的方式打开 COM1 端口，语句可写为

```
fd=open("/dev/ttyS0",O_RDWR | O_NOCTTY);
```

（2）取得当前串口值，并保存至结构体变量 oldtio。

```
tcgetattr(fd,&oldtio);
```

（3）串口结构体变量 newtio 清零。

```
bzero(&newtio,sizeof(newtio));
```

（4）设置串口参数。

· 假定设置波特率为 BAUDRATE，8 个数据位，忽略任何调制解调器状态，同时启动接收器。

```
newtio.c_cflag=BAUDRATE |CS8 |CLOCAL|CREAD;
```

· 忽略奇偶校验错误。

```
newtio.c_iflag=IGNPAR;
```

· 设输出模式非标准型，同时不回应。

```
newtio.c_oflag=0;
```

· 启用正规模式。

```
newtio.c_lflag=ICANON;
```

（5）刷新在串口中的输入、输出数据。

```
tcflush(fd,TCIFLUSH);
```

参数 TCIFLUSH 表示刷新收到的数据，但是不读取。

（6）设置当前的串口参数为 newtio。

```
tcsetattr(fd,TCSANOW,&newtio);
```

参数 TCSANOW 表示改变端口配置并立即生效。

（7）读取缓存中的数据。

```
read(fd,buf,255);
```

表示从端口读取 255 个字符存放到 buf 中。

（8）关闭串口。

```
close(fd);
```

（9）恢复旧的端口参数。

```
tcsetattr(fd,TCSANOW,&oldtio);
```

2. 发送端

（1）打开 PC 的 COM2 端口。

```
fd=open("/dev/ttyS1",O_RDWR | O_NOCTTY);
```

（2）取得当前串口值，并保存至 oldtio。

```
tcgetattr(fd,&oldtio);
```

（3）串口结构体变量 newtio 清零。

```
bzero(&newtio,sizeof(newtio));
```

（4）设置串口参数。

·设置波特率为 BAUDRATE，8 个数据位，忽略任何调制解调器状态，同时启动接受器。

```
newtio.c_cflag=BAUDRATE |CS8 |CLOCAL|CREAD;
```

·忽略奇偶校验错误。

```
newtio.c_iflag=IGNPAR;
```

·设输出模式为非标准型，同时不回应。

```
newtio.c_oflag=0;
```

·启用正规模式。

```
newtio.c_lflag=ICANON;
```

（5）刷新在串口中的输入、输出数据。

```
tcflush(fd,TCIFLUSH);
```

（6）设置当前的串口为 newtio。

```
tcsetattr(fd,TCSANOW,&newtio);
```

参数 TCSANOW 表示改变端口配置并立即生效。

（7）向串口写入数据，储存在缓存中。

```
write(fd,s1,l);
```

表示向串口写入长度为 l 的数据 s1。

（8）关闭串口。

```
close(fd);
```

（9）恢复旧的端口参数。

```
tcsetattr(fd,TCSANOW,&oldtio);/*恢复旧的端口参数*/
```

下面将以一个完整的例子说明串行程序的设计过程。

例 12.2　通过计算机的 **COM1** 和 **COM2** 进行通信，利用 **RS-232** 来传送信息，其中 **COM1** 为发送端，**COM2** 为接收端，当接收端接收到字符 "**@**" 时，结束传输。**RS-232** 的通信格式为 **38400,n,8,1**（**38400** 表示波特率大小，**n** 表示不进行奇偶校验，**8** 表示数据位，**1** 表示停止位）。

分析　先打开串行口，接着设置端口参数，然后进行通信，最后关闭串行端口。

☞ **操作步骤**

步骤 1　连线。

使用 RS-232 线连接计算机的 COM1 和 COM2 端口。

步骤 2　编辑源程序代码。

设接收端的源文件名为 12-2-r.c，发送端的源文件名为 12-2-s.c，在接收端打开端口 COM2 后，COM2 口会读取计算机 COM1 口传来的数据并输出。若 COM2 口接收到的字符为 "@"，则结束传输。

```
[root@localhost root]# vi 12-2-r.c
```

程序代码如下：

```
#include<stdio.h>
#include<sys/types.h>
#include<fcntl.h>
#include<termios.h>
#define BAUDRATE B38400
#define MODEMDEVICE "/dev/ttyS1"
int main()
{
    int fd,c=0,res;
    struct termios oldtio, newtio;
    char buf[256];
    printf("start ...\n");
    fd=open(MODEMDEVICE,O_RDWR | O_NOCTTY);/*打开 PC 的 COM2 端口*/
    if(fd<0)
    {
        perror(MODEMDEVICE);
        exit(1);
    }
    printf("open...\n");
    tcgetattr(fd,&oldtio);/*将目前终端机参数保存到结构体变量 oldtio*/
    bzero(&newtio,sizeof(newtio));/*初始化结构体变量 newtio*/
    newtio.c_cflag=BAUDRATE |CS8 |CLOCAL|CREAD;
    newtio.c_iflag=IGNPAR;
    newtio.c_oflag=0;
    newtio.c_lflag=ICANON;/*设置为正规模式*/
    tcflush(fd,TCIFLUSH);
    tcsetattr(fd,TCSANOW,&newtio);/*新的 termios 作为通信端口的参数*/
    printf("reading...\n");
    while(1)
    {
        res=read(fd,buf,255);
        buf[res]='\0';
        printf("res=%d vuf=%s\n",res,buf);
        if(buf[0]=='@') break;
    }
    printf("close...\n");
    close(fd);
    tcsetattr(fd,TCSANOW,&oldtio);/*恢复旧的端口参数*/
    return 0;
}
```

步骤 3 用 gcc 编译程序。

接着用 gcc 的 "-o" 参数，将 12-2-r.c 程序编译成可执行文件 12-2-r。输入如下：

[root@localhost root]# **gcc 12-2-r.c -o 12-2-r**

步骤 4 编辑发送端源程序代码。

COM1 是发送端，它会把 COM1 的数据发送给 COM2。若 COM2 接收的字符为 "@"，则结束传输。

[root@localhost root]# **vi 12-2-s.c**

程序代码如下：

```
#include<stdio.h>
#include<sys/types.h>
#include<sys/stat.h>
#include<fcntl.h>
#include<termios.h>
#define BAUDRATE B38400
#define MODEMDEVICE "/dev/ttyS0"
#define STOP '@'
int main()
{
    int fd,c=0,res;
    struct termios oldtio,newtio;
    char ch,s1[20];
    printf("start...\n");
    fd=open(MODEMDEVICE,O_RDWR | O_NOCTTY);
    if(fd<0)
    {
        perror(MODEMDEVICE);
        exit(1);
    }
    printf("open...\n");
    tcgetattr(fd,&oldtio);
    bzero(&newtio,sizeof(newtio));
    newtio.c_cflag=BAUDRATE|CS8|CLOCAL|CREAD;
    newtio.c_iflag=IGNPAR;
    newtio.c_oflag=0;
    newtio.c_lflag=ICANON;
    tcflush(fd,TCIFLUSH);
    tcsetattr(fd,TCSANOW,&newtio);
    printf("writing...\n");
    while(1)
    {
        while((ch=getchar())!='@')
        {
        s1[0]=ch;
        res=write(fd,s1,1);
        }
        s1[0]=ch;
        s1[1]='\n';
        res=write(fd,s1,2);
        break;
    }
    printf("close...\n");
    close(fd);
    tcsetattr(fd,TCSANOW,&oldtio);
    return 0;
}
```

步骤 5　用 gcc 编译程序。

接着用 gcc 的 "-o" 参数，将 12-2-s.c 程序编译成可执行文件 12-2-s。输入如下：

```
[root@localhost root]# gcc  12-2-s.c  -o  12-2-s
```

步骤 6 测试运行结果。

（1）打开一个终端，运行发送端程序。具体如下：

[root@localhost root]# ./ **12-2-r**

（2）打开另一个终端，运行发送端程序，并输入"hello,world！"。具体如下：

[root@localhost root]# ./ **12-2-s**

start…

open…

wirting…

hello,world!　　　[Enter]

@　　　　　[Enter]

（3）接着会在接收端看到传来的数据。具体如下：

[root@localhost root]# ./ **12-2-r**

start…

open…

reading…

res=13 vuf=hello,world!

res=2　vuf=@

结果分析　接收端收到发送端传来的字符（hello,world!），并统计出字符数。

📖 相关知识介绍

tcgetattr 函数说明如下：

所需头文件	#include<termios.h>
函数功能	可用来取得目前的串口参数值
函数原型	int tcgetattr(int fd, struct termios *tp)
函数说明	fd：指向所打开串口的描述符 *tp：重新设置文件描述符 fd 所描述的串口
函数返回值	正确返回 0，若有错误发生则会返回–1

tcsetattr 函数说明如下：

所需头文件	#include<termios.h>
函数功能	可用来设置串口参数值
函数原型	int tcsetattr(int fd, int action, const struct termios *tp)
函数说明	fd：指向所打开串口的描述符 Action 有三种取值：TCSANOW，立即将值改变；TCSADRAIN，当目前输出完成时再将值改变；TCSAFLUSH，当目前输出完成时才改变值，但会舍弃目前所有的输入 *tp：重新设置文件描述符 fd 所描述的串口
函数返回值	正确返回 0，若有错误发生则会返回–1

tcflush 函数说明如下：

所需头文件	#include<termios.h>
函数功能	清除所有队列在串口的输入输出
函数原型	int tcflush (int fd, int queue)
函数说明	Queue 有三个取值：TCIFLUSH，清除输入；TCOFLUSH，清除输出；TCIOFLUSH，清除输入与输出
函数返回值	正确返回 0，若有错误发生则会返回-1

思考：

（1）分别编写串口通信中发送端与接收端的 makefile 文件。
（2）把例 12.2 中的 RS-232 通信格式改为 51200, n, 8, 1，其他设置不变，然后完成实验。
（3）参考例 12.2，RS-232 的通信格式不变，依然是 38400, n, 8, 1。要求发送端先读取文件的内容，然后将其内容发送到接收端，并在屏幕上打印出接收到的内容。

思考与实验

1. 写出 open("/dev/ttyS0",O_RDWR|O_NOCTTY|O_NDELAY);这行代码的含义。
2. 设置串行口属性参数为波特率 38400，并且启用偶校验位。
3. 编写一个串口通信程序，要求使用硬件流控制，8 位字符大小，以 9600 的波特率从一台计算机的 COM1 口发送键盘输入的字符，从另一台计算机的 COM1 口接收，并在屏幕上打印出接收到的字符。
4. 阅读下列串行通信程序，接收端代码文件为 r.c，发送端代码文件为 s.c。

```
/* 接收端代码文件 r.c */
#include <stdio.h>
#include <sys/types.h>
#include<fcntl.h>
#include<termios.h>

#define BAUDRATE B38400
#define MODEMDEVICE "/dev/ttyS1"
int main()
{

    int fd,c=0,res;
    struct termios oldtio, newtio;
    char buf[256];
    printf("start ...\n");
    fd=open(MODEMDEVICE,O_RDWR | O_NOCTTY);
    if(fd<0)
    {
        perror(MODEMDEVICE);
```

```
            exit(1);
        }

    printf("open...\n");
    tcgetattr(fd,&oldtio);
    bzero(&newtio,sizeof(newtio));
    newtio.c_cflag=BAUDRATE |CS8 |CLOCAL|CREAD;
    newtio.c_iflag=IGNPAR;
    newtio.c_oflag=0;
    newtio.c_lflag=ICANON;
    tcflush(fd,TCIFLUSH);
    tcsetattr(fd,TCSANOW,&newtio);
    printf("reading...\n");

    while(1)
    {
        res=read(fd,buf,255);
        buf[res]=0;
        printf("res=%d vuf=%s\n",res,buf);
        if(buf[0]=='@') break;
    }
    printf("close...\n");
    close(fd);
    tcsetattr(fd,TCSANOW,&oldtio);
    return 0;
}

/* 发送端代码文件为 s.c */
#include <stdio.h>
#include<sys/types.h>
#include<sys/stat.h>
#include<fcntl.h>
#include<termios.h>
#include<string.h>

#define BAUDRATE B38400
#define MODEMDEVICE "/dev/ttyS0"
#define STOP '@'
int main()
{
    int fd,c=0,res;
    int nbytes, fdsrc, z; /* 定义新变量 */
    struct termios oldtio,newtio;
    char filename, s1[20]; /* 定义变量 filename */
    printf("start...\n");
    fd=open(MODEMDEVICE,O_RDWR | O_NOCTTY);

    if(fd<0)
    {
        perror(MODEMDEVICE);
        exit(1);
```

```
    }
    printf("open...\n");
    tcgetattr(fd,&oldtio);
    bzero(&newtio,sizeof(newtio));
    newtio.c_cflag=BAUDRATE|CS8|CLOCAL|CREAD;
    newtio.c_iflag=IGNPAR;
    newtio.c_oflag=0;
    newtio.c_lflag=ICANON;
    tcflush(fd,TCIFLUSH);
    tcsetattr(fd,TCSANOW,&newtio);
    printf("writing...\n");
    while(1)  /* 进行以下修改 */
    {
        while((filename=getchar())!='@')
        {
            if((fdsrc=fopen("filename", O_RDONLY))==NULL)
            {
                printf("打开文件出错!\n");
            }
            if(nbytes=read(fdsrc, buf, 40)>0)
            {
                z=write(fd, buf, nbytes);
                if(z<0)
                {
                    perror("写文件出错");
                }
                close(fdsrc);
            }
            s1[0]=fd;
            res=write(fd,s1,1);
        }

        s1[0]=fd;
        s1[1]='\n';
        res=write(fd,s1,2);
        break;
    }

    printf("close...\n");
    close(fd);
    tcsetattr(fd,TCSANOW,&oldtio);
    return 0;
}
```

5. 查阅相关资料，列举串行通信应用的例子。

第**13**章

程序设计实例

本章重点

1. Shell 的系统程序设计。
2. Linux 环境下的 C 定位函数、时间函数、system 函数。
3. 文件与目录的操作函数。
4. 进程控制。
5. 进程通信。
6. 网络程序设计。
7. 图形程序设计。
8. 驱动程序设计。
9. 串口通信程序设计。

本章导读

    Shell 程序设计中改写 rm 命令,设计视频和音频播放器;屏幕定位及输出函数,应用系统函数 system 及终端命令对计算机进行定时关机、重启、睡眠的程序设计;目录函数 readdir、目录扫描函数 scandir、文件锁的应用;守护进程中的闹钟、安全提醒等程序的设计,在网络程序设计中,应用各种模式使服务器与客户端进行通信。

13.1　Shell程序设计实例

实例 13-1-1　在实际应用中，用户很希望被 **rm** 删除的文件暂时放在回收站中。很多人抱怨 **rm** 命令不能将删除的文件放到回收站，因为谁都不能保证不会误删。如果设置每次删除文件都询问，就会非常麻烦。下列程序代码把删除小于 **100M** 的文件放到自己创建的回收站中，对大于 **100M** 的文件则提示用户是否真正地删除。程序 **13-1-1** 代码如下：

```
#! /bin/bash
MAX=102400      #100M
if [ ! -d ~/.Trash ] ;then  #if there is no .Trash, make one
      mkdir ~/.Trash
fi
line='du -cs $@ |tail -n 1'  #get the file's size
size='echo $line |cut -d' ' - -f1`

if (( $size < $MAX )); then  #if file's size is smaller than 100MB, delete
it ddirectly
      #echo "mv $@ ~/.Trash"
      mv $@ ~/.Trash
else
      #echo "/usr/bin/rm -i $@"
      /bin/rm -i $@
fi
```

把此脚本拷贝到/usr/bin/13-1-1，然后在~/.Bashrc 中添加一行 alias rm=13-1-1。

在终端中执行 rm 1iu（1iu是建立的一个测试文件）后，原文件夹中的1iu消失了。此时查看~/.Trash 下面的文件结果如下：

[root@localhost root]# **rm　liu**

[root@localhost root]# **ls ~/.Trash**

liu

如果想清空回收站，执行下面的脚本 13-1-1-1 就可以了：

```
#!/bin/sh
for i in ~/.Trash/*
do
rm $i
echo "$i has been deleted!"
done
```

执行结果如下：

[root@localhost root]# **/.13-1-1-1**

/.Trash/1 has been deleted!

实例 13-1-2　编写 **Shell** 程序，监控磁盘容量的变化，并发邮件报警。程序 **13-1-2** 代码如下：

```
#! /bin/bash
#monitor available disk space
SPACE='df|sed -n '/\/$/p'|gawk '{print $5}'|sed 's/%//'
if [ $SPACE -ge 90 ]
then
PATH=/bin:/sbin:/usr/bin:/usr/sbin:~/bin
export PATH
from=root@localhost.localdomain
to=Liujhstu@yahoo.com.cn
subject='date'
mail -s "${subject}" Liujhstu@aliyun.com < /root/full.mail  /*发送警报*/
fi
```

实例 13-1-3　分析下列程序，程序调试时，打开另一个终端，在文件夹 **liujh** 添加或删除文件，观察程序运行的情况。

```
while true
do
   count1='ls -l /var/mail/liujh|awk '{print $5}''
   echo $count1
   sleep 300     #隔5分钟检测一次
   count2='ls -l /var/mail/liujh|awk '{print $5}''
   echo $count2
   if [ $count1 -eq $count2 ]
      then echo "No new mail!"     #若邮件数目没变化，表示没有邮件
   else                            #否则说明有新的邮件
      echo "You hava new mail at 'date'!"
   fi
done
```

实例 13-1-4　编写Shell程序，功能是打开视频和音频播放器，并根据用户输入的视频、音频文件位置打开相应的媒体文件，还可以调节音量，安全退出。

源程序 **13-1-4. sh**代码如下：

```
#!/bin/sh
quit()
{
  clear
  echo "***************************************************"
  echo "**感谢使用,再见!**"
  exit 0
}
Movie()
{
  clear
  cd /usr/bin
  echo "输入想要打开视频文件的路径"
  read movie
  if [ -f totem ]
    then
```

```
      totem $movie
   else
      echo "您的系统里没有电影播放机！"
        echo "按任意键返回......"
   fi
   cd
}
Music()
{
   clear
   cd /usr/bin
   echo "输入想要打开音频文件的路径"
   read music
   if [ -f rhythmbox ]
      then
        rhythmbox $music
   else
        echo "您的系统里没有音乐播放器！"
        echo "按任意键返回......"
   fi
   cd
}
Volume()
{
   echo "您想改变音量吗?如果是,请按y键"
   read choice
   if [ "y" = "$choice" ]
      then
        gnome-volume-control
   fi
}
clear
while true
do
echo "========================================================"
echo "***娱乐***"
echo "1-Movie"
echo "2-Music"
echo "3-Volume"
echo "0-EXIT"
echo "========================================================"
echo "请输入选择(0--3):\c"
read CHOICE
case $CHOICE in
1) Movie;;
2) Music;;
3) Volume;;
0) quit;;
*) echo "无效的选择!有效的选择是 (0--3)"
sleep 4
clear;;
```

```
esac
done
```

实例 13-1-5　实现一个统计当前目录下代码行数的脚本。程序代码如下：

```
#! /bin/bash
total=0
cur=0
for i in ./*; do
if [ -f "$i" ]; then # 判断是不是文件
    cur='wc -l "$i"' # 利用 wc 程序得到行数
    echo "$cur" # 显示相关信息
    total='expr $total + ${cur%./*}' # 累加行数
fi
done
echo ""
echo "Total Count: $total" # 显示最终行数
```

13.2　系统函数的应用实例

实例 13-2-1　系统随机函数的应用。在屏幕上随机位置同时产生 **n** 个颜色随机的点，并且在随机的时间内分别消失，呈现出繁星闪烁的景象。本题的程序设计利用 Linux 下的 **C/C++**的屏幕定位及输出函数，利用产生随机的坐标值在屏幕上产生随机颜色的点。再产生随机时间函数，让这些点分别在随机时间内消失，从而呈现出繁星闪烁的景象。

程序13-2-1.c的源代码如下：

```
#include<stdio.h>
#include<stdlib.h>
#include<math.h>
struct Pos
{
    int x;
    int y;
};

main()
{
    int i = 0,j = 0,k = 0;
    int rand_t = 0,rand_x = 0,rand_y = 0;
    int n = 0;
    int color = 0;
    struct Pos *cursor = NULL;
    int *time = NULL;
```

```
system("clear");
printf("\033[49;30minput number of points : \033[?25h");
/*显示光标在屏幕上输出提示*/
scanf("%d",&n);
if(n <= 0)
    return;    /*n<0 就直接结束程序*/
cursor = (struct Pos*)malloc(n * sizeof(struct Pos));
time = (int *)malloc(n * sizeof(int));
srand((int)time(0));
for(i = 0;i < n;i++)
{
    while(1)
    {
        rand_x = abs(rand()) % n + 1;
        rand_y = abs(rand()) % n + 1;
        /*产生两个随机数，准备分别作为点 i 的 x,y 坐标*/
        For(k = 0;k < i;k++)
        {    此时 k<i*/
            if(cursor[k].x == rand_x && cursor[k].y == rand_y)
                break;
        }
    /*检验产生的一对坐标与之前的点是否有重。若有，跳出循环。
        if(k == i)  /*若 k=i，说明新坐标没有与已有的任何点重合。故可以赋值给新的点*/
        break;
    }
    while(1)
    {
        rand_t = abs(rand()) % (2 * n) + 1;
        for(k = 0;k < i;k++)
        {
            if(time[k] == rand_t)
                break;
        }
        if(k == i)
            break;
    }
    /*同上，令时间节点不同*/
    j = i;
    while(j - 1 >= 0 && time[j - 1] > rand_t)
    {
        time[j] = time[j - 1];
        cursor[j] = cursor[j - 1];
        j--;
    }
    /*将各个时间节点排序*/
    time[j] = rand_t;
    cursor[j].x = rand_x;
    cursor[j].y = rand_y;
}
system("clear");
printf("\033[?25l");
```

```
for(i = 0;i < n;i++)
{
    color = 30 + abs(rand()) % 9; /*随机产生颜色*/
    printf("\033[%dm\033[%d;%dH*",color,cursor[i].x,cursor[i].y);
}
/*产生点*/

setbuf(stdout,NULL);
sleep(time[0]);
printf("\033[%d;%dH ",cursor[0].x,cursor[0].y);
setbuf(stdout,NULL);

for(i = 1;i < n;i++)
{
    sleep(time[i] - time[i - 1]); /*每个点滞留时间为相邻时间节点的差*/
    printf("\033[%d;%dH ",cursor[i].x,cursor[i].y);
    setbuf(stdout,NULL);
}
/*消除点*/
sleep(4);
system("clear");
free(cursor);
free(time);
printf("\033[49;30m\033[?25h");
}
```

实例 13-2-2 应用系统函数 **system** 及终端命令对计算机进行定时关机、重启、睡眠的程序设计。程序 **13-2-2.c** 代码如下：

```
#include<stdio.h>
#include<stdlib.h>
int main()
{
    char min[3];
    char cmd1[20]="shutdown -P +";
    char cmd2[20]="shutdown -r +";
    char cmd3[20]="shutdown -h +";
    int choice=0;
    /*设计简单的命令行界面*/
    printf("**************************************************\n");
    printf("**************************************************\n");
    printf("\t\t\t\t欢迎使用\n");
    printf("请输入您的选择:\n");
    printf("\t\t1:定时关机\n\t\t2:重启\n\t\t3:睡眠\n");
    printf("请注意：使用此程序需要root权限\n");
    printf("**************************************************\n");
    printf("**************************************************\n");
    /*对各种情况进行处理*/
    scanf("%d",&choice);
    switch(choice)
```

```
    {
       case 1:
          printf("您希望在多少分钟后关机？(请直接输入分钟数并按enter)\n");
          scanf("%s",min);
          strcat(cmd1,min);
          system(cmd1);
          break;
       case 2:
          printf("您希望在多少分钟后睡眠？(请直接输入分钟数并按enter)\n");
          scanf("%s",min);
          strcat(cmd2,min);
          system(cmd2);
          break;
       case 3:
          printf("您希望在多少分钟后重启？(请直接输入分钟数并按enter)\n");
          scanf("%s",min);
          strcat(cmd3,min);
          system(cmd3);
          break;
    }
}
```

实例 13-2-3 　测试您的反应时间。程序中涉及终端函数 **tcgetattr**，**tcsetattr**，产生随机数 **srand** 与时间函数 **gettimeofday** 等，程序中应用 **gettimeofday( )** 这个函数实现测试人的反应时间，测试次数由键盘输入。程序 **13-2-3.c** 代码如下：

```
#include <stdio.h>
#include <stdlib.h>
#include <time.h>
#include <string.h>
#include <sys/time.h>
#include <unistd.h>
#include <termios.h>

int mygetch( ) {   /*此函数用于实时返回键盘被按下的值*/
   struct termios oldt,newt;
   int ch;
   tcgetattr( STDIN_FILENO, &oldt );
   newt = oldt;
   newt.c_lflag &= ~( ICANON | ECHO );
   tcsetattr( STDIN_FILENO, TCSANOW, &newt );
   ch = getchar();
   tcsetattr( STDIN_FILENO, TCSANOW, &oldt );
   return ch;
}

int main(void)
{
   struct timeval tv1, tv2;
   struct timezone tz;
```

```
    float tm = 0.0f, k;
    char str[] =
        "'1234567890~!@#$%^&*()-_=+[]{};:\'\",./<>?abcdefghijklmnopqrstuvw
        xyzABCD EFGHIJKLMNOPQRSTUVWXYZ";    /*这个字符串用于定义用来测试的字符*/
     int len,i=10;
     len = strlen(str);
     int repeat=0;
     printf("输入测试次数,输入'0'退出：\n");    /*定义按键次数，输入 0 即可退出程序*/
     scanf("%d",&repeat);
    printf("请输入屏幕上所显示的字符，开始倒计时……准备：\n");
    while(i)
    {
        printf("   %d\b",i);
        sleep(1);
        i--;
    }
     while(repeat)
     {
         char ch;
         int i=0;
         int crt=0;
         getchar();
         for (i=0; i<repeat; i++)
         {
             srand((int)time(0));
             k = len * 1.0f * rand() / RAND_MAX;    /*k 用来随机生成显示字符*/
             printf("%c  ",str[(int)k]);
             gettimeofday(&tv1, &tz);    /*每按键正确一次记一次时间*/
             ch = mygetch();
             gettimeofday(&tv2, &tz);
             if (ch == str[(int)k])/*将时间统计起来*/
             {
                 crt ++;
                 tm += (tv2.tv_sec - tv1.tv_sec) + (tv2.tv_usec - tv1.tv_usec) / 100000.0f;
             }
         }
         tm /= crt * 1.0f;
         printf("\nCorrectness Rate: %d%%\n", (int) (crt * 100.0 / repeat));
         printf("Average time taken: %.2f sec(s)\n", tm);
         printf("输入测试次数,输入'0'退出：\n");
         scanf("%d",&repeat);
    }
    return 0;
}
```

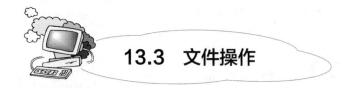

13.3　文件操作

实例 13-3-1　显示指定目录下各类文件的数量，以及各个文件的类型。程序从键盘输入指定的目录，应用 **system** 函数显示此目录下的所有文件信息。应用目录函数 **readdir(dir)** 读取结构体变量的成员 **d_type**，统计各文件类型及属性。程序 **13-3-1.c** 代码如下：

```c
#include<stdio.h>
#include<stdlib.h>
#include<sys/types.h>
#include<sys/stat.h>
#include<fcntl.h>
#include<dirent.h>

int main()
{
    struct dirent *ptr;
    struct stat buf;
    int i;
    DIR * dir;
    int reg=0,lnk=0,direct=0,chr=0,blk=0,fifo=0,sock=0,others=0;
    char route[100],way[106];
    printf("请输入路径:");
    scanf("%s",route);                          /*读取路径*/
    dir=opendir(route);
    way[0]='l';way[1]='s';way[2]=' ';
    for(i=0;route[i]!=0;i++)  way[i+3]=route[i];
    way[i+3]=' ';way[i+4]='-';way[i+5]='l';way[i+6]=0;
    system(way);                                /*ls 显示目录信息*/
    printf("\n");
    while((ptr=readdir(dir))!=NULL)
    {          /*判断文件属性*/
        if(ptr->d_type==DT_REG)
            {reg++;printf("  常规文件:%s\n",ptr->d_name);}
        else if(ptr->d_type==DT_LNK)
            {lnk++;printf("  链接文件:%s\n",ptr->d_name);}
        else if(ptr->d_type==DT_DIR)
            {direct++;printf("    目录:%s\n",ptr->d_name);}
        else if(ptr->d_type==DT_CHR)
            {chr++;printf("  字符设备:%s\n",ptr->d_name);}
        else if(ptr->d_type==DT_BLK)
            {blk++;printf("  块设备:%s\n",ptr->d_name);}
        else if(ptr->d_type==DT_FIFO)
            {fifo++;printf(" FIFO 文件:%s\n",ptr->d_name);}
        else if(ptr->d_type==DT_SOCK)
            {sock++;printf("  SOCKET 文件:%s\n",ptr->d_name);}
        else
```

```
            {others++;printf("其他文件:%s\n",ptr->d_name);}
        }
        printf("\n");
        printf("常规文件的个数%d\n",reg);
        printf("链接文件的个数%d\n",lnk);
        printf("目录的个数%d\n",direct);
        printf("字符设备的个数%d\n",chr);
        printf("块设备的个数%d\n",blk);
        printf("FIFO 文件的个数%d\n",fifo);
        printf("SOCKET 文件的个数%d\n",sock);
        printf("其他文件的个数%d\n",others);
        return 0;
    }
```

实例 13-3-2   应用函数 **scandir** 用递归的方法显示当前目录下的文件信息（含普通文件、目录文件、连接文件、管道文件、设备文件），并显示此文件夹下的树形结构。程序 **13-3-2.c** 代码如下：

```
#include <dirent.h>
#include <stdio.h>
#include <stdlib.h>
#include <sys/types.h>
#include <sys/stat.h>
#include <unistd.h>
#include <string.h>
/*显示目录或文件，使用递归算法*/
void show_dir(char path[],char name[],int num)
{
    char new_path[128];
    strcpy(new_path,path);
    strcat(new_path,name);
    struct dirent **namelist;
    /*判断 namelist 不是目录而是文件，直接打印文件名，用 num 控制缩进*/
    if (scandir(new_path, &namelist, 0, alphasort) < 0)
    {
        int i=0;
        for(i=0;i<num;++i)
        {
            printf("\t");
        }
        printf("%s\n",name);
    }
        /*如果不是，则递归调用来实现所有文件夹的遍历*/
    else while (*namelist != NULL)
    {
        show_dir(new_path,(*namelist)->d_name,num+2);
        namelist++;
    }
}
void show_all_file(char path[])
```

```
{
    struct dirent **namelist;
    if (scandir(path, &namelist, 0, alphasort) < 0)
        printf("The directory does not exist.\n");
    /*如果是有效目录，则调用 show_dir 遍历显示*/
    else while (*namelist != NULL)
    {
        show_dir(path,(*namelist)->d_name,0);
        namelist++;
    }
}

int main()
{
char path[128];
printf("To quit the program, input \"0\".\n");
while (1)  /*一直循环，直至用户输入为 0*/
{
    printf("Please input a file path:");
    scanf("%s", path);
    if (strcmp(path, "0") == 0) return 0;
    show_all_file(path);
}
}
```

实例 13-3-3　订退房模拟客户端。模拟一个自动订房退房客户端，用户可以订房、退房。若房间已经预订，那么不能被其他客户端再预订；只有等用户退房后，房间可再被预订。

程序 **13-3-3.c** 代码如下：

```
#include<stdio.h>
#include<stdlib.h>
#include <unistd.h>
#include <sys/file.h>
#include <sys/types.h>
#include <sys/stat.h>
void lock_set(int fd, int type)
{
    struct flock lock;
    lock.l_whence = SEEK_SET;
    lock.l_start = 0;
    lock.l_len =0;
    while(1){
        lock.l_type = type;
        if((fcntl(fd, F_SETLK, &lock)) == 0){
            if( lock.l_type == F_RDLCK )
                printf("you have checked in\n");
            else if( lock.l_type == F_WRLCK )
                printf("you have checked in\n");
            else if( lock.l_type == F_UNLCK )
                printf("you have checked out\n");
            return;
```

```
                }
                fcntl(fd, F_GETLK,&lock);
                if(lock.l_type != F_UNLCK){
                        if( lock.l_type == F_RDLCK )
                                printf("the room is not available\n");
                        else if( lock.l_type == F_WRLCK )
                                printf("the room is not available\n");
                        return;
                }
        }
}

int main ()
{
        int fd;
        char *p;
        int k;
        while(1)
        {
            printf("please choose:1 check in 2 check out 3 quit\n");
            scanf("%d",&k);
            if(k!=3){
            printf("input your room number\n");
            scanf("%s",p);
            fd=open(p,O_RDWR | O_CREAT, 0666);
            }
            if(fd < 0){
                perror("打开出错");
                exit(1);
            }
            if(k==1){
                lock_set(fd, F_WRLCK);
            }
            if(k==2){
                lock_set(fd, F_UNLCK);
            }
            if(k==3){
                close(fd);
                exit(0);}
        }
}
```

结果分析
在一个终端上：

```
please choose:1 check in 2 check out 3 quit
1
input your room number
321
you have checked in
```

```
please choose:1 check in 2 check out 3 quit
```
此时新建另一个终端运行此程序：
```
please choose:1 check in 2 check out 3 quit
1
input your room number
321
the room is not available
```
（可见房间已被预订！）

回到原来终端：
```
please choose:1 check in 2 check out 3 quit
2
input your room number
321
you have checked out
```
再在另一终端可以预订此已经退房的房间：
```
please choose:1 check in 2 check out 3 quit
1
input your room number
321
you have checked in
please choose:1 check in 2 check out 3 quit
3
```

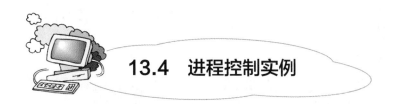

13.4　进程控制实例

实例 13-4-1　应用守护程序实现一个简易闹钟的功能。程序分两部分，主程序（闹钟）和初始化程序 init.c。要求主程序要求用户输入提示时间（如 5 分钟后）、提示内容，选择是否启动预提示。当到达设定提示时间时，在屏幕上输出提示内容，若开启了预提示，则在要求提示时间 2 分钟前输出预提示信息"离 XX 还有 2 分钟，请做好准备……"。初始化程序要求负责生成守护进程。程序 13-4-1.c 代码如下：

```c
#include<signal.h>
#include<sys/param.h>
#include<stdio.h>
#include<time.h>
#include<unistd.h>
#include<sys/types.h>
#include<sys/stat.h>
```

```
#include<fcntl.h>

void init(void)
{
  pid_t child1,child2;
  int i;
  child1=fork();          /*创建子进程*/
  if(child1>0)
    exit(0);              /*终止符进程
  else if(child1<0)
  {/*若 fork 失败，退出*/
    printf("Child progress creating failed.\n");
    exit(1);
  }
  setsid();               /*在子进程中创建新对话*/
  chdir("/tmp");          /*改变工作目录到/tmp*/
  umask(0);               /*重设文件创建掩码*/
  for(i=0;i<NOFILE;++i)   /*关闭文件描述符*/
  close(i);
  return;
}

int main(void)
{
  struct tm *p;
  time_t timep;
  int a,b,fp;
  char argu[50],ad,t[80];
  printf("Welcome to HYL alarm clock system!\n");
  printf("Please enter the time:(a:b)\n a=");  /*设定闹钟时间(a:b,如 22：30)*/
  scanf("%d",&a);
  getchar();
  printf(" b=");
  scanf("%d",&b);
  getchar();
  printf("Please enter the case:\n");       /*输入所需提醒事件*/
  fgets(argu,50,stdin);
  printf("Remind in advance(y?):");         /*选择是否在 2 分钟前提醒*/
  scanf("%c",&ad);
  printf("The alarm clock starts!\n");
  init();                 /*守护进程初始化，函数在后台运行*/
  if(ad=='y'){            /*若需要在 2 分钟前提醒*/
    sprintf(t,"echo \x22The first alarm will be 2 minutes in
            advance!\x22>/dev/pts/0");
    system(t);
    while(1){      /*不断监测时间*/
      time(&timep);
      p=localtime(&timep);   /*获得当地时间*/
    /*提前 2 分钟进行提醒(分两种情况：22:01 提前 2 分钟为 21:59,22:04 提前 2 分钟为
 22:02)*/
      if(b>=2)
```

```
      {     /*类似22:04的情况（无须改变小时）*/
        if(a==p->tm_hour && (b-2)==p->tm_min)
        {
          sprintf(t,"echo\x22%d: %d \x22>/dev/pts/0",p->tm_hour,p->tm_min);
          system(t);    /*输出当时时间*/
          sprintf(t,"echo \x22 2 minutes later, %s\x22>/dev/pts/0",argu);
          system(t);    /*输出提示*/
          break;
        }
      }
      else
      { /*类似22：01情况（需要改变小时，分钟须-2+60）*/
        if((a-1)==p->tm_hour && (b+58)==p->tm_min)
        {
          sprintf(t,"echo\x22 %d:%d \x22>/dev/pts/0",p->tm_hour,p->tm_min);
          system(t);         /*输出当时时间*/
          sprintf(t,"echo \x22 2 minutes later, %s\x22>/dev/pts/0",argu);
          system(t);          /*输出提示*/
          break;
        }
      }
    }
  } /*提前2分钟提示时间结束*/
  while(1){
    time(&timep);
    p=localtime(&timep);         /*获得当时时间，不断监测*/
    if(a==p->tm_hour && b==p->tm_min){     /*到达设定时间*/
      sprintf(t,"echo \x22 %d : %d \x22>/dev/pts/0",p->tm_hour,p->tm_min);
      system(t);             /*输出当时时间*/
      sprintf(t,"echo \x22 %s\x22>/dev/pts/0",argu);   /*输出提示事件*/
      system(t);
      break;
    }
  }
  system("killall clock");  /*结束clock进程*/
  return 0;
}
```

实例 13-4-2　设计三个并发的守护进程在后台运行。其中第一子进程写守护进程的运行日志记录；第二子进程 **child2** 则监控进程中是否有 **gedit** 工具调用；第三子进程 **child3** 则检查自己是否有新邮件到达，若有则将邮件内容输出到一个主目录下文件。程序 **13-4-2.c** 代码实现如下：

```
#include <stdio.h>
#include <stdlib.h>
#include <sys/types.h>
#include <sys/stat.h>
#include <sys/wait.h>
#include <unistd.h>
#include <syslog.h>
```

```
#include <signal.h>
#include <sys/param.h>
#include <time.h>
#include <dirent.h>
int main()
{
  pid_t child1,child2,child3;
  struct stat buf;
  int i,check=0,j=0;
  time_t t;
  DIR *dir;
  struct dirent *ptr;

  child1=fork();
  if (child1>0)
     exit(0);    /*父进程退出*/
  else if(child1<0)
  {
     perror("创建子进程失败");
     exit(1);
  }
  setsid();/*第一子进程*/
  chdir("/");
  umask(0);
  for(i=0;i<NOFILE;++i)
  close(i);
  /*打开守护进程日志/var/log/syslog */
  openlog("守护进程程序信息",LOG_PID,LOG_DAEMON);
  child2=fork();
  if (child2==-1)
  {
     perror("创建子进程失败");
     exit(2);
  }
  else if (child2==0)/*第二子进程中的 child2*/
  {
     i=0;
     while(i++<600){
       system("ps -ef|grep gedit> /home/owner/gedit.log");
       /*根据从进程中调出的文件数据大小判读当前是否有调用 gedit 工具*/
       stat("home/king/gedit.log",&buf);
       /*此处的 180 来自于文件查看得出的数据，check 用来记录当前 gedit 是否调用*/
       if (buf.st_size>180 && check==0)
       {
          t=time(0);
          syslog(LOG_INFO,"gedit 开始时间为:%s\n",asctime(localtime(&t)));
          check=1;
        }
       if (buf.st_size<180 && buf.st_size>0 && check==1)
        {
          t=time(0);
```

```
            syslog(LOG_INFO,"gedit结束时间为:%s\n",asctime(localtime(&t)));
            check=0;
          }
        sleep(1);
      }
  }
  else
  { /*在第一子进程下继续创建进程*/
      child3=fork();
      if (child3<0){
        perror("创建子程序失败");
        exit(3);
      }
      else if (child3==0){  /*查看邮件*/
        j=0;
        dir=opendir("/var/spool/mail/owner");
        while (j<6){
          j++;
          sleep(10);
          if ((ptr=readdir(dir))!=NULL){
              system("cat /var/spool/mail/owner/* > /home/owner/mail.log");
          }
        }
        closedir(dir);
      }
      else
      { /*第一子进程写日志来记录守护进程的运行*/
          t=time(0);
          syslog(LOG_INFO,"守护进程开始时间为：%s\n",asctime(localtime(&t)));
          waitpid(child2,NULL,0);
          waitpid(child3,NULL,0);
          t=time(0);
          syslog(LOG_INFO,"守护进程结束时间为：%s\n",asctime(localtime(&t)));
          closelog();
          while (1)
            sleep(10);
      }
  }
}
```

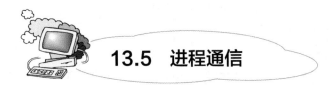

13.5   进程通信

实例 13-5-1   这是 **Linux** 的一个简单的关机命令程序，通过发送信号实现关机的功能。

```
#include <signal.h>
#include <stdio.h>
#include <unistd.h>
```

```
#include <sys/reboot.h>
int main(int argc, char **argv)
{
    sigset_t set;
    sigfillset(&set);
    sigprocmask(SIG_BLOCK,&set,NULL);
    printf("sending SIGTERM signal to all processes\n");
    kill(-1, SIGTERM);
    sync();
    sleep(3);
    printf("sending SIGKILL signal to all processes\n");
    kill(-1, SIGKILL);
    sync();
    sleep(3);
    /* shutdown */
    printf("system shutdown\n");
    sleep(2);
    reboot(RB_POWER_OFF);
}
```

实例 13-5-2 设计一个答题程序，在限定时间（自定义）内完成随机给出的 **10** 以内的四则运算，程序会对于正确与否给出不同反应。程序中主要考察信号处理，子进程为主要进程，而父进程则在侦测到子进程开始工作后开始计时，计时结束时向子进程发送终止信号。另外，还需要用共享内存或管道在两进程间传递判定是否正确回答的值，以给出最后提示。随机生成题目则需要系统时间函数与随机数函数。源程序 **13-5-2.c** 代码如下：

```
#include<stdio.h>
#include<stdlib.h>
#include<signal.h>
#include<sys/types.h>
#include<sys/wait.h>
#include<unistd.h>
#include<time.h>
#include<sys/mman.h>
#include<fcntl.h>
int main()
{
    pid_t result;
    int ret , t, i, j, sum;
    int *flag;        /*指向传递判定值的指针*/
    printf("请输入答题时间: ");
    scanf("%d",&t);
    /*建立内存映射*/
    flag=(int*)mmap(NULL,sizeof(int),PROT_READ|PROT_WRITE,MAP_SHARED|
        MAP_ANONYMOUS,-1,0);
    *flag = 0;              /*判定值初值为0*/
    result = fork();
    if(result < 0)
    {
        perror("创建子进程失败");
```

```
            exit(1);
        }
        /*子进程用于输出问题及判定正误*/
        else if(result == 0){
            printf("在%d 秒内回答问题：\n",t);
            srand((int)time(0));
            i = 1 + (int)(10.0 * rand() / (RAND_MAX + 1.0));
            j = 1 + (int)(10.0 * rand() / (RAND_MAX + 1.0));
            printf("%d + %d = ?\n",i,j);
            scanf("%d",&sum);
            while(i + j != sum)
              {
                  printf("答案错误，请重试！\n");
                  scanf("%d",&sum);
              }
            /*正确则改变判定值，并立即输出正确提示*/
            *flag = 1;
            printf("恭喜您，答对了！\n");
        }
        else{
            if((waitpid(result,NULL,WNOHANG)) == 0){
                sleep(t);                              /*等待 t 时间*/
                ret = kill(result,SIGKILL);
                if (ret == 0)
                {
                    /*判定值若为 0，则在子进程中断后输出错误提示*/
                    if (!*flag) printf("\n 在指定时间内未正确回答，程序终止\n");
                }
                else
                    perror("kill 结束子进程失败！");
            }
        }
        return 0;
    }
```

实例 13-5-3　设计一个程序，应用消息队列实现简单的聊天程序，使得几个不同的终端可以选择对象进行双向一对一的简单的聊天。同时设置，若有人按<Ctrl>+C 键或发送"886…"后，系统自动询问是否退出，并自动通过结束画面结束聊天。

程序分析：本程序应用了消息队列的原理，实现了两个终端之间的实时通话，同时，应用 fork 创建子进程，使得通话可以双向地进行。又由于设置了不同组通话的形式，使得不同组之间的通话互不干扰。在通话的交互上，将自己说话的信息重新送回，确保了对方可以获得自己的说话信息。同时，本程序还利用信号，设置了正常退出的快捷键，使得程序更加人性化，还有根据输出内容进行退出提示，使得程序的运行更加方便。

程序 13-5-3.c 代码如下：

```
#include<stdio.h>
#include<stdlib.h>
#include<string.h>
#include<unistd.h>
```

```
#include<sys/ipc.h>      /*文件预处理，包含 ftok、msgget、msgsnd 等函数*/
#include<sys/msg.h>        /*文件预处理，包含 msgget、msgsnd 等函数*/
#include<signal.h>     /*文件预处理，包含进程通信函数库*/
#define KEYPATH "."
#define PROJECT_ID 'a'    /*宏定义*/
struct msg{              /*结构体，定义消息结构*/
   long mtype;              /*此程序中为 group 代码，相同 mtype 者可以进行聊天*/
   char name[10];         /*聊天者名字*/
   char mtext[100];        /*聊天内容*/
};
void fun_ctrl_c();           /*自定义信号处理函数声明*/

int main(void)
{
   int msgpid,len;
   key_t key;
   pid_t pid1;
   char buf[100],sender[20];
   struct msg msgs,msgr;
   (void)signal(SIGINT,fun_ctrl_c);/*如果按了<ctrl>+c 键,调用 fun_ctrl_c 函数*/
   if((key=ftok(KEYPATH,PROJECT_ID))==-1){    /*调用 ftok 函数产生标准的 key*/
      perror("Error in creating the key:");
      exit(1);
   }
   /*调用 msgget 函数，创建打开消息队列*/
   if((msgpid=msgget(key,IPC_CREAT|0666))==-1){
      perror("Error in creating the message queue:");
      exit(1);
   }
   printf("Please enter your Group Number:");     /*输入组号码*/
   scanf("%ld",&msgs.mtype);
   getchar();
   printf("Please enter your name:");     /*输入姓名*/
   scanf("%s",msgs.name);
   getchar();
   printf("\nYou entered HYL chat room!\n");
   sleep(1);
   system("clear");
   printf("You can enter what you want to say~\n");
   pid1=fork();       /*调用 fork 函数产生子进程*/
   if(pid1<0){        /*子进程产生失败，退出*/
    perror("Error:");
    exit(1);
   }
   else if(pid1==0){     /*子进程*/
    while(1){          /*无限循环，接收队列信息*/
     /*接收相同 mtype 的队列消息*/
        len=msgrcv(msgpid,&msgr,sizeof(msgr),msgs.mtype,0);
        if(len<0){
           perror("Read msg failed:");
           exit(1);
```

```
    }
    if(len==0)  continue;
    if((strcmp(msgr.name,msgs.name))==0){
      /*如果接收的为本人发送的信息，重新发送*/
        msgsnd(msgpid,&msgr,100,0);
        continue;
    }
   printf("From %s: %s",msgr.name,msgr.mtext);     /*输出队列消息*/
   }
  }
  else{    /*父进程*/
   while(1){
    if((fgets(msgs.mtext,100,stdin))==NULL){
      printf("You cannot sent the empty msg!\n");
      continue;
    }
    if((msgsnd(msgpid,&msgs,100,0))<0){    /*输入信息，发送*/
      perror("msg send failed:");
    }
    else{
        if(strcmp(msgs.mtext,"886...\n")==0) fun_ctrl_c();
        /*如果发送"886…"，进入退出函数*/
        Printf("%s: %s",msgs.name,msgs.mtext);
      }
    }
   }
}

void fun_ctrl_c()  /*退出函数*/
{
    char a;
    printf("Are you sure to quit?(y?)\n");   /*询问是否退出*/
    scanf("%c",&a);
    getchar();
    if(a=='y'){
      printf("Thank you for using HYL chat room!\n");
      sleep(1);
      system("clear");
      exit(0);            /*是，则退出*/
    }
    else{
      printf("Back to HYL chat room.\n");     /*否，则返回*/
      return;
    }
}
```

程序调试举例，在终端一：
Please enter your Group Number:2
Please enter your name:22222

```
You can enter what you want to say~
hi
22222: hi
hello
22222: hello
From 33333: hi
Are you sure to quit?(y?)    /*按<ctrl>+c 键*/
n
Back to HYL chat room.
how to do ?
22222: how to do ?
886...
22222: 886...
Are you sure to quit?(y?)
y
Thank you for using HYL chat room!
```

在终端二：
```
Please enter your Group Number:2
Please enter your name:33333


You can enter what you want to say~
From 22222: hi
From 22222: hello
hi
33333: hi
From 22222: how to do ?
From 22222: 886...
```

终端三：
```
Please enter your Group Number:1
Please enter your name:11111


You can enter what you want to say~
any one here?
11111: any one here?
From 11111: any one here?
...no
11111: ...no
From 11111: ...no
Are you sure to quit?(y?)
y
Thank you for using HYL chat room!
```

实例 13-5-4 单词记忆小助手。设计一个程序，帮助单词记忆，此程序可以完成单词词义查找，单词随机输出。这些单词为用户自主添加的生词、难词、易错词。

　　程序分析：在主程序开始时应用 fork 函数创建子程序对单词数量进行计算，使程序同步在两个进程中运行，节省了运行的时间。程序通过信号的设置，在 reciew 函数中应用 \<Ctrl\>+C 键进行退出，进入主界面，来结束无限循环。程序 13-5-4.c 代码如下：

```c
#include<stdio.h>          /*文件预处理,包含标准输入输出库*/
#include<unistd.h>          /*文件预处理,包含 fork、exit 等函数*/
#include<stdlib.h>          /*文件预处理,包含 exit 函数*/
#include<sys/types.h>       /*文件预处理,包含 pid_t 定义*/
#include<sys/wait.h>        /*文件预处理,包含 wait 等函数*/
#include<string.h>          /*文件预处理,包含 strcmp 等函数*/
#include<signal.h>
void fun_ctrl_c();          /*自定义信号处理函数声明*/
void add(FILE *fp,int *n)    /*单词增加函数*/
{
   char s[80];
   if((fseek(fp,0,SEEK_END))==-1){    /*使读写位置移动到文件尾*/
       perror("Add failed:");
       exit(1);
   }
   printf("Please enter the word:\n");  /*输入单词*/
   fgets(s,80,stdin);
   fputs(s,fp);           /*将单词存入文件*/
   fputc('\0',fp);
   printf("Please enter the meaning or notes:\n");
   fgets(s,80,stdin);         /*输入词义,存入文件*/
   fputs(s,fp);
   fputc('\0',fp);
   (*n)=(*n)+2;
   printf("Totally %d words!\n",(*n)/2);   /*输出现有单词个数*/
   fclose(fp);
   system("./dic");     /*返回主界面*/
}

void seek(FILE *fp,int *n)   /*单词搜索函数*/
{
   int flag=0;
   char s[20],t[80],a;
   rewind(fp);        /*使读写位置移到文件头*/
   printf("Please enter the word you want to seek:\n");
   fgets(s,20,stdin);   /*输入要搜索的单词*/
   while((fgets(t,80,fp))!=NULL){   /*若不为文件尾*/
      if((strcmp(t,s))==0){
         flag=1;      /*搜索到单词,退出循环*/
         break;
      }
```

```
        }
    if(flag==0){    /*若 flag 为 0,则没有找到相应单词*/
        /*询问是否增加*/
        printf("Cannot find the word,would you like to add it?(y?)\n");
        scanf("%c",&a);
        getchar();
        if(a=='y') add(fp,n);    /*若添加,进入添加函数*/
        fclose(fp);
        system("./dic");    /*若不添加,返回主界面*/
    }
    else{        /*若找到则输出意思*/
        fgets(t,80,fp);
        printf("%s    :%s",s,t);
        fclose(fp);
        system("./dic");  /*返回主界面*/
    }
}


void review(FILE *fp,int *n)
{
    (void)signal(SIGINT,fun_ctrl_c);/*如果按了<ctrl>+c键,调用 fun_ctrl_c 函数 */
    int i,m;
    char s[20];
    srand((int)time(0));    /*设置随机种子*/
    while(1){
        i=(int)(1.0*(*n)*rand()/(RAND_MAX+1.0));    /*随机输出比 n 小的数*/
        if((i%2)==0) i++;        /*保证其为奇数*/
        rewind(fp);
        for(m=0;m<i;m++){
         fgets(s,20,fp);
         }
        printf("%s",s);    /*输出第 i 行数*/
        getchar();
    }
}

void fun_ctrl_c()  /*退出函数*/
{
    char c;
    printf("Do you want to quit?\n");
    scanf("%c",&c);
    if(c=='y'){
        (void)signal(SIGINT,SIG_DFL);
        system("./dic");
        exit(0);
    }
```

```c
    return;
}

int main(void)
{
    char t;
    int cho,status,n,i=0;
    FILE *fp;
    pid_t result,wpid;
    if((fp=fopen("wlist","a+"))==NULL){
        perror("File open failed:");
        exit(1);
    }
    result=fork();    /*建立子进程*/
    if(result<0){
        perror("Error:");
        exit(1);
    }
    else if(result==0){   /*子进程*/
        rewind(fp);
        while((t=fgetc(fp))!=EOF){
            if(t=='\n')  i++;
        }
        printf("Totally %d words!\n",i/2);   /*计算文件行数，获得单词数量*/
        exit(i);
    }
    else{
        printf("1-----Add new words\n2-----Seek a word\n3-----Review the words
            (random)\nPress any other key to quit\n");    /*选择*/
        scanf("%d",&cho);
        getchar();
        wpid=wait(&status);      /*等待子进程结束，防止出现僵尸进程*/
        n=WEXITSTATUS(status);     /*获得子进程退出值，这里表示单词数量的两倍*/
        switch(cho){
            case 1:
                add(fp,&n);    /*选择 1 增加单词*/
                break;
            case 2:    /*选择 2 搜索单词*/
                seek(fp,&n);
                break;
            case 3:    /*选择 3 随机输出*/
                review(fp,&n);
                break;
            default:
                fclose(fp);
                printf("Thank you for using HYL dictionary!\n");
```

```
            sleep(1);
            break;
        }
    }
}
```

运行结果：

```
Totally 3 words!
1-----Add new words
2-----Seek a word
3-----Review the words(random)
Press any other key to quit
1
Please enter the word:
hello
Please enter the meaning or notes:
hi
Totally 4 words!
1-----Add new words
2-----Seek a word
3-----Review the words(random)
Press any other key to quit
Totally 4 words!
2
Please enter the word you want to seek:
yellow
Cannot find the word,would you like to add it?(y?)
y
Please enter the word:
yellow
Please enter the meaning or notes:
a color
Totally 5 words!
Totally 5 words!
1-----Add new words
2-----Seek a word
3-----Review the words(random)
Press any other key to quit
2
Please enter the word you want to seek:
```

```
red
red
a color
Totally 5 words!
1-----Add new words
2-----Seek a word
3-----Review the words(random)
Press any other key to quit
3
red

yellow

Do you want to quit?
y
Totally 5 words!
1-----Add new words
2-----Seek a word
3-----Review the words(random)
Press any other key to quit
q
Thank you for using HYL dictionary!
```

13.6　网络程序设计

实例 13-6-1　**socket** 编程，编写一个简单的 **Linux** 即时通信工具，可以用聊天模式、应答模式和传输模式工作，程序由客户端和服务器端组成，实现客户端和服务端之间的对话，互相传送文件（包括图片、文本），并且可以保存聊天记录及时间。

```c
/*服务器端程序 server.c*/
#include <stdlib.h>3-6
#include <stdio.h>
#include <netdb.h>
#include <sys/types.h>
#include <sys/socket.h>
#include <string.h>
#include <netinet/in.h>
```

```
#include <arpa/inet.h>
#include <unistd.h>
#include <fcntl.h>
#define MAXDATASIZE 256
#define SERVPORT 3333    /*服务器监听端口号*/
#define BACKLOG 1        /*最大同时连接请求数*/
#define STDIN 0          /*标准输入文件描述符*/
#define CHAT 0   /*聊天模式*/
#define HANDSHAKE_CONFERM 1      /*应答模式_确认*/
#define HANDSHAKE_FILENAME 2     /*应答模式_文件名*/
#define HANDSHAKE_LENGTH 3       /*应答模式_文件长度*/
#define TRANSPORT_SEND 4         /*发送模式*/
#define TRANSPORT_RECIEVE 5      /*接收模式*/

long filelen(FILE *fp)
{
    long original_seek=ftell(fp),start_seek,end_seek;
    fseek(fp,0,SEEK_SET);
    start_seek=ftell(fp);
    fseek(fp,0,SEEK_END);
    end_seek=ftell(fp);
    fseek(fp,original_seek,SEEK_SET);
    return end_seek-start_seek;
}

char *ltoa(char *str,long num)
{
    long t=num;
    int i=0;
    while(t)
    {
        i++;
        t/=10;
    }
    *(str+i)='\0';
    i--;
    while(i)
    {
        *(str+i)=num%10+'0';
        num/=10;
        i--;
    }
    *str=num%10+'0';
    return str;
}

    int main(void)
    {
    FILE *fp;           /*定义文件类型指针*fp/
    int sockfd,client_fd;   /*监听 socket.sock_fd,数据传输 socket.new_fd*/
    int sin_size;
```

```
    struct sockaddr_in my_addr, remote_addr;/*本机地址信息,客户地址信息*/
char buf[256];          /*用于聊天的缓冲区*/
    char buff[256]; /*用于输入用户名的缓冲区*/
    char send_str[256];        /*最多发出的字符数不能超过256*/
    int recvbytes;
    /*被select()监视的读、写、异常处理的文件描述符集合*/
    fd_set rfd_set, wfd_set, efd_set;
    struct timeval timeout;        /*本次select的超时结束时间*/
    int ret;                /*与client连接的结果*/
    time_t timep;
    int mode;
    char transport_filename[256];
    long filelength,p;
    char a_filelength[256];
    FILE *fp_transport;
    char c[2];

    if ((sockfd = socket(AF_INET, SOCK_STREAM, 0)) == -1)
    {       /*错误检测*/
        perror("socket");
        exit(1);
    }
    /* 端填充 sockaddr 结构   */
    bzero(&my_addr, sizeof(struct sockaddr_in));
    my_addr.sin_family=AF_INET; /*地址族*/
    my_addr.sin_port=htons(SERVPORT);   /*端口号为4444*/
    inet_aton("127.0.0.1", &my_addr.sin_addr);
    if (bind(sockfd, (struct sockaddr *)&my_addr, sizeof(struct sockaddr)) == -1)
    {       /*错误检测*/
        perror("bind");
        exit(1);
    }
    if (listen(sockfd, BACKLOG) == -1)
    {       /*错误检测*/
        perror("listen");
        exit(1);
    }

    sin_size = sizeof(struct sockaddr_in);
    if ((client_fd = accept(sockfd, (struct sockaddr *)&remote_addr, &sin_size)) == -1)
    {
            /*错误检测*/
        perror("accept");
        exit(1);
    }

    fcntl(client_fd, F_SETFD, O_NONBLOCK);/* 服务器设为非阻塞*/
    recvbytes=recv(client_fd, buff, MAXDATASIZE, 0);
     /*接收从客户端传来的用户名*/
        buff[recvbytes] = '\0';
```

```
        fflush(stdout);
        /*缓冲区刷新*/
        if((fp=fopen("record_server.txt","a+"))==NULL)
        {
            printf("can not open file,exit...\n");
            return -1;
        }

        mode=CHAT;
        while (1)
{
    FD_ZERO(&rfd_set);/*将 select()监视的读的文件描述符集合清除*/
    FD_ZERO(&wfd_set);/*将 select()监视的写的文件描述符集合清除*/
    FD_ZERO(&efd_set);/*将 select()监视的异常的文件描述符集合清除*/
    /*将标准输入文件描述符加到 seletct()监视的读的文件描述符集合中*/
    FD_SET(STDIN, &rfd_set);
    /*将新建的描述符加到 seletct()监视的读的文件描述符集合中*/
    FD_SET(client_fd, &rfd_set);
    /*将新建的描述符加到 seletct()监视的写的文件描述符集合中*/
    FD_SET(client_fd, &wfd_set);
    /*将新建的描述符加到 seletct()监视的异常的文件描述符集合中*/
    FD_SET(client_fd, &efd_set);
    timeout.tv_sec = 10;/*select 在被监视窗口等待的秒数*/
    timeout.tv_usec = 0;/*select 在被监视窗口等待的微秒数*/
    ret = select(client_fd + 1, &rfd_set, &wfd_set, &efd_set, &timeout);
    if (ret == 0)
        continue

    if (ret < 0)
      {
        perror("select error: ");
        fclose(fp);
        exit(-1);
      }
    /*判断是否已将标准输入文件描述符加到 seletct()监视的读的文件描述符集合中*/
    if (mode==TRANSPORT_SEND)
    {
        for (p=0;p<filelength;p++)
        {
            c[0]=fgetc(fp_transport);
            c[1]='\0';
            send(client_fd, c, strlen(c), 0);
        }
        fclose(fp_transport);
        mode=CHAT;
        printf("Transporting completed.\n");
    }
    if (mode==TRANSPORT_RECIEVE)
    {
        for(p=0;p<filelength;p++)
        {
```

```
            recvbytes=recv(client_fd, buf, MAXDATASIZE, 0);
            buf[recvbytes]='\0';
            fputc(buf[0],fp_transport);
        }
        fclose(fp_transport);
        mode=CHAT;
        printf("Transporting completed.\n");
    }
    if(FD_ISSET(STDIN, &rfd_set))
    {
        if (mode==CHAT)
        {
            fgets(send_str, 256, stdin);
            send_str[strlen(send_str)-1] = '\0';
            if (strncmp("quit", send_str, 4) == 0)
            {   /*退出程序*/
                close(client_fd);
                close(sockfd);  /*关闭套接字*/
                fclose(fp);
                exit(0);
            }
            if (strncmp("#FILE", send_str, 5) == 0)
            {
                mode=HANDSHAKE_CONFERM;
                send(client_fd, send_str, strlen(send_str), 0);
            }
            else
            {
                send(client_fd, send_str, strlen(send_str), 0);
                time(&timep);
                fprintf(fp,"%s",asctime(gmtime(&timep)));
                fprintf(fp,"Server: %s\n", send_str);
            }
        }
    }
/*判断是否已将新建的描述符加到 seletct()监视的读的文件描述符集合中*/
    if (FD_ISSET(client_fd, &rfd_set))
    {
        recvbytes=recv(client_fd, buf, MAXDATASIZE, 0);
         /*接收从客户端传来的聊天内容*/
        buf[recvbytes] = '\0';
        if (recvbytes == 0) {
            close(client_fd);
            close(sockfd);  /*关闭套接字*/
            fclose(fp);
            exit(0);
        }
        if (mode==CHAT)
    {
        if(strncmp("#FILE", buf, 5) != 0)
        {
```

```
                time(&timep);
                fprintf(fp,"%s",asctime(gmtime(&timep)));
                fprintf(fp,"%s: %s\n",buff,buf);
                printf("%s:%s\n",buff,buf);
                printf("Server: ");
                fflush(stdout);
           }
           else
           {
               printf("%s wants to send a file to you, recieve or not?(y/n)",buff);
               scanf("%c",c);
               c[1]='\0';
               send(client_fd, c, strlen(c), 0);
               if ((c[0]=='y') || (c[0]=='Y'))
               {
                    mode=HANDSHAKE_FILENAME;
               }
           }
         }
         else if (mode==HANDSHAKE_CONFERM)
         {
             if(strncmp("y", buf, 1)==0 || strncmp("Y", buf, 1)==0)
             {
             printf("%s has accepted.\n",buff);
             printf("Input file name: ");
             scanf("%s",transport_filename);
             getchar();
             if ((fp_transport=fopen(transport_filename,"rb"))==NULL)
             {
               printf("Open file error!");
               close(client_fd);
               close(sockfd);      /*关闭套接字*/
               fclose(fp);
               exit(-1);
              }
             filelength=filelen(fp_transport);
             ltoa(a_filelength,filelength);
             send(client_fd, transport_filename, strlen(transport_filename), 0);
             send(client_fd, a_filelength, strlen(a_filelength), 0);
             printf("File transporting...\n");
             mode=TRANSPORT_SEND;
           }
          else
           {
           printf("%s has refused file transporting.\nNow we will back to chating
                 mode.\n",buff);
           mode=CHAT;
           }
       }
       else if  (mode==HANDSHAKE_FILENAME)
       {
```

```
            strcpy(transport_filename,buf);
          if ((fp_transport=fopen(transport_filename,"wb"))==NULL)
            {
                printf("Open file error!");
                close(client_fd);
                close(sockfd);  /*关闭套接字*/
                fclose(fp);
                exit(-1);
            }
            mode=HANDSHAKE_LENGTH;
        }
        else if (mode==HANDSHAKE_LENGTH)
        {
            filelength=atol(buf);
            printf("File transporting...\n");
            mode=TRANSPORT_RECIEVE;
        }
        }
        /*判断是否已将新建的描述符加到 seletct()监视的异常的文件描述符集合中*/
        if (FD_ISSET(client_fd, &efd_set))
        {
            close(client_fd);   /*关闭套接字*/
            fclose(fp);
            exit(0);
        }
    }
}
/*客户端程序 client.c*/
#include <stdlib.h>
#include <stdio.h>
#include <netdb.h>
#include <sys/types.h>
#include <sys/socket.h>
#include <string.h>
#include <netinet/in.h>
#include <arpa/inet.h>
#include <unistd.h>
#include <fcntl.h>
#define SERVPORT 3333        /*服务器监听端口号*/
#define MAXDATASIZE 256      /*最大同时连接请求数*/
#define STDIN 0              /*标准输入文件描述符*/

#define CHAT 0  /*聊天模式*/
#define HANDSHAKE_CONFERM 1/*应答模式_确认*/
#define HANDSHAKE_FILENAME 2    /*应答模式_文件名*/
#define HANDSHAKE_LENGTH 3 /*应答模式_文件长度*/
#define TRANSPORT_SEND 4        /*发送模式*/
#define TRANSPORT_RECIEVE 5/*接收模式*/
```

```
long filelen(FILE *fp)
{
    long original_seek=ftell(fp),start_seek,end_seek;
    fseek(fp,0,SEEK_SET);
    start_seek=ftell(fp);
    fseek(fp,0,SEEK_END);
    end_seek=ftell(fp);
    fseek(fp,original_seek,SEEK_SET);
    return end_seek-start_seek;
}

char *ltoa(char *str,long num)
{
    long t=num;
    int i=0;
    while(t)
    {
        i++;
        t/=10;
    }
    *(str+i)='\0';
    i--;
    while(i)
    {
        *(str+i)=num%10+'0';
        num/=10;
        i--;
    }
    *str=num%10+'0';
    return str;
}

int main(void)
{
    int sockfd;              /*套接字描述符*/
    int recvbytes;
    char buf[MAXDATASIZE];         /*用于处理输入的缓冲区*/
    char *str;
    FILE *fp;
    char name[MAXDATASIZE];       /*定义用户名*/
    char send_str[MAXDATASIZE]; /*最多发出的字符不能超过MAXDATASIZE*/
    struct sockaddr_in serv_addr;        /*Internet套接字地址结构*/
    /*被select()监视的读、写、异常处理的文件描述符集合*/
    fd_set rfd_set, wfd_set, efd_set;
    struct timeval timeout;/*本次select的超时结束时间*/
    int ret;                    /*与server连接的结果*/
```

```
time_t timep;
int mode;
char transport_filename[256];
long filelength,p;
char a_filelength[256];
FILE *fp_transport;
char c[2];
char msg[16];
if ((sockfd = socket(AF_INET, SOCK_STREAM, 0)) == -1) {
     /*错误检测*/
    perror("socket");
    exit(1);
}
/* 填充 sockaddr 结构  */
bzero(&serv_addr, sizeof(struct sockaddr_in));
serv_addr.sin_family=AF_INET;
serv_addr.sin_port=htons(SERVPORT);
inet_aton("127.0.0.1", &serv_addr.sin_addr);
/*serv_addr.sin_addr.s_addr=inet_addr("192.168.0.101");*/
if (connect(sockfd, (struct sockaddr *)&serv_addr, sizeof(struct sockaddr)) == -1)
{
     /*错误检测*/
    perror("connect");
    exit(1);
}
fcntl(sockfd, F_SETFD, O_NONBLOCK);
printf("Input your name:");
scanf("%s",name);
name[strlen(name)] = '\0';
printf("%s: ",name);
getchar();        /*取走回车*/
fflush(stdout);

send(sockfd, name, strlen(name), 0);
/*发送用户名到 sockfd*/
if((fp=fopen("record_client.txt","a+"))==NULL)
{
    printf("can not open file,exit...\n");
    return -1;
}

mode=CHAT;
while (1)
{
    FD_ZERO(&rfd_set);/*将 select()监视的读的文件描述符集合清除*/
    FD_ZERO(&wfd_set);/*将 select()监视的写的文件描述符集合清除*/
    FD_ZERO(&efd_set);/*将 select()监视的异常的文件描述符集合清除*/
```

```
/*将标准输入文件描述符加到 seletct()监视的读的文件描述符集合中*/
FD_SET(STDIN, &rfd_set);
/*将新建的描述符加到 seletct()监视的读的文件描述符集合中*/
FD_SET(sockfd, &rfd_set);
/*将新建的描述符加到 seletct()监视的异常的文件描述符集合中*/
FD_SET(sockfd, &efd_set);
timeout.tv_sec = 10;/*select 在被监视窗口等待的秒数*/
timeout.tv_usec = 0;/*select 在被监视窗口等待的微秒数*/
ret = select(sockfd + 1, &rfd_set, &wfd_set, &efd_set, &timeout);
if (ret == 0)
{
    continue;
}
if (ret < 0)
{
    perror("select error: ");
    fclose(fp);
    exit(-1);
}
/*判断是否已将标准输入文件描述符加到 seletct()监视的读的文件描述符集合中*/
if (mode==TRANSPORT_SEND)
{
    for (p=0;p<filelength;p++)
    {
        c[0]=fgetc(fp_transport);
        c[1]='\0';
        send(sockfd, c, strlen(c), 0);
    }
    fclose(fp_transport);
    mode=CHAT;
    printf("Transporting completed.\n");
}
if (mode==TRANSPORT_RECIEVE)
{
    for(p=0;p<filelength;p++)
    {
        recvbytes=recv(sockfd, buf, MAXDATASIZE, 0);
        buf[recvbytes]='\0';
        fputc(buf[0],fp_transport);
    }
    fclose(fp_transport);
    mode=CHAT;
    printf("Transporting completed.\n");
    }
    if (FD_ISSET(STDIN, &rfd_set))
    {
    if (mode==CHAT)
```

```
        {
            fgets(send_str, 256, stdin);
            send_str[strlen(send_str)-1] = '\0';
            if (strncmp("quit", send_str, 4) == 0)
            {    /*退出程序*/
                close(sockfd);
                fclose(fp);
                exit(0);
            }
            if (strncmp("#FILE", send_str, 5) == 0)
            {
                mode=HANDSHAKE_CONFERM;
                send(sockfd, send_str, strlen(send_str), 0);
            }
            else
            {
                send(sockfd, send_str, strlen(send_str), 0);
                time(&timep);
                fprintf(fp,"%s",asctime(gmtime(&timep)));
                fprintf(fp,"%s: %s\n",name,send_str);
            }
        }
    }
/*判断是否已将新建的描述符加到 seletct()监视的读的文件描述符集合中*/
    if (FD_ISSET(sockfd, &rfd_set))
    {
        recvbytes=recv(sockfd, buf, MAXDATASIZE, 0);
        buf[recvbytes] = '\0';
        if (recvbytes == 0)
        {
            close(sockfd);
            fclose(fp);
            exit(0);
        }
        if (mode==CHAT)
        {
            if(strncmp("#FILE", buf, 5) != 0)
            {
                time(&timep);
                fprintf(fp,"%s",asctime(gmtime(&timep)));
                fprintf(fp,"Server: %s\n", buf);
                printf("Server: %s\n", buf);
                printf("%s: ",name);
                fflush(stdout);
            }
            else
            {
```

```
                            printf("Server wants to send a file to you, recieve or not? (y/n)");
                            scanf("%c",c);
                            c[1]='\0';
                            send(sockfd, c, strlen(c), 0);
                            if ((c[0]=='y') || (c[0]=='Y'))
                            {
                                mode=HANDSHAKE_FILENAME;
                            }
                        }
                    }
                    else if (mode==HANDSHAKE_CONFERM)
                    {
                        if(strncmp("y", buf, 1)==0 || strncmp("Y", buf, 1)==0)
                        {
                            printf("Server has accepted.\n");
                            printf("Input file name: ");
                            scanf("%s",transport_filename);
                            getchar();
                            if((fp_transport=fopen(transport_filename,"rb"))
                                ==NULL)
                            {
                                printf("Open file error!");
                                close(sockfd);  /*关闭套接字*/
                                fclose(fp);
                                exit(-1);
                            }
                            filelength=filelen(fp_transport);
                            ltoa(a_filelength,filelength);
                            send(sockfd, transport_filename, strlen(transport_filename),
                                0);
                            send(sockfd, a_filelength, strlen(a_filelength),
                                0);
                            printf("File transporting...\n");
                            mode=TRANSPORT_SEND;
                        }
                        else
                        {
                            printf("Server has refused file transporting.\n");
                         printf("Now we will back to chating mode.\n");
                            mode=CHAT;
                        }
                    }
                    else if  (mode==HANDSHAKE_FILENAME)
                    {
                        strcpy(transport_filename,buf);
                        if
((fp_transport=fopen(transport_filename,"wb"))==NULL)
                        {
```

```
                printf("Open file error!");
                close(sockfd);  /*关闭套接字*/
                fclose(fp);
                exit(-1);
            }
            mode=HANDSHAKE_LENGTH;
        }
        else if (mode==HANDSHAKE_LENGTH)
        {
            filelength=atol(buf);
            printf("File transporting...\n");
            mode=TRANSPORT_RECIEVE;
        }
    }
    /*判断是否已将新建的描述符加到seletct()监视的异常的文件描述符集合中*/
    if (FD_ISSET(sockfd, &efd_set))
    {
        close(sockfd);
        exit(0);
    }
    }
}
```

实例13-6-2　编写一个用于两人之间的通信程序：双方都可以从终端上输入一个字符串，程序将时间信息加入该字符串，然后通过UDP的方式发送给对方。本程序使用了UDP的双向发送和接收，具有较好的即时性。另外两终端使用完全相同的程序，不需要分别编写。使用时须指明本地、目标的**IP**和端口，但本例在同一台机器上调试，故只需指明端口。程序的缺点是发送消息后，必须等待对方回了消息才能再次发送。程序**13-6-2.c**源代码如下：

```
#include <stdio.h>
#include <stdlib.h>
#include <string.h>
#include <sys/socket.h>
#include <netinet/in.h>
#include <arpa/inet.h>
#include <netdb.h>
#include <sys/types.h>
#include <time.h>
void gettime(char *buf);              /*获取时间函数的声明*/
int main()
{
    int sockfd;
    int socklen;
    int n;
    char buf[256];
    int peerport,localport;
    struct sockaddr_in peeraddr,localaddr;
    printf("请输入目标端口：");
```

```
        scanf("%d",&peerport);
        printf("请输入本地端口：");
        scanf("%d",&localport);
        socklen=sizeof(struct sockaddr_in);
        /*设定目标 IP 地址*/
        peeraddr.sin_family=AF_INET;
        peeraddr.sin_port=htons(peerport);
        peeraddr.sin_addr.s_addr=htonl(INADDR_ANY);
        bzero(&(peeraddr.sin_zero),8);
        /*设定本地 IP 地址*/
        localaddr.sin_family=AF_INET;
        localaddr.sin_port=htons(localport);
        localaddr.sin_addr.s_addr=htonl(INADDR_ANY);
        bzero(&(localaddr.sin_zero),8);
        /*建立 socket*/
        sockfd=socket(AF_INET,SOCK_DGRAM,0);
        if(sockfd==-1)
        {
            printf("socket 出错");
            exit(1);
        }
        /*绑定 socket*/
        if(bind(sockfd,(struct sockaddr *)&localaddr,socklen)<0)
        {
            printf("bind 出错");
            exit(1);
        }
        printf("可以开始通信：\n 输入任意字符开始：");
        scanf("%s",buf+9);                    /*前 9 个单元存放时间和回车*/
        gettime(buf);                         /*将时间存入 buf[]的前 9 个单元*/
        /*发送时间和输入的字符串*/
        sendto(sockfd,buf,strlen(buf),0,(struct sockaddr *)&peeraddr,socklen);
        while(1)           /*无限循环，不断接收和发送，终止程序需按下<Ctrl>+C*/
        {
        n=recvfrom(sockfd,buf,255,0,NULL,&socklen);         /*接收字串*/
        buf[n]=0;
        printf("Peer  %s\n",buf);
        printf("Local\n");
        scanf("%s",buf+9);
        gettime(buf);
            /*再次发送*/
        sendto(sockfd,buf,strlen(buf),0,(struct sockaddr *)&peeraddr,
                socklen);
        }
    }
void gettime(char *buf)
```

```
{
    time_t timep;
    struct tm *p;
    time(&timep);
    p=localtime(&timep);
    /*将数字转为字符常量，存入 buf[]*/
    buf[0]=p->tm_hour/10+'0';
    buf[1]=p->tm_hour%10+'0';
    /*58 是 ":" 的 ASCII 码值*/
    buf[2]=58;
    buf[3]=p->tm_min/10+'0';
    buf[4]=p->tm_min%10+'0';
    buf[5]=58;
    buf[6]=p->tm_sec/10+'0';
    buf[7]=p->tm_sec%10+'0';
    buf[8]='\n';
}
```

程序调试示例：

[root@localhost root]# ./13-6-2

请输入目标端口：8000

请输入本地端口：8001

可以开始通信：

输入任意字符开始：begin

Peer　10:10:47

您好！

Local

您好！

Peer　10:11:23

吃饭了吗？

Local

刚吃,您呢？

Peer　10:12:08

正要去

Local

那好,再见！

Peer　10:12:41

再见！

Local

<Ctrl>+C

[root@localhost root]# ./13-6-2

请输入目标端口：8001

请输入本地端口：8000

可以开始通信:

输入任意字符开始: 您好!

Peer 10:10:55

您好!

Local

吃饭了吗?

Peer 10:11:45

刚吃,您呢?

Local

正要去

Peer 10:12:34

那好,再见!

Local

再见!

<Ctrl>+C

13.7 图形程序设计

实例 13-7-1　程序中通过临时加载图片实现动画。源代码如下:

```
#ifdef __cplusplus
#include <cstdlib>
#else
#include <stdlib.h>
#endif
#ifdef __APPLE__
#include <SDL/SDL.h>
#else
#include <SDL.h>
#endif
#include<time.h>
#include<stdio.h>
int main ( int argc, char** argv )
{
    /*store a path here;*/
    char img[30];
    Uint32 Tstart,Tstop;
    int top=1;
```

```
int left=1;
SDL_Surface *screen;
/* initialize SDL video*/
if ( SDL_Init( SDL_INIT_VIDEO ) < 0 )
{
    printf( "Unable to init SDL: %s\n", SDL_GetError() );
    return 1;
}
/*input the img that you want to display*/
printf("========================================================\n");
printf("Please input the bmp file with its full path: ");
scanf("%s",img);
printf("========================================================\n");
/* make sure SDL cleans up before exit*/
screen=SDL_SetVideoMode(640,480,16,SDL_SWSURFACE);
if(screen==NULL)
 {
   printf("Unable to set 640x480 video: %s\n", SDL_GetError());
   return 1;
  }
/* load an image*/
SDL_Surface* bmp = SDL_LoadBMP(img);
if (!bmp)
{
   printf("Unable to load bitmap: %s\n", SDL_GetError());
   return 1;
    }
SDL_Rect dstrect;
/*BMP file postion on the screen*/
dstrect.x=0;
dstrect.y=0;
dstrect.w=bmp->w;
dstrect.h=bmp->h;
/* program main loop*/
bool done = false;
Tstart=SDL_GetTicks();
while (!done)
{
    /* message processing loop*/
    SDL_Event event;
     while (SDL_PollEvent(&event))
      {
        /* check for messages*/
         switch (event type)
          {
            /* exit if the window is closed*/
            case SDL_QUIT:
                done = true;
```

```
                    break;
                    /* check for keypresses*/
                case SDL_KEYDOWN:
                {
                    /* exit if ESCAPE is pressed*/
                    if (event.key.keysym.sym == SDLK_ESCAPE)
                        done = true;
                    break;
                }
        } /* end switch*/
    }
    Tstop=SDL_GetTicks();
    /* end of message processing*/
    if((Tstart-Tstop)>15)
    {
        Tstart=Tstop;
        /*Algrithm of the dynamic display, clear screen*/
        SDL_FillRect(screen,&dstrect,0);
        if(top==1){
            if((dstrect.y+dstrect.h+3)<screen->h){
                dstrect.y+=3;
            }
            else {
                top=0;
                dstrect.y=screen->h-dstrect.h;
            }
        }
        else{
            if((dstrect.y-3)>0){
                dstrect.y-=3;
            }
            else {
                top=1;
                dstrect.y=0;
            }
        }
        if(left==1){
            if((dstrect.x+dstrect.w+3)<screen->w){
                dstrect.x+=3;
            }
            else{
                left=0;
                dstrect.x=screen->w-dstrect.w;
            }

        }
        else{
            if((dstrect.x-3)>0){
```

```
                        dstrect.x-=3;
                    }
                    else {
                        left=1;
                        dstrect.x=0;
                    }
                }

                if(SDL_BlitSurface(bmp, 0, screen, &dstrect)<0){
                        printf("error!\n");
                        exit(1);
                }
                /* finally, update the screen*/
                SDL_Flip(screen);
        }
    } /* end main loop*/
    /* free loaded bitmap*/
    SDL_FreeSurface(bmp);
    return 0;
}
```

实例 13-7-2　测量人的反应时间，对图形和颜色进行判断。在程序中通过记录两次按键的时间差，计算出正确率和对正确答案的反应时间。程序设计时涉及按键时间的获得、正确与错误的判断、对成绩的纪录。程序中定义了以下函数：

ShowBMP：调用当前目录下的图片。

menu：显示主界面并让客户选择。

color_test：颜色测试。

shape_test：形状测试。

print_result：显示测试结果。

程序流程图如图 13.1 所示。

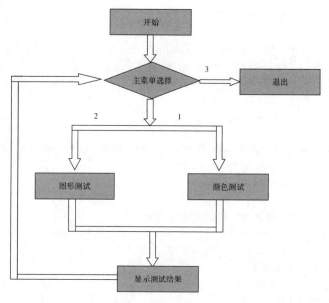

图 13.1　程序设计流程图

程序代码如下:

```c
#include <SDL.h>
#include <stdlib.h>
#include <sys/time.h>

struct RESULT
{
  int correct;
  int wrong;
  double total_time;
};

void ShowBMP(char *pn,SDL_Surface *screen,int x,int y)    /*显示位图*/
{
  SDL_Surface *image;                 /*指向图片的指针*/
  SDL_Rect dest;                      /*目标矩形*/
  image=SDL_LoadBMP(pn);              /*加载位图*/
  if(image==NULL)                     /*对不能加载位图的操作*/
  {
    fprintf(stderr,"无法加载 %s:%s\n",pn,SDL_GetError());
    return 0;
  }
  dest.x=x;                           /*目标对象的位置坐标*/
  dest.y=y;
  dest.w=image->w;                    /*目标对象的大小*/
  dest.h=image->h;
  SDL_BlitSurface(image,NULL,screen,&dest);    /*把目标对象快速转化*/
```

```
    SDL_UpdateRects(screen,1,&dest);                    /*更新目标*/
}

int menu(SDL_Surface *screen)
{
  Uint8 *keys;
  ShowBMP("menu.bmp",screen,0,0);
  while(1)
  {
    SDL_PumpEvents();
    keys=SDL_GetKeyState(NULL);
    if(keys[SDLK_1])
      return 1;
    else if(keys[SDLK_2])
      return 2;
    else if(keys[SDLK_3])
      return 3;
  }
}

int color_test(struct RESULT *result,SDL_Surface *screen)
{
  Uint8 *keys;
  struct timeval tv1,tv2;
  struct timezone tz;
  int colour;
  int wrong_key1,wrong_key2,correct_key;
  char *test[]={"red.bmp","yellow.bmp","blue.bmp"};
  ShowBMP("color_keys.bmp",screen,0,0);
  sleep(3);
  while(1)
  {
    ShowBMP("getready.bmp",screen,0,0);
    while(1)
    {
      SDL_PumpEvents();
      keys=SDL_GetKeyState(NULL);
      if(keys[SDLK_RETURN])
      {
        break;
      }
    }
    colour=rand()%3;
    switch(colour)
    {
      case 0:
        correct_key=SDLK_1;
        wrong_key1=SDLK_2;
```

```
        wrong_key2=SDLK_3;
        break;
      case 1:
        wrong_key1=SDLK_1;
        correct_key=SDLK_2;
        wrong_key2=SDLK_3;
        break;
      case 2:
        wrong_key1=SDLK_1;
        wrong_key2=SDLK_2;
        correct_key=SDLK_3;
        break;
    }
    ShowBMP(test[colour],screen,0,0);
    gettimeofday(&tv1,&tz);
    while(1)
    {
      SDL_PumpEvents();
      keys=SDL_GetKeyState(NULL);
      if(keys[correct_key])
      {
        gettimeofday(&tv2,&tz);
        result->total_time+=(double)tv2.tv_sec-tv1.tv_sec+((double)tv2.
                         tv_usec-tv1.tv_usec)/1000000;
        result->correct++;
        break;
      }
      else if(keys[wrong_key1] || keys[wrong_key2])
      {
        result->wrong++;
        break;
      }
      else if(keys[SDLK_ESCAPE])
      return 0;
    }
  }
}

int shape_test(struct RESULT *result,SDL_Surface *screen)
{
  Uint8 *keys;
  struct timeval tv1,tv2;
  struct timezone tz;
  int shape;
  int wrong_key1,wrong_key2,correct_key;
  char *test[]={"circle.bmp","triangle.bmp","rectangle.bmp"};
  ShowBMP("shape_keys.bmp",screen,0,0);
  sleep(3);
```

```c
while(1)
{
    ShowBMP("getready.bmp",screen,0,0);
    while(1)
    {
        SDL_PumpEvents();
        keys=SDL_GetKeyState(NULL);
        if(keys[SDLK_RETURN])
            break;
    }
    shape=rand()%3;
    switch(shape)
    {
    case 0:
        correct_key=SDLK_1;
        wrong_key1=SDLK_2;
        wrong_key2=SDLK_3;
    break;
    case 1:
        wrong_key1=SDLK_1;
        correct_key=SDLK_2;
        wrong_key2=SDLK_3;
    case 2:
        wrong_key1=SDLK_1;
        wrong_key2=SDLK_2;
        correct_key=SDLK_3;
        break;
    }
    ShowBMP(test[shape],screen,0,0);
    gettimeofday(&tv1,&tz);
    while(1)
    {
        SDL_PumpEvents();
        keys=SDL_GetKeyState(NULL);
        if(keys[correct_key])
        {
        gettimeofday(&tv2,&tz);
        result->total_time+=(double)tv2.tv_sec-tv1.tv_sec+
        ((double)tv2.tv_usec-tv1.tv_usec)/1000000;
        result->correct++;
        break;
        }
        else if(keys[wrong_key1] || keys[wrong_key2])
        {
            result->wrong++;
            break;
        }
        else if(keys[SDLK_ESCAPE])
```

```
            return 0;
         }
      }
   }

   int print_result(struct RESULT *result)
   {
     if(result->correct+result->wrong==0)
     {
       printf("您没有进行测试! \n");
       return 0;
     }
     else
     {
       printf("您进行了%d 次测试\n",result->correct+result->wrong);
       printf("其中正确%d 次，错误%d 次，正确率为%lf\%\n",
               result->correct,result->wrong,(double)result->correct/
               (result->correct+result->wrong)*100);
       printf("平均反应时间为%lf 秒\n",result->total_time/result->correct);
       return 0;
     }
   }

   int main()
   {
     SDL_Surface *screen;              /*屏幕指针*/
     int x,y;          /*用来计算目标对象的座位位置*/
     int choice;
     struct RESULT result={0,0,0};
     while(1)
     {
       srand((int)time(0));
       if(SDL_Init(SDL_INIT_VIDEO)<0)
       { /*初始化视频子系统*/
         fprintf(stderr,"无法初始化 SDL: %s\n",SDL_GetError());
         exit(1);
       }
       screen=SDL_SetVideoMode(640,480,24,SDL_SWSURFACE);
       if(screen==NULL)
          fprintf(stderr,"无法设置 640X480X24 位色的视频模式%s\n",
                  SDL_GetError());

       atexit(SDL_Quit);   /*在任何需要退出的时候退出，一般放在初始化之后*/
       choice=menu(screen);
       switch(choice)
       {
```

```
    case 1:
      color_test(&result,screen);
      break;
    case 2:
      shape_test(&result,screen);
      break;
    case 3:
      return 0;
    }
  SDL_Quit();
  print_result(&result);
  }
}
```

程序运行时的界面如图 **13.2** 所示。

图 13.2　程序运行时的界面

实例 13-7-3　数字时钟设计。实现一个模拟时钟，可以实时与系统时间同步，还可以修改时间。本程序注重 **Linux** 图形编程，是用 **Qt** 搭建的。程序中用了大量的 **Qt** 内容，以及前面学到的与系统时间有关的函数。程序源代码如下：

```
analogclock.h
#ifndef CLOCK_H
#define CLOCK_H
#include <qdatetime.h>
#include <qpainter.h>
#include <qapplication.h>
#include <qlabel.h>
```

```
#include <qwidget.h>
#include<qpushbutton.h>
#include<qcombobox.h>
#include<QTextCodec>
#include<QTimeEdit>
#include<time.h>
#include<sys/time.h>
#include<stdlib.h>
/*钟表窗口类*/
class AnalogClock : public QWidget
{
    Q_OBJECT
    public:
        AnalogClock(const char *name = 0, QWidget *parent = 0);
    public slots:
        void changeTime(void);
    protected:
        /*重载 QWidget 两个事件*/
    virtual void timerEvent( QTimerEvent *event );
        virtual void paintEvent( QPaintEvent *event);
    private:
        QLabel *right;
        QLabel *change;
        QPushButton *button;
        QTimeEdit *timeEdit;
};

class MyTime   /*用来处理时间的类*/
{
    public:
        int hour,minute,second;
        MyTime();

        void setHour(int h)
        {
            hour=h;
        }
        void setMinute(int m)
        {
            minute=m;
        }
        void setSecond(int s)
        {
            second=s;
        }
    };
    #endif
```

程序 analogclock.cpp 代码如下：
```
#include <qdatetime.h>
```

```
#include <qpainter.h>
#include <qapplication.h>
#include <qlabel.h>
#include <qwidget.h>
#include<qpushbutton.h>
#include<qcombobox.h>
#include<qmovie.h>
#include <qcolor.h>
#include "analogclock.h"
```

```
/*这三个数组用于定义指针的形状*/
static QPoint sed[4]={QPoint(0,-45),QPoint(1,0),QPoint(0,5),QPoint(-1,0)};
static QPoint min[4]={QPoint(0,-35),QPoint(3,0),QPoint(0,9),QPoint(-3,0)};
static QPoint hour[4]={QPoint(0,-28),QPoint(4,0),QPoint(0,13),QPoint(-4,0)};
/*这五个颜色值用于定义指针和表盘刻度的颜色*/
QColor hcolor=QColor(255,0,0);
QColor mcolor=QColor(0,255,0);
QColor scolor=QColor(0,0,0);
QColor hcellcolor=QColor(255,0,0);
QColor mcellcolor=QColor(0,0,255);
```

```
MyTime *mytime=new MyTime();
MyTime::MyTime()
{
    hour=0;
    minute=0;
    second=0;
}
```

```
AnalogClock::AnalogClock(const char *name,QWidget *parent ): QWidget(parent)
{
    setWindowTitle(QString(name));
    startTimer(1000);/*每秒刷新一次*/
    setMinimumSize(500,600);    /*这两个函数定义窗口大小*/
    setMaximumSize(500,600);
    setGeometry(0,0,0,0);

    time_t timep;    /*用从系统读出来的时间来初始化 time 对象*/
    struct tm *p;
    time(&timep);
    p=localtime(&timep);
    mytime->setHour(p->tm_hour);
    mytime->setMinute(p->tm_min);
    mytime->setSecond(p->tm_sec);

    change=new QLabel("修改时间:",this);    /*定义修改时间相关的控件属性和位置*/
    change->setGeometry(100,525,600,20);
```

```
    button=new QPushButton("修改",this);
    button->setFixedWidth(60);
    button->setGeometry(310,520,600,30);
    QTime time(p->tm_hour,p->tm_min,p->tm_sec);
    timeEdit=new QTimeEdit(time,this);
    timeEdit->setFixedWidth(100);
    timeEdit->setGeometry(180,520,600,30);

    right = new QLabel("Copyright@ 20110904 Zhao Kui",this);/*存储版权信息*/
    right->setGeometry(130,575,695,15);
    /*将按键单击事件与改变时间的函数联系起来*/
    connect(button,SIGNAL(clicked()),this,SLOT( changeTime()));
}

void AnalogClock::timerEvent( QTimerEvent * )
{
    update();   /*每次有时间更新窗口*/
}

/*用于改变时间值和绘制指针、表盘*/
void AnalogClock::paintEvent( QPaintEvent * )
{
    if(mytime->second>59)
        mytime->second=mytime->second%60;
    if(mytime->second==0)
        mytime->minute++;
    if(mytime->minute>59)
    {
        mytime->minute=mytime->minute%60;
        if(mytime->minute==0)
        mytime->hour++;
    }
    if(mytime->hour>11)
        mytime->hour=mytime->hour%12;
    mytime->second++;
    QPainter painter( this );
    painter.setWindow( -50, -50, 100, 120 );

    painter.save();   /*绘制时针*/
    painter.rotate( 30*(mytime->hour%12) + mytime->minute*0.5);
    painter.setBrush( hcolor );
    painter.drawConvexPolygon(hour,4);
    painter.restore();

    painter.save();/*绘制分针*/
    painter.rotate(mytime->minute*6+0.1*(mytime->second-15));
    painter.setBrush(mcolor);
```

```
    painter.drawConvexPolygon(min,4);
    painter.restore();

    painter.save();/*绘制秒针*/
    painter.rotate(6 * (mytime->second-15));
    painter.setBrush(scolor);
    painter.drawConvexPolygon(sed,4);
    painter.restore();

    painter.setPen(hcellcolor);  /*绘制表盘的小时刻度*/
    for ( int i = 0; i < 12; i++ )
    {
        painter.rotate( 30);
        painter.drawLine( 40, 0, 46, 1 );
        painter.drawLine(40,0,46,0);
        painter.drawLine(40,0,46,-1);
    }
    painter.setPen(mcellcolor);/*绘制表盘的分钟刻度*/
    for (int j = 0; j < 60; j++)
    {
        if ((j % 5) != 0)
        painter.drawLine(42, 0, 44, 0);
        painter.rotate(6.0);
    }
    painter.rotate(72);
}


void AnalogClock::changeTime(void)   /*用于改变时间*/
{
    QTime qtime=timeEdit->time();
    time_t timep;
    struct tm *p;
    time(&timep);
    p=localtime(&timep);
    p->tm_hour=qtime.hour();
    p->tm_min=qtime.minute();
    p->tm_sec=qtime.second();
    timeval *tv=new timeval;
    tv->tv_sec=mktime(p);
    settimeofday(tv,NULL);
}


int main(int argc,char *argv[])
{
    QApplication app(argc,argv);
    /*解决中文乱码*/
    QTextCodec::setCodecForTr(QTextCodec::codecForName("utf8"));
```

```
QTextCodec::setCodecForLocale(QTextCodec::codecForName("utf8"));
QTextCodec::setCodecForCStrings(QTextCodec::codecForName("utf8"));
AnalogClock *clock = new AnalogClock("时钟");
clock->show();
return app.exec();
}
```

运行结果如图 13.3 所示。

图 13.3　程序的运行结果

13.8　驱动程序设计

实例 13-8-1　这是一个非常简单的 **Linux** 驱动程序，**read( )** 函数就是驱动接口函数，以指针的形式来调用自己定义的 **testread( )** 函数。

```
#include <linux/module.h>
#include <linux/moduleparam.h>
#include <linux/cdev.h>
#include <linux/fs.h>
```

```
#include <asm/io.h>

struct cdev *gDev;
struct file_operations *gFile;
dev_t  devNum;
unsigned int subDevNum = 1;
int reg_major  = 232;
int reg_minor =   0;
int testOpen(struct inode *q, struct file *f)
{

  volatile unsigned long *p,*p2;
  printk(KERN_EMERG"testOpen\r\n");
  p=(unsigned long *)ioremap(0x56000010,4);/*GPBCON*/
  *p=((*p)&(~(0xf<<10)))|( 1<< 10)  |(1 << 12);/*set GPBCON Output 01*/
  *p=((*p)&(~(0xf<<14)))|( 1<< 14)  |(1 << 16);
  p2=(unsigned long *)ioremap(0x56000018,4);/*GPBUP*/
  p2=((*p2)&(~(0x3<<5)))|(0x3<<5);/*5,6,7,8 set 1111*/
  return 0;
}

int testWrite(struct file *f, const char __user *u, size_t s, loff_t *l)
{
  printk(KERN_EMERG"testWrite\r\n");
  eturn 0;
}

int testRead(struct file *f, char __user *u, size_t s, loff_t *l)
{
  printk(KERN_EMERG"testRead\r\n");
  eturn 0;
 }

int testIoctl(struct inode *node,struct file *f,unsigned int cmd,unsigned long value)
{
  volatile unsigned long *p;
  printk("cmd is %d,value is %ld\r\n",cmd,value);
  switch(cmd)
  {
     case 0:
       p=(unsigned long *)ioremap(0x56000014,4);
       *p=(*p)&(~(0x3<<5));
       break;
     case 1:
       p=(unsigned long *)ioremap(0x56000014,4);
       *p|=(0xf<<5);
       break;
     case 2:
```

```
            p=(unsigned long *)ioremap(value,4);/*用来读取被输入进来的寄存器的值*/
            return *p;
        }
        return 0;
    }

    void charDrvInit(void)
    {
        devNum = MKDEV(reg_major, reg_minor);
        printk(KERN_EMERG"devNum is 0x%x\r\n", devNum);
        gDev = kzalloc(sizeof(struct cdev), 0);
        gFile = kzalloc(sizeof(struct file_operations), 0);
        /*通过接口函数来实现硬件的加载*/
        gFile->open = testOpen;
        gFile->read = testRead;
        gFile->write = testWrite;
        gFile->ioctl = testIoctl;
        gDev->owner = THIS_MODULE;
        cdev_init(gDev, gFile);
        cdev_add(gDev, devNum, 3);
        return;
    }

    void __exit charDrvExit(void)
    {
        return;
    }
    module_init(charDrvInit);
    module_exit(charDrvExit);
    MODULE_LICENSE("GPL");
```

13.9 串口通信程序设计

实例 13-9-1　从 **COM1** 发送字符串到 **COM2**，在接收端将所有小写字母替换成大写后，再发送到 **COM1**，并将处理后的字符串打印。该程序的目的是实现两个端口之间的相互通信。

接收端程序代码如下：

```
#include <stdio.h>
```

```
#include <sys/types.h>
#include <fcntl.h>
#include <termios.h>
#define BAUDRATE B38400
#define MODEMDEVICE "/dev/ttyS1"
int main()
{
    int fd,c=0,res,i;/*添加循环变量 i*/
    struct termios oldtio, newtio;
    char buf[256];
    printf("start ...\n");
    fd=open(MODEMDEVICE,O_RDWR | O_NOCTTY);/*打开 PC 的 COM2 端口*/
    if(fd<0)
    {
        perror(MODEMDEVICE);
        exit(1);
    }
    printf("open...\n");
    tcgetattr(fd,&oldtio);/*将目前终端机参数保存至 oldtio(它是个结构体)*/
    bzero(&newtio,sizeof(newtio));/*清除 newtio(它也是个结构体)*/
    newtio.c_cflag=BAUDRATE |CS8 |CLOCAL|CREAD;
    newtio.c_iflag=IGNPAR;
    newtio.c_oflag=0;
    newtio.c_lflag=ICANON;/*设置为正规模式*/
    tcflush(fd,TCIFLUSH);
    tcsetattr(fd,TCSANOW,&newtio);/*新的 termios 作为通信端口的参数*/
    printf("reading...\n");
    while(1)
    {
        res=read(fd,buf,255);
        buf[res]=0;/*将读取的信息转换成字符串的格式*/
        if(buf[0]=='@') break;/*这里顺序做了调整*/
        printf("processing and sending...");
        for(i=0;i<res;i++)
        {
            buf[i]=buf[i]-32;/*小写转为大写*/
            write(fd,buf+i,1);/*发送处理后的字符串*/
        }
    }
    printf("close...\n");
    close(fd);
    tcsetattr(fd,TCSANOW,&oldtio);/*恢复旧的端口参数*/
    return 0;
}
```

发送端程序代码如下：
```
#include <stdio.h>
```

```
#include <sys/types.h>
#include <sys/stat.h>
#include <fcntl.h>
#include <termios.h>
#define BAUDRATE B38400
#define MODEMDEVICE "/dev/ttyS0"
#define STOP '@'
int main()
{
    int fd,c=0,res;
    struct termios oldtio,newtio;
    char ch,s1[256];/*增大容量*/
    printf("start...\n");
    fd=open(MODEMDEVICE,O_RDWR | O_NOCTTY);
    if(fd<0)
    {
        perror(MODEMDEVICE);
        exit(1);
    }
    printf("open...\n");
    tcgetattr(fd,&oldtio);
    bzero(&newtio,sizeof(newtio));
    newtio.c_cflag=BAUDRATE|CS8|CLOCAL|CREAD;
    newtio.c_iflag=IGNPAR;
    newtio.c_oflag=0;
    newtio.c_lflag=ICANON;
    tcflush(fd,TCIFLUSH);
    tcsetattr(fd,TCSANOW,&newtio);
    printf("writing...\n");
    while(1)
    {
        while((ch=getchar())!='@')
        {
            s1[0]=ch;
            res=write(fd,s1,1);
        }
        res=read(fd,s1,255);/*接收处理后的字符串*/
        s1[res]=0;
        printf("after processed:\n%s\n",s1);
        break;
    }
    close...\n");
    close(fd);
    tcsetattr(fd,TCSANOW,&oldtio);
    return 0;
}
```

附　　录

SDL 库的安装

1. 准备工作

在 Red Hat 9.0 下有 SDL 库及一些附加库，如 SDL_image 图像支持库、SDL_mixer 混音支持库和 SDL_net 网络支持库，在安装光盘中都可以找到。首先就是要准备好 Red Hat 9.0 的安装光盘或是 iso 镜像文件。

步骤 1　主菜单|[系统设置]|[添加/删除应用程序]，如附图 1.1 所示。

步骤 2　找到 X 软件开发，如附图 1.2 所示。

附图 1.1

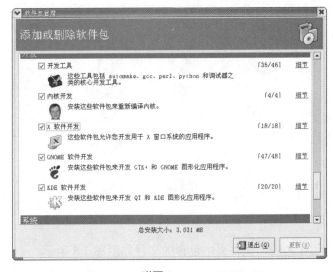

附图 1.2

步骤 3　单击[细节]超链接，选中 SDL 相关的选项，如附图 1.3 所示。

步骤 4　在/usr/include/SDL 下可以找到相关的头文件，如附图 1.4 所示。

2. SDL_draw 库的安装

从 http://sourceforge.net/projects/sdl-draw/上下载 SDL_draw 库文件，本书使用的版本是 SDL_draw-1.2.11，存放在/home/cx/目录下。

步骤 1　解压文件。

```
[root@localhost cx]# tar -vxzf SDL_draw-1.2.11.tar.gz
```

585

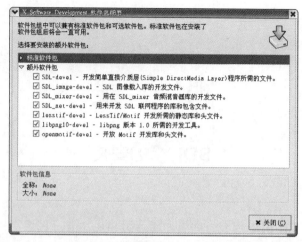

附图 1.3

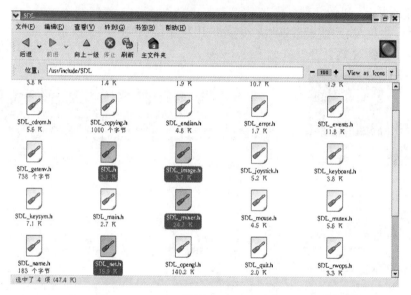

附图 1.4

解压之后，文件夹中包含的文件如附图 1.5 所示。

附图 1.5

步骤 2 进入 SDL_draw-1.2.11 文件夹，运行 configure 文件。
```
[root@localhost cx]# cd SDL_draw-1.2.11
[root@localhost SDL_draw-1.2.11]# ./configure
```

运行 configure 文件之后，会增加如 Makefile 等文件，如附图 1.6 所示。

附图 1.6

步骤 3 make 编辑文件。

[root@localhost SDL_draw-1.2.11]# **make**

如附图 1.7 所示。

附图 1.7

步骤 4 make install 安装。

[root@localhost SDL_draw-1.2.11]# **make install**

如附图 1.8 所示。

附图 1.8

执行 Make install 命令之后，信息中包含如附图 1.9 所示的信息，说明 SDL_draw 库安装成功。

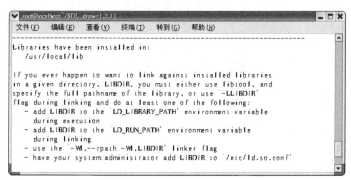

附图 1.9

 注意 以上步骤可以按照文件夹中 INSTALL 文件提示来安装。

3. SDL_ttf 的安装

SDL_ttf 是一个支持 TrueType 字体的附加库，从 http://www.libsdl.org/projects/SDL_ttf/ 上可以下载 SDL_ttf-2.0.8-1.i386.rpm 软件包，用作开发的话还需要下载其开发包 SDL_ttf-devel-2.0.8-1.i386.rpm，存放在/home/cx/目录下。

步骤 1 rpm 安装软件包。

[root@localhost cx]# **rpm -ivh SDL_ttf-2.0.8-1.i386.rpm**

出现如附图 1.10 所示的信息，表示安装成功。

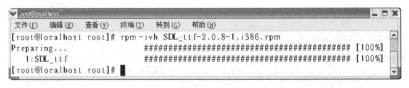

附图 **1.10**

步骤 2 rpm 安装开发包。

[root@localhost cx]# **rpm -ivh SDL_ttf-devel-2.0.8-1.i386.rpm**

出现如附图 1.11 所示的信息，表示安装成功。

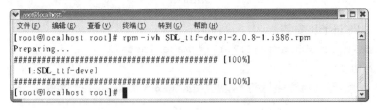

附图 **1.11**

安装完成之后，可以到/usr/include/SDL 中查看，如附图 1.12 所示。在该文件夹中可以找到对应的 SDL_ttf.h 文件。

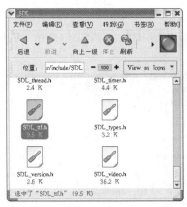

附图 **1.12**

图书在版编目(CIP)数据

Linux 高级程序设计 / 刘加海等编著.—杭州：浙
江大学出版社，2022.8（2023.1 重印）
ISBN 978-7-308-22914-2

I.①L… II.①刘… III.①Linux 操作系统—程序设
计—教材 IV.①TP316.85

中国版本图书馆 CIP 数据核字(2022)第 149067 号

内容简介

本书内容包括 Linux 终端基本命令、Shell 程序设计、Linux 环境下 C 程序编译与调试技巧、系
统函数的应用、文件 I/O 操作、进程的控制与进程调度、线程及线程的同步与互斥、Linux 网络程序
设计、Linux 环境下的图形与游戏程序设计、字符设备驱动程序设计基础、串行通信程序设计，最后
给出 9 个主题的编程技巧与程序设计实例。

本书结构合理、概念清晰、重点突出，案例实用性强，大多可以直接应用在项目设计中，同时
提供大量的、针对性的思考题，便于举一反三。本书是一本技能型 Linux 程序设计教材，适合 Linux
环境下嵌入式工程技术人员、计算机专业、软件专业及理工类的本、专科生、研究生使用。

浙江大学出版社出版了与此书配套的《Linux 程序设计实践与编程技巧》，书中包括 17 个实验
报告、课本中关键知识点的疑难解释、课本中的重点难点问题及课本中的部分习题解答。

Linux 高级程序设计

刘加海　季江民　编著

责任编辑	武晓华　梁　兵	
责任校对	刘宁瑶	
封面设计	刘依群	
出版发行	浙江大学出版社	
	(杭州市天目山路 148 号　邮政编码 310007)	
	(网址: http://www.zjupress.com)	
排　　版	杭州青翊图文设计有限公司	
印　　刷	杭州宏雅印刷有限公司	
开　　本	787mm×1092mm　1/16	
印　　张	37.5	
字　　数	913 千	
版 印 次	2022 年 8 月第 1 版　2023 年 1 月第 2 次印刷	
书　　号	ISBN 978-7-308-22914-2	
定　　价	98.00 元	
